高等职业教育建筑设备类专业系列教材

建筑设备监控系统

JIANZHU SHEBEI JIANKONG XITONG

主　编　梅晓莉　王　波

副主编　邱　欣　油　飞　马　超

主　审　周爱农

U0190539

重庆大学出版社

内容提要

本书依托高等职业教育建筑智能化国家级骨干专业、国家级资源库、省级一流课程，通过校企合作的方式编写而成。本书共两个部分：第一部分为理论基础，主要从系统的认知、设备的认知、网络组建的认知进行介绍；第二部分为各子系统应用，根据控制对象由易到难、由少到多、由数字控制到模拟控制的逻辑结构，介绍各监控子系统的设计与配置、工程实施、工程验收、工程维护等，结合工程案例库进行项目化、任务化的理实一体化编写；内容构架由上至下，由整至零，将系统组成与控制功能逐步细化。同时，本书配有丰富的教学微课、Flash 动画、PPT、试题库、案例库等数字资源，以方便教学。

本书适用于高等职业教育建筑智能化工程技术、建筑设备工程技术等建筑设备类专业，以及物联网等相关专业教学，也适用于建筑电气与智能化、建筑环境与能源应用工程等职业本科教学，专本贯通，还可作为弱电、物联网行业培训教材及相关专业的辅助教材。

图书在版编目（CIP）数据

建筑设备监控系统 / 梅晓莉，王波主编. -- 重庆 ：重庆大学出版社，2022.6

高等职业教育建筑设备类专业系列教材

ISBN 978-7-5689-3347-6

Ⅰ. ①建… Ⅱ. ①梅… ②王… Ⅲ. ①房屋建筑设备—监控系统—高等职业教育—教材 Ⅳ. ①TU855

中国版本图书馆 CIP 数据核字（2022）第 092341 号

高等职业教育建筑设备类专业系列教材

建筑设备监控系统

主　编　梅晓莉　王　波

副主编　邱　欣　油　飞　马　超

主　审　周爱农

策划编辑：林青山

责任编辑：姜　凤　　版式设计：林青山

责任校对：谢　芳　　责任印制：赵　晟

*

重庆大学出版社出版发行

出版人：饶帮华

社址：重庆市沙坪坝区大学城西路 21 号

邮编：401331

电话：（023）88617190　88617185（中小学）

传真：（023）88617186　88617166

网址：http://www.cqup.com.cn

邮箱：fxk@cqup.com.cn（营销中心）

全国新华书店经销

重庆华林天美印务有限公司印刷

*

开本：787mm×1092mm　1/16　印张：17.75　字数：445 千

2022 年 6 月第 1 版　2022 年 6 月第 1 次印刷

印数：1—2 000

ISBN 978-7-5689-3347-6　定价：49.00 元

本书如有印刷、装订等质量问题，本社负责调换

版权所有，请勿擅自翻印和用本书

制作各类出版物及配套用书，违者必究

前　言

建筑设备监控系统是建筑智能化的核心子系统之一，在商业建筑中应用占比可高达60%，同时也是实现建筑节能监控的重要基础平台，是实现绿色建筑中节能控制的必经途径，对未来绿色建筑评分占有重要地位。随着智能建筑、智慧城市、绿色建筑、人工智能等新技术、新业态的蓬勃发展，建筑设备监控系统的应用将会更加广泛。

建筑设备监控系统为智能建筑内各机电设备的安全、节能、高效协调工作提供必备的支撑，结合本书内容，落实培养学生安全性、规范性、节能降耗思维、团队协作、学思结合、知行统一的工程伦理教育与精益求精的工匠精神为根本任务，为社会输送具备良好工程应用能力的高素质、高水平专业技术技能复合型人才。

本书依托建筑智能化国家级骨干专业、国家级资源库、省级一流课程平台，结合校企优势、实训室丰富的建筑设备监控系统产品，以及基于工程实例的虚拟仿真库，结合《绿色建筑评价标准》（GB/T 50378—2019）、《绿色生态住宅（绿色建筑）小区建设技术标准》（DBJ50-T-039—2018）、《智能建筑工程质量验收规范》（GB 50339—2013）、《建筑智能化系统运行维护技术规范》（JGJ/T 417—2017）、《智能建筑工程质量检测标准》（JGJ/T 454—2019）、《建筑设备监控系统工程技术规范》（JGJ/T 334—2014）等国家及行业规范，对接国家职业技能标准《智能楼宇管理员》《弱电工职业技能标准》（JGJ/T 428—2018）等编写而成，以职业能力为本位，基于工作任务的要求开发课程体系模块；结合工作岗位、产品、工程案例、各子系统实施课程体系模块进行编写，实用性、应用性强。

本书共两个部分：第一部分为理论基础，主要从系统的认知、设备的认知、网络组建的认知进行介绍；第二部分为各子系统应用，根据控制对象由易到难、由少到多、由数字控制到模拟控制的逻辑结构，介绍各监控子系统的设计与配置、工程实施、工程验收、工程维护等，结合工程案例库进行项目化、任务化的理实一体化编写；内容构架由上至下，由整至零，将系统组成与控制功能逐步细化。

本书配有丰富的教学微课、Flash 动画、PPT、试题库等数字资源，可用于教学、培训、相关职业技能资格鉴定、工程技术实践参考等，应用聚焦、适用面广。

本书的配套资源可在重庆大学出版社的资源网站（www. cqup. com. cn，用户名和密码：

cqup)上下载。书中所有教学资源实时更新至教学平台(http://www.cqooc.com/,重庆高校在线开放课程平台,“楼宇自控技术”课程),供读者学习参考。

本书由重庆电子工程职业学院梅晓莉、王波担任主编,重庆电子工程职业学院工程师邱欣、重庆建筑科技职业学院油飞、重庆电子工程职业学院教授级高级工程师马超担任副主编,重庆电子工程职业学院教授朱承、南京泰杰赛智能科技有限公司王国臣、重庆立德智联智能物联网科技有限公司任浩鑫参与编写。其中,项目1、项目2由油飞、梅晓莉编写,项目3、项目4由梅晓莉、王波、朱承、王国臣编写,项目5—项目7由邱欣、马超、任浩鑫编写,梅晓莉、王波负责统稿。重庆市勘察设计协会电气智能化分会会长、重庆市设计院有限公司总工程师周爱农担任本书主审。

书中具体实施内容仅代表编者对规范、工程实际的理解,不妥之处在所难免,恳请广大读者批评指正。

编　者

2021年12月

目　录

项目 1 建筑设备监控系统的认知

【学习导航】

住房和城乡建设部“十四五”时期在建筑业发展目标中提出，建筑工业化、数字化、智能化水平大幅提升，建造方式绿色转型成效显著，加速建筑业由大向强转变。而建筑设备监控系统作为建筑智能化核心子系统之一，是实现建筑体“有感知”“会思考”“能生长”的重要手段，为人、设备和管理平台搭建桥梁，实现建筑高效、节能低碳运行并延长建筑的生命，满足人们对美好居住生活的需要。

本项目以工程实例、仿真平台为载体，全面学习建筑设备监控系统的定义、功能、监控对象、作用、地位、系统结构、通信技术等。

【学习目标】

素质目标

◆培养工程规范的搜集能力；
◆培养工程规范意识、节约意识；
◆培养知识迁移至工程应用的能力。

能力目标

◆能根据建筑设备监控系统的定义提取其系统组成；
◆能根据工程图纸判断其系统构成与构架。

知识目标

◆掌握建筑设备监控系统的定义及功能；
◆掌握集散控制系统的核心思想及系统组成；
◆了解建筑设备监控系统的现状及趋势；
◆熟悉传统 DCS 与新一代 FCS 的优缺点及市场应用情况。

【学习载体】

某地产大厦建筑设备监控系统工程实例、某学院 BAS 工程实例。

任务 1.1　什么是建筑设备监控系统

【任务描述】

(1)结合案例,说出本工程建筑设备监控系统的监控范围、作用及功能;

(2)分析本工程建筑设备监控系统运用了哪些你熟悉的通信技术。

【知识点】

1.1.1　智能建筑的发展与规模

我国智能建筑起源于 20 世纪 90 年代,经历了初创期、规范期、发展期 3 个阶段,已形成了产业规模及产业链。智能建筑工程已普及到各种类型建筑并延伸到城市建设及相关行业。地域上,智能建筑由一线城市逐渐向二、三线城市推广,未来将普及农村、生态园、工业区等领域。技术上,由机电管理逐渐向数字化、网络化发展。随着时间、领域、技术 3 个维度的扩张,智能建筑覆盖领域逐渐增加,行业发展迅猛。

目前,中国建筑智能化的市场需求主要由新建建筑智能化技术应用和既有建筑智能化改造两部分组成。新增建筑面积对建筑智能化行业的市场需求影响较大,占据了市场的主要需求。在存量智能建筑规模方面,中国每年约 3%(平均改造周期 30 年)的住宅以及 6%(平均改造周期 15 年)的工业、公共建筑进行智能化改造,根据 2021 年 12 月由美控智慧建筑联合亿欧智库共同发布的《赋宇新生:2022 中国楼宇自控行业白皮书》,2021 年中国建筑智能化市场产值约达 7 238.2 亿元,结合近几年行业的发展趋势,经过初步估算,2016—2021 年中国建筑智能化行业市场规模逐年上升,存量规模接近 5 000 亿元而新增规模超过 2 200 亿元,如图1.1 所示。

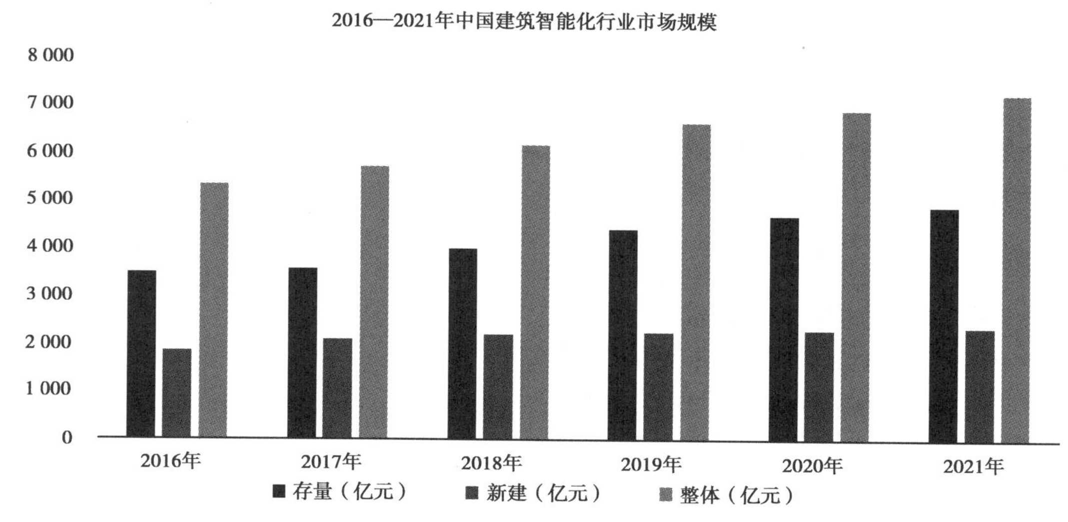

图 1.1　《赋宇新生:2022 中国楼宇自控行业白皮书》数据节选

因建筑智能化在低碳、节能方面的优势突出，同时能为人们的生活带来更多的舒适体验，加之政府对建筑智能化建设规范化、科学化的引导。2027 年，行业规模有望超过 10 000 亿元。对居民居住建筑的安全智能进行提升，利用现代信息技术辅助建筑智能化建设，在一定程度上使得入住居民的人身财产安全得到保障；在让人们的居住环境变得更加安全舒适，生活变得更加便捷的同时，行业实现节能减排的要求。基于上述市场对行业的潜在需求，行业的发展前景将与民生密不可分，且结合国家对节能建筑、绿色建筑和数字家庭的发展需求，中国建筑智能化行业的市场前景较好。

1.1.2　建筑设备监控系统在智能建筑中的地位

智能建筑设计标准（GB 50314—2015）

根据《智能建筑设计标准》（GB 50314—2015），智能建筑智能化系统工程系统配置分项宜分别以信息化应用系统（Information Technology Application System, ITAS）、智能化集成系统（Intelligented Integration System, IIS）、信息设施系统（Information Technology System Infrastructure, ITSI）、建筑设备管理系统（Building Management System, BMS）、公共安全系统（Public Security System, PSS）、机房工程（Engineering of Electronic Equipment Plant, EEEP）为系统技术专业划分方式和设施建设模式进行展开，并作为后续设计要素分别作出技术要求的规定，如图 1.2 所示。

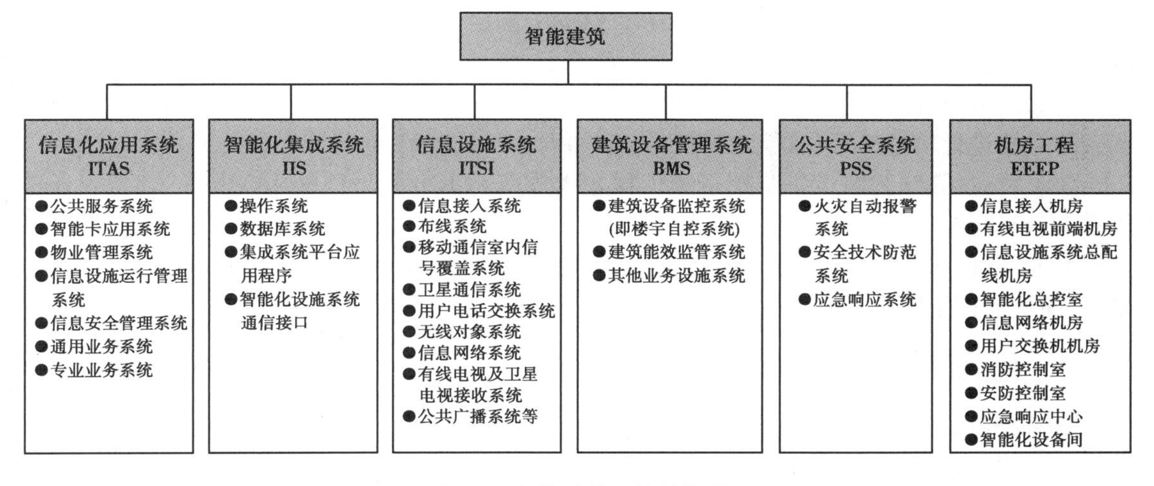

图 1.2　智能建筑系统的构成

建筑设备监控系统作为智能建筑的重要子系统之一，目前主要应用于大型商业建筑，民用建筑中建筑设备监控系统的应用较少，其中，办公用房和商厦房屋占比高达 60%。《赋宇新生：2022 中国楼宇自控行业白皮书》中指出，2021 年中国建筑智能化市场产值约达 7 238.2 亿元，其中，建筑设备监控行业市场规模为 71 亿元左右。经初步估算，2016—2021 年行业市场规模逐年上升且随着近几年“双碳”目标的确立，节能建筑、绿色建筑行业进行细化管理的要求逐渐成为行业主流，目前行业市场规模的发展趋势整体较好。

1.1.3　建筑设备监控系统的作用

建筑设备监控系统在大型智能建筑的运行和管理中起着非常重要的作用，极大地提升了建筑物的价值，其主要作用体现在以下 4 个方面：

①优化建筑物内各个工艺系统的运行管理，提高工作人员效率，减少运行人员及费用（如维保人员可减少30%），提升建筑物的管理效率。

②为建筑物提供良好的环境；对室内空气、温度、湿度、光照度等进行控制，改善了室内舒适度。

③节省建筑物能耗，与没有使用建筑设备监控系统相比，可节约能源约25%。

④对电梯、供配电系统的监控，结合消防与安全防范系统的联动控制，加强建筑物的使用安全。

1.1.4 建筑设备监控系统的定义

建筑设备监控系统（Building Automation System, BAS）可称为“楼宇自动化系统”“楼宇自控系统”“建筑设备自动化系统”等，是智能建筑中的一个独立系统，在国外文献中相关术语还有Building Management System（BMS）、Building Control System（BCS）、Building Energy Management System（BEMS）等，在系统组成和主要功能方面都非常类似。

智能建筑的基本功能主要由三大部分构成，即楼宇自动化系统（BAS）、通信自动化系统（Communication Automation System, CAS）和办公自动化系统（Office Automation System, OAS）集成组成，简称3A。后来，由于火灾自动报警系统（Fire Alarm System, FAS）和安全防范自动化系统（Security Protection & Alarm System, SAS）分别由公安部消防局和公安部安防办进行管理，因此将这2个系统与前面3个自动化系统合并，简称5A。通常，将国外的BAS或BMS等称为广义的BAS，而我国除了FAS和SAS的BAS称为狭义的BAS；国内的BMS即包含了消防和安防系统进行信息交互和联动控制的功能，可对应于国外的BMS或广义的BAS。

建工行业标准《建筑设备监控系统工程技术规范》（JGJ/T 334—2014）中将“建筑设备监控系统（Building Automation System, BAS）”定义为：“将建筑设备采用传感器、执行器、控制器、人机界面、数据库、通信网络、管线及辅助设施等连接起来，并配有软件进行监视和控制的综合系统，简称监控系统。”

1.1.5 建筑设备监控系统的功能

建筑设备监控系统工程技术规范（JGJ/T 334—2014）

建筑设备监控系统的主要功能是对建筑物内的机电设备（空调机组、风机、水泵等）的运行状况及建筑物的环境参数（温度、湿度、压力、流量、光照度等）进行集中监视、自动测量和控制调节，以满足相关管理需求对公共安全系统进行监视和联动控制。

建筑设备监控系统属于计算机生产过程控制系统领域，是计算机生产过程控制系统在民用建筑中的重要应用分支。因此，其设备制造、检验、设计、安装、验收标准都应符合国家现行的电气、计算机过程控制以及自动化仪表专业的相关标准和规范。

建筑设备监控系统主要包括以下系统的监视及控制：

①电力供应系统（高压配电、变电、低压配电、应急发电）。

②照明系统（工作照明、事故照明、艺术照明、障碍灯等特殊照明）。

③环境控制系统（空调及冷热源、通风环境监测与控制、给水、排水、卫生设备、污水处理）。

楼宇自控系统概述

④消防系统（火灾自动检测与报警、自动灭火、排烟、联动控制、紧急广播）。

⑤安防系统（防盗报警、视频监控、出入口控制、电子巡更）。

⑥交通运输系统（电梯、电动扶梯、停车场）。

⑦广播系统（背景音乐、事故广播、紧急广播）。

什么是楼宇自控系统

建筑设备监控系统对上述系统的监视及控制的功能要求如下：

①具有对建筑机电设备测量、监视和控制的功能，确保各类设备系统运行稳定、安全可靠并达到节能和环保的管理要求。

智能建筑动画演示

②采用集散式控制系统。

③具有对建筑物环境参数的监测功能。

④满足对建筑物的物业管理需要。

⑤具有良好的人机交互界面及采用中文操作界面。

⑥共享所需的公共安全等相关系统的数据信息等资源。

1.1.6　建筑设备监控系统的发展趋势

电子技术、通信技术和信息技术的发展给建筑设备监控系统的创新发展带来了新的机遇，通过这些新技术的利用，可实现更加人性化、智能化、简单化的建筑设备监控系统，无线无源传感通信技术、大数据技术的应用等可为建筑设备监控系统的推广提供更大的动力，为建筑设备监控系统的有效应用搭建了更广阔的平台。

1）无源无线传感通信技术

电子技术的发展使得物品智能化的成本大大降低，任何一个设备都可以容易地、低成本地开发成为智能设备，这促成了物联网概念的形成与物联网技术的应用尝试。由于物联网系统中物联网体数目众多，有线电力供给和有线通信限制物联网推广应用的瓶颈。因此，电池供电和无线通信是目前物联网应用普遍采用的技术手段。然而，受电池容量限制，定期更换电池的成本与人力成本也不可忽视，因此，在有些物联网应用中采用有线电源供电和无线通信的有线无线混合模式。想要突破物联网推广应用的瓶颈，需要研发无源无线传感通信技术。

目前，无线通信技术已较为成熟，其在建筑设备监控系统中的应用刚刚兴起。在公共建筑领域，全部采用无线通信的建筑设备监控系统尚未见成熟的实际工程应用，在研究领域，有较多的应用探讨。在智能家居领域，因为智能化系统以户为单位，规模比公共建筑智能化系统小很多，所以更容易开发和推广使用，无线通信技术在智能家居领域的应用呈现出百花齐放的繁荣局面，很多生产厂家推出了各种基于无线通信的智能家居解决方案。

传感通信网络的无源功能的实现可以通过使用能量采集（Energy Harvesting）技术来实现。能量采集技术是指采集环境中广泛存在的微弱能量将其转化为电能的技术。2011 年，英国商业创新与技能部的报告指出，能量采集与合成生物学（Synthetic Biology）、高能效计算（Energy-Efficient Computing）、石墨烯（Graphene）为未来四大战略性研究领域，到 2020 年能量采集技术的市场规模将达到 40 亿美元，是非常值得期待的技术。常见的可采集并转化为电能的微弱能量包括光能、电磁波、热能、振动能等。如图1.3所示，无线自发电门铃、无源表带式测温传感器等为无源无线设备。

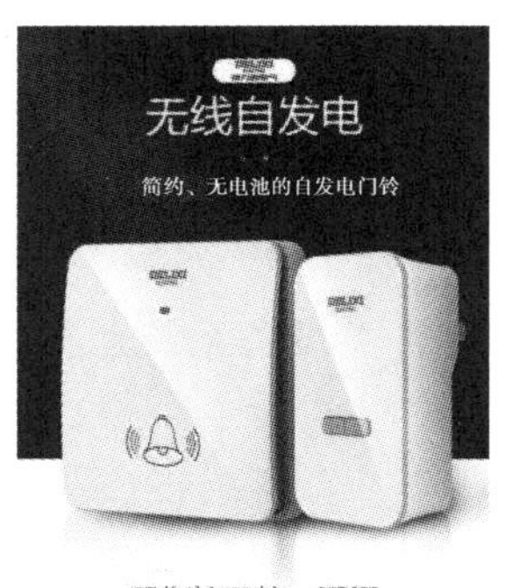

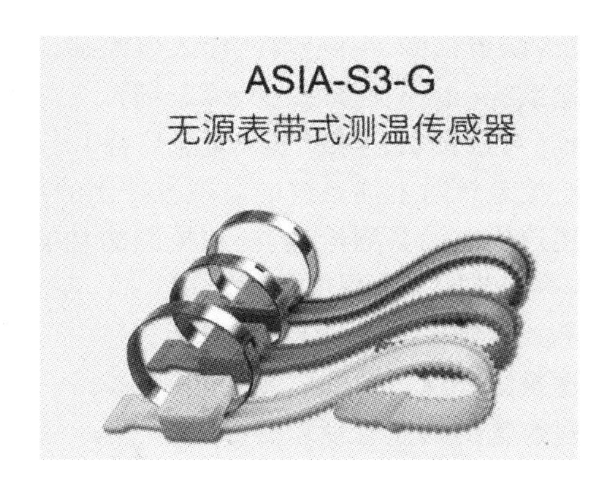

图 1.3　无源无线设备实物

2）大数据技术

对于“大数据”的概念，不同的机构给出了不同的定义。通用定义如下：“大数据是需要新处理模式才能具有更强的决策力、洞察力和流程优化能力的海量、高增长率和多样化的信息资产。”

大数据在商业、金融、电子商务、新闻媒体、医疗、教育、工业制造、城市规划等多个领域均有应用，并取得一定成效。然而在建筑设备监控系统领域，研究与应用尚少，有待进一步拓展。

大数据技术的应用可分别给建筑业主、用户和建筑设备制造商、供应商带来一系列的价值。对于建筑业主、用户来说，通过能耗数据、室内环境数据的分区分析、显著性检验、聚类分析等，可帮助建筑业主、用户清楚地掌握建筑的性能、能耗等级以及检测与诊断建筑设备运行过程中出现的故障；通过关联规则挖掘等知识挖掘技术，可帮助建筑业主、用户通过专家系统提高建筑能效，通过预测能源需求与费用、挖掘建筑的节能潜力，对人类的可持续发展作出贡献。对于建筑设备制造商、供应商来说，通过关联规则挖掘等知识挖掘技术，可帮助确定产品开发方向，使之与用户需求相匹配，以及预测什么时候该进行设备维护与售后服务，防患于未

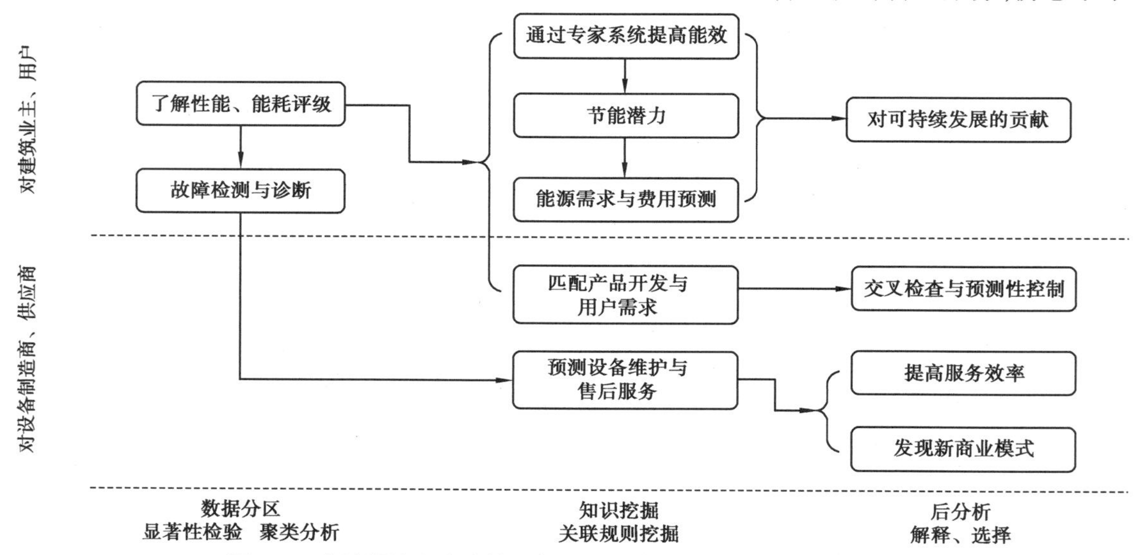

图 1.4　大数据技术在建筑设备监控系统中的应用能够带来的价值

然。知识挖掘之后的分析,可帮助建筑设备制造商、供应商之间实现设备的交叉性检查与预测性控制、提高服务效率、发现新商业模式等,如图 1.4 所示。

【任务实施】

(1)结合案例,说出本工程建筑设备监控系统的监控范围、作用及功能。

根据建筑设备监控系统的定义、功能、地位等知识与案例图纸、投标书,结合参观建筑智能化实训基地建筑设备监控系统、江森集成监控仿真平台、智能建筑系统演示动画等,小组讨论并分析各组工程案例中建筑设备监控系统的监控范围、作用及功能。需要注意的是,不同类型的工程案例其监控范围与功能会有所不同并各有侧重(见表 1.1,仅供参考)。

表 1.1　工程案例建筑设备监控系统的认知——范围、作用及功能

工程名称				建筑物类型	
监控范围	具体位置及数量	监视参数	控制功能（开关控制/调速控制）	联动控制	涉及设备及线缆
送排风系统					
给排水系统					
暖通空调系统					
冷热源系统					
电梯系统					
供配电系统					
照明系统					
消防系统					
安防系统					
广播系统					
⋮					

(2)分析本工程建筑设备监控系统运用了哪些你熟悉的通信技术。

观察设备接口及型号,查找设备参数,小组讨论并分析,其产品设备涉及哪些通信技术的应用,并列表归纳、汇总填写至任务单。

【任务知识导图】

任务 1.1 知识导图,如图 1.5 所示。

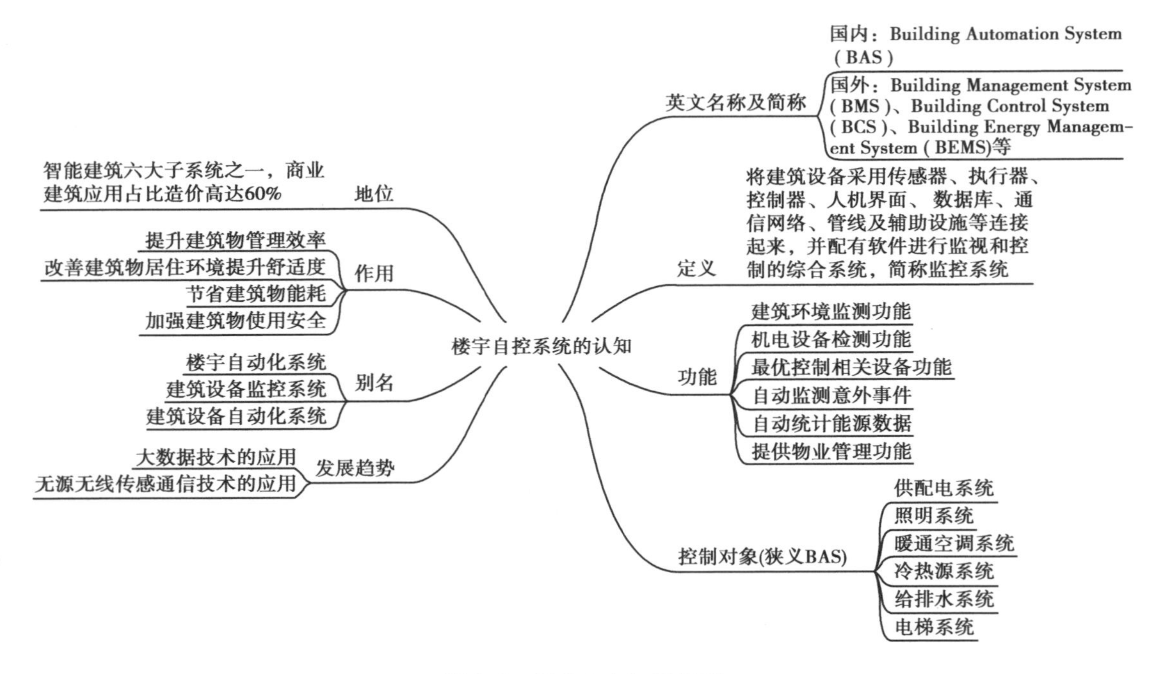

图 1.5　任务 1.1 知识导图

任务 1.2　建筑设备监控系统的结构

【任务描述】

结合案例，说出本工程建筑设备监控系统的结构是属于集散式控制系统（DCS）结构，还是现场总线式控制系统（FCS）结构，每个层级又有哪些设备及接口。

【知识点】

1.2.1　集散式控制系统

集散式控制系统

建筑设备监控系统包括多个子系统的控制，为实现统一监视及管理，需将各个子控制、子系统集成为一个综合系统，如图 1.6 所示。

建筑设备监控系统的监制对象多且控制功能复杂，由于目前 BAS 所面临的监控对象的复杂性，至今全球范围内还没有一个厂商能够提供所有的软硬件产品，事实上形成各自为政、占山为王、相互争夺地盘的竞争状态，最终导致 BAS 产品没有一个统一标准：信息不能共享，也不能互联互通（图 1.7）。解决这个问题的方法就是系统集成技术。

通过系统集成，最终将不同厂家、不同协议标准的产品组织在一个大系统中，实现信息互联互通，达到控制联动、信息共享的目的。建筑设备监控系统将各个控制子系统集成为一个综合系统，目前工程应用中以集散控制系统为主。

BAS集成管理计算机
电力供应与管理计算机
照明控制与管理计算机
环境控制与管理计算机
消防报警与控制计算机
保安监视与控制计算机
交通运输监控计算机
广播系统监控计算机
高压变配电控制子系统
低压配电控制子系统
应急发电控制子系统
正常照明控制子系统
事故照明控制子系统
装饰照明控制子系统
空调及冷热源控制系统
通风环境监控子系统
给水排水监控子系统
卫生设备监控子系统
污水处理监控子系统
自动监测与报警子系统
灭火排烟控制子系统
消防联动控制子系统
保安防盗报警子系统
电视监控子系统
出入查证监控子系统
电子巡更监控子系统
电梯运行监控子系统
停车场监控子系统
车船队运行管理子系统
背景音乐多媒体系统
紧急事故广播子系统
BAS对象环境

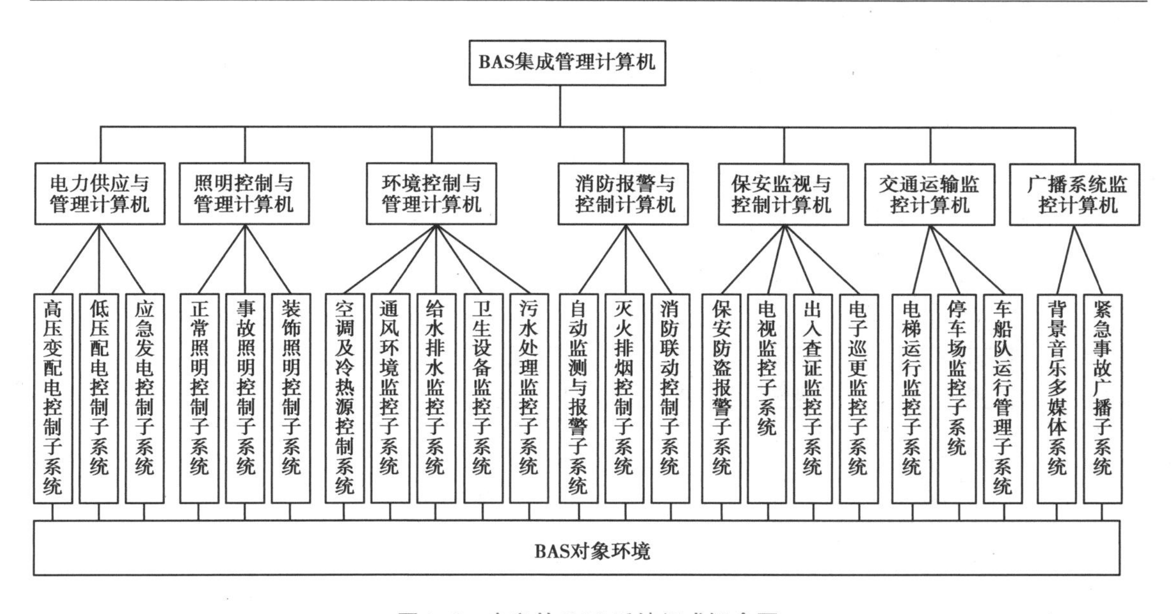

图 1.6　广义的 BAS 系统组成概念图

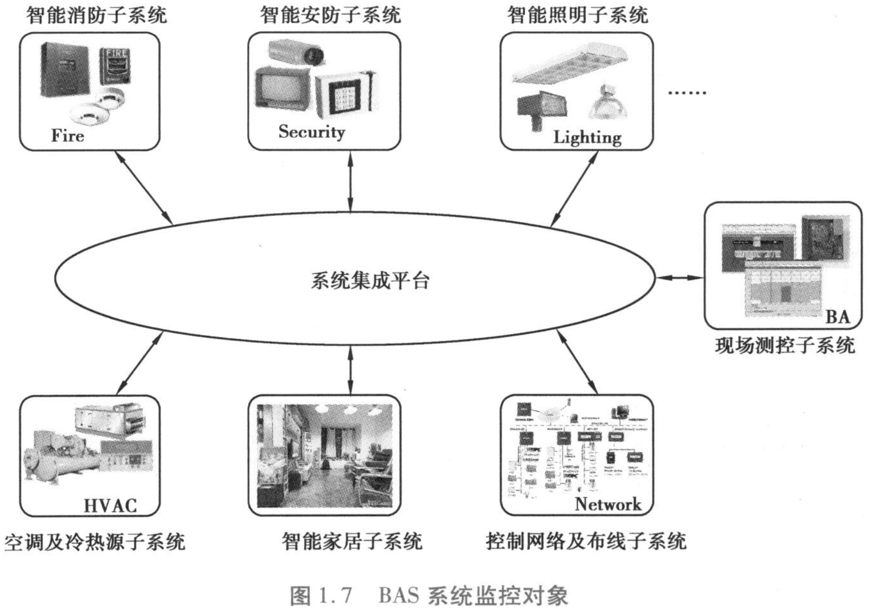

智能消防子系统
Fire
智能安防子系统
Security
智能照明子系统
Lighting
……
系统集成平台
BA
现场测控子系统
HVAC
空调及冷热源子系统
智能家居子系统
Network
控制网络及布线子系统

图 1.7　BAS 系统监控对象

集散控制系统(Distributed Control System,DCS)是采用集中管理、分散控制策略的计算机控制系统,它以分布在现场的数字化控制器或计算机装置完成对被控设备的实时控制、监测和保护任务,已具有强大的数据处理、显示、记录及显示报警等功能。集散控制系统的结构如图 1.8 所示,是一个横向分散、纵向分层的体系结构,按功能分为现场层、控制层、中央管理层,级与级之间通过网络互联。

1)管理层(信息层)

实现集中显示与操作、进行信息综合,硬件构成包括计算机、网络接口和网络设备(网卡、集线器、交换机)等。管理层能够以用户容易理解的方式显示系统数据,生成综合报表,实现信息系统共享数据，与互联网建立联系，允许远程访问等。

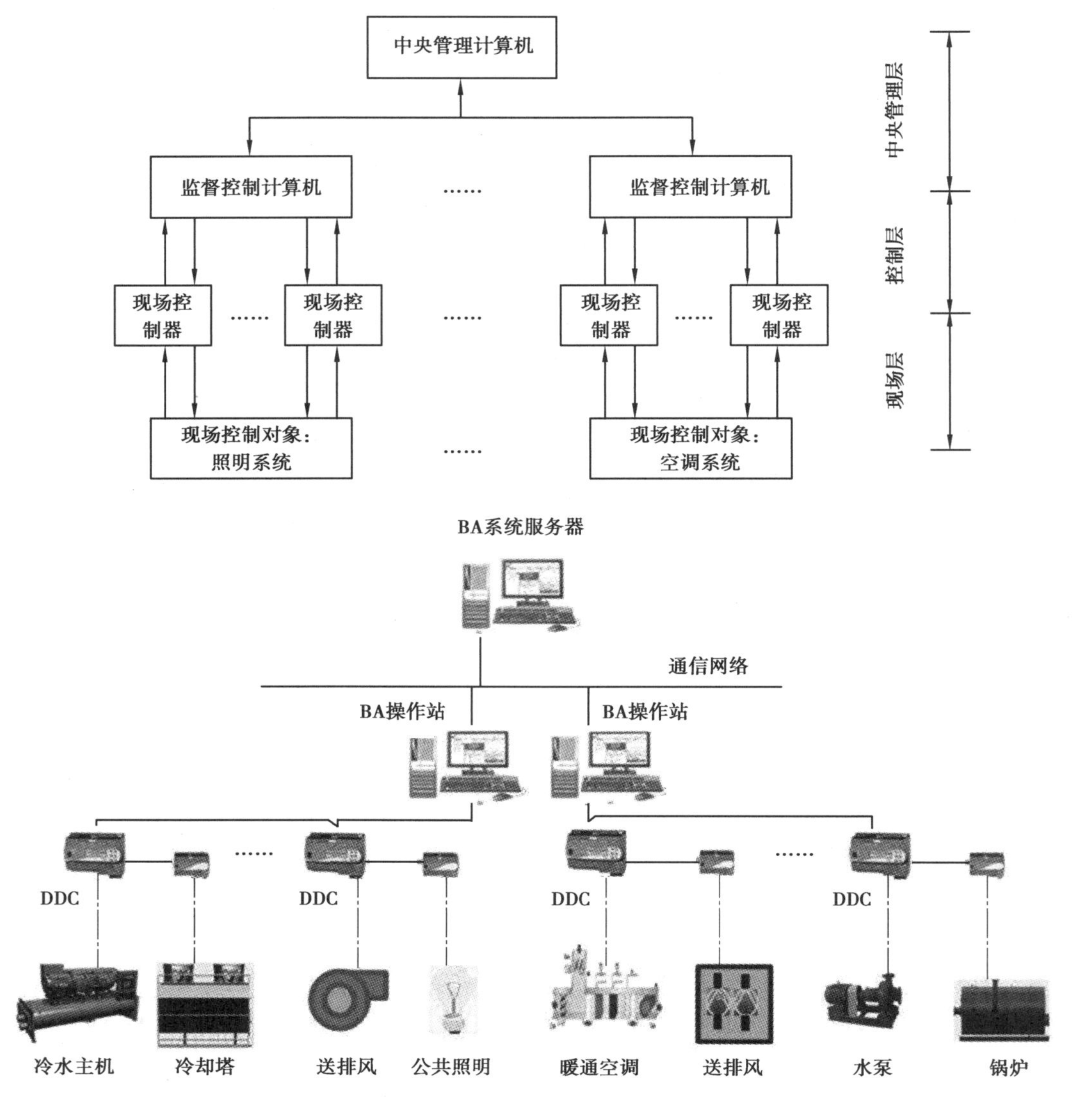

图 1.8　集散式建筑设备监控系统结构

中央管理级是以中央控制室操作站为中心，辅以打印机、报警装置等外部设备组成。主要功能为实时数据记录、存储、显示和输出，优化控制和优化整个集散控制系统的管理调度，实时故障报警、事件处理和诊断，实现数据通信。

中央管理计算机与监控分站计算机的组成基本相同，但其作用是对整个系统的集中监视和控制。需要指出的是，并不是所有的集散式控制系统都具有三层功能，大多数中小规模系统只有一二层，只有大规模系统才有第三层。

在建筑物中，需要实时监测和控制的设备具有品种多、数量大和分布范围广的特点。几十层的大型建筑物，建筑面积多达十多万平方米，有数千台（套）设备分布在建筑物的内外。对于这样一个规模庞大、功能综合、因素众多的大系统来说，要解决的不只是各子系统的局部优化问题，而是一个整体综合优化问题。若采用集中式计算机控制，所有现场信号都要集中在同一个地方，由一台计算机进行集中控制。这种控制方式虽然结构简单，但功能有限且可靠性不高，不能适应现代建筑物管理的需要。集散式控制以分布在现场被控设备附近的多台计算机控制装置完成被控设备的实时监测、保护与控制任务，克服了集中式计算机带来的危险性高度集中和常规仪表控制功能单一的局限性。集散式控制充分体现了集中操作管理、分散控制的理念，在建筑设备自动化系统中得到了广泛应用。

2）控制层（自动化层）

实现控制策略，硬件构成包括现场控制器和网络接口。现场控制器适用于各种机电设备的控制；能以用户容易理解的方式显示数据，生成报告，与其他控制器共享数据等。网络接口有两类，分别把控制层信息向上连接到管理层或向下连接到现场层进行交互。

控制层由一台或多台通过局域网相连的计算机构成，作为现场控制器的上位机，监控计算机可分为以监控为目的的监控计算机和以改进系统功能为目的的操作计算机。

（1）监控计算机

面向运行监控管理人员，主要功能是为管理人员提供人机界面，使操作员及时了解现场运行状态、各种运行参数的当前值、是否有异常情况发生等，并可通过输出设备（键盘或鼠标器）对运行过程进行控制和调节；另一功能是对历史数据进行处理，调用历史数据生成运行报表、历史趋势曲线等。

（2）操作计算机

面向工程师管理人员，也可称为工程师站。其主要功能是对分散控制系统进行离线配置和组态，对组态的在线修改功能，如上下限设定值的改变、控制参数的调节、对某个检测点或若干个检测点甚至是对某个现场控制器的离线直接操作等；另一功能是对分散控制系统本身的运行状态进行监视，包括各个现场控制器的运行状态、各监控站的运行情况、网络通信状态等。

3）现场层（仪表层）

完成仪表信号传送，硬件构成包括网络接口、末端控制器、分布式输入输出模块和传感器（变送器）、执行器等，也称为仪表层或设备层。

（1）现场控制级的主要组成

①现场控制器。

现场控制器在体系结构中又被称为下位机，是以功能相对简单的工业控制计算机、微处理器或微控制器为核心，具有多个数字输出、数字输入、模拟输入和模拟输出通道，可与各种低压控制电器、检测装置（如传感器）、执行调节装置（如电动阀门）等直接相连的一体化装置，用来直接控制被控设备对象（如给水排水、空调、照明等），并且能与中央控制管理计算机通信。

现场控制器本身具有较强的运算能力和较复杂的控制功能，其内部有监控软件，即使在上位机（监控计算机）发生故障时，仍可单独执行监控任务。

②检测执行装置。

楼宇设备通常包括给水排水设备、暖通空调设备、供电照明设备、电梯设备等，这些设备称为现场被控设备。现场被控设备与现场控制器之间的信息传递通过安装在现场设备系统上大量的检测执行装置来完成。检测执行装置包括：

a. 检测装置，主要指各种传感器，如温度、湿度、压力、压力差、液位等传感器。

b. 调节执行装置,如电动风门执行器、电动阀门执行器等。

c. 触点开关,如继电器、接触器、断路器等。

(2)现场控制级的主要任务

①对设备进行实时检测和诊断。

对被控对象的各个过程变量和状态信息进行实时数据采集,以获得数字控制、设备监测和状态报告等所需的现场数据;分析并确定是否对被控装置实施调节;判断现场被控设备的状态和性能,在必要时进行报警或提供诊断报告。

②执行控制输出。

根据控制组态数据库、控制算法模块来实施连续控制、顺序控制和批量控制。

工程中常用的网络结构示意图如图 1.9 所示。

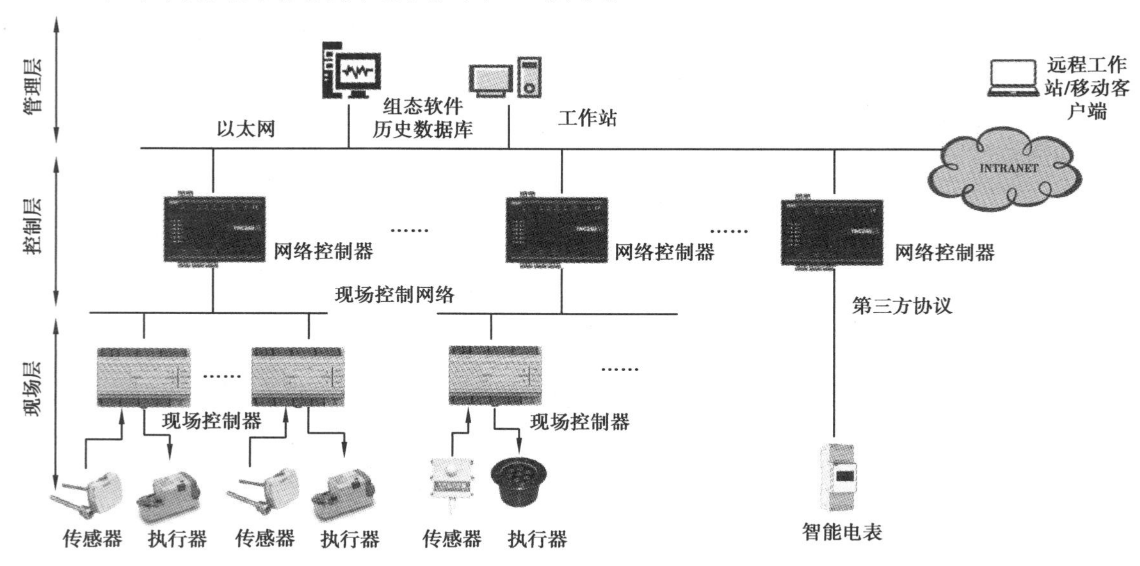

图 1.9　建筑设备监控系统常用网络结构示意图

1.2.2　集散式控制系统的特点

集散式控制系统是采用标准化、模块化和系列化设计,由现场控制级、监视控制级和管理级所组成的一个以通信网络为纽带的集中显示操作管理,控制相对分散,具有灵活配置、组态方便的多级计算机网络系统。由上述介绍可见集散控制系统具有以下特点:

1)分级递阶控制

集散控制系统是分级递阶控制系统。在垂直方向或水平方向都是分级的。最简单的集散控制系统至少在垂直方向分为两级,即操作管理级和过程控制级。在水平方向上各个过程控制级之间是相互协调的分级,它们把数据向上送达操作管理级,同时接收操作管理级的指令,各水平分级间相互也进行数据交换,这样的系统是分级的递阶系统。集散控制系统的规模越大,系统的垂直和水平分级的范围也越广。

分级递阶系统的优点是各分级有各自的功能,完成各自的操作。它们之间既有分工又有联系,在运行中完成各自的任务,同时它们相互协调、相互制约,使整个系统在优化的操作条件下运行。

在不分级的计算机直接数字控制系统中，各个组成部分具有相同等级，数据由同一个 CPU 进行处理。虽然可以进行优先级别的分配，但是系统的调整不方便。由于没有分级，故组成系统的某些部件的故障将造成整个系统瘫痪，降低系统的可靠性。

2）分散控制

在计算机控制系统的应用初期，控制系统是集中式的，即一个计算机完成全部的操作监督和过程控制。由于在一台计算机上把所有的过程信息的显示、记录、运算、转换等功能集中在一起，也产生了一系列的问题。一旦计算机发生故障，将造成过程操作的全线瘫痪，由此产生了危险分散与冗余的概念。但是，如果以同样的计算机控制系统作为原系统的后备，无论从经济上还是从技术上仍存在缺陷，只有在过程控制级进行分散，把过程控制与操作管理进行分散才是可能和可行的。

随着生产过程规模的扩大，设备的安装位置越来越分散，把大范围内的各种过程参数的监控汇集在一个中央控制室是不经济的，而且操作与管理也不方便。因而，提出了地域的分散和人员的分散要求。人员的分散还与大规模生产过程的管理有着密切的关系。在集中控制的计算机系统中，为操作方便，需要有几个供操作用的显示屏，每个操作人员在各自的操作屏前进行操作。由于在同一台计算机系统内运行多项任务，对系统中断优先级、分时操作等的要求也较高，系统可能会出现由多个用户的中断冲突而造成计算机的死机。于是提出了操作的分散、多用户多进程的计算机操作系统的要求。

在集散控制系统中，分散的内涵十分广泛并不断扩展。分散控制功能、分散数据显示、分散通信、分散供电、分散负荷等，而且这些分散是相互协调的分散。同时，由于分散的特征，DCS 的数据库形成分布式特点，但分布式数据库在系统运行中仍应保证数据的一致性。因此，在分散中有集中的数据管理、集中的控制目标、集中的显示屏幕、集中的通信管理等，为分散作协调和管理。各个分散的子系统是在统一集中操作管理和协调下各自分散工作的。

3）自治性

系统中的工作站通过网络连接，各工作站是独立自主地完成分配给自己的规定任务，如数据采集、处理、计算、监视、操作和控制等。工作站采用微型计算机，存储容量大，配套软件功能齐全，是一个能够独立运行的高可靠子系统。其控制功能齐全，控制算法丰富，集连续控制、顺序控制和批量控制于一体，还可实现串级、前馈、解耦和自适应等控制，具有很强的控制性能。

4）协调性

各工作站间通过通信网络传送各种信息协调工作，各子系统在统一集中操作管理和协调下各自分散工作，以完成控制系统的总体功能和优化处理。采用实时性的、安全的、可靠的工业控制局部网络，使整个系统信息共享。采用 MAP/TOP 标准通信网络协议，将集散控制系统与信息管理系统连接起来，扩展成综合自动化系统。

5）友好性

集散控制系统软件是面向工业控制技术人员、工艺技术人员和生产操作人员而设计的，操作界面采用实用而简捷的人机对话系统,彩色高分辨率交互图形显示,复合窗口技术,画面丰富;有综观、控制、调整、趋势、流程图、回路一览、报警一览、批量控制、计量报表、操作指导等画面,菜单功能具有实时性。平面密封式薄膜操作键盘、触摸式屏幕、鼠标器、跟踪球操作器等便于操作。话音输入/输出使操作员与系统对话更方便。

集散控制系统的系统组态、过程控制组态、画面组态、报表组态是十分重要的,这些工作可由组态软件完成,用户的方案及显示方式可由它解释生成 DCS 内部可理解的目标数据,生成的实用系统便于灵活扩充新的控制系统。

6)可扩充性

硬件和软件采用开放式、标准化和模块化设计,系统的积木式结构,可适应不同用户的需要而灵活配置。可根据生产要求,修改系统配置,在改变生产工艺、生产流程时,只需要使用组态软件,填写一些表格修改某些配置和控制方案即可,而不需要修改或重新开发软件。

7)开放性

开放系统是以标准化与业界实际存在的接口协议为基础建立的计算机系统、网络通信系统,这些标准与协议为各种应用系统的基本平台提供了软件的可移植性、系统的互操作性、信息资源管理的灵活性和产品的可选择性。开放系统已成为第三代集散控制系统的标志。

为了实现系统的开放,DCS 通信系统应符合统一的通信协议。国际标准化组织对开放系统互联提出了 OSI 参考模型。在此基础上,各有关组织已提供了多个符合标准模型的通信协议与标准,例如,制造自动化协议 MAP、IEEE802 通信协议、BACNet 等,在集散控制系统中都得到了充分应用。

8)可靠性

高可靠性是集散控制系统的生命力所在,制造厂商对系统结构、软件系统进行可靠性设计,在设备制造过程中采用可靠性保证技术。

集散控制系统也存在一些缺点,例如,采用一台仪表、一对传输线的接线方式,导致接线庞杂、工程周期长、安装费用高、维护困难;模拟信号传输精度低,而且抗干扰性差;各厂家的产品自成系统,且系统封闭、不开放,难以实现产品的互换、互操作以及组成更大范围的网络系统。

1.2.3 现场总线控制系统

由于 DCS 系统的上述缺点,新一代集散控制系统的体系结构——现场总线控制系统(Fieldbus Control System, FCS)应运而生。将仪表层的现场设备数字化(即自带微处理芯片)、智能化,变革传统的单一功能的模拟仪表,将其改为综合功能的数字仪表;变革传统的计算机控制系统(DDC 和 DCS),将输入、输出、运算和控制功能分散分布到现场总线仪表中;将现场设备层单向传输的模拟信号变成全数字双向多站的数字通信,实现现场设备层的全网络化,如图 1.10 所示。

IEC 对现场总线(Fieldbus)一词的定义为:现场总线是一种应用于生产现场,在现场设备之间、现场设备与控制装置之间实行双向、串行、多节点数字通信的技术。现场总线被誉为自动化领域的计算机局域网。它作为工业数据通信网络的基础,沟通了生产过程现场级控制设

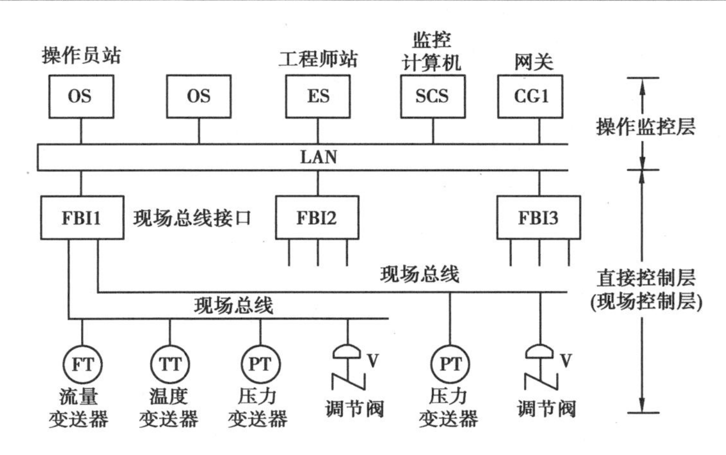

图1.10　FCS系统组成图

备之间及其与更高控制管理层之间的联系。它不仅是一个基层网络，而且还是一种开放式、新型全分布式的控制系统。

集散控制系统与现场总线控制系统

现场总线技术是以智能传感器、控制、计算机、数据通信为主要内容的综合技术，这些智能传感器、执行器等不仅可以简化布线，减少模拟量在长距离输送过程中的干扰和衰减的影响，而且便于共享数据以及在线自检。因此，现场总线是适应智能仪表发展的一种计算机网络，它的每个节点均是智能仪表或设备，网络上传输的是双向数字信号。

现场总线技术已受到世界范围的关注而成为自动化技术发展的热点，必将导致自动化系统结构与设备的深刻变革。其网络结构趋于扁平化，整个系统只是一层结构，形成全数字的、彻底的分散控制系统。这种发展已成为一种趋势，目前已有部分全以太网的控制产品上市了。

DCS与FCS的系统构成对比如图1.11所示。

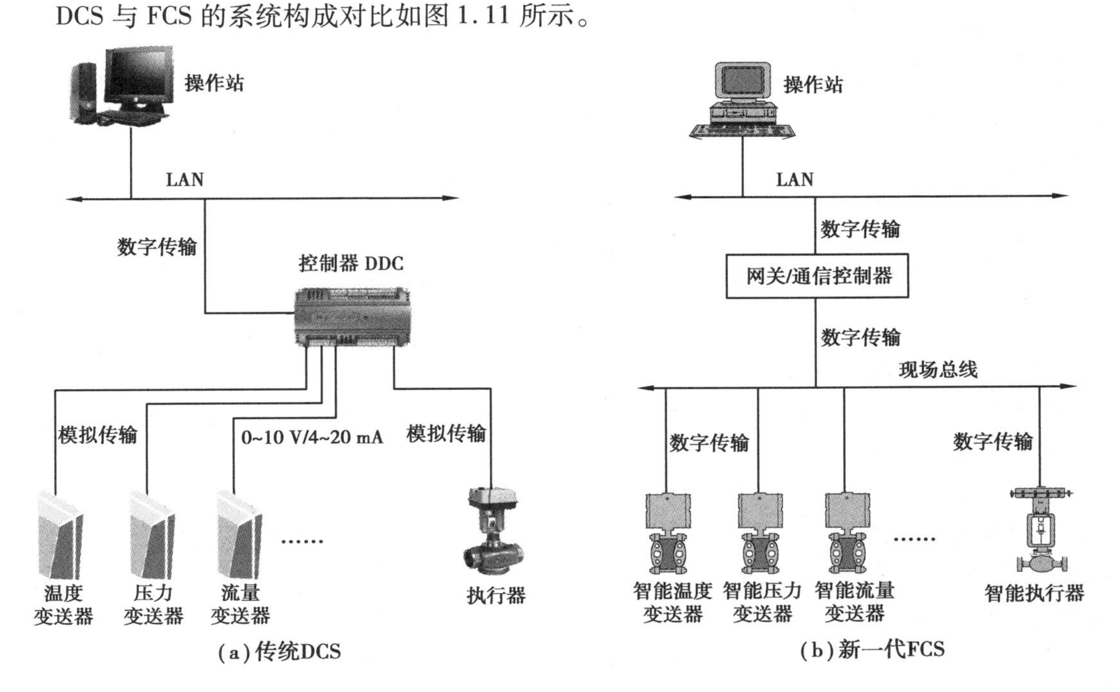

图1.11　DCS与FCS的系统构成对比

目前,基于集散控制系统的楼宇自动化系统的品牌和厂商有很多,国外有美国的霍尼韦尔、江森自控,德国的西门子,中国有同方泰德、美控智慧等。楼宇自控行业品牌榜,见表1.2。

表1.2 楼宇自控行业品牌榜

排名	品牌	识别	实力	传播	资产	总分/分
1	霍尼韦尔	491	380	110	424	1 405
2	江森自控	495	403	57	448	1 403
3	施耐德电气	467	380	96	286	1 229
4	西门子	475	254	57	429	1 215
5	同方泰德	457	325	70	286	1 138
6	加拿大 Delta	460	268	27	274	1 029
7	中控－源创智能	440	265	66	257	1 028
8	保瑞自控	288	240	83	417	1 028
9	慧控科技	448	189	86	262	985
10	美控智慧	261	341	0	381	983

资料来源:千家2021年11月品牌指数。

1.2.4 现场总线控制系统的特点

现场总线控制系统除了具有现场总线全数字化、开放性、互换性、适应性等优点外,还具有下列特点:

(1)互操作性与互用性

不同的厂家遵循相同标准的设备可相互连接构成一个系统,不仅可以相互通信,而且可以统一组态,构成所需的控制回路,共同实现控制策略。性能相同的设备可相互替换,实现"即接即用"。

(2)智能化与功能自治性

由于现场总线设备内置有高性能的微处理器,很多基本算法被集成到现场设备中,使其不但可以完成系统的基本控制功能,而且还具备数据通信、自诊断、目标等非控制功能。

(3)分散性

现场总线将控制功能彻底下放到现场设备中,通过现场设备就可以构成控制回路,从根本上改变了 DCS 集中、分散相结合的集散控制系统结构,减轻了主机负担和风险,提高了控制系统的可靠性和灵活性。

(4)增强过程数据性能

依靠现场总线,可将来自每个设备的多个变量引入工厂控制系统中,实现数据的存储及检索、趋势分析、过程优化研究和制表。由于现场总线改用数字信号传输,减少了信号传输误差,大大提高了系统精度,从而改善调节性能。并且可提供高精度、高分辨率的数据,使工艺过程得以精确监视和控制,从而减少工厂设备故障时间,获得更高的效率、更高的生产性能和最佳的收益。

(5)扩展过程视野

现代化的现场总线设备以微处理器为基础,功能强大,通信能力强。使过程偏差识别更快、精确度更高。因此,可使工厂运行人员很快注意到异常工况,并告知是否需要预防性维修,便于运行人员对当前情况作出最佳判断,从而更迅速地消除运行中的故障,增加产量,同时降低原材料成本,减少经常性的故障。

(6)实现预测性维修

增强设备诊断能力,使得对诸如现场阀门磨损和变送器结污等的监视和记录成为可能。工厂运行人员不必等待计划性停机就可对设备进行预测性维修,从而避免或减少停机时间。

(7)编程组态简易

采用内置在现场总线设备内的软件控制块即可实现控制和逻辑功能的编程。

【任务实施】

区别是DCS系统还是FCS系统,由任务知识点描述知,其主要区别在于现场层设备的连接方式以及设备种类,传统的DCS系统连接方式为控制器与传感器、执行器一对一连接,而FCS系统连接方式为控制器、传感器、执行器均通过总线连接,且现场传感器、执行器为智能仪表。可参考表1.3列出工程实例中相关设备及类型,以此判断其控制系统所属的结构类型。作为拓展,还可查找出本案例中不同通信线缆的通信距离以及所接设备的数量,为项目2实施奠定基础。

表1.3 建筑设备监控系统的结构——任务单实施参考表

工程名称				建筑物类型			
控制系统层级	设备种类	设备型号	通信网络类型	通信接口	通信线缆类型及根数	通信距离	设备连接数量
管理层	计算机						
	接口						
	设备						
控制层	监控计算机、操作计算机						
现场层	控制器						
	传感器						
	执行器						
结论:DCS结构	接口:			FCS结构	接口:		

【任务知识导图】

任务1.2知识导图,如图1.12所示。

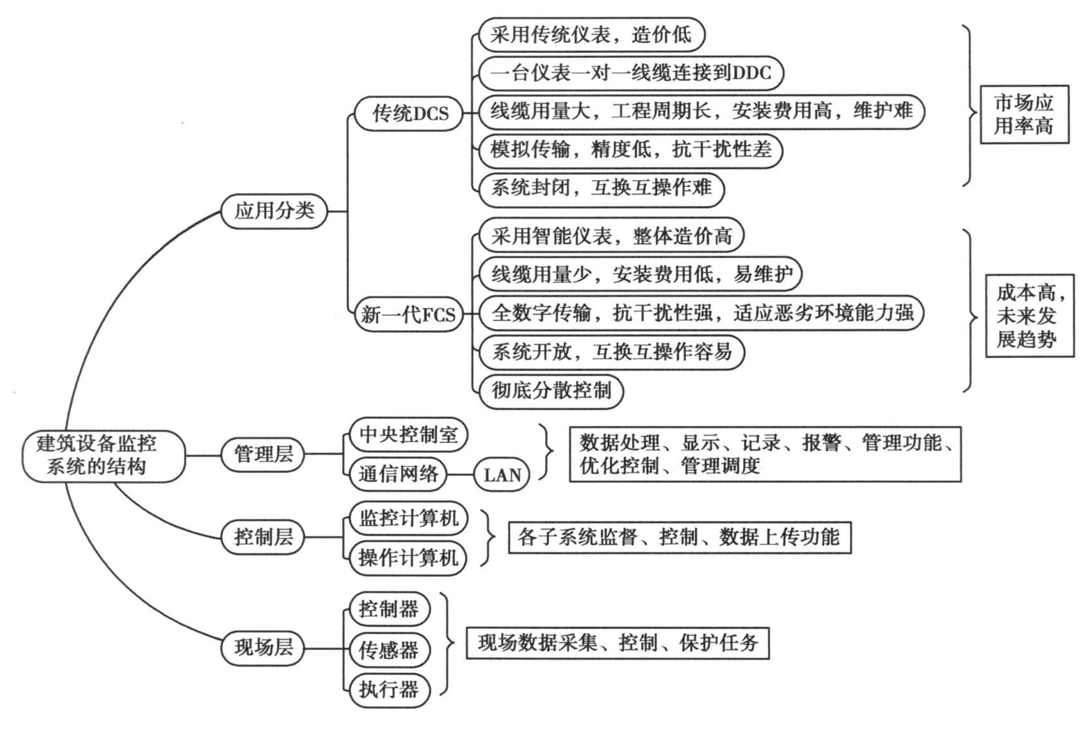

图1.12　任务1.2知识导图

任务1.3　建筑设备监控系统的体系结构

【任务描述】

结合案例，说出本工程建筑设备监控系统的体系结构，是属于单层网络体系结构、两层网络体系结构还是三层网络体系结构？并阐述原因，为何采用此种结构。

【知识点】

楼宇自控系统的体系结构

1.3.1　建筑设备监控系统的常见体系结构

建筑设备监控系统采用集散控制系统的网络体系结构，以下3种典型网络结构在目前的建筑设备监控系统中应用最广。工程建设中具体采用哪种网络体系结构应视系统规模的大小以及所采用的产品而定。

①单层网络体系结构。

②两层网络体系结构。

③三层网络体系结构。

1.3.2　单层网络体系结构

单层网络体系结构为工作站 + 现场控制设备，如图 1.13 所示，现场设备通过现场控制网络互相连接，工作站通过通信适配器直接接入现场控制网络。它适用于监控节点少、分布比较集中的小型建筑设备监控系统。

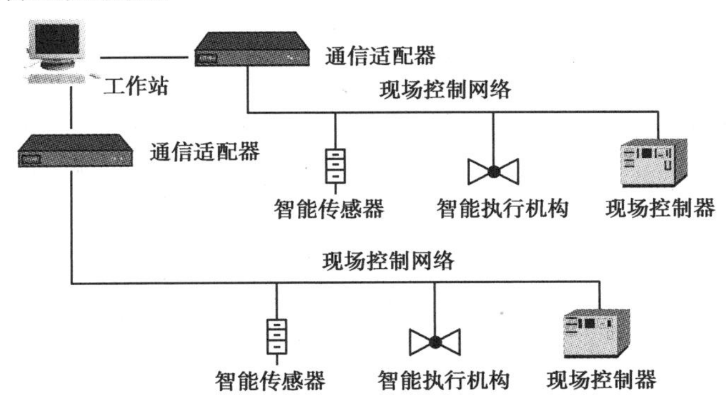

图 1.13　工作站 + 现场控制设备的单层网络体系结构

单层网络体系结构具有如下特点：

①整个系统的网络配置、集中操作、管理及决策全部由工作站承担。

②工作站通过相应接口直接与现场控制设备相连，控制功能分散在各类现场控制器及智能传感器、智能执行器中。

③如果现场设备的数量超出了一条现场控制总线的最大设备接入数，可在工作站上再增加一个通信适配器以增加一条总线。

④同一条现场控制总线上所挂接的现场设备之间可通过点对点或主从方式直接进行通信，而不同总线的设备直接通信必须通过工作站中转。

⑤构建简单，配置方便。

⑥只支持一个工作站。

目前，绝大多数的建筑设备监控产品都支持这种网络体系结构。由于其单工作站的特点，工作站承担了不同总线设备直接通信的中转任务，控制功能分散不够彻底。随着建筑设备监控系统规模的增大，这种网络结构在工程中的应用越来越少。

EIB/KNX 家居智能控制系统就属于单层网络体系结构，其系统构成如图 1.14 所示。

1.3.3　两层网络体系结构

两层网络体系结构为操作员站（工作站、服务器）+ 通信控制器 + 现场控制设备，如图 1.15所示，现场设备通过现场控制网络互相连接，操作员站（工作站、服务器）采用局域网中比较成熟的以太网等技术构建，现场控制网络和以太网等上层网络之间通过通信控制器实现协议转换、路由选择等。这种网络采用典型的集散控制系统的两层网络构架，适用于大多数楼宇控制系统。

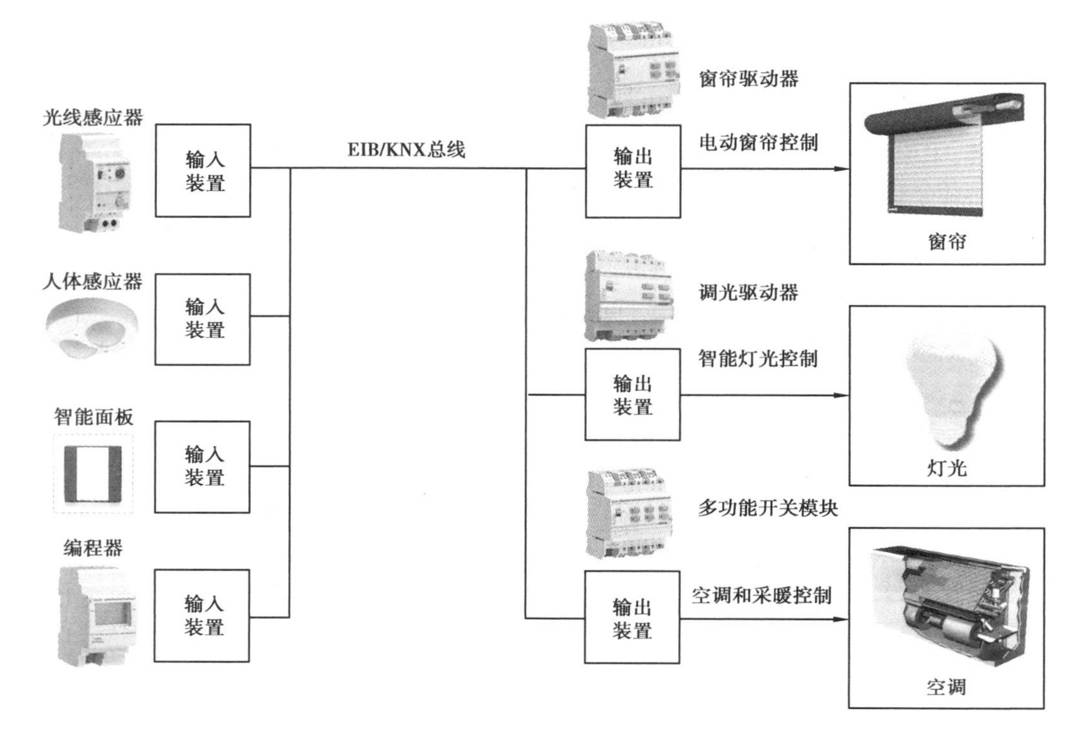

图 1.14 EIB/KNX 家居智能控制系统

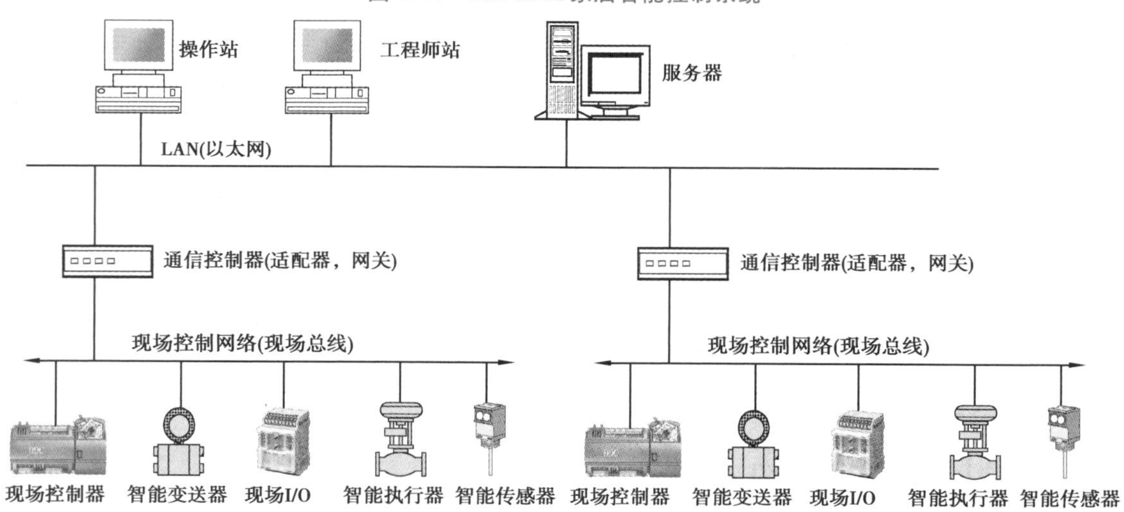

图 1.15 两层网络体系结构

两层网络体系结构具有如下特点：

①底层现场控制设备之间通信要求实时性高，抗干扰能力强，对通信效率要求不高，但能满足底层现场控制器之间的通信需求，一般采用控制总线（如现场总线、N2 总线等）完成。

②操作员站、工作站、服务器之间由于需要进行大量数据、图形的交互，通信带宽要求高，而对实时性、抗干扰能力要求不如现场网络那么严格，因此，上层网络多采用局域网络中比较成熟的以太网等技术构建。

③两层网络之间进行通信需要经过通信控制器实现协议转换、路由选择等功能。通信控制器可以由专用的网桥、网关设备或工控机实现，是连接两层网络的纽带。

④不同楼宇自控厂商产品的通信控制器功能有很大的差别。功能简单的仅起到协议转换的作用，不同现场控制总线之间设备的通信仍要通过工作站进行中转；功能复杂的可以实现路由选择、数据存储、程序处理等功能，甚至可以直接控制输入输出模块，起到 DDC 的作用，这实际上已不再是简单的通信控制器，而是一个区域控制器，如美国江森公司的网络控制器（Network Control Unit, NCU）就是这种设备。在采用后一种产品的网络中，不同控制总线之间设备的通信无须通过工作站，且由于整个系统除人机界面外的其他功能实际上都是通过区域控制器及以下的现场设备实现的，因此，工作站的关闭完全不影响系统的正常工作，实现了控制功能的彻底分散，成为一种全分布式控制系统。

⑤绝大多数建筑设备监控产品厂商在底层控制总线上都有一些支持某种开放式现场总线技术（如由美国 Echelon 公司推出的 LonWorks 现场总线技术）的产品。这样两层网络都可以构成开放式的网络结构，不同厂商的产品之间能够方便地实现互联。

各厂商使用两层控制网络的产品系统架构图，分别如图 1.16 至图 1.19 所示。

霍尼韦尔Webs楼宇管理系统产品手册

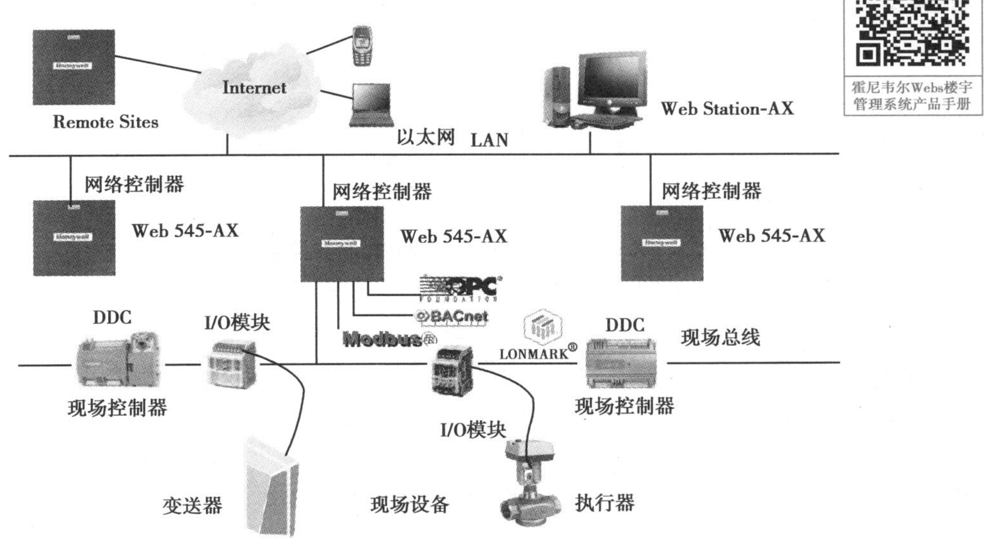

图 1.16 霍尼韦尔楼宇自控系统结构图

1.3.4 三层网络体系结构

现场控制器（这里主要是指 DDC）输入输出的点数是产品设计及工程选型时考虑的主要问题。目前市场上不同产品的 DDC 点数从十几点到几百点不等。在工程中，有些场合监控点比较集中，如冷冻机房的监控，需要采用大点数的 DDC；有些场合监控点相对分散，如 VAV 末端的监控，适合采用小点数的 DDC。而厂商在设计 DDC 时，从经济性的角度考虑，所选用的处理器、存储器也会根据此 DDC 点数的多少有所不同，通常点数较少的 DDC 功能也相对较弱，点数较多的 DDC 功能和处理能力也较强。

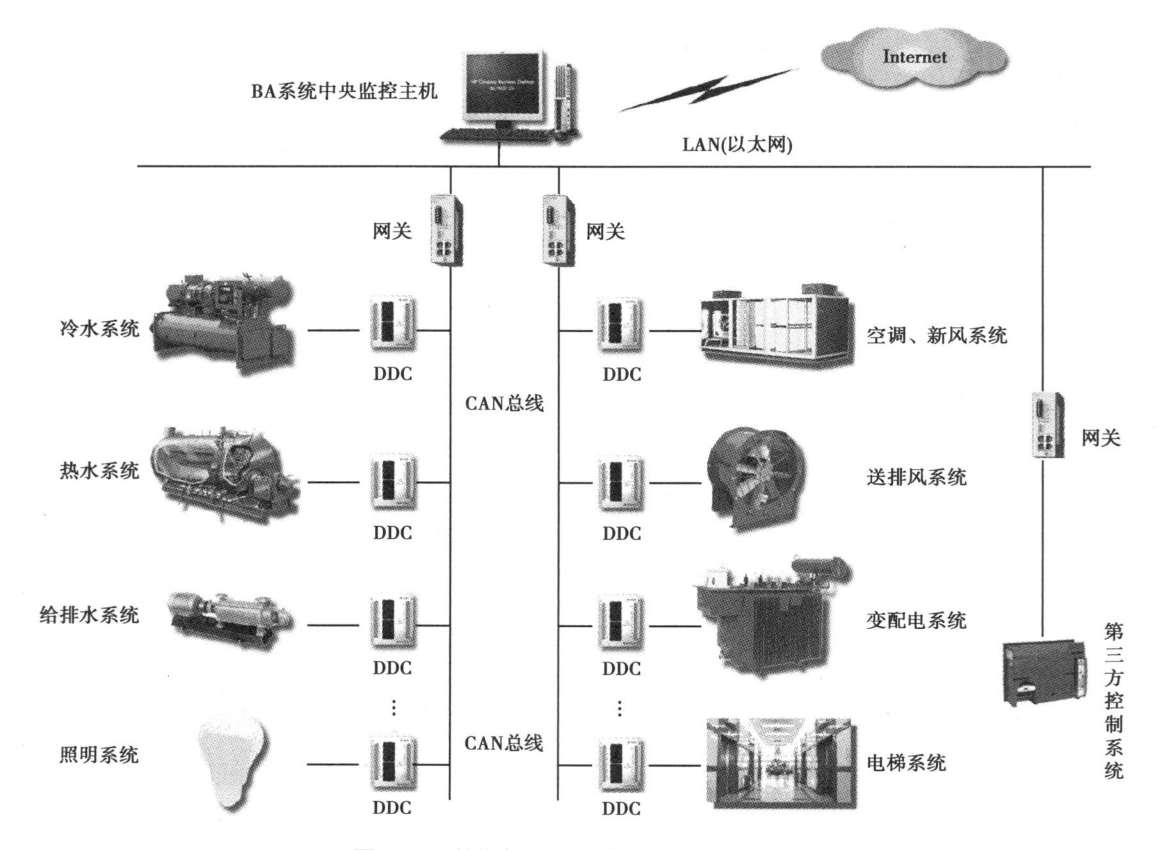

图 1.17　柏斯顿 IBS-5000 楼宇自控系统结构

在一些诸如 VAV 末端的控制中,虽然末端设备的基本控制要求较低,但需要整个系统联动控制,如送风管静压控制。一个末端状态的变化会引起其他监控状态的变化,这些联动控制相当复杂。在这类末端分布范围较广而联动控制复杂的系统监控中,无论单独采用小点数 DDC 还是大点数 DDC 都存在许多难题:

①如单独采用小点数 DDC,要求每个 DDC 都具有较强的运算、处理能力,工程成本较高;同时,为实现复杂的联动功能,DDC 之间的通信速率要求也较高。

②如单独采用大点数 DDC,由于末端设备分布范围较广,导致末端传感器、执行机构到 DDC 的布线距离较长,布线复杂,干扰大(目前绝大多数工程中传感器、执行机构到 DDC 之间的通信还是采用的模拟信号);如 DDC 的点数过大,实际上又成为一种小型集中控制系统,这台 DDC 的故障可能引起较大范围的系统瘫痪。

对于这类系统比较理想的监控解决方案是在各末端现场安装一些小点数、功能简单的现场控制设备,完成末端设备的基本监控功能;这些小点数现场控制设备通过现场控制总线相连,接入一个功能较强的控制设备,大量的联动运算在此控制设备内部完成,由这个设备完成整个系统的联动控制;这些功能较强的控制设备也可以带一些输入、输出模块直接监控现场设备;功能较强的控制设备之间通信,由数据通过上一层网络实现。

这种解决方案在典型两层网络架构中就可实现,但由于两层网络架构中功能较强的控制设备的上层网络为以太网,普通的以太网难以适应现场的恶劣环境,因此,这些功能较强的控制设备往往远离控制现场,同时也不能直接通过输入、输出模块进行监控。

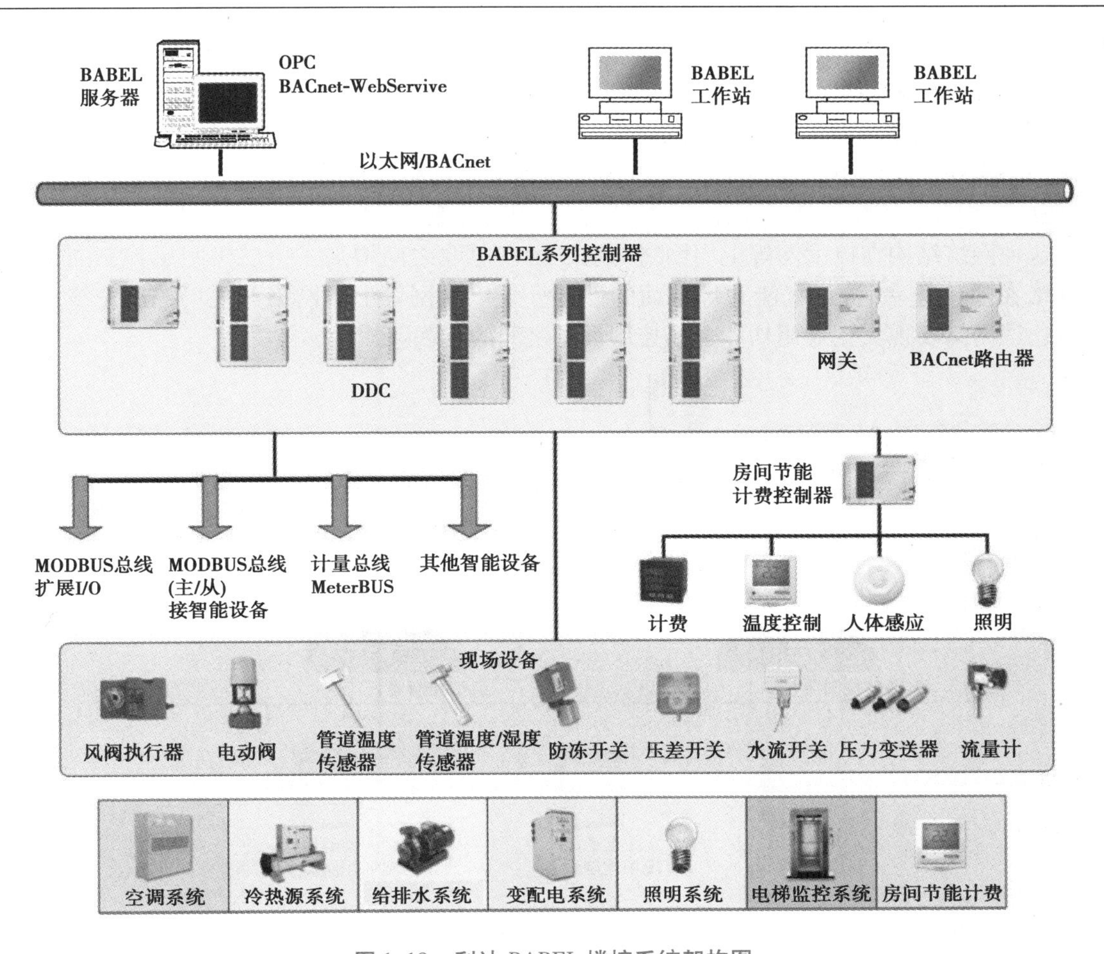

图1.18 利达BABEL楼控系统架构图

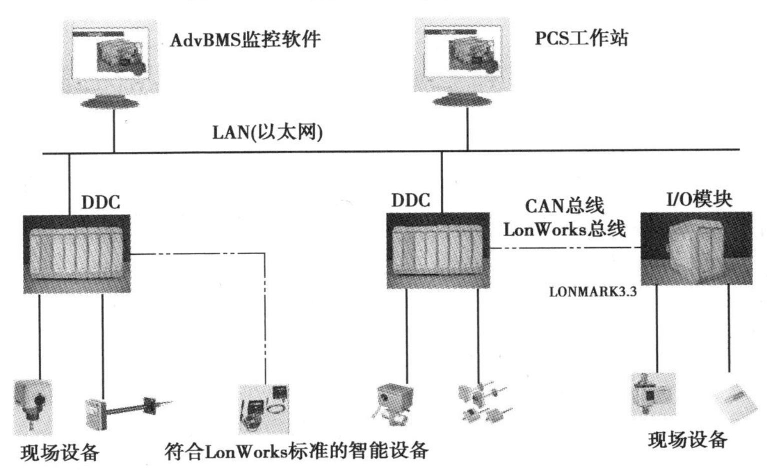

图1.19 浙大中控OptiSYS楼控系统架构图

一些公司(如美国Honeywell公司、德国Siemens公司等)为将功能较强的控制设备分散到控制现场,同时可通过输入、输出模块直接进行监控,推出了三层网络体系结构的建筑设备监控系统。

三层网络体系结构为操作员站(工作站、服务器) + 通信控制器 + 现场大型通用控制设备 + 现场控制设备,如图 1.20 所示。现场设备通过现场控制网络互相连接;操作员站(工作站、服务器)采用局域网中比较成熟的以太网等技术构建;现场大型通用控制设备采用中间层控制网络实现互联。中间层控制网络和以太网等上层网络之间通过通信控制器实现协议转换、路由选择等。三层网络体系结构适用监控点相对分散、联动功能复杂的 BAS 系统。

这种网络结构在以太网等上层网络与现场控制总线之间增加了一层中间层控制网络,这层网络在通信速率、抗干扰能力等方面的性能介于以太网等上层网络与现场控制总线之间。通过这层网络实现大型通用功能现场控制设备之间的互联。

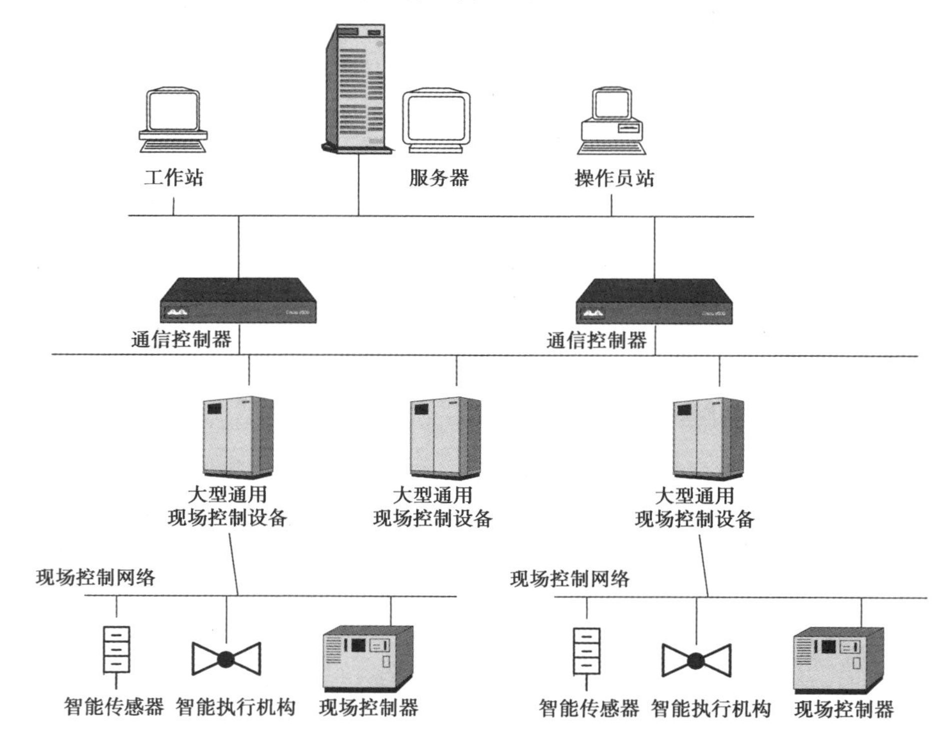

图 1.20　三层网络体系结构

三层网络体系结构具有如下特点:

①在各末端现场安装一些小点数、功能简单的现场控制设备,完成末端设备基本监控功能,这些小点数现场控制设备通过现场控制总线相连。

②小点数现场控制设备通过现场控制总线接入一个现场大型通用控制器,大量联动运算在此控制设备内完成。这些现场大型通用控制器也可带一些输入、输出模块直接监控现场设备。

③现场大型通用控制器之间通过中间控制网络实现互联,这层网络在通信效率、抗干扰能力等方面的性能介于以太网和现场控制总线之间。

西门子 APOGEE 系列建筑设备监控系统采用的就是三层网络体系结构,如图 1.21 所示。

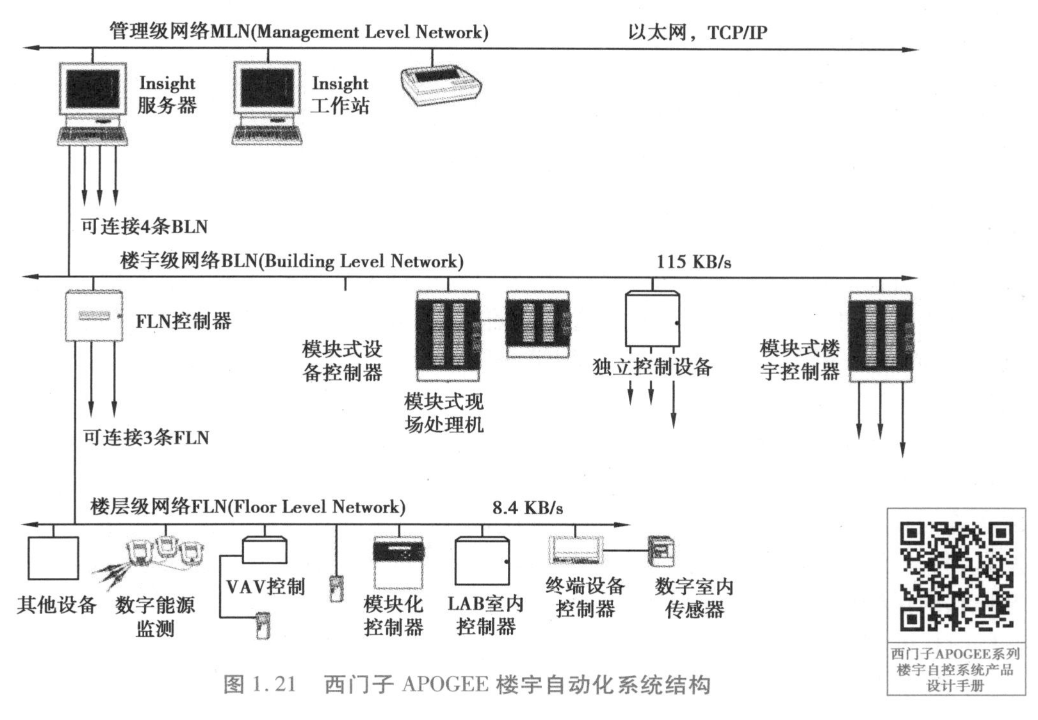

图1.21　西门子APOGEE楼宇自动化系统结构

1.3.5　建筑设备监控系统网络体系结构的发展趋势

目前，建筑设备监控系统网络体系结构不断朝着开放化、标准化、远程化、集成化的方向发展。许多厂商的产品都开始支持通过Internet远程接入进行监控的方式。系统操作员、管理员可通过置于DDC级、通信控制器级或工作站、服务器级的Modem等接入设备，远程登录建筑设备监控系统的不同网络层面，进行监控与维护。现在，日本东京地区已实现数十栋建筑物建筑设备监控系统的区域性统一管理，以提高系统的维护管理水平，在这种管理模式下，系统的远程登录监控、维护是必不可少的技术手段。

传统集散控制系统中，各厂商产品的网络系统都有自己的通信协议，不同厂商产品之间很难实现互联。为了打破这种“信息孤岛”的局面，现场总线技术应运而生。现场总线被称为自动控制领域的计算机局域网，应用于生产现场(现场控制总线级)，在微机测控设备之间实现双向、串行、多节点数字通信，是一种开放式、数字化、多点通信的底层控制网络。正是由于现场总线技术的应用，才使得集散控制系统成为一种公开化、标准化的解决方案，真正成为一种全分布式的控制系统。

在以往的集散控制系统中，以太网技术之所以无法直接运用于控制现场，是由于普通的以太网无法满足现场通信的实时性、抗干扰能力要求。随着以太网技术的发展，“工业以太网”诞生，工业以太网的性能指标达到甚至超过一些现场总线技术。DDC直接接入工业以太网可以简化集散控制系统的网络结构，提高网络监控性能，是未来集散控制系统的发展方向。

建筑设备监控系统网络结构的标准化进程并不满足于单层网络系统的公开化、标准化，而追求整体通信解决方案的标准化。BACnet是由多个建筑设备监控系统产品供应商共同达成的在楼宇自控及控制领域内的一种数据通信协议标准。它由ASHRAE(the Association of Heating, Refrigeration and Air Condition Engineer，一个由制冷空调设备与系统供应商组成的国际组织)进行研发制定,提供了在不同厂商产品之间实现数据通信的标准。它从整体上对系统通信网络的标准结构及各层协议进行了定义,为建筑设备监控系统网络完全标准化提供了可能。

在信息集成需求日益强烈的今天,建筑设备监控系统并不满足于自身信息的集中与集成,更要求与智能楼宇中的其他子系统进行联动和信息集成。BMS(Building Management System)是整个楼宇中所有监控系统的集成平台。为将信息集入BMS,建筑设备监控系统与BMS之间需要有相应的数据通信接口。OPC(OLE for Process Control)技术是由多家自控公司和微软公司共同制订的,其中采用微软公司的ActiveX、COM/DCOM等先进和标准的软件技术,现已成为一种工业标准OPC支持多种开放式的通信协议,以满足客户对信息集成的需求,为用户提供了一种开放、灵活、标准的信息集成技术,可以大大减少系统集成所需的开发和维护费用,增加集成的标准化程度。

以往的集散控制系统中,服务器与工作站之间采用C/S(客户机/服务器)结构构建,这种结构一方面限制了客户机的数量,同时由于各客户机在数据查询时都单独访问服务器,服务器的运算处理量较大。B/S(浏览器/服务器)结构是一种新型的服务器、工作站构架,通过信息发布,服务器将建筑设备监控系统中的数据、资源以网页的方式发布在局域网甚至Internet上,客户端的访问仅取决于登录权限。这种方式使建筑设备监控系统信息发布的范围更广,是互联网时代的建筑设备监控系统的发展方向。虽然这已成世界主流趋势,但是这种构架的实用性与安全性是需要保证的首要问题。

【任务实施】

区别单层控制网络、两层控制网络或是三层控制网络,需要提取案例中的通信总线,并找出其通信总线的类型、根数、级别,就可对应各层通信网络的组成与特点,确定属于何种控制网络。表1.4供参考分析。

表1.4　建筑设备监控系统的体系结构——任务单实施参考表

工程名称				建筑物类型			
通信网络类型	通信网络根数	通信网络连接设备	通信网络级别判断	通信接口	通信线缆类型	通信网络拓扑结构	通信网络传输距离
结论:单层网络体系结构		两层网络体系结构		三层网络体系结构			

【任务知识导图】

任务1.3知识导图,如图1.22所示。

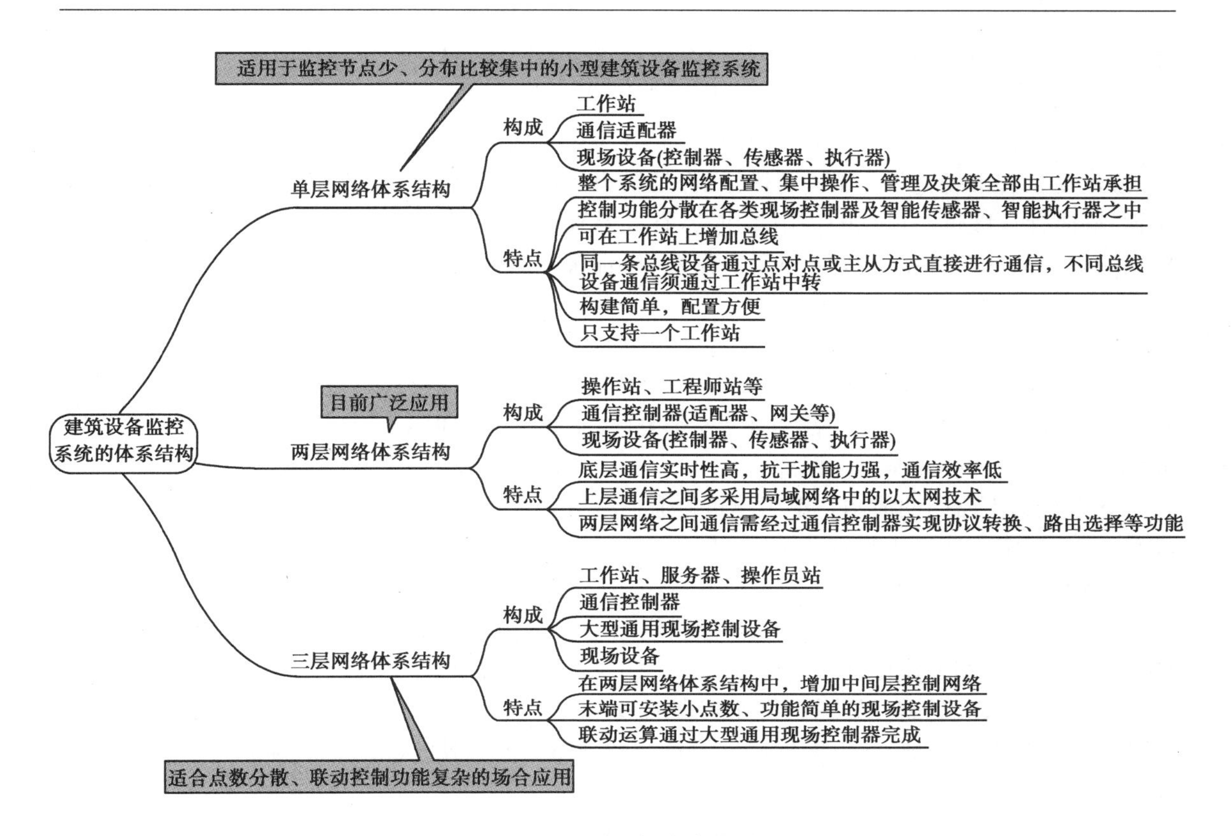

图1.22　任务1.3知识导图

任务1.4　建筑设备监控系统的设计方法

【任务描述】

结合工程实例，找出本案例建筑设备监控系统的设计依据、监控对象、各监控子系统的监控功能、监控点及设备有哪些？敷设线缆的类型及敷设方式、系统的整体设计与各子系统的设计是属于结构型、功能型还是混合型？并列表详细说明。

【知识点】

1.4.1　建筑设备监控系统的设计原则

建筑设备监控系统是智能建筑的主要组成部分之一，对建筑设备监控系统的设计，应遵循以下原则：

①功能适用性。在系统设计中，无论是设备的控制功能设计，还是系统的管理功能设计，都应以实用为第一原则。

②技术先进性。计算机技术、自动化技术和现代通信技术发展日新月异，技术和设备的更

新换代速度也相当迅速。在进行建筑设备监控系统设计时,必须尽量选用国际上先进的、成熟的、实用的技术和设备。

③设备与系统的开放性和互操作性。充分考虑建筑设备监控系统设备品牌多、可选范围大、技术复杂和市场竞争力不同等因素,保证所设计的系统能达到最优的组合,达到最佳的性价比;同时保证廉价与可靠的备用品供应,往往需要从市场上选择多个厂家的产品,此时必须要求所选产品一定具备开放性和互操作性,以保证所设计系统的可靠性和低廉的维护保养费用。

④选择符合主流标准的系统与产品。最有生命力的产品通常是符合主流标准的产品。标准一般有两种:一种是国际标准化组织(ISO)规定或建议的标准;另一种是业界公认的标准。对于建筑设备监控系统而言,目前业界公认的标准是美国 ASHRAE 规定的 BACnet 网络标准和 LonMark 制定的 LonWorks 标准。

⑤系统的生命周期成本。由于建筑寿命通常有几十年或上百年,因此,在设计建筑设备监控系统时,一定要选择比较容易扩充、维修和改造的控制系统,以保证在建筑物整个生命周期内 BA 系统的维护、改造和换代的再投资费用在尽可能低的价位。

⑥可集成性。现代智能建筑向着智能化综合管理系统发展,其发展方向是 BAS、OAS 和 CAS 集成到一个图形操作界面上来进行整个建筑的全面监视、控制和管理,从而实现信息的综合共享,以提高建筑的全局功能、物业管理的效率和综合功能。在进行 BA 系统设计时,应充分考虑其系统的可集成性,以便低层次设备与系统的加入、同层次系统的互联和更高层次系统的集成。

⑦系统安全性。系统的构成必须保证系统和信息高度安全,采取必要的防范措施,使整个系统在受到有意或无意的非法侵入时,将其所造成的经济损失降到最低。

⑧可靠性和容错性。根据设备的功能、重要性等的不同要求,分别采取热备、冗余、容错等技术,确保系统长期工作的稳定性和可靠性。

⑨经济性。在满足用户要求的前提下,尽可能地降低系统造价和维护费用。

总之,建筑设备监控系统的设计具有很大的灵活性,应根据建筑物的整体功能需求和物业管理方式控制水平,根据建筑物内不同区域的要求和被控系统的各个特点,选择技术先进、成熟、可靠、经济合理的控制系统方案和设备,避免投资的盲目性。

1.4.2 建筑设备监控系统的设计步骤

一般建筑设备监控系统的设计步骤如下:

①技术需求分析。设计人员应根据建筑物的实际情况及业主的要求,依据相关规范与规定,确定建筑物内实施自动控制及管理的各功能子系统。根据业主提供的技术数据与设计资料,确认各功能子系统所包括的需要监控、管理的设备数量。

②确定各功能子系统的控制方案。对纳入 BA 系统的子系统的控制功能给出详细说明,明确系统控制方案及要达到的控制目标,以便指导工程设备的安装、调试及运行。

③确定系统监控点及监控设备。在控制方案的基础上,确定被控设备进行监控的点位、监控点的性质以及选用的传感器、阀门及执行机构,并选配相应的控制器、控制模块。根据中央监控系统的功能和要求,确定中央监控系统的硬件设备数量及系统软件、工具软件需求的种类与数量。

④统计、汇总控制设备(传感器、执行器)清单。对选配的控制设备、软件进行列表统计与汇总。

⑤绘制出各种被控设备的控制原理图、整个建筑设备监控系统施工平面图及系统图、接线端子图等,并根据距离与系统规模,确定线缆类型与敷设方式。

1.4.3　建筑设备监控系统的设计依据

目前,在建筑设备监控系统设计及施工、验收中经常用到的现行国家标准(含国家行业标准)包括:

①《智能建筑设计标准》(GB 50314—2015);

②《建筑设备监控系统工程技术规范》(JGJ/T 334—2014);

③《智能建筑工程质量验收规范》(GB 50339—2013);

④《民用建筑电气设计标准》(共两册)(GB 51348—2019);

⑤《智能建筑工程施工规范》(GB 50606—2010);

⑥《智能建筑工程质量检测标准》(JGJ/T 454—2019);

⑦《绿色建筑评价标准》(GB/T 50378—2019);

⑧《建筑设备管理系统设计与安装》(19X201);

⑨《智能建筑弱电工程设计与施工》(09X700);

⑩《建筑工程设计文件编制深度规定》(2016年版)。

1.4.4　集散型建筑设备监控系统的设计方法

1)按建筑层面组织的集散型BAS系统

对大型的商务建筑、办公建筑,往往是各个楼层有不同的用户和用途(如首层为商场,二层为某机构的总部等),因此,各个楼层对BAS系统的要求会有所不同,按建筑层面组织的集散型BAS系统能很好地满足要求。按建筑层面组织的集散型BAS系统方案如图1.23所示。

这种结构的特点如下:

①由于是按建筑层面组织的,因此布线设计及施工比较简单,子系统(区域)的控制功能设置比较灵活,调试工作相对独立。

②整个系统的可靠性较好,子系统失灵不会波及整个楼宇系统。

③设备投资较大,尤其是高层建筑。

④较适合商用的多功能建筑。

2)按建筑设备功能组织的集散型BAS系统

这是常用的系统结构,按照整座建筑的各个功能系统来组织,如图1.24所示。这种结构的特点如下:

①由于是按整座建筑设备功能组织的,因此,布线设计及施工比较复杂,调试工作量大。

②整个系统的可靠性较弱,子系统失灵会波及整个建筑系统。

③设备投资省。

④较适合功能相对单一的建筑(如企业、政府的办公大楼、高级住宅等)。

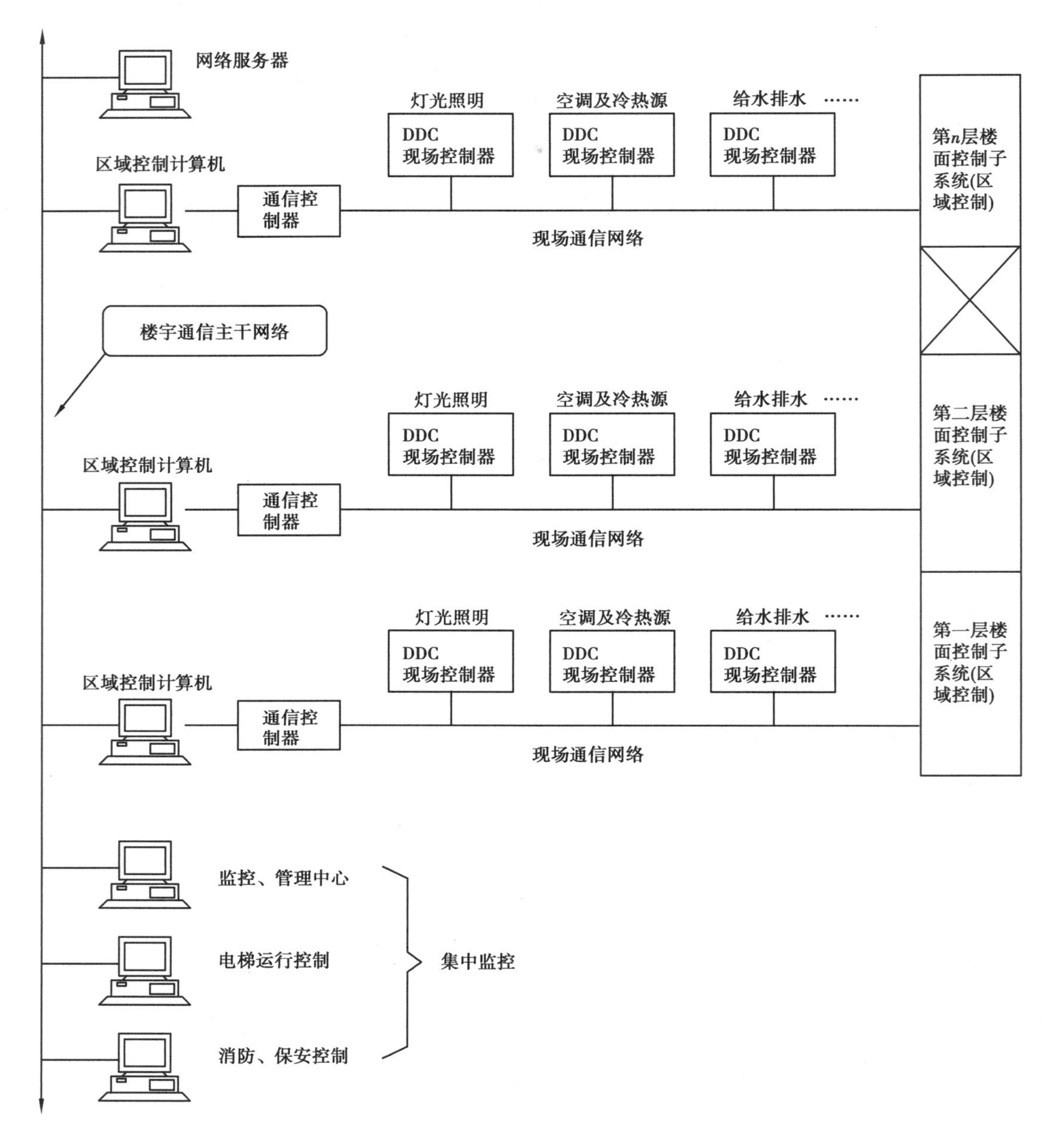

图 1.23　按建筑层面组织的集散型 BAS 系统

3)混合型的集散型 BAS 系统

这是兼有上述两种结构特点的混合型,即某些子系统(如供电、给排水、消防、电梯)采用按整座楼宇设备功能组织的集中控制方式,另一些子系统(如灯光照明、空调等)则采用按楼宇建筑层面组织的分区控制方式。这是一种灵活的结构系统,它兼有上述两种方案的特点,可根据实际需求调整。

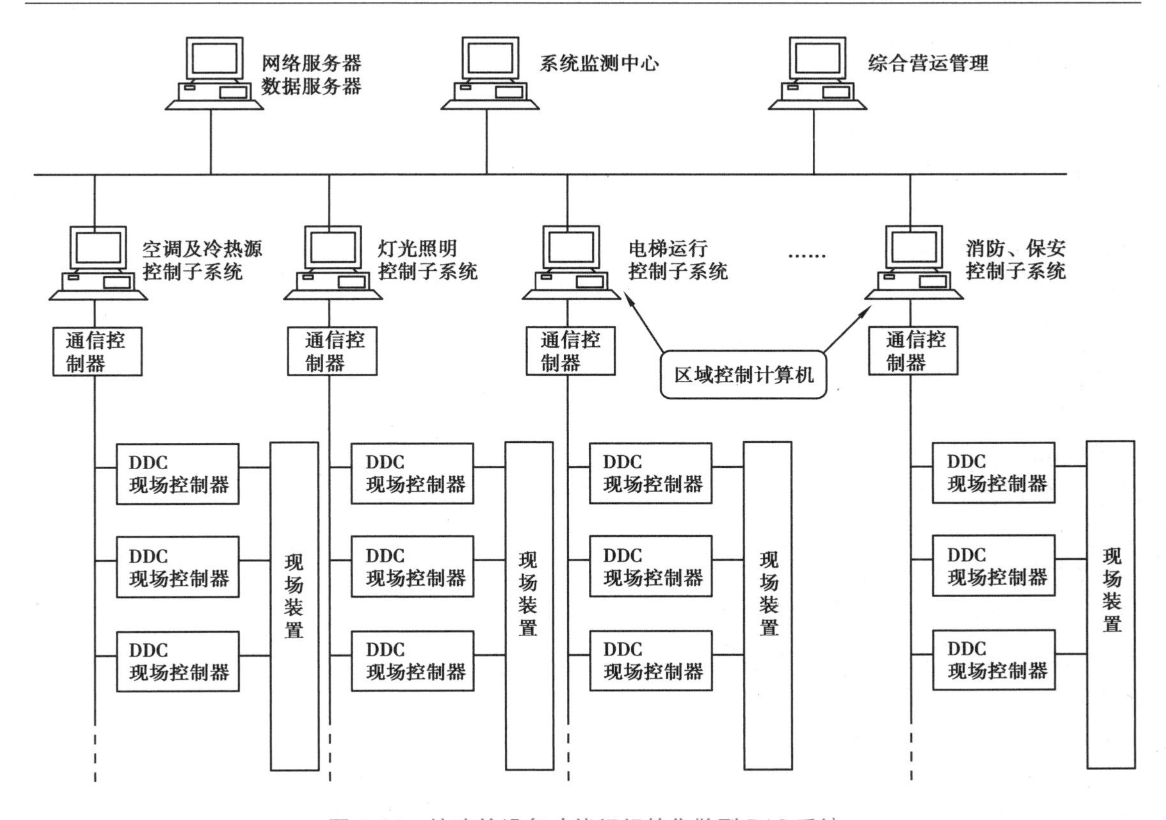

图1.24　按建筑设备功能组织的集散型BAS系统

1.4.5　建筑设备监控系统的产品选择

建筑设备监控系统的设计应根据监控对象的特点、监控要求的复杂程度以及监控点数的分布等首先确定系统的整体结构，然后进行产品选择。在实际工程中，这些工作主要由建筑设备监控系统工程承包商完成，他们首先从招标文件中了解目标建筑的基本情况，获得被控楼宇设备的位置分布、控制工艺、技术要求等资料，然后根据自己提供的BA系统产品进行工程设计。因此，工程设计中的产品选择往往只是相应的产品介绍。

产品选择主要考虑的因素包括：

(1)产品品牌

在现代社会中，产品品牌是质量的保证，了解此品牌产品的生产地、典型应用项目以及供货渠道等信息是非常重要的。如有些品牌虽然在国际上享有盛誉，但供货周期相当长，有些产品虽然没有打开国际市场，但对于部分地区的应用还是十分成功的。

(2)产品的适用范围

这主要是指产品支持的系统规模及监控距离。每个系统都有自己支持的常规监控点数限制及监控距离限制。当超出常规限制时，有些产品可通过增加设备进行扩展，但系统投资将增加或系统性能有所下降；而有些产品则可能无能为力。因此，在选择产品时要选择在目标建筑监控点数和监控距离条件下性价比最高的产品。

(3)产品网络系统的性能及标准化程度

主要考虑产品网络通信系统支持的层次结构是否适合目标建筑的控制要求，各层所采用的通信协议及在不同负荷率下的性能表现(实时性、可靠性等),各层通信协议的标准化程度等。

(4)现场控制器的处理能力及灵活性

每个现场控制器所能接入的I/O点数是产品选择的重要考虑因素。当建筑设备的监控点数比较分散时,宜选用I/O点数较少的现场控制器,因为使用I/O点数较多的现场控制器往往使得现场传感器、执行机构到控制器的距离过远。目前,传感器、执行机构到控制器之间的信息传输多采用模拟信号,连线过长,将导致抗干扰能力下降。当建筑设备的监控点数比较集中时,采用I/O点数较多的现场控制器比较适合,因为I/O点数较少的现场控制器往往使得现场弱电控制柜数量增多或一个弱电控制柜安装多个现场控制器,施工维护复杂,且网络传输量较大,实时性差。因此,在选择产品时应根据建筑物设备监控点数的分布情况选择合适的现场控制器,同时现场控制器的I/O类型(DO,DI,AO,AI等)也是考虑因素之一,最好选择可模块化改变I/O点数类型的现场控制器。另外,选择现场控制器时还需考虑现场控制器的处理能力能否满足目标建筑物的监控需求。

(5)上位机监控软件的功能及易操作性

上位机监控软件作为管理、操作人员与建筑设备监控系统的人机界面,其各种监控、管理、报表、接口、安全、备份等功能的强弱以及界面的友好性、易操作性也是选择产品时需要考虑的重要因素。

(6)价格因素

除产品技术性能指标外,另一重要问题就是价格。各种产品在不同应用环境中的表现性能、价格各不相同,产品选择时需综合考虑各种产品在目标建筑应用中的性价比因素。

1.4.6 建筑设备监控系统的系统结构设计

建筑设备监控系统的系统结构设计内容包括:

(1)网络层次设计

网络层次设计是确定整个建筑设备监控系统的通信网络,由几个层次构成。在选定产品后,对照目标建筑物的规模和应用以及所选产品的典型应用方案可以很容易确定。

(2)监控管理中心及操作管理站设计

确定监控管理中心的位置(一般设在建筑物控制中心)、监控管理中心所设服务器/工作站的数量及相互关系。当目标建筑物的监控点数大于2 000点,而且有些重要机房(如变电站、冷冻机房等)的规模较大时,往往除监控管理中心外,还需在机房另外设置操作管理站,以就近实现对设备的操作管理。机房内专用的操作管理站往往安装有与监控管理中心站同样的软件,平时可由操作权限规定监控管理范围限于本机房内设备,当监控管理中心发生站故障时,可作为备份代行监控管理中心权限,提高BA系统整体的可靠性。因此,操作管理站的个数、监控范围、位置(一般在设备管理机房内)等需要进行总体的规划设计。

(3)网络通信系统结构设计

该设计主要是对各层网络的网段、网关、总线数量及每条总线的监控范围进行设计。每条总线所能支持的控制器数量及传输距离都是有限的,因此,整个系统可能需要几条总线,需要设计每条总线的监控范围。另外,整个网络系统可能分成若干个网段,分管不同的系统,各网段甚至可采用不同厂商的产品进行监控。各网段的监控范围、网段之间的连接方式及网关功能也是网络通信系统设计的重要内容。

(4)现场控制设备的分布及监控范围设计

对现场控制器的分布位置(在此阶段的设计中需要明确所处楼层)、监控对象及所采用的控制器型号进行设计。

(5)通信接口设计

建筑设备监控系统需与冷水机组等大型设备系统的专用控制器进行通信,也可能有不同厂商的产品连在同一网络中。整个建筑设备监控系统可能包括多家厂商的产品,在这种情况下,各厂商的产品之间如何进行通信,设置哪些通信接口,应在系统结构设计中得以体现。

【任务实施】

建筑设备监控系统的设计方法任务单实施参考表,见表 1.5。

表 1.5　建筑设备监控系统的设计方法任务单实施参考表

工程名称		建筑物类型	
设计依据			
监控范围			
子系统功能			
监控设备			
通信线缆类型			
通信线缆敷设方式			
设计方式:	结构型　　功能型　　混合型		

【任务知识导图】

任务 1.4 知识导图,如图 1.25 所示。

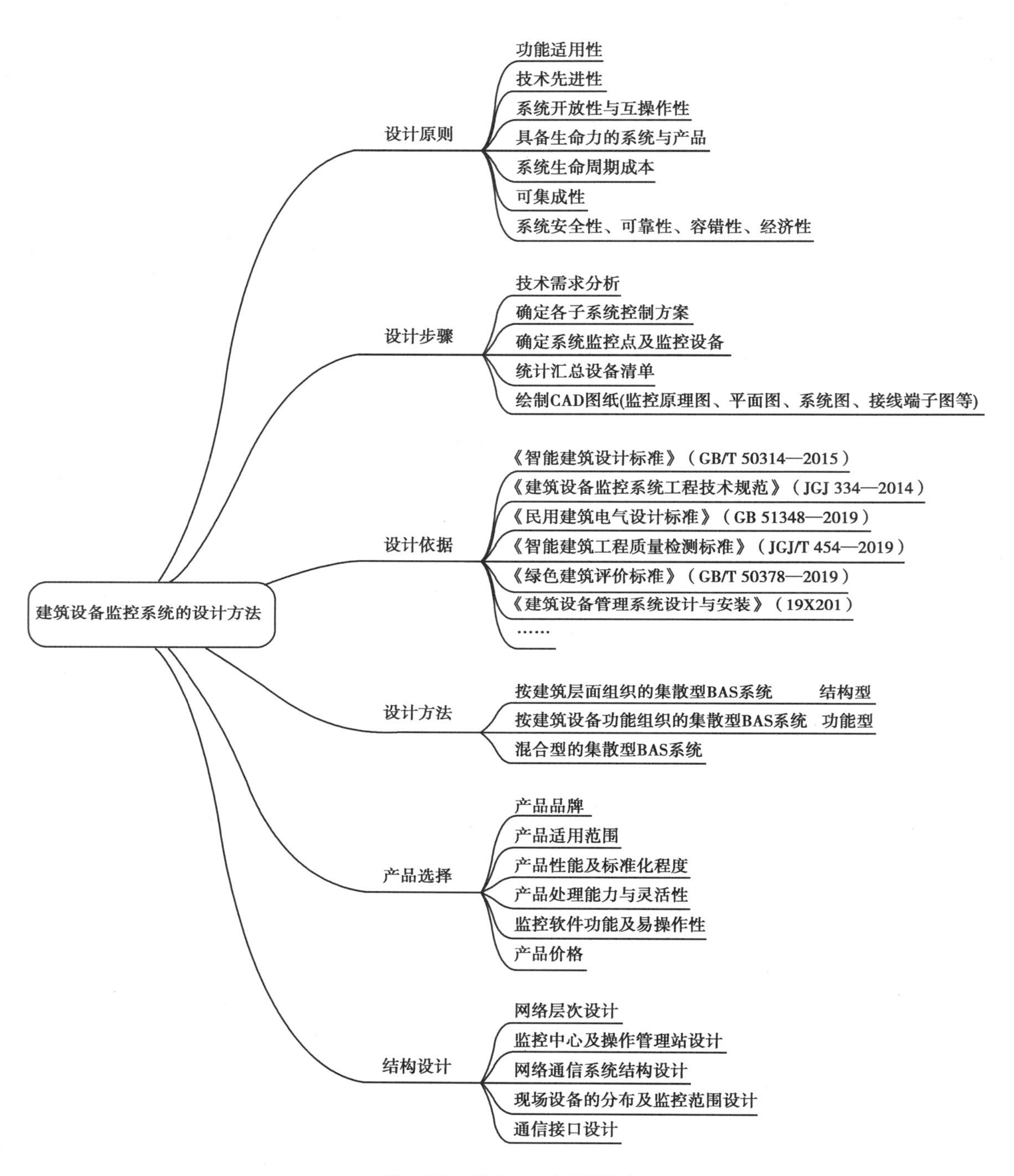

图 1.25　任务 1.4 知识导图

项目 2 建筑设备监控系统主要设备的认知

【学习导航】

为实现建筑体的“感知”能力，建筑设备监控系统通常需要对温度、湿度、压力、流量、液位、空气质量、能耗等参量进行检测和控制，使之处于最佳的工作状态，以便于用最少的材料及能源消耗，获得较好的经济效益。对这些参量进行检测变送的装置就是各种各样的传感器、变送器等，其功能是将被控对象的被调参数检测出来，将其转换成能量信号，并送给控制器。执行调节装置根据控制装置（控制器）发来的控制信号的大小和方向，开大或关小调节阀门而改变调节参数的数值。

本项目主要以工程实例、仿真平台为载体，全面了解建筑设备监控系统中传感器、执行器和控制器的类型、功能、适用场所以及安装施工方法等。

【学习目标】

素质目标

◆培养工程规范的搜集能力；
◆培养工程规范意识、节约意识；
◆初步培养知识迁移至工程应用的能力。

能力目标

◆能根据建筑设备监控系统的组成认识主要设备；
◆能根据工程图纸完成主要设备的选型及安装。

知识目标

◆了解建筑设备监控系统中传感器、执行器和控制器的类型；
◆掌握建筑设备监控系统中传感器、执行器和控制器的功能；
◆了解建筑设备监控系统中传感器、执行器和控制器的适用场所；
◆掌握建筑设备监控系统中传感器、执行器和控制器的安装方法。

【学习载体】

某地产大厦建筑设备监控系统工程实例、某学院 BAS 工程实例。

任务 2.1　BAS 中的传感器选型及其安装

【任务描述】

结合工程案例,说出本工程建筑设备监控系统中传感器的类型、功能、适用场合及安装方法。

【知识点】

2.1.1　建筑设备监控系统的组成

建筑设备监控系统负责完成智能建筑中的空调系统、冷热源系统、变配电系统、照明系统、电梯等的计算机监控管理,通过计算机对各子系统进行监测、控制、记录,实现分散节能控制和集中科学管理,以达到为智能建筑中的用户提供良好的工作环境,为大厦的管理者提供方便的管理手段,为大厦的经营者减少能耗并降低管理成本,为物业管理现代化提供物质基础的目的。

一般来说,建筑设备监控系统由现场部分、传输通道、中央控制室三大部分组成,如图 2.1 所示。

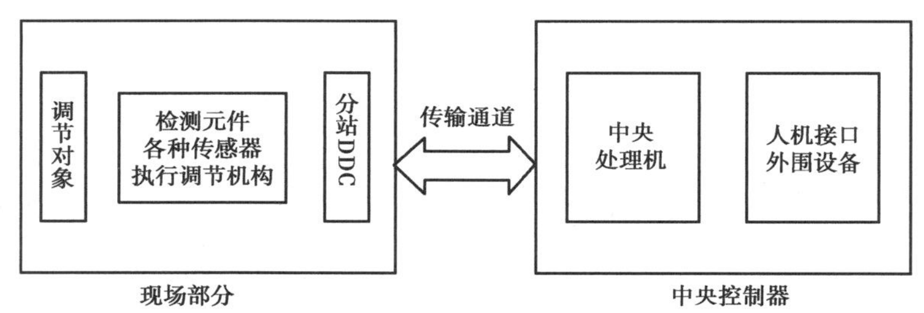

图 2.1　建筑设备监控系统的组成

(1)现场部分

现场部分由检测元件、传感器、执行器、分站 DDC 等组成。

(2)传输通道

传输通道是计算机与被控对象之间交换数据的桥梁,从各个监控点到分站控制器的线路是逐点连接的。按传输信号的形式可分为模拟量通道和开关量通道,按信号的传输方向可分为输入通道和输出通道。

传输通道中,模拟量通道分为模拟量输入通道(Analog Inputs,AI)与模拟量输出通道(Analog Outputs,AO)。开关量通道分为开关量输入通道(Digital Inputs,DI)与开关量输出通道(Digital Outputs,DO)。

在传输通道中,系统传输的模拟量信号可为电压信号,也可为电流信号。工业上标准信号的范围是 0 ~5 V,1 ~5 V,0 ~10 mA 和 4 ~20 mA 等。电压信号的实现较为简单,仪表中的电路一般都是以电压信号来处理的，但容易受到干扰，从而影响其精度和可靠性，因此，电压信号不适宜远距离传输；而电流信号输出则适合于信号的远距离传输。

(3)中央控制室

中央控制室包括中央处理机、上位机管理系统、外围设备和不间断电源部分。上位机管理系统通过用户界面，实现直观的信息显示、直接的远程控制、调整现场各类控制器和前端设备的运行参数及管理运行，它通常还和安防系统、消防系统、视频监控系统、门禁和停车场系统等集成在一起，构成一个复杂的综合管理系统。控制系统一般结构图，如图3.2所示。

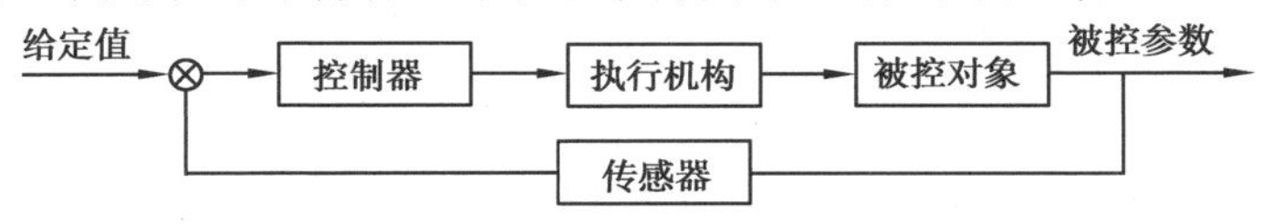

图2.2 控制系统一般结构图

2.1.2 传感器的概念

在建筑设备监控系统中需要采用微电子技术对各种参数进行检测。这些参数可分为两大类：一类是电压、电流、阻抗等电量参数，将电量转换为适于传输或测量电信号的器件，通常称为变送器。另一类则是温度、湿度、压力、流量等非电量参数。要对这些非电量参数进行检测，必须运用一定的转换手段，把非电量转换为电量，再进行检测。将非电量转换为适于传输或测量电信号的器件，通常称为传感器。把非电量转换为电量，然后进行检测，对于楼宇控制系统来说，占有极为重要的地位，其精度及可靠性在某些场合甚至成为解决实际问题的关键。

通常传感器由敏感元件和转换元件组成。其中，敏感元件是指传感器中能直接感受或响应被测量的部分；转换元件是指传感器中将敏感元件感受或响应的被测量部分转换成适于传输或测量的电信号部分。由于传感器的输出信号一般都很微弱，因此，需要有信号调理与转换电路对其进行放大、运算调制等。随着半导体器件与集成技术在传感器中的应用，传感器的信号调理与转换电路可能安装在传感器的壳体内或与敏感元件一起集成在同一芯片上。此外，信号调理转换电路以及传感器的工作必须有辅助的电源。传感器构成框如图2.3所示。

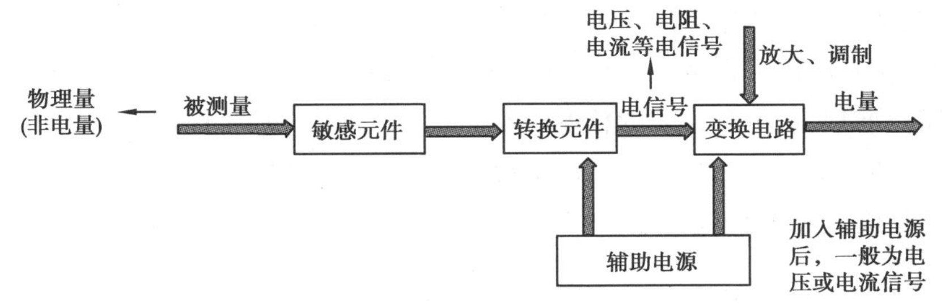

图2.3 传感器构成框图

系统需要的被测信号以输出状态划分，一般分为开关量和模拟量两种。所谓开关量输入，是指输入信号为状态信号，其信号电平只有两种，即高电平和低电平。对于这类信号，只需经放大、整形和电平转换处理后，即可直接送入计算机系统。对于模拟量输入，由于模拟信号的电压或电流是连续变化的信号，因此对其进行处理就比较复杂，在进行小信号放大、滤波量化等处理过程中需考虑干扰信号的抑制、转换精度及非线性等诸多因素。这种信号在楼宇控制系统中主要有对温度、湿度、压力、流量、液位、浓度等的处理。同样，楼宇控制系统对外部设备进行控制也需开关量和模拟量的输出。

2.1.3 传感器的分类

用于测量与控制的传感器种类繁多,目前,一般采用两种分类方法:一种是按被测参数(即输入量),如温度、压力、位移、速度等;另一种是按传感器的工作原理,如应变式、电容式、磁电式等。表 2.1 列出了常用的分类方法。

表 2.1 传感器的分类

分类法	形式	说明
按工作原理分	应变式、电容式、压电式、热点式等	以传感器对信号转换的作用原理命名
按输入量分	位移、压力、温度、流量、气体等	以被测量命名(即按用途分类法)
按输出量分	模拟式、数字式	输出量为模拟信号、数字信号

除表 2.1 列出的分类法外,还有按构成敏感元件的功能材料分类的,如半导体传感器和陶瓷传感器、光纤传感器、高分子薄膜传感器等;或与某种高技术、新技术相结合而得名的,如集成传感器、智能传感器、机器人传感器、仿生传感器等。

2.1.4 传感器的精度与量程

由于建筑设备监控系统处理的控制过程响应时间通常比传感器响应时间大很多,因此,传感器的选择需要考虑精度和量程。

1)传感器的精度

精度又称为静态误差,是指传感器在满量程范围内任意一点的测量值与其真值的偏离程度,用相对误差来表示。传感器的精度与传感器的多项技术指标相关,不宜单纯追求高精度传感器,而应考虑实际应用对精度的要求,还要考虑其经济成本。

根据国家标准规定,电测仪表的精度等级分为 0.1,0.2,0.5,1.5,2.5,5.0 级。0.1 级和 0.2 级多用作标准表,0.5 ~ 1.5 级多用作实验仪表,1.5 ~ 5.0 级多用作工控检测仪表。

传感器的精度应满足系统控制及参数测量的要求,必须高于要求的过程控制精度 1 个等级。

2)传感器的量程

传感器的量程选择也影响其精度。量程选择大了,精度降低;量程选择小了,容易损坏传感器。在传感器的量程选择时,一般需注意以下事项:

①温度传感器的量程应为测点温度的 1.2 ~ 1.5 倍。

②压力(压差)传感器的工作压力(压差)应大于测点可能出现的最大压力(压差)的 1.5 倍,量程应为测点压力(压差)的 1.2 ~ 1.3 倍。

③流量传感器的量程应为系统最大流量的1.2～1.3倍，且应耐受管道介质最大压力，并能瞬态输出。流量传感器的安装部位应满足上游10 D（管径）、下游5 D的直管段要求。当采用电磁流量计或涡轮流量计时，其精度宜为1.5%。

④液位传感器宜使正常液位处于仪表满量程的50%处。

⑤成分传感器的量程应按检测气体浓度进行选择，一氧化碳气体宜为$0\sim300\times10^{-6}$或$0\sim500\times10^{-6}$，二氧化碳气体宜为$0\sim2\ 000\times10^{-6}$或$0\sim10\ 000\times10^{-6}$。

⑥风量传感器其测量的风速范围应为2～16 m/s，测量精度不应小于5%。

此外，传感器应能反映现场的真实情况，如湿度传感器应安装在附近没有热源、水滴且空气流通并能反映被测房间或风道空气状态的位置，其响应时间不应大于150 s。对于智能传感器，应有以太网或现场总线通信接口。

2.1.5　建筑设备监控系统中的常用传感器

建筑设备监控系统中的常用传感器一般包括：给水排水监控系统采用的液位传感器、水流开关等；冷暖空调系统采用的温度传感器、流量传感器、压力传感器等；供配电系统采用的电压、电流、功率等变送器。在此，介绍几种典型传感器的原理及性能。

1）温度传感器

BAS中的温度传感器

温度是楼宇控制中的一个非常重要的参数，温度的自动调节不仅给人们提供舒适的生活和工作环境，从节能的角度出发，而且还可为现代化楼宇节约大量的能源。

温度传感器按采取测量被测介质温度的方式可分为接触式和非接触式两大类。

接触式温度传感器的检测部分与被检对象有良好的热接触，通过传导或对流达到热平衡，这时，温度传感器的示值即表示被测对象的温度。如热电偶、热电阻、半导体PN结等都属于接触式温度传感器。

非接触式温度传感器的检测部分与被检对象互不接触。目前，最常用的是通过辐射热交换实现测温，如红外测温传感器等，通常用于高温测量，如炼钢炉内温度测量。

在楼宇自动化中对温度的检测范围为：

①室内、室外气温－40～45 ℃。

②风道气温－40～130 ℃。

③水管内水温0～100 ℃。

④蒸汽管内蒸汽温度100～350 ℃。

温度传感器按安装位置不同，又分为不同种类的温度传感器，例如，风道内需安装风管式温度传感器、水管内浸入式温度传感器、室内温度传感器、室外温度传感器等。图2.4为风管式温度传感器实物图。

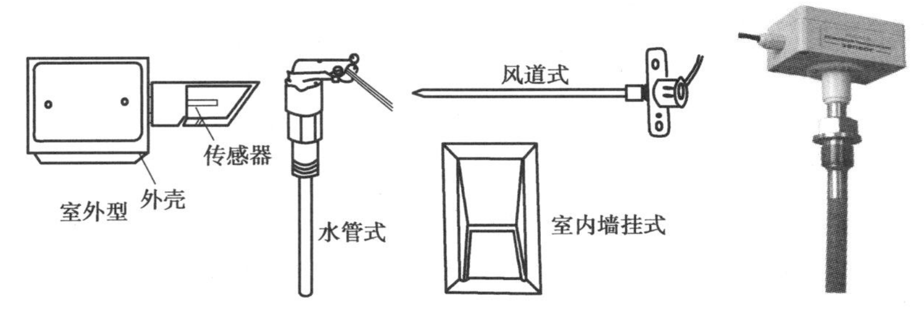

图 2.4　温度传感器安装方式及风管式温度传感器实物图

在建筑设备监控系统中,较为常用的温度传感器为热阻式温度传感器。

(1)热电阻

利用导体电阻随温度变化而变化的特性制成的传感器,称为热电阻性传感器。它是利用金属导体的电阻随温度变化的特性进行测温的。用金属电阻作为感温材料,要求金属电阻的温度系数大,电阻与温度呈线性关系,因此在常用感温材料中首选铂(Pt)和铜(Cu)。

金属电阻与温度的近似线性关系如下:

$$R_t = R_0(1 + \alpha t)$$

式中　R_t——t ℃时电阻值;

R_0——0 ℃时电阻值;

α——电阻的温度系数。

铂具有耐氧化特性,在相当宽的温度范围内有相当好的稳定性,且纯度越高,电阻温度特性越稳定。但铂电阻价格很高。楼宇自动化系统中常用的 Pt1000 的温度传感器是指在 0 ℃时阻值为 1 000 Ω 的铂电阻温度传感器。

铜的特点是易氧化,只能在低温及没有腐蚀性的介质中工作。另外,因为铜的电阻率比铂低很多,所以同样阻值的热电阻,铜电阻要更细更长,这使其机械强度差,体积也更大。

用镍制成的热电阻在性能上介于铜与铂之间。所以,在高精度、高稳定性的测量回路中通常用铂热电阻材料的传感器;要求一般、具有较稳定性能的测量回路可用镍电阻传感器;档次低,只有一般要求时,可选用铜电阻传感器。

在使用热电阻测温时,要充分注意热电阻与外部导线的连接,在传感器和控制器之间的引线过长会引起较大的测量误差。引线电阻对铂电阻不超过 R_0 的 0.2%,对铜电阻不超过 R_0 的 0.1%。精密测量中则要考虑温度误差补偿。

(2)热敏电阻

利用半导体电阻随温度变化的属性制成温度传感器是常用的另一种方法。目前使用的热敏电阻大多属陶瓷热敏电阻。半导体电阻对温度的感受灵敏度特别高。上述提及的铜电阻,当温度每变化 1 ℃时,其阻值变化 0.4% ~0.6%;而热敏电阻温度每变化 1 ℃,其阻值变化可达 2% ~6%,所以其灵敏度要比其他金属电阻高一个数量级,但其特性是非线性的,因此,后续的非线性校正处理比较复杂。如果是通过计算机对多个测点进行数据处理,那么有可能导致系统不能正常工作。此外,热敏电阻的互换性差,从而给系统的维护带来一定的困难。

热敏电阻按其阻值随温度变化的特性可分为 3 类:

①负温度系数(NTC)热敏电阻,其阻值随温度的上升呈非线性减小。

②正温度系数(PTC)热敏电阻,其阻值随温度的上升呈非线性增大。

③临界温度(CTR)热敏电阻,它具有正或负温度系数特性,且存在一临界温度,超过此临界温度的,其热敏电阻的阻值会急剧变化。

(3)集成温度传感器

集成温度传感器是利用集成化技术把温度传感器(如热敏晶体元件)与放大电路、补偿电路等制作在同一芯片上的功能器件。这种传感器输出信号大,与温度有较好的线性关系,且具有小型化、使用方便、测温精度高等优点,因此其应用日益广泛。

集成温度传感器按输出量的不同可分为电压型和电流型两种:电压型的温度系数约为 10 mV/℃;电流型的温度系数约为1 μA/℃。

这种传感器具有绝对零度时输出电量为零的特性,利用这一特性可制作绝对温度测量仪。集成电路温度传感器的工作温度范围一般在 -50 ~ 150 ℃。

传感器在与控制器连接时,其输出信号类型须与控制器的接口信号类型相匹配,如选择 Pt1000 的温度传感器时,控制器的相应接口也能支持 Pt1000 的信号类型。图 2.5、表 2.2 为江森 TE-6300 系列温度传感器相关信息。在进行传感器及控制器相关选型时,需注意其安装方式、量程、信号类型、精度、尺寸等信息是否与工程需求匹配。

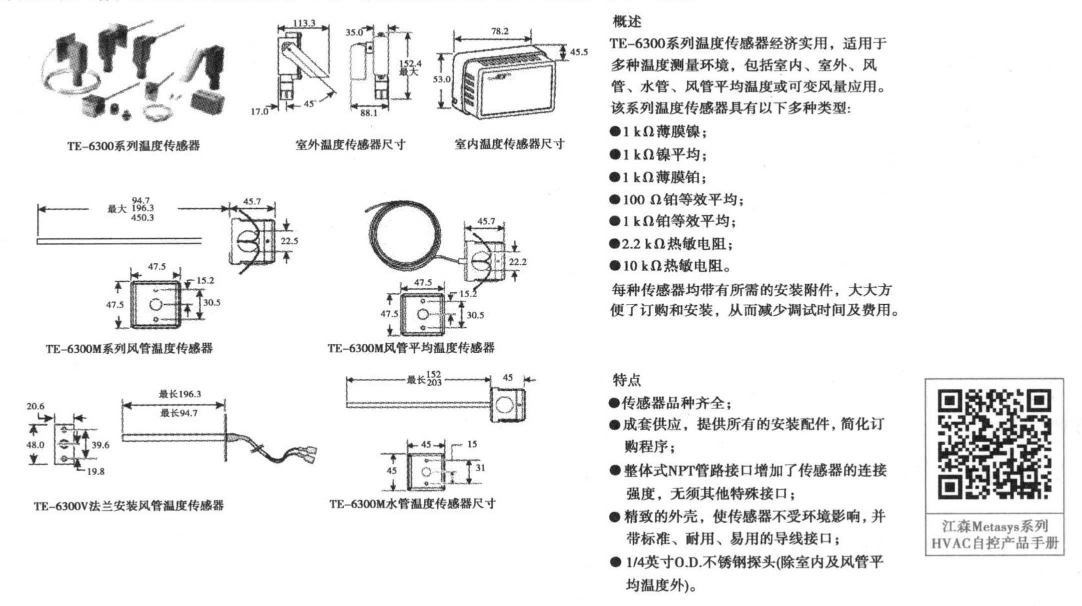

图 2.5　江森 TE-6300 系列温度传感器相关特征

2)湿度传感器

在建筑设备监控系统中对湿度的检测主要用于室内室外的空气湿度、风道的空气湿度的检测。

描述空气湿度的物理量通常有含湿量、绝对湿度和相对湿度。大多数仪表都是直接或间接地测量空气的相对湿度。

表 2.2　TE-6300 系列温度传感器选型表

感温元件	安装方式	探头长度/mm	工作温度/℃	温度系数/(Ω·℃)$^{-1}$	参考电阻/(Ω·℃)$^{-1}$	精度/(℃·℃)$^{-1}$	材料	其他	型号
1 kΩ 薄膜镍	室内温度		-46 ~ 50	5.4	1 kΩ/21	±0.19/21	①底座:镀锌钢 ②外壳:塑料 ③面板:铝漆	①白色 T-4000 型外壳及底座,带银色面板及 JCI 标志 ②螺丝和接线螺丝各 2 个 ③2 个膨胀套管	TE-6314P-1
1 kΩ 薄膜铂				3.9	1 kΩ/0	±0.41/21			TE-6324P-1
2.2 kΩ NTC 热敏电阻				NTC	2252/25	±0.2/0 ~ 70			TE-6344P-1
1 kΩ 薄膜镍	室外温度	76	-46 ~ 50	5.4	1 kΩ/21	±0.19/21	①探头:不锈钢 ②接线盒及保护罩:塑料	①室外保护罩 ②塑料接线盒及盖板 ③1/2NPT 导线接口 ④2 个接线螺丝	TE-6313P-1
1 kΩ 薄膜铂				3.9	1 kΩ/0	±0.41/21			TE-6323P-1
2.2 kΩ NTC 热敏电阻				NTC	2252/25	±0.2/0 ~ 70			TE-6343P-1
1 kΩ 薄膜镍	风管温度	102	-46 ~ 104	5.4	1 kΩ/21	±0.19/21	①探头:不锈钢 ②外壳:镀锌钢	①2 个自攻六角螺丝安装的安装底板 ②镀锌钢接线盒及盖板	TE-631GM-1
		203							TE-631IM-1
		457							TE-63LM-1
1 kΩ 薄膜铂		102		3.9	1 kΩ/0	±0.41/21			TE-632GM-1
		203							TE-6321M-1
		457							TE-632JM-1
2.2 kΩ NTC 热敏电阻		203	探头:-46 ~ 104 接线盒:-45 ~ 50	NTC	2252/25	±0.2/0 ~ 70	①探头:不锈钢 ②外壳:塑料		TE-6341P-1
1 kΩ 薄膜镍	风管平均温度	2 400	-46 ~ 104	5.4	1 kΩ/21	±0.19/21	①探头:钢管 ②风管接头:黄铜 ③外壳:镀锌钢	①包含用 2 个或 4 个螺丝安装底板 ②接线盒及盖板	TE-6315M-1
		5 200							TE-6316M-1
1 kΩ 铂等效平均		3 000	探头:-46 ~ 104 接线盒:-46 ~ 50	3.9	1 kΩ/0	±0.60/21	①探头:不锈钢 ②外壳:塑料	①4 个自攻六角螺丝安装底板 ②每平方英尺风管截面推荐使用约 1 英尺长的元件	TE-6327P-1
		6 000							TE-6328P-1

目前,空调中常用的湿度传感器按原理可分为以下几种,见表 2.3。

表2.3 常用湿度传感器

种类	优点	缺点	测量范围
氯化锂电阻湿度传感器及变送器	能连续指示,远距离测量与调节;精度高,反应快	受环境气体的影响,互换性差,使用时间长了会老化	5% ~95% RH
氯化锂露点湿度传感器及变送器	能直接指示露点温度;能连续指示,远距离测量与调节;不受环境气体温度影响;使用范围广,元件可再生	受环境气体流速的影响和加热源电压波动的影响,以及有害工业气体的影响	露点温度 -45 ~70 ℃ DP
电容式湿度传感器与变送器	能连续指示,远距离测量与调节;精度高,反应快,不受环境条件影响,维护简单,使用范围广	价格贵,对油质的污染比较敏感	10% ~95% RH
电动干、湿球湿度计	使用电阻测温能得到稳定特性,不受环境气体成分的影响	需经常维护,纱布湿润并防止污染,微型轴流风机有噪声	10% ~100% RH 10 ~40 ℃(空调应用)
毛发湿度计	结构简单,廉价	有滞后,有变差,灵敏度低	10% ~90% RH

常见的湿度传感器实物图,如图2.6所示。

图2.6 常见的湿度传感器实物图

(1)氯化锂电阻式湿度传感器

氯化锂电阻式湿度传感器主要利用高分子材料吸湿后电阻发生变化的特性制成,可通过测出电阻值间接测出湿度。氯化锂置于空气中,其含湿量与所在周围空气的相对湿度有关,含湿量的大小又会引起本身电阻的变化。

由于氯化锂感湿元件受环境影响较大,输出电阻值也与检测点的温度有关,在检测电路中,需加有热敏电阻来进行温度补偿。

氯化锂电阻式湿度传感器,性能稳定,反应灵敏,测量精度较高,有时可用在湿度控制不大于1% RH的自控环节中。一般在工业和民用空调环境中使用,寿命可达四五年。其主要缺点是体积大,不宜在温度变化剧烈、易结露和污染的环境中应用。

(2)电容式湿度传感器

电容式湿度传感器主要是利用高分子薄膜在吸湿后介电常数发生变化,从而导致电容发生改变的特性制成的。由于高分子薄膜可以做得很薄,容易吸收空气中的水分,也容易将水分散发掉,所以这就决定了其滞后误差小和响应速度快。而且电容与湿度基本呈线性关系。电容式湿度传感器元件尺寸小,响应快,湿度系数小,有良好的稳定性,因而也是常用的湿度传感器。

电容式湿度传感器将其相对湿度转换为 1～10 V 标准直流信号,传送距离可达 1 000 m,性能稳定,几乎不需维护,安装方便。目前,它被认为是一种比较好的湿度传感器,优点较多,但价格昂贵。

图 2.7 为 HT-1000 系列湿度传感器选型表,图 2.8 为江森 HT-1000 系列室内湿度传感器的相关信息。

湿度范围	湿度输出	温度输出	供电电源	精度/%	型号
0%～100% RH	0～10 V DC	0～10 VDC	12～30 VDC 24 V AC±15%(50/60 Hz)	2	HT-1201-UR
		–		4	HT-1300-UR
		0～10 VDC			HT-1301-UR
		NTCK2			HT-1303-UR
		Pt1000			HT-1306-UR

附件

型号	描述
TM-1100-8931	表面安装底座
TM-9100-8900	模块开启特殊工具

图 2.7　HT-1000 系列湿度传感器选型表

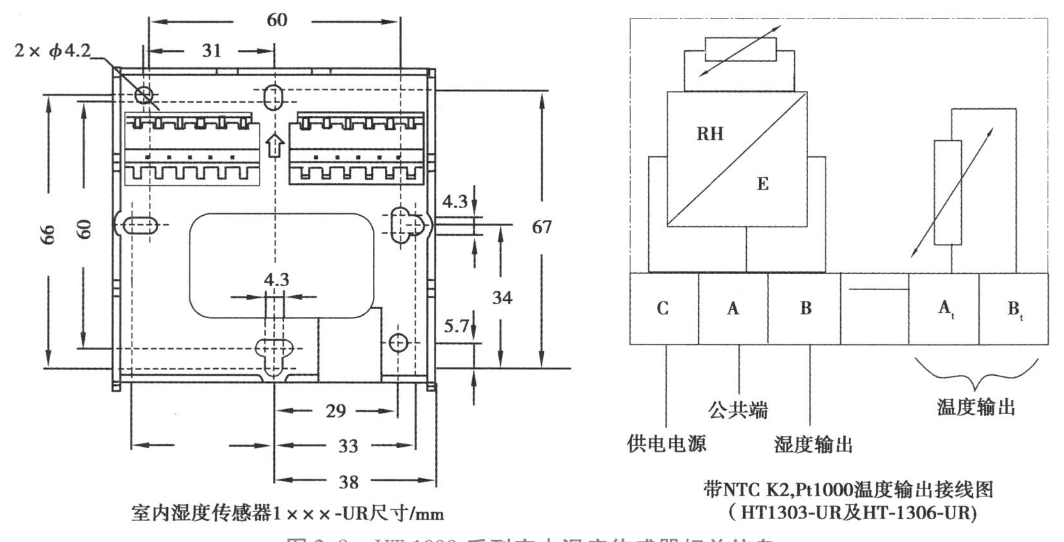

图 2.8　HT-1000 系列室内湿度传感器相关信息

3)压力传感器

在建筑设备监控系统中对压力的检测主要用于供回水管压力、压差,风道静压和房间微正压的检测,有时也用来测量液位,如水箱的水位等。大部分的应用属于微压测量,量程一般为0～5 000 Pa,如图2.9所示。

压力传感器是将压力转成电流或电压的器件,可用于测量压力和物体的位移。由于压力测量的条件不同,测量精度的要求也不同,因此,所使用的传感器件也不一样。

利用金属材料的弹性制成弹性测压元件是常用的一种方法。在智能建筑中最常用的弹性测量元件有弹簧、弹簧管、波纹管和弹性膜片。而上述测压元件是先将压力变化转换成位移的变化,然后再将位移的变化通过磁电或其他电学的方法转成能方便检测、处理、显示的电学量。

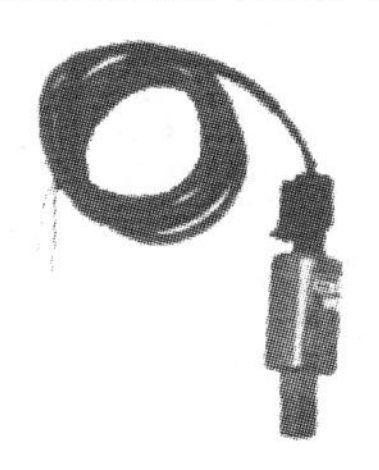
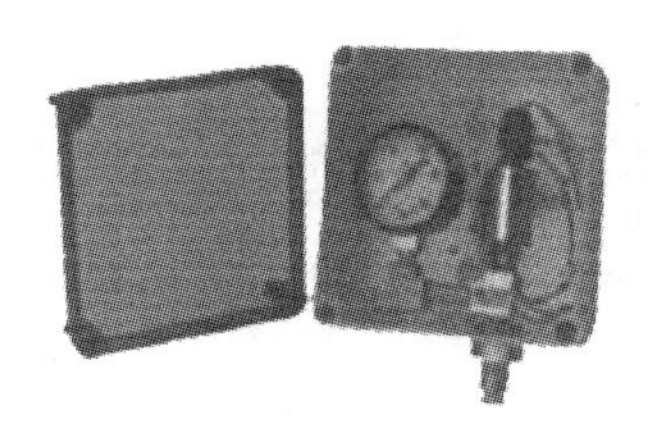

图2.9　压力压差传感器

(1)电阻式压差传感器

电阻式压差传感器是将测压弹性元件的输出位移变换成电阻的滑动触点位移,因而被测压力的变化就可转换成电位器阻值的变化。若把这个电位器与其他电阻接成桥路,当阻值发生变化时,电桥输出一不平衡电压。

电阻式压力传感器精度不高,且不适宜微小位移量的测量。

(2)电容式压差传感器

电容式压差传感器是最常见的一种压力传感器。它是用两块弹性好的金属平板作为差动可变电容器的两个活动电极,被测压力分别置于两块金属平板两侧,在压力作用下能产生相应位移。当可动极板与另一电极的距离发生变化时,则相应的平板电容器的容量发生变化,最后由变送器将变化的电容转换成相应的电压或电流。电容式压力传感器主要用于微小位移量的测量。

(3)霍尔压力传感器

霍尔压力传感器是将弹性元件感受的压力变化引起的位移通过霍尔元件转换成电压信号。霍尔元件实际上是一块半导体元件,其赖以工作的物理基础是霍尔效应。运动电荷受磁场中洛伦磁力作用产生电位,称为霍尔电势。当霍尔元件随压力变化而运动时,则作用于霍尔片上的磁场强度发生变化,霍尔电势也随之变化,霍尔电势的大小位移变化成正比,这样就可间接测压力。

(4)压电传感器

当有些电介材料在一定方向上受外力作用而变形时,在其表面会产生电荷;当去掉外力时,它又会重新返回不带电的状态,这种机械能转变成电能的现象称为压电效应。利用压电现象可实现非电量的测量。压电传感器是利用某些材料的压电效应原理制成的,具有这种效应的材料有压电陶瓷、压电晶体等。

压电式传感器具有体积小、质量小、频响高、信噪比大等特点。由于它没有运动部件,因此,结构牢固,可靠性和稳定性高。压电传感元件是力敏感元件,它可以测量最终变换为力的非电物理量,如动态力、动态压力、振动加速度等,但不能用于静态参数测量。

江森DPT266系列压力传感器相关信息如图2.10所示,可用于检测空气差压或表压压力，其选型表见表2.4，用户可根据量程范围、输出信号、供电电源等参数，合理选择压力传感器型号。

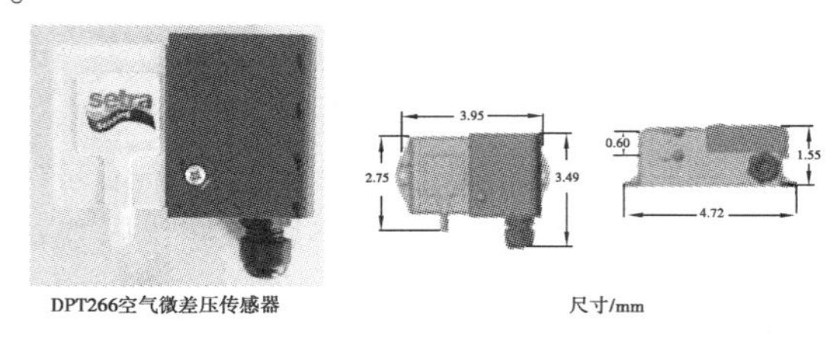

DPT266空气微差压传感器

尺寸/mm

概述

DPT266空气微差压传感器检测差压或表压压力，并将压力差信号转换为成比例的电输出信号。DPT266具有0~5 VDC、0~10 VDC或4~20 mA的高电平输出，用于楼宇能源管理系统，这种传感器能测量楼宇增压和空气流动控制所需的精确压力和流量。

DPT266系列传感器可提供低至0~±50 Pa，高至0~5 000 Pa的量程。静态精度在常温下为±1%FS，温度补偿范围为-18~65 ℃，在温度补偿范围外的热飘移小于±0.06%FS/℃。

DPT266采用全不锈钢氩弧焊敏感元件。张力不锈钢膜片和一个固定电极构成一个可变电容。正压使膜片向电极移动，电容值增大。减小压力，膜片则远离固定电极。电容的这种变化通过电子电路检测并转变为线性直流信号。

氩弧焊张力敏感元件允许在任何方向有69 kPa的过压而不损坏，另外敏感元件的各部分具有良好的热匹配系数。改善了传感器的温度特性和长期稳定性。

接线图

电压输出型： 使用EXC、OUT及COM端子，EXT及COM为直流电源输入端，直流电源的+端接EXT，-端接COM。OUT及COM为电压输出信号，OUT为输出信号+端，COM为输出信号-端。

电流输出型： 使用EXT及COM端子，EXC与直流电源的+端相连，COM接至控制器或监视器的信号输入+端，控制器或监视器的信号输入-端与直流电源的-端相连

图2.10　江森DPT266系列压力传感器相关信息

表2.4　江森DPT266系列压力传感器选型表

量程范围 (″ WC,英寸水柱)	量大过载压力/kPa	输出信号	供电电源	其他性能	型号
0~0.25	14	4~20 mA 电气负载： 0~800 Ω 零压时的双向 输出：12 mA	最小供电电压 (VDC)：9+0.02× (接收装置附加 导线电阻) 最大供电电压 (VDC)：30+0.004× (接收装置附加 导线电阻)	工作温度： -18~65 ℃	DPT2661-R25D
0~0.5					DPT2661-0R5D
0~1.0	35				DPT2661-001D
0~2.5	69				DPT2661-2R5D
0~5.0					DPT2661-005D
0~10					DPT2661-010D
0~25					DPT2661-025D
0~±0.25	14				DPT2661-R25B
0~±0.5					DPT2661-0R5B
0~±1.0(250 Pa)	35				DPT2661-001B
0~±2.5	69				DPT2661-2R5B
0~±5.0					DPT2661-005B
0~±10					DPT2661-010B

4）液位传感器

在楼宇设备控制系统中，需对供排水的水位、各种水箱的水位进行检测和控制。传统的浮球开关作为开关量的传感器，仍被广泛用于液位的监测，但它仅能对液位上限或下限进行监测。对液位进行实时连续监测的传感器可分为电阻式、电容式和压力式3种，如图2.11所示。

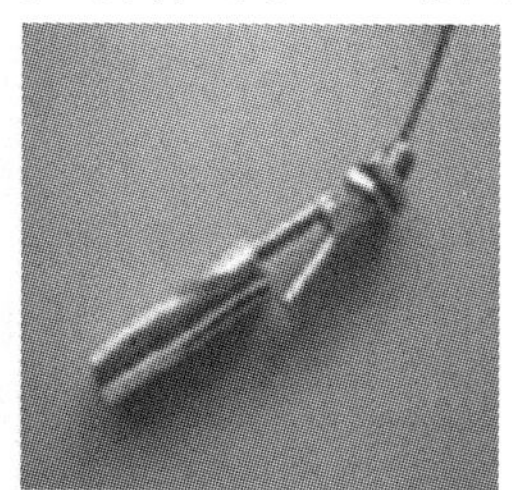

图2.11　液位传感器

(1)电阻式液位传感器

电阻式液位传感器是利用液体的电阻作为监控对象,在液体介质中安装几个金属接点,利用介质的导电性接通检测控制回路,检测液体液位的高低。为了更精确地连续反映液位的高低,也可在容器内置滑动电阻器,随着液位的升降,滑动电阻器的阻值也会相应发生变化。

(2)电容式液位传感器

电容式液位传感器是对液位进行连续精密测量的仪器。它是用金属棒和与之绝缘的金属外筒作为两电极,被测液体能够进入内外电极之间的空间,液位的变化会改变电容介质,从而也会改变电容量。电容式液位传感器所测量的电容量与液位值呈线性关系。

(3)压力式液位传感器

压力式液位传感器是在容器底部安装一压力传感器,当液面发生变化时,液体产生的压强也随之改变。其压力值与液位值呈对应线性关系,因此,通过对压力的测量即可得到液位值,从而达到测量液位的目的。

5)流量传感器

流量数据是楼宇设备控制和工业生产过程控制中的一个很重要的参数。在楼宇控制系统中主要有冷冻水流量、冷却水流量、供热蒸汽流量、风道空气流量等参数需要测量。感受流量的方法繁多,常用的有节流式、涡流式、容积式和电磁式,使用时应根据精度、测量范围的不同要求进行选择。

(1)节流式流量传感器

在被测管道上放一节流元件(如孔板等),流体流过这些阻挡体时流动状态会发生变化。根据流体对节流元件的推力和节流元件前后的压力差,可测定流量的大小。再把节流元件两端的压差或节流元件上的推力转换成需求的电量。

孔板压差式流量计、靶式流量计和转子流量计均属于节流式流量传感器(图2.12)。

孔板压差式流量计是在管道中安装一孔板作为节流元件,当流体经过这一孔板时截流面缩小,测出孔板前后压力差,把压力差转换成相应的电压或电流,就可测量出液体流量。

靶式流量计是把节流元件做成悬挂在管道中央的一个小靶,输出信号取自作用于靶上的压力。

转子流量计是把一个转子放在圆锥形的测量管道中,当被测流体自下而上流入时,由于转子的节流作用,在转子前后会产生一个压差,转子在这个压差的作用下上下移动,将转子的位置信号转换成电信号,也就直接反映了流量的大小。

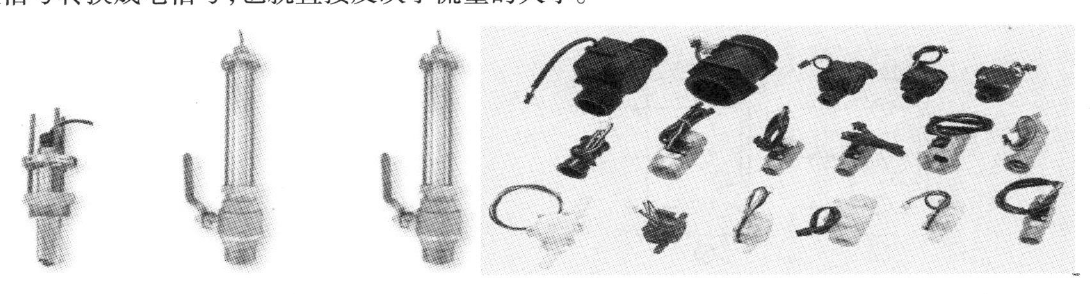

图2.12　流量传感器

(2)涡流式流量传感器

涡流式流量传感器是在导管中心轴上安装一个涡轮装置,液体流过管道时推动涡轮转动,而涡轮的转速与液体的流量成正比。涡轮在管道中转动,其转速只能通过非接触的电磁感应方法才能测出。涡轮的叶片采用导磁材料制成,在非导磁材料做成的导管外面安放一组套有感应线圈的磁铁。涡轮旋转,每片叶片经过磁铁下面都会改变磁铁的磁通量,磁通量变化感应出电脉冲。在一定流量范围内,产生的电脉冲数量与流量成正比。

为了保证流体沿轴向推动涡轮,以提高测量精度,在涡轮前后均装有导流器。尽管如此,还要求在涡轮流量计前后安装一段直管,入口直段的长度应为管径的 10 倍,出口直段的长度应为管径的 5 倍。

(3)容积式流量传感器

容积式流量传感器常用的是椭圆齿轮流量计,它靠一对加工精良的椭圆齿轮在一个转动周期里,排出一定的液体,只要累计算出齿轮转动的圈数,就可得知一段时间内的流体总量。这种流量计是按照固定的排出量计算流体的流量,只要椭圆齿轮加工精确,没有腐蚀和磨损,则可达到极高的测量精度,一般可达到 0.2% ~0.55% ,所以经常作精密测量用,例如,测量高黏度的流体。

(4)电磁式流量传感器

电磁流量传感器是基于电磁感应原理,以导电流体切割磁力线产生的感应电势为输出的。这种传感器的使用具有局限性,主要是要求所测的流体必须是电的导体。同时,这种传感器也有很多优点:由于在测量管道中没有节流元件,因而其压力损失小;其输出信号与流速之间呈线性关系;在使用中具有工作可靠、精度高、测量范围大、反应速度快等特点。

江森 F61KB 液体流量开关如图 2.13 所示,可用于检测流经管道的液体流量变化,其选型表如图 2.14 所示,可根据叶片尺寸、开关动作所需流量等,合理选择流量开关型号。

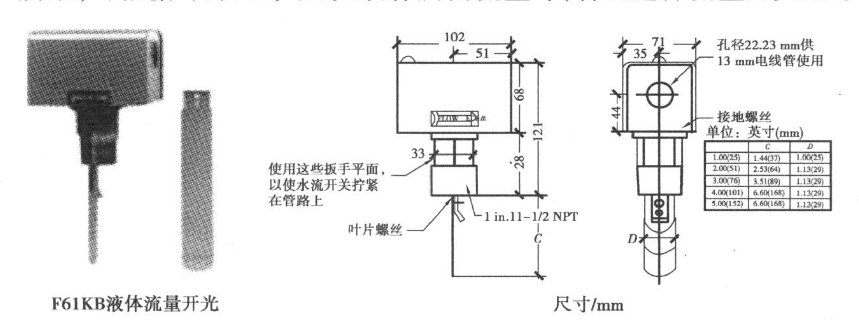

	C	D
1.00(25)	1.44(37)	1.00(25)
2.00(51)	2.53(64)	1.13(29)
3.00(76)	3.51(89)	1.13(29)
4.00(101)	6.60(168)	1.13(29)
5.00(152)	6.60(168)	1.13(29)

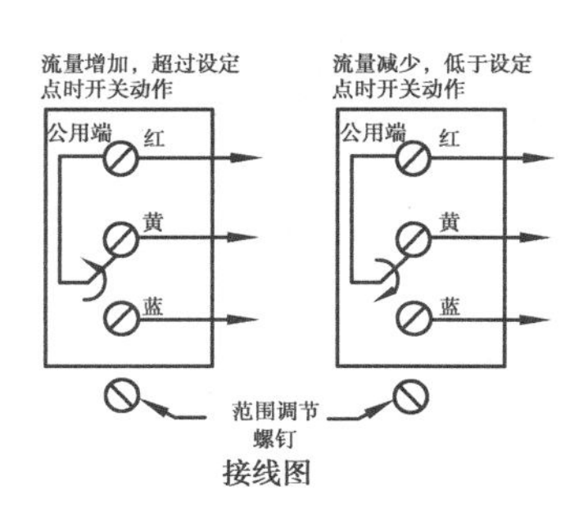

图 2.13 江森 F61KB 液体流量开关相关信息

F61KB-11C液体流量开关，1~3 in叶片

开关动作所需的流量/（$m^3 \cdot h^{-1}$）											
管径/mm		25	32	40	50	65	80	100	125	150	200
最小调整	流量增加(红-黄闭合)	0.95	1.32	1.70	3.11	4.09	6.24	14.8	28.4	43.2	85.2
	流量减少(红-蓝闭合)	0.57	0.84	1.14	2.16	2.84	4.32	11.4	22.9	35.9	72.7
最大调整	流量增加(红-黄闭合)	2.0	3.02	4.36	6.6	7.84	12.0	29.1	55.6	85.2	172.6
	流量减少(红-蓝闭合)	1.93	2.84	4.09	6.13	7.27	11.4	27.7	53.4	81.8	165.8

F61KB-11C液体流量开关，6 in叶片

开关动作所需的流量/（$m^3 \cdot h^{-1}$）					
管径/mm		100	125	150	200
最小调整	流量增加(红-黄闭合)	8.40	12.9	16.81	46.56
	流量减少(红-蓝闭合)	6.13	9.31	12.26	38.61
最大调整	流量增加(红-黄闭合)	13.4	26.8	32.70	94.26
	流量减少(红-蓝闭合)	17.3	25.21	30.66	90.85

F61KB-11C系列液体流量开关选型表

管路接头	开关触点	波纹管/叶片	叶片	液体温度/℃	最高液体压力/kPa	其他性能	型号
1 in11-1/2 NPT螺纹管路接头	单刀双掷触点，16(8)A，240 VAC	磷青铜/不锈钢	出厂时装有可拆卸的1，2，3 in 3节叶片及附加的6 in叶片(未安装)	0~121	1 034	NEMA1外壳	F61KB-11C

图 2.14　江森 F61KB 液体流量开关产品选型表

6)气体成分传感器

气体成分传感器主要是用于检测空气中 CO_2、CO 和煤气的含量。

最常用的气体成分传感器为半导体气体传感器。

正常情况下，器件对氧的吸附量为一定值，即半导体的载流子浓度是一定的，如异常气体流到传感器上，器件表面发生吸附变化，器件的载流子浓度也随之发生变化，这样即可测出异常气体的浓度大小。半导体气体传感器具有制作和使用方便、价格便宜、响应快、灵敏度高的优点，因此，被广泛用于现代智能建筑的气体监测中。

7)电量变送器

(1)电流电压变送器

电参数的测量主要是对电压、电流、功率、频率、阻抗和波形等参数的测量。在电参数的测量中，被测电量的特点是：电压和电流的范围广，从纳伏级到数百千伏的高压；从纳安级到数百千安的电流。对正弦交流电压、电流常用检测原理框图，如图 2.15 所示。

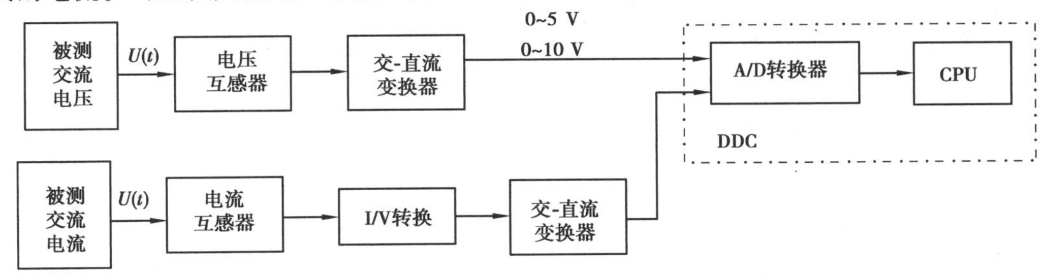

图 2.15　正弦交流电压、电流的测量原理

被测交流电压、电流经互感器变换到一定的量程范围，然后经交-直流变换电路，将交流信号的有效值转变成一个直流电压值，经量程变换后达到标准的电压范围，单极性的如 0 ~ 5 V 或 0 ~ 10 V，双极性的如 ±5 V、±10 V。这个标准的电压范围信号可直接送给 DDC 控制器的 AI 输入，DDC 内部经 A/D 转换器将此电压信号转变成一个数字量，最终将此数字量乘以放大器放大或衰减系数即得被测交流电压、电流的有效值。

(2) 功率变送器

功率的测量原理如图 2.16 所示。其核心是模拟乘法器，交流电压和电流信号经模拟乘法器相乘后即得瞬时功率信号，再经低通滤波器得出平均功率值，这是一个直流信号，它代表被测功率的大小。将此直流电压值测量出即可求得被测功率的数值。

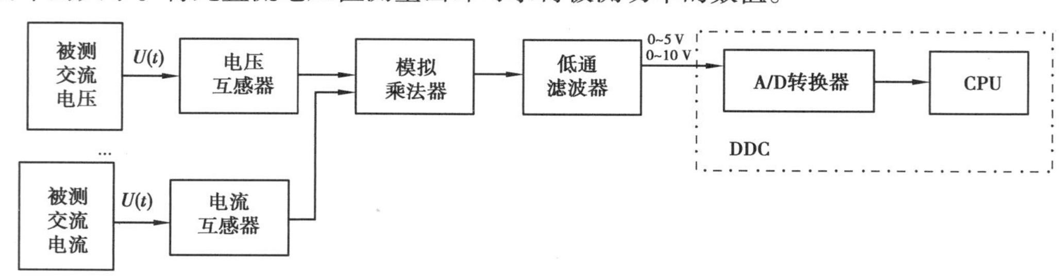

图 2.16　功率的测量原理

【技能点】

2.1.6　温度传感器的安装

自动化仪表工程施工及质量验收规范（GB 50093—2013）

温度传感器的安装要求如下：

(1) 安装位置

①不应安装在阳光直射的位置，应远离有较强振动、电磁干扰的区域，其位置不能破坏建筑物外观的美观与完整性，室外型温度传感器应有风雨防护罩。

建筑设备管理系统设计与安装图集（19X201）

②应尽可能地远离窗、门和出风口的位置，如无法避开则与其距离不应小于 2 m。

③并列安装的传感器，距地高度应一致，高度差不应大于 1 mm，同一区域内高度差不应大于 5 mm。

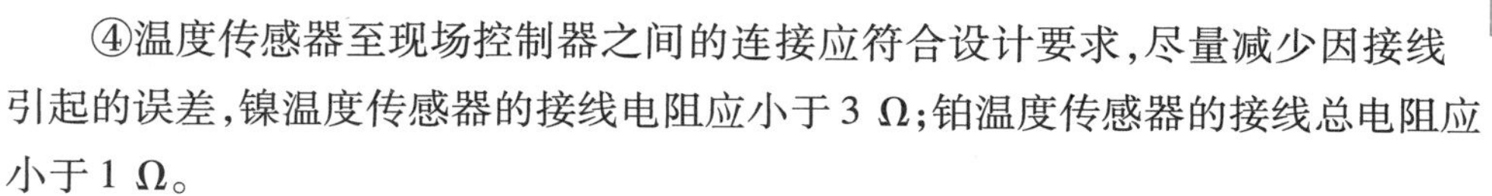

④温度传感器至现场控制器之间的连接应符合设计要求，尽量减少因接线引起的误差，镍温度传感器的接线电阻应小于 3 Ω；铂温度传感器的接线总电阻应小于 1 Ω。

⑤传感器应安装在便于调试、维修的地方。

⑥风管式传感器应安装在风速平稳，能反映温、湿度变化的位置。

⑦传感器的安装应在风管保温层的安装完成后进行，应安装在风管直管段或避开风管死角位置及蒸汽放空口位置。

西门子传感器安装手册

⑧水管温度传感器宜在暖通水管路完毕后进行安装。

⑨水管温度传感器的开孔与焊接工作,必须在工艺管道的防腐、衬里、吹扫和压力试验前进行。

⑩水管温度传感器应安装在水流温度变化灵敏和具有代表性的地方,不宜选择阀门等阻力件附近及水流流束死角或振动较大的位置。

风管温度传感器说明书(T7411A-duct)

⑪水管型温度传感器的感温段大于管口口径的1/2时,可安装在管道顶部;若感温段小于管口口径的1/2时,应安装在管道的侧面或底部。

⑫水管型温度传感器不宜在焊缝及其边缘上开孔和焊接。

(2)风道温度传感器的选型与安装示例

风道温度传感器应用于测量空调机组的送风道或回风道的风道温度,其外形、安装尺寸如图2.17所示(型号:RS-WS-NO1-9TH)。

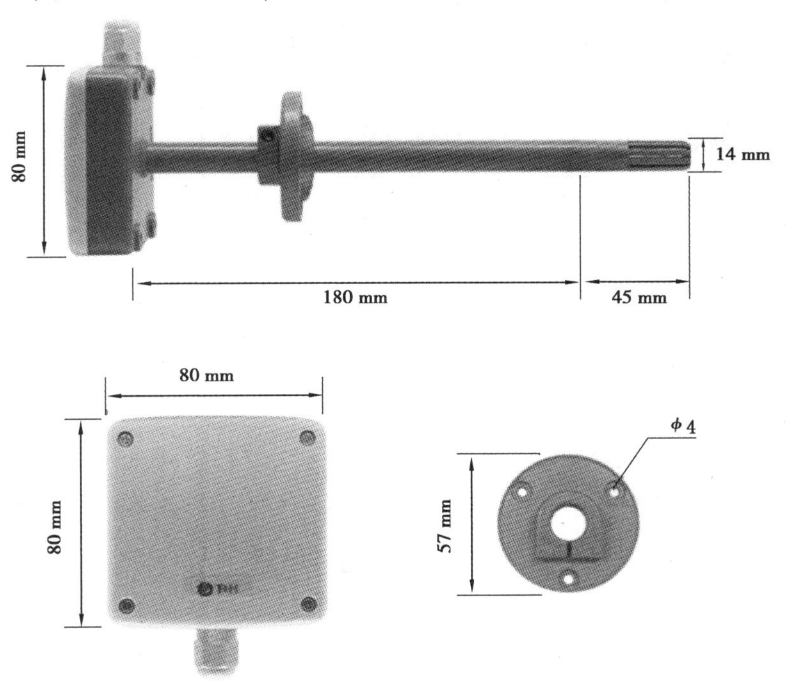

图2.17 典型风道温度传感器的外形和安装尺寸图

传感器接线方法如图2.18所示。

风道温度传感器安装方法,如图2.19所示。

(3)室外温度传感器的选型与安装示例

室外温度传感器应用于测量空调机组控制所需的室外温度,其外形、安装尺寸和安装方法如图2.20、图2.21所示(型号:RS-WS-＊-2-＊)。

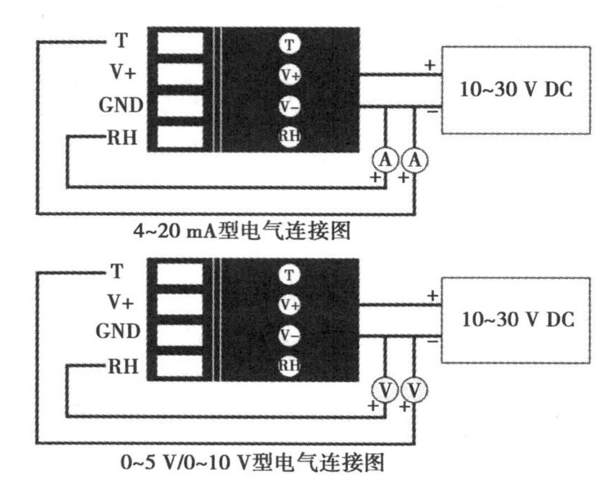

图 2.18　风道温度传感器接线

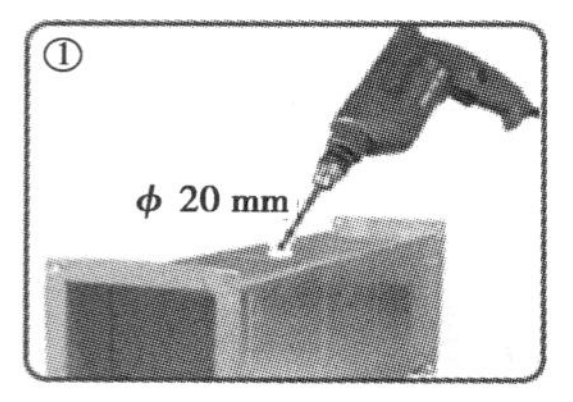

在排风管上打一个直径20 mm的孔

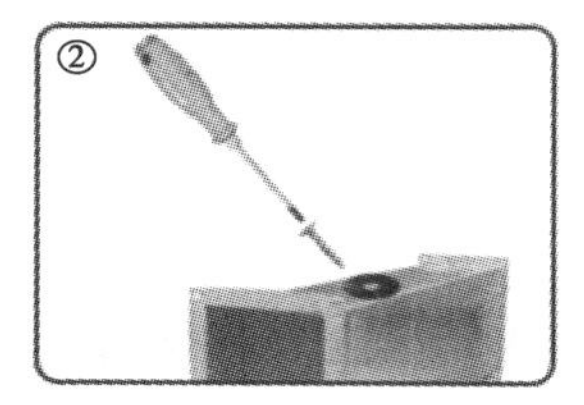

用螺丝将法兰盘固定在排风管上

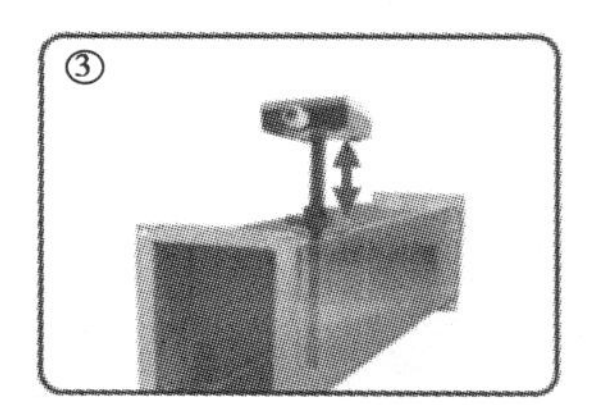

将设备插入法兰盘中，完成安装

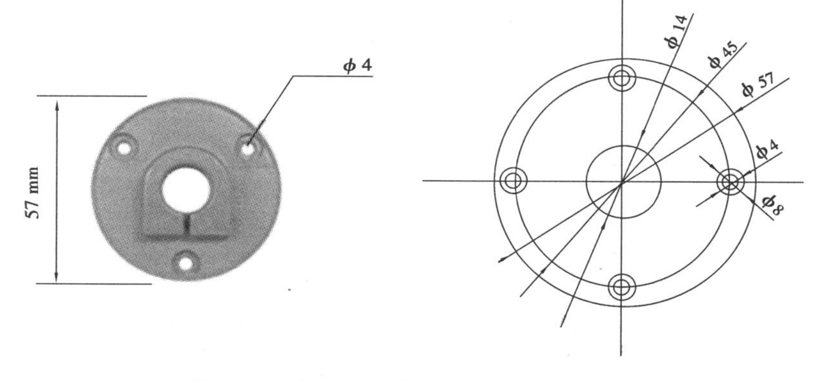

室外温度传感器说明书（H7508-outside）

图 2.19　室外温度传感器安装尺寸图

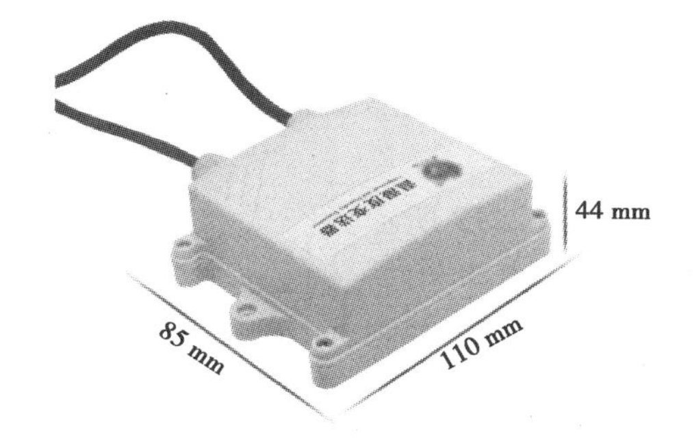

图 2.20　室外温度传感器外形图

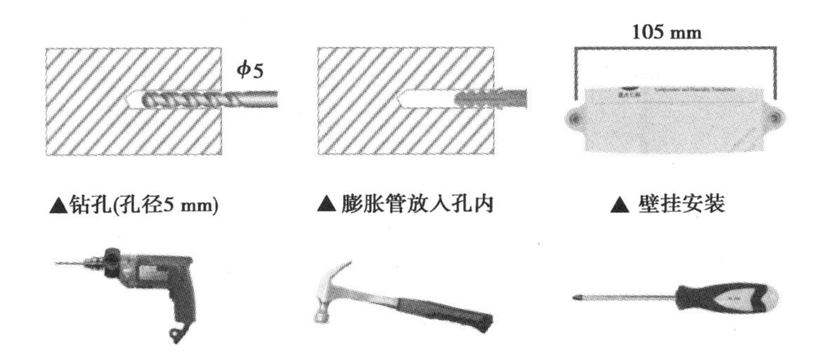

图2.21　室外温度传感器接线示意图

(4)水温度传感器的选型与安装示例

水温度传感器应用于冷冻水、冷却水等管路中的水温测量,外形和安装尺寸如图2.22所示(型号:VF20T,生产厂家:霍尼韦尔公司)。

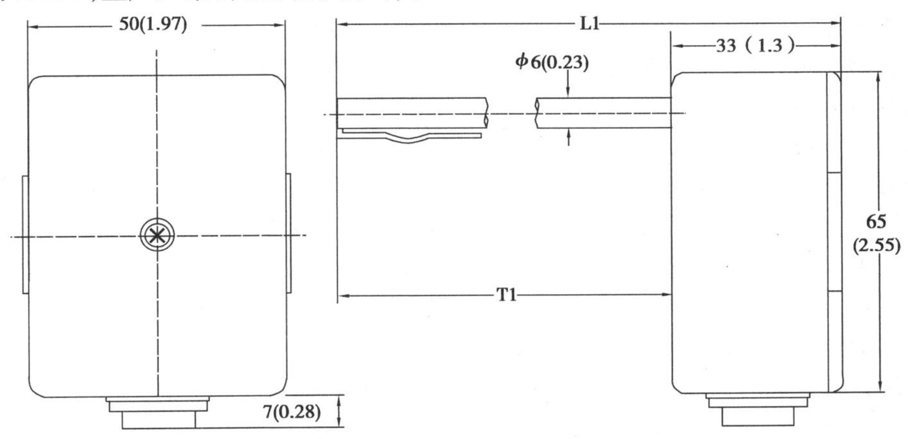

图2.22　水温度传感器的外形及尺寸

水温度传感器接线方法如图2.23所示。

接线形式	最大长度
传感器到控制器	200 m(660 ft)

线路附加阻抗损失偏差

线型	温度偏差
0.5 mm²(AWG20)	0.18X：(0.324T)
1.0 mm²(AWG17)	0.09 ℃(0.162 °F)
1.5 mm²(AWG15)	0.06 ℃(0.108 °F)

注意：在高电磁兼容性要求的场合需要使用屏蔽线，保持传感器接线与220 V电源线的最小距离不小于15 cm

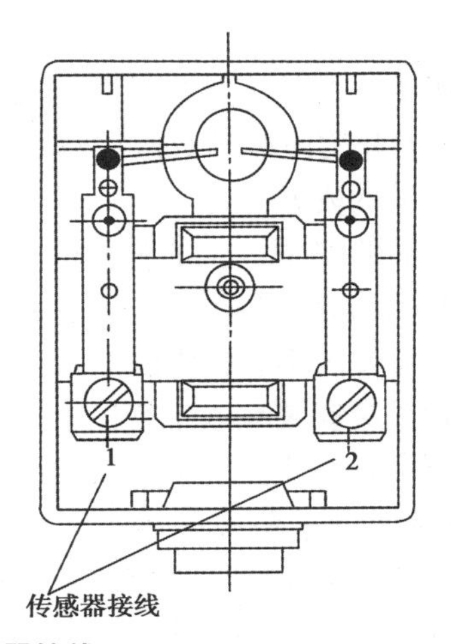

图2.23　水温度传感器接线

水管式温度传感器安装要求如图2.24所示。

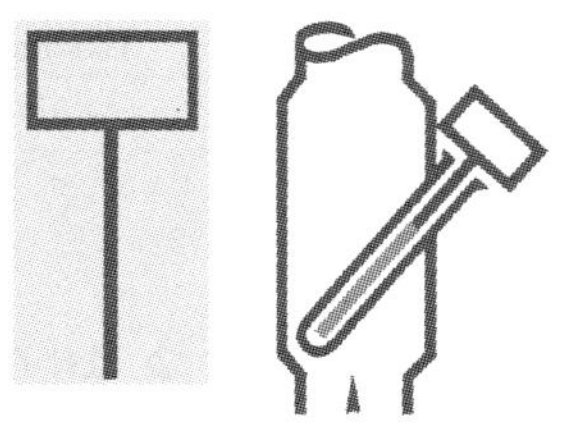

（a）确保传感器全部的有效长度浸入介质　　　　（b）错误安装方式

图 2.24　水管式温度传感器安装要求

2.1.7　压力型传感器的安装

（1）安装压力型传感器的一般要求

①传感器应安装在便于调试、维修的位置。

②传感器应安装在温、湿度传感器的上游侧。

③风管型压力、压差传感器应在风管保温层完成后安装。

④风管型压力、压差传感器应尽可能地安装在风管的直管段，若不能，则应避开风管内通风死角和蒸汽放空口的位置。

⑤水管型、蒸汽型压力与压差传感器的安装应在工艺管道预制和安装同时进行，其开孔与焊接工作必须在工艺管道的防腐、衬里、吹扫和压力试验前进行。

⑥水管型、蒸汽型压力、压差传感器安装时不宜在管道焊缝及其边缘处开孔及焊接。

⑦水管型、蒸汽型压力、压差传感器的直压段大于管道口径的 2/3 时可安装在管道顶部，小于管道口径 2/3 时可安装在侧面或底部和水流流速稳定的位置，不宜选在阀门等阻力部件的附近和水流流速死角及振动较大的位置。

⑧安装压差开关时，宜将薄膜处于垂直平面位置，且注意以下要求：

a. 风压压差开关安装离地高度不应小于 0.5 m。

b. 风压压差开关的安装应在风管保温层完成之后。

c. 风压压差开关应安装在便于调试、维修的地方。

d. 风压压差开关不应影响空调箱本体的密封性。

e. 风压压差开关的线路应采用金属软管保护与压差开关连接。

f. 风压压差开关应避开蒸汽放空口。

⑨水流开关的安装。

a. 水流开关的安装应在工艺管道预制、安装的同时进行。

b. 水流开关的开孔与焊接工作，必须在工艺管道的防腐、衬里、吹扫和压力试验前进行。

c. 水流开关安装不宜在焊缝及其边缘上开孔及焊接。

d. 水流开关应安装在水平管段上，不应安装在垂直管段上。

e. 水流开关应安装在便于调试、维修的地方。

（2）风压压差开关的安装示例

风压压差开关主要应用于监测空调机组/新风机组的风机运行状态及过滤器状态，或者风道中防火阀的开关状态。风压压差开关外形及安装尺寸如图 2.25 所示（型号：DPS400，生产厂家：霍尼韦尔公司）。

图 2.25　风压压差开关外形及安装尺寸

(3)水流开关的安装示例

水流开关用于监测冷冻水、冷却水等管路中的水流量状态,外形和安装尺寸如图2.26所示(型号:S6065A1003,生产厂家:霍尼韦尔公司)。

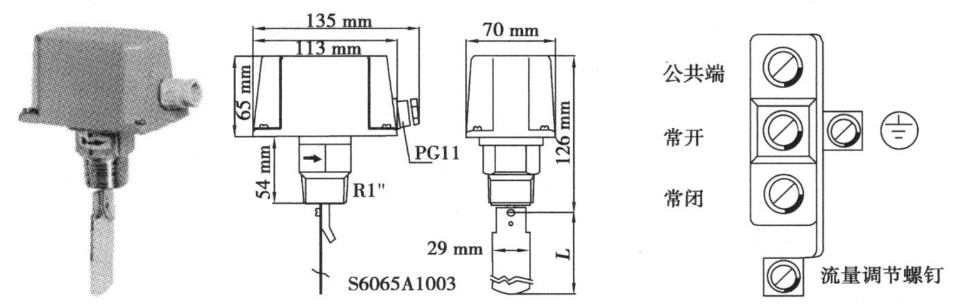

图2.26　水流开关外形、安装尺寸及接线示意图

(4)水压力传感器的安装示例

水压力传感器外形和安装尺寸如图2.27所示(型号:242PC系列,生产厂家:霍尼韦尔公司)。

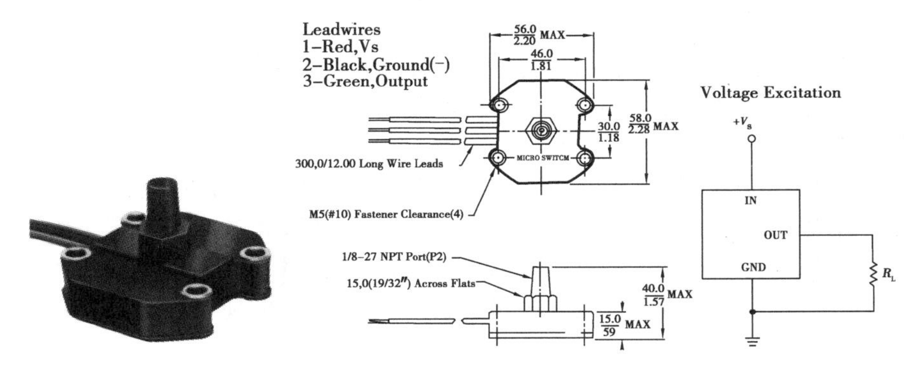

图2.27　水压力传感器外形、尺寸及接线示意图

在建筑设备监控系统中,冷冻水供回水的压差是一个非常重要的参数。在实际应用中,不同工程的冷冻水供回水管路的形式千差万别,冷冻水的供回水压差监测常使用两个水压力传感器来实现。

2.1.8　流量型传感器的安装

(1)电磁流量计

电磁流量计是基于电磁感应定律的流量测量仪表,由检测和转换两个单元组成,被测介质的流量经检测单元转换成感应电动势,然后经放大转换成4~20 mA直流信号输出。

电磁流量计的安装要求:

①应避免安装在有较强交、直流磁场或剧烈振动的场所。

②流量计、被测介质及工艺管道三者之间应连成等电位,并合理接地。

③电磁流量计应设置在流量调节阀的上游,流量计的上游应有一定的直管段,长度至少为10倍管径,下游应有长度至少为4~5倍管径的直管段。

④在垂直工艺管道安装时,液体流向自下而上,以保证导管内充满被测液体,不致产生气

泡;水平安装时必须使电极处在水平方向,以保证测量精度。

(2)涡轮式流量传感器

涡轮式流量传感器是一种速度式流量计,当流体流过涡轮叶片时,叶片前后的压差产生推力推动涡轮叶片转动。在一定的流量范围内,管道中流体的容积流量与涡轮转速成正比,涡轮的转速通过检测线圈和电磁转换装置转换成对应频率的电脉冲信号。

涡轮式传感器的安装要求:

①涡轮式流量变送器应安装在便于维修并避免安装在管道振动、强磁场及热辐射的场所。

②涡轮式流量传感器应水平安装,流体的流动方向必须与传感器壳体上所示的流向标志一致。如果没有标志,可按下列方向判断流向:流体的进口端导流器比较尖,中间有圆孔;流体的出口端导流器不尖,中间没有圆孔。

③可能产生逆流的场合,流量变送器下游应装设止回阀。流量变送器应装在测压点上游,距测压点 3.5 ~5.5 倍管径的距离;测温装置应设置在下游侧,距流量传感器 6 ~8 倍管径的距离。

④流量传感器需装在一定长度的直管上,以确保管道内流速平稳。流量传感器上游应留有 10 倍管径长度的直管,下游应留有 5 倍管径长度的直管。若传感器前后的管道中安装有阀门、管道缩径、弯管等影响流量平稳的设备,则直管段的长度还需相应增加。

⑤信号的传输线宜采用屏蔽和绝缘保护层的电缆,宜在现场控制器侧接地。

(3)水流量传感变送器的安装示例

建筑设备监控系统中冷冻水的水流量是非常重要的参数。根据冷冻水的供回水温度和流量可计算出当前建筑的空调负荷。水流量测量比较复杂,需要配置水流量传感器和水流量变送器才能实现。流量传感器有多种形式,从最简单的孔板到非常复杂的电磁流量计等。这里介绍的是涡轮式流量计,其外形、接线方式和安装尺寸如图 2.28 所示(型号:2517,生产厂家:SIGNET 公司)。

(a)法兰安装

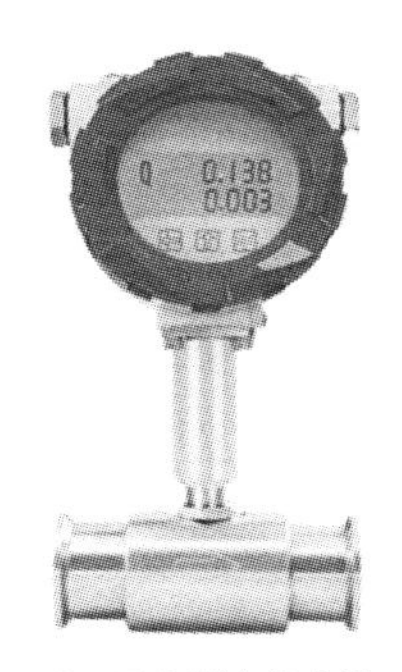

(b)卫生型卡箍安装

(c)螺纹安装(适用于*DN*50及以下口径)

图 2.28 流量传感器外形

孔板流量计一般常应用在工业场合,建筑环境则很少采用。安装流量传感器时,必须注意待安装流量计的管道特点,即传感器前后的直管段是否足够长。图 2.29 示范了各种条件下流量传感器安装时必须保证的最小直管段的长度。上述流量传感器必须配合相应的变送器才可使用。变送器的要求如图 2.29 所示(型号:SIN-WL,生产厂家:LONTROL 公司)。

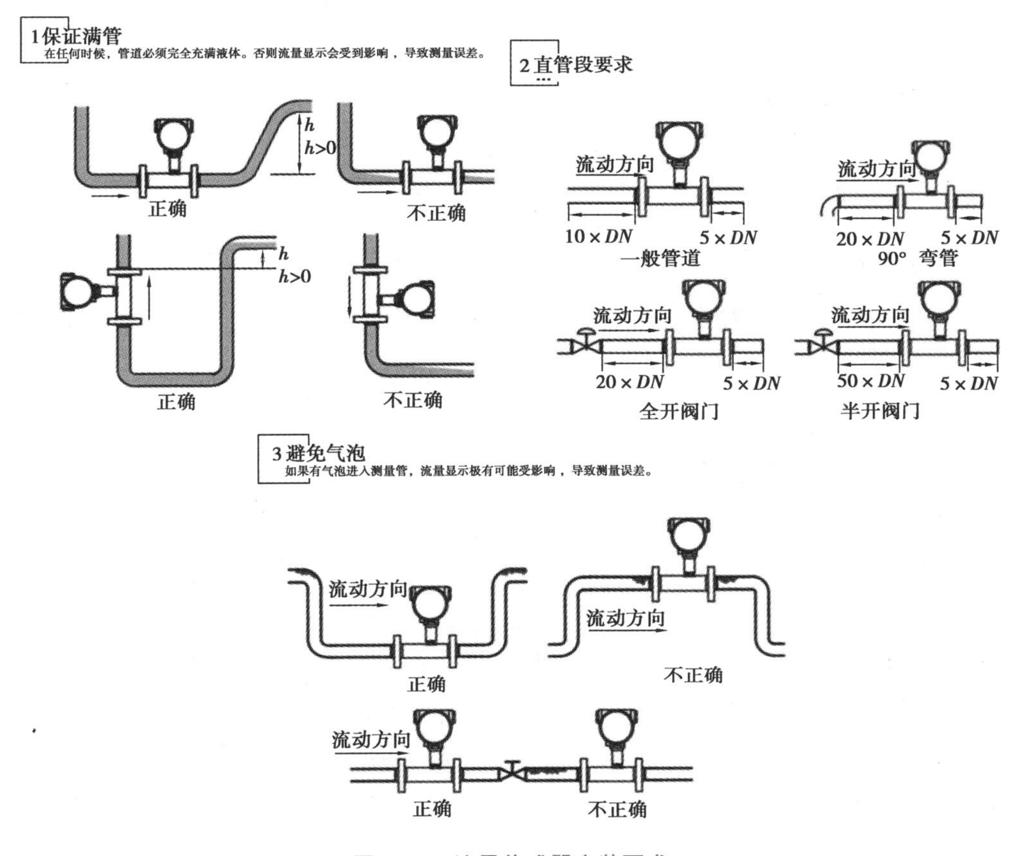

图2.29　流量传感器安装要求

【任务实施】

提取工程案例中的检测点(数字输入或模拟输入)以及材料清单,对应出用什么传感器实现什么类型点位的检测,在实现的功能、平面图中找出其安装地点,再对应归纳其安装方法,汇总至表2.5中(供参考)。

表2.5　BAS中的传感器选型及其安装任务实施单

工程名称			建筑物类型	
检测点位	传感器类型	传感器型号	传感器安装地点	传感器安装要求

【任务知识导图】

任务 2.1 知识导图，如图 2.30 所示。

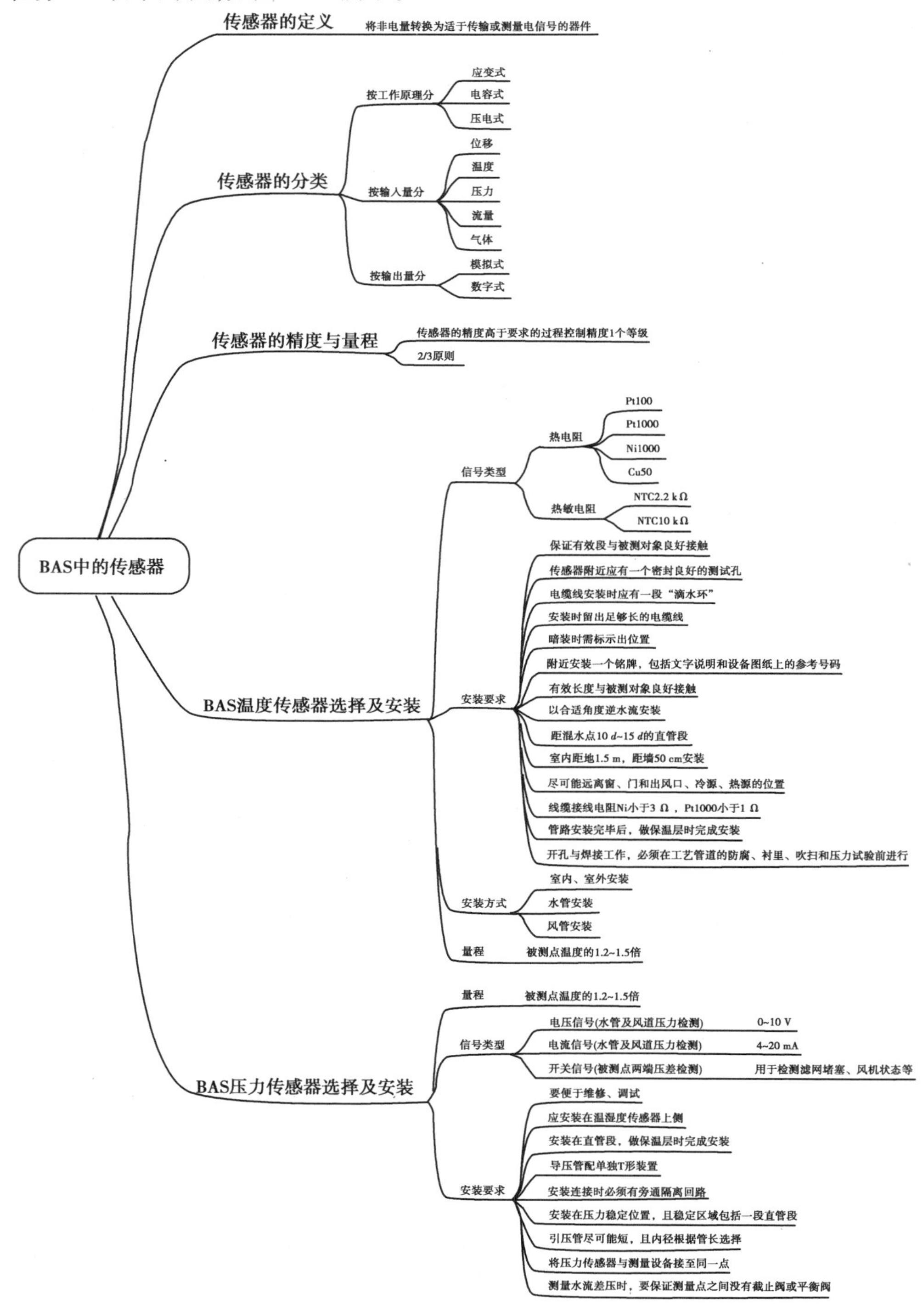

图 2.30　任务 2.1 知识导图

任务2.2　BAS中的执行器选型及其安装

【任务描述】

结合工程案例,说出本工程建筑设备监控系统中执行器的类型、功能、适用场合及安装方法。

【知识点】

2.2.1　执行器的概念及功能

在建筑设备监控系统中,执行调节装置根据控制装置(控制器)发来的控制信号大小和方向,开大或关小调节阀门而改变调节参数的数值。这类装置主要包括各种执行器和电动阀门。

按使用的能源分类,执行调节装置有气动、电动和液动等类型,建筑设备监控系统中通常采用电动执行器,控制或调节对象多为装于水管中的阀门和装于风管中的风门。

执行器在系统中的作用是执行控制器的命令,直接控制被测对象的输送量,是自动控制的终端主控元件。执行器安装在现场设备中,若选择不当或维护不善常使整个控制系统不能可靠工作,严重影响控制品质。

电动执行机构的组成一般采用随动系统方案,如图2.31所示。从控制器来的信号通过伺服放大器驱动电动机,经减速器带动调节阀,同时经位置传感器将阀杆行程反馈给伺服放大器,组成位置随动系统,恢复位置负反馈,保证输入信号准确地转换为阀杆的行程。

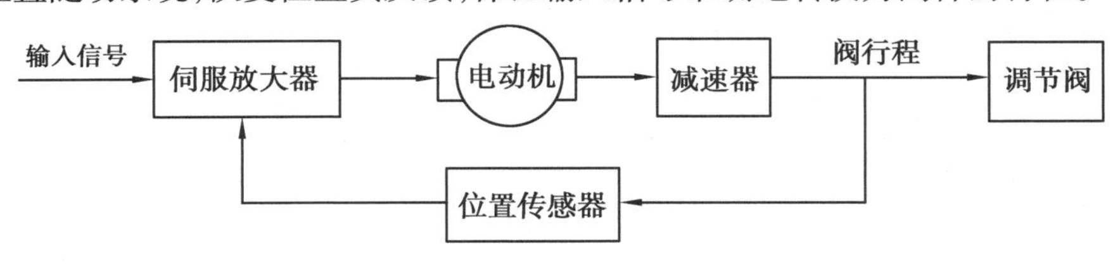

图2.31　电动执行机构随动系统框图

2.2.2　建筑设备监控系统中常用的执行器

电动执行器根据使用要求有各种结构。驱动和控制阀门的装置有电磁阀、电动调节水阀、电动调节风门等。

1)电磁阀

电磁阀是常用电动执行器之一,它利用电磁铁的吸合和释放对小口径阀门做通、断两种状态的控制,其结构简单,价格低廉,结构图如图2.31所示,它是利用线圈通电后,产生电磁吸力提升活动铁芯,带动阀塞运动控制气体或液体流量

通断。电磁阀有直动式和先导式两种，图 2.32 为直动式电磁阀。这种电磁阀的活动铁芯本身就是阀塞，通过电磁吸力开阀，失电后，由复位弹簧闭阀。

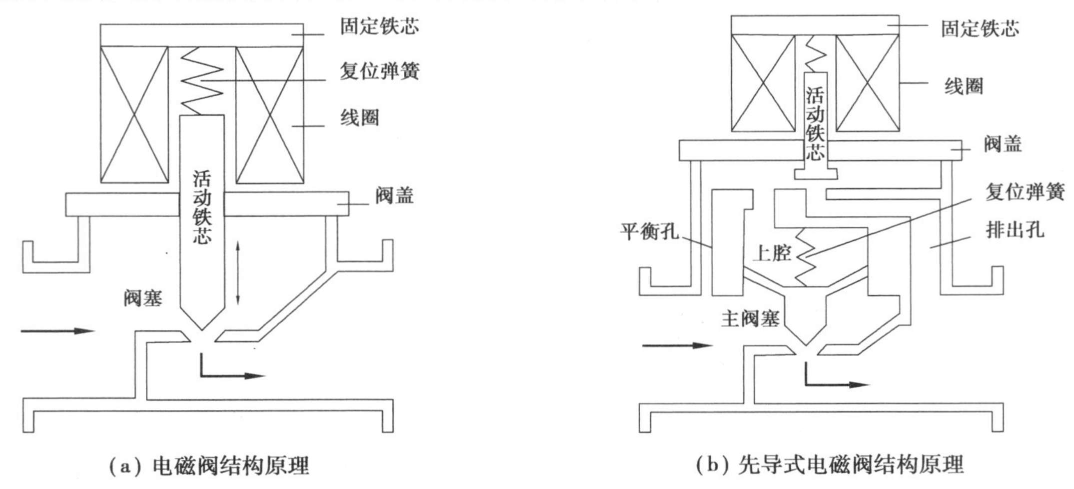

图 2.32　电磁阀结构原理

常用的风机盘管电动阀是一种平衡式冷热水阀，主要应用于风机盘管的控制中。

BAS电动阀控制方式

2) 电动调节阀

电动调节阀是以电动机为动力元件，将控制器输出信号转换为阀门的开度。它是一种连续动作的执行器。

电动执行机构根据配用的调节机构不同，输出方式有直行程、角行程和多转式 3 种类型，分别同直线移动的调节、旋转的蝶阀、多转的感应调节器等配合工作。在结构上，电动执行机构除与调节阀组装成整体的执行器外，还常单独分装，使用较灵活。

APOGEE系统调试手册(控制器、传感器和阀门部分)

电动执行机构一般采用随动系统方案组成。电动机通过减速器变为转角，控制阀杆行程来改变阀门的开度，阀杆行程直接能反映阀门的开度。因此，将阀门行程再经位置信号转换器反馈到伺服放大器的输入端，与给定输入信号相比较来确定对电动机的控制。在实际运用中，为了使系统简单，常使用两位式放大器和交流感应电动机。因为电机在运行中，多处于频繁启动和停止状态，为使电机不致过热，常使用专门的异步电动机，用增大转子电阻的方法，以减小启动电流，增加启动力矩。

如图 2.33 所示是直线移动的电动调节阀原理，阀杆的上端与执行机构相连，当阀杆带动阀芯在阀体内上下移动时，改变了阀芯与阀座之间的流通面积，即改变了阀的阻力系数，相应地改变了流过阀的流量，从而达到调节电流的目的。

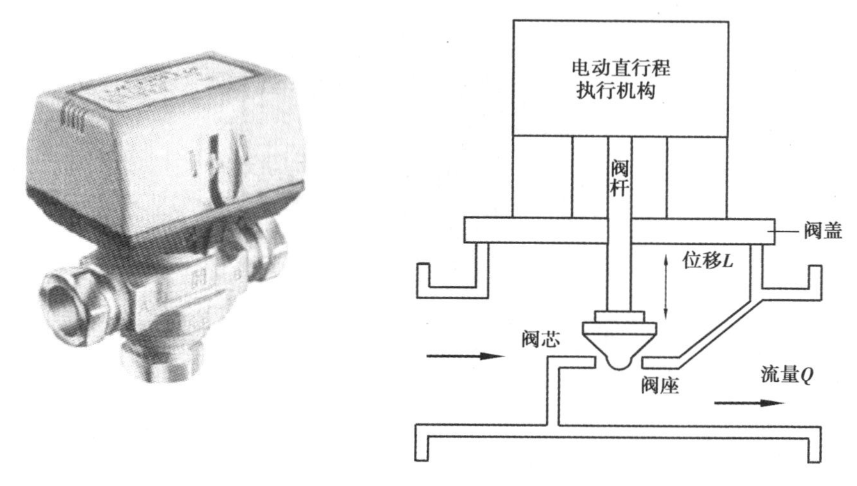

图2.33　电动调节阀结构原理图

3)电动风门

在智能楼宇的空调通风系统中使用最多的执行器是风门驱动器,它是用来精确控制送风风门、回风风门、新风风门、排风风门等的开度,如图2.34所示。风门由若干叶片组成,当叶片转动时改变风道的等效截面积,即改变了风门的阻力系数,相应地改变了流过风门的风量,从而达到调节风流量的目的。叶片的形状将决定风门的流量特性,同调节阀一样,风门也有流量特性供选择用。风门的驱动器可以是电动的,也可以是气动的,在楼宇控制系统中一般采用电动风门。

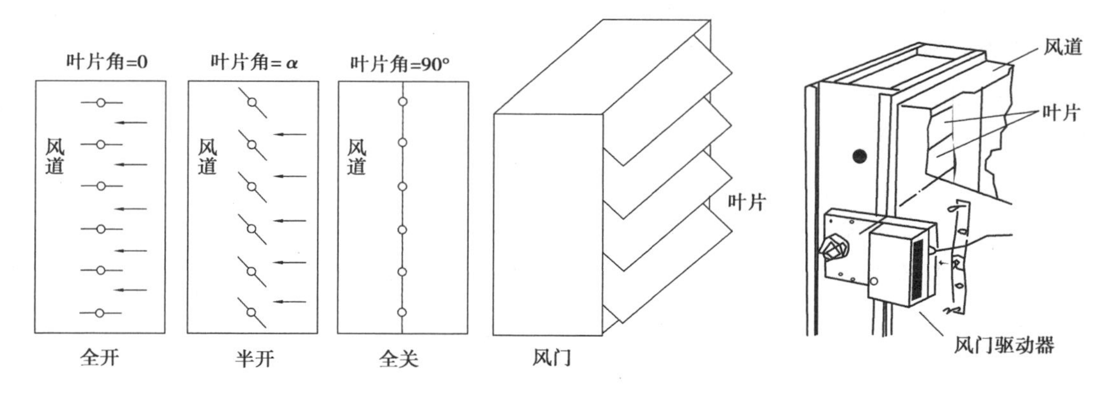

图2.34　电动风门的结构原理图

风门驱动器通常以交流电源为动力,接收控制器发出的0~10 V DC或4~20 mA标准信号,将其转变为0%~100%的相应开度。风门执行器也可以是两位式的,即对应风门全开和全关状态。使用时应根据风门的不同面积配置具有不同标称扭矩的风门驱动器,并可选配带掉电自复位等功能,电动风门执行器实物图如图2.35所示。

图 2.35　电动风门执行器

2.2.3　风阀执行器的安装

电动风门驱动器用来调节控制风门，以达到调节风管风量和风压的目的。电动风门驱动器的技术参数包括输出力矩、驱动速度、角度调整范围、驱动信号类型等。

(1)电动风门驱动器的安装要求

①风阀控制器上开闭箭头的指向应与风门开闭方向一致。

②风阀控制器与风阀门轴的连接应牢固。

③风阀的机械机构开闭应灵活，无松动或卡涩现象。

④风阀控制器安装后，其开闭指示位应与风阀实际状况一致，宜面向便于观察的位置。

⑤风阀控制器应与风阀门轴垂直安装，垂直偏差小于5°。

⑥风阀控制器安装前应按安装使用说明书的规定检查线圈、阀体间的电阻、供电电压、控制输入等是否符合设计和产品说明书的要求。

⑦风阀控制器在安装前宜进行模拟动作检查。

⑧风阀控制器的输出力矩必须与风阀所需的力矩相配，符合设计要求。

⑨风阀控制器不能直接与风门挡板轴相连接时，可通过附件与挡板轴相连，其附件装置必须保证风阀控制器旋转角度的调整范围。

(2)风阀执行器的安装示例

风阀执行器按照控制器的控制信号，通过连杆驱动风阀的动作。在空调机组的新风阀处、混回风阀处、回风阀处、新风机组的新风阀处大量使用。防火阀的控制不在此列。

风阀执行器的外形和安装尺寸如图 2.36 所示（型号：CN75 系列，生产厂家：霍尼韦尔公司）。

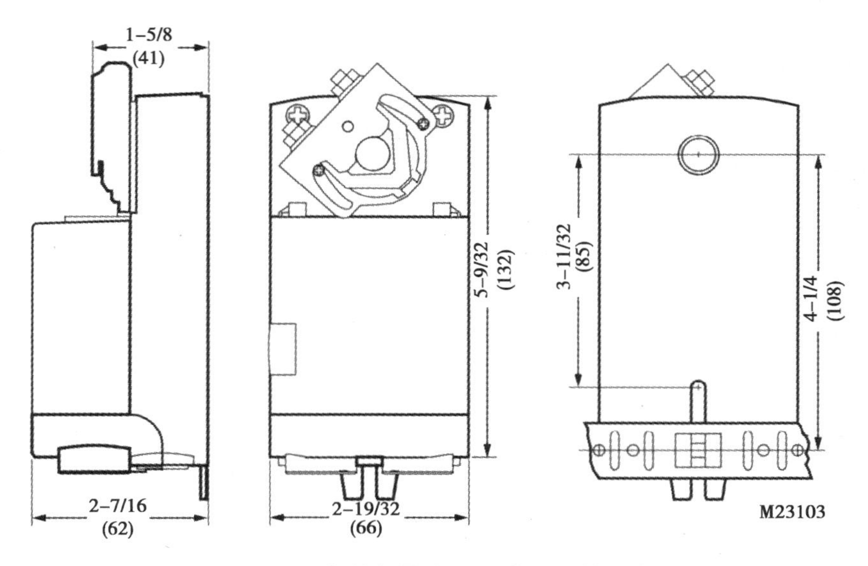

图 2.36　风阀执行器外形、结构及安装尺寸图

此风阀执行器的接线图,如图 2.37 所示。

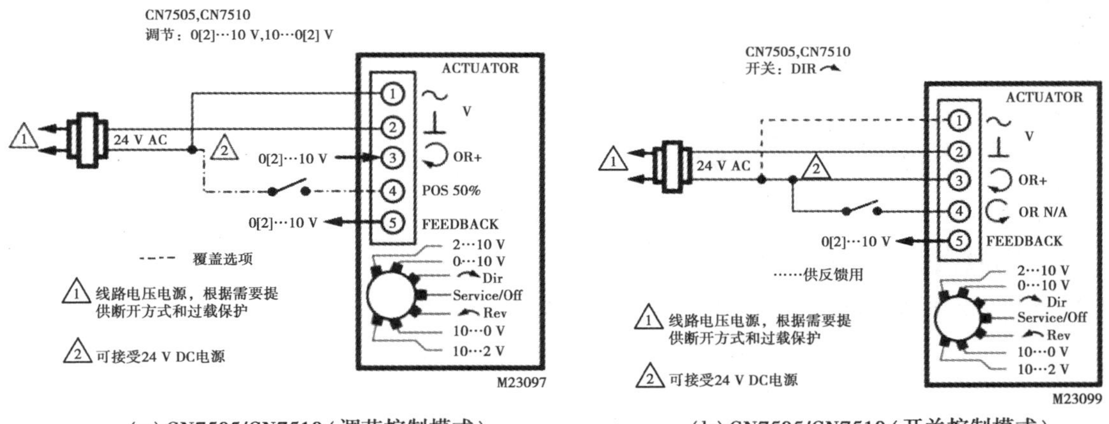

(a) CN7505/CN7510(调节控制模式)　　(b) CN7505/CN7510(开关控制模式)

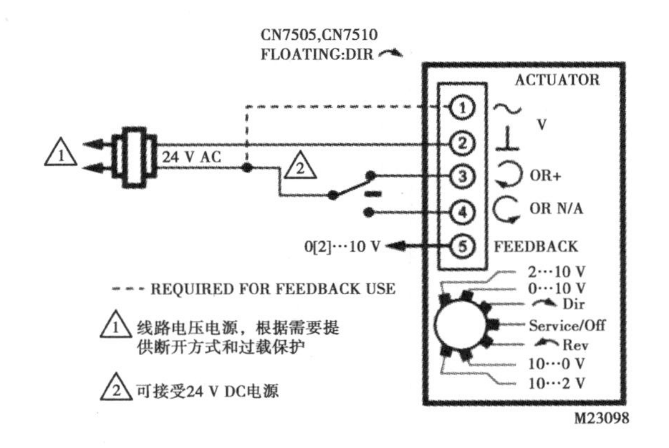

(c) CN7505/CN7510(浮点控制模式)

图 2.37　风阀执行器的接线图

2.2.4 水阀执行器的安装

水阀执行器按照接收到的控制信号，驱动阀杆联动调节阀的阀芯动作，达到调节流体流量的目的。水阀执行器的外形和安装尺寸如图 2.38 所示（型号：ML7420A3071，生产厂家：霍尼韦尔公司）。

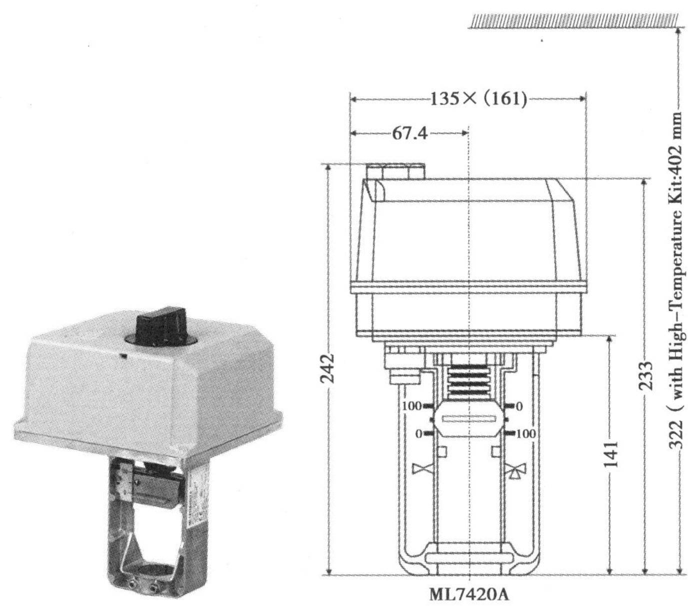

图 2.38　水阀执行器的外形尺寸图

水阀执行器 ML7420A3071 接收 0/2 ~ 10 V DC 模拟量控制信号，控制新风机组、空调机组中盘管上安装的水阀开度。执行器的电气接线方式如图 2.39 所示。

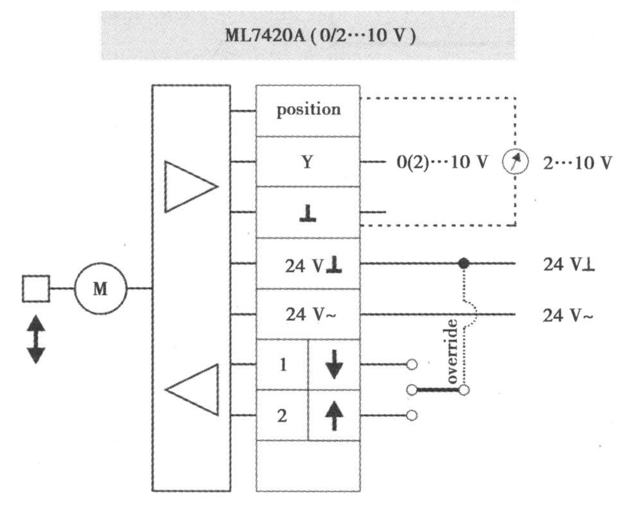

图 2.39　水阀执行器电气接线示意图

【任务实施】

提取工程案例中的输出点(数字输出或模拟输出)以及材料清单,思考用何种执行器实现何种控制,实现何种功能。在平面图中找出其安装地点,对应归纳其安装方法,汇总至表 2.6 中(供参考)。

表 2.6　BAS 中的执行器选型及其安装任务实施单

工程名称			建筑物类型	
输出控制点位	执行器类型	执行器型号	执行器安装地点	执行器安装要求

【任务知识导图】

任务 2.2 知识导图,如图 2.40 所示。

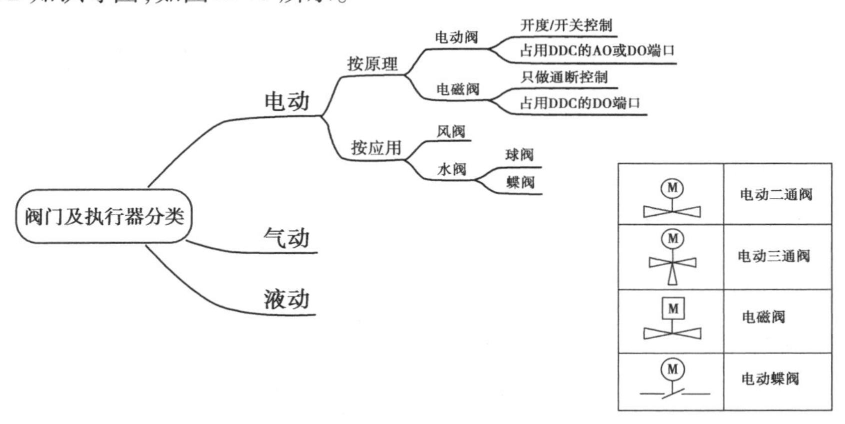

图 2.40　任务 2.2 知识导图

任务 2.3　BAS 中的控制器选型及其安装

【任务描述】

结合工程案例,说出本工程建筑设备监控系统中控制器的类型、品牌、适用结构、功能、适用场合及安装方法。

【知识点】

2.3.1 控制器的概念及功能

BAS中的控制器

控制装置又称控制器，将检测装置送来的被调参数信号与设定值相比，当出现偏差时发出规律性的控制信号到执行调节装置。控制装置常采用工业控制计算机、微处理器或微控制器等，具有多个输入输出接口，可与各种低压控制电气、检测装置（如传感器）、执行调节装置（如电动阀门）等直接相连的一体化装置且能与中央控制管理计算机通信。目前，常用的有直接数字控制器（DDC）、智能调节器和可编程控制器（PLC）等。

现场控制器根据控制功能可分为专用控制器和通用控制器。专用控制器是为专用设备控制研发的控制器，如楼宇自动化系统中的空调机控制器、灯光控制器等。通用控制器可用于多种设备的控制且采用模块化结构，其系统配置更为灵活。

通用控制模块安装使用说明书（DED-BA-E7501DDC）

建筑设备监控系统中的现场控制器一般采用直接数字控制器。

直接数字控制器 DDC（Direct Digital Controller）又称下位机。直接数字控制器的"控制器"是指完成被控设备特征参数与过程参数的测量，并达到控制目的的控制装置；"数字"的含义是控制器利用数字电子计算机实现其功能要求；"直接"说明该装置在被控设备的附近，无须再通过其他装置即可实现上述全部测控功能。它具有可靠性高、控制功能强、可编写程序等优点，既能独立监控有关设备，又可联网通过通信网络接受中央管理计算机的统一与优化管理。

数字输入输出模块安装使用说明书（DED-BA-E7502DDC）

DDC 控制器内部包含了可编程序的处理器，采用模块化的硬件结构，在不同的控制要求下，可对模块进行不同的组合以执行不同的控制功能。其功能如下：

①对现场设备进行周期性的数据采集。

②对采集的数据进行调整和处理（滤波、放大、转换）。

DED7502DDC 正面、侧面

③对现场设备采集的信息进行分析和运算并控制现场设备的运行状态。

④实时对现场设备运行状态进行检查，对异常状态进行报警处理。

⑤根据现场采集的数据执行预定的控制算法（连续调节和顺序逻辑控制）。

⑥通过预定的程序完成各种控制功能，包括 P 控制、PI 控制、PID 控制、开关控制、平均值控制、最大/最小值控制、焓值计算控制、逻辑运算控制和连锁控制等。

FBC-1248正面（泰杰赛）

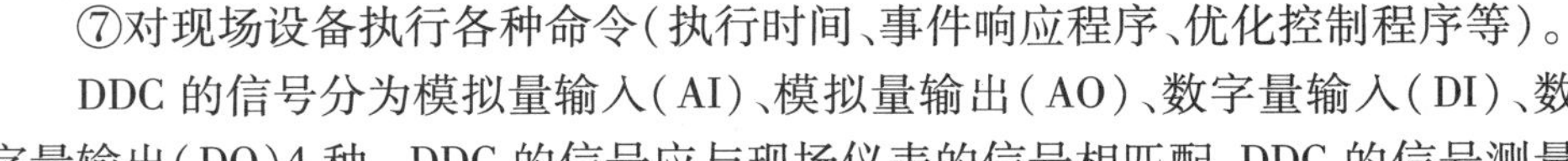

⑦对现场设备执行各种命令（执行时间、事件响应程序、优化控制程序等）。

DDC 的信号分为模拟量输入（AI）、模拟量输出（AO）、数字量输入（DI）、数字量输出（DO）4 种。DDC 的信号应与现场仪表的信号相匹配，DDC 的信号测量和数据转换精度，应满足系统的测量和控制要求。DDC 应安装在被监控设备较集中的地方，以尽量减少管线敷设，一般设置在电控箱内挂墙明装。电控箱内设备应布置整齐美观，强弱电系统分开，并便于检修。

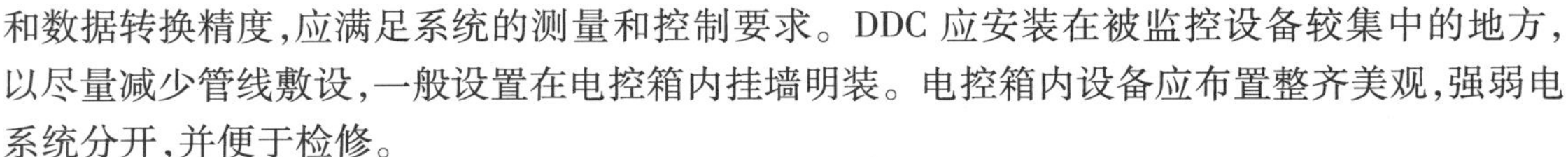

DDC 允许用户通过软件、拨码开关或跳线对下列参数进行设定：

①直接数字控制器的地址；

②通信速率的设定；

③通用输入、输出信号的选择及量程设定；

④开关量信号的手动输出(DO)操作。

2.3.2　江森 Metasys 系列楼宇自控系统控制器

1)系统介绍

Metasys 系统扩展架构是基于 Web 系统，通过 IE 浏览器进入用户界面即可实现对整个系统的监控功能。

系统中可以包含一个或多个站点(Site)，每个站点都包含一个或多个 Metasys 设备，N1 网络由一个或多个引擎组成。其引擎可管理不同类型的现场控制器，能提供基于 Web 的用户界面并允许用户界面配置 N1 网络和监控网络上的所有设备。

站点中可选配一个或多个服务器提供数据的长期存储和大型 Metasys 网络的整体用户界面。服务器也提供和引擎一样的基于 Web 的用户界面。服务器可以是应用和数据服务器(ADS)或扩展应用和数据服务器(ADX)。

Metasys 系列扩展架构的网络结构多种多样，图 2.41 为 Metasys 网络结构示意图。

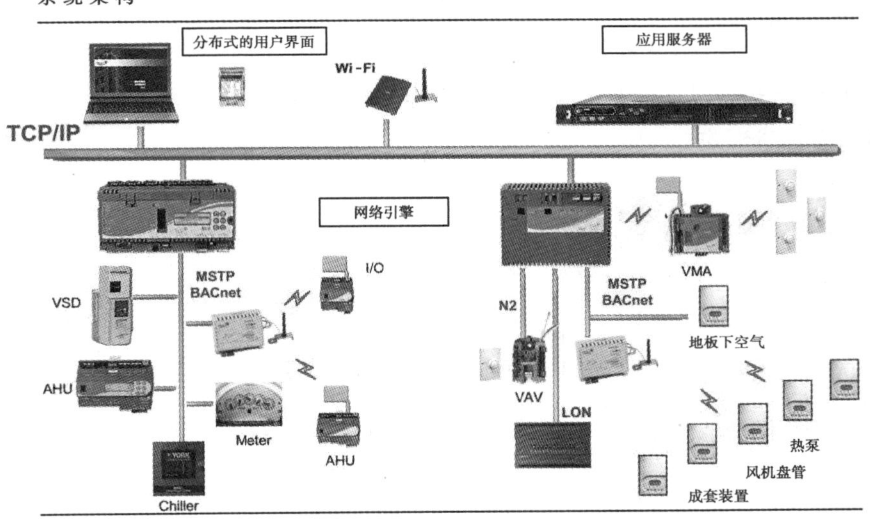

图 2.41　Metasys 系统网络结构示意图

2)系统主要组件

Metasys 系统扩展架构的主要组件包括：

(1)引擎

在 Metasys 系统中，引擎是指一个产品家族，包括网络控制引擎(NAE，NCE)和网络集成引擎(NIE)。NAE 是管理控制器，提供选项用于集成 N2 总线或 Lon 总线中的各点，NAE 还能够通过以太网网络集成 BACnet 产品并通过 MS/TP 网络集成现场设备。NIE 是集成控制器，可通过以太网集成现有的 Metasys N1 网络。引擎提供的用户界面中含系统数据库的在线配置及用户图形设计。

(2)NAE85/NIE85

NAE85 是加载了 NAE 软件控制引擎的服务器级计算机,该产品允许集成大型的 BACnet 系统。NIE85 是加载了 NIE 软件控制引擎的服务器级计算机,该产品支持大规模的 N1 集成并可替代多个 NAE。

(3)ADS/ADX

应用和数据服务器是软件包,可长期保存报警和事件信息、趋势数据和用户交互记录。ADS/ADX 通常用于协调多名用户使用 Web 浏览器访问网络。扩展型应用和服务器(ADX)提供更多的用户访问和历史数据存储功能。ADS/ADX 支持访问用户界面并可用于保存用户图形。

(4)SCT

系统配置工具,允许用户配置 Metasys 系统扩展架构。SCT 是软件包,允许用户在不连接网络引擎或数据服务器的情况下配置系统。使用 SCT 进行系统配置称为脱机配置模式或脱机模式。SCT 允许用户访问用户界面,包括数据库的配置、定制逻辑编程和图形设计等。SCT 还能在逻辑编程工具(LCT)中模拟逻辑程序。

Metasys 系统配置要求用户将一个设备定义为"Site Director"。它可以是网络引擎或服务器(ADS/ADX),主要作用是协调多名用户通过 Web 浏览器访问网络。如果系统中包括 ADS/ADX,ADS/ADX 将被自动定义成 Site Director。如果用户与 Metasys 系统服务器或网络引擎直接通信,则称为在线模式。

(5)NAE 自动化引擎

NAE 自动化引擎相关信息,见表 2.7。

表 2.7 NAE 自动化引擎相关信息

特点	NAE85	NAE55	NAE45	NAE35	NCE25
N2 或 BACnet MS/TP 总线	不支持	2	1	1	1
每条 N2 或 MS/TP 总线设备	不支持	100	100	50	32
支持最大对象 object	25 000	5 000	2 500	2 500	2 500
内置 Modem	无	有	有	有	有
RS-232-C 口	无	2	1 或 2	1 或 2	1
USB 口	2	2	1	1	1
RS-485 口	无	2	有	有	1
以太网口	2	2	1	1	1
LonWorks 支持设备	不支持	255	128	64	32

(6)NIE 网络集成引擎

NIE 网络集成引擎相关信息如图 2.42 所示。

NAE85/NIE85拥有与NAE35，NAE45及NAE55一致的功能和处理能力。可用于大型的BACnet IP 系统或N1 系统的集成。

- **不支持N2，LonWorks通信协议**
- **作为Site Director时，可支持10名用户同时访问**
- **支持10 000 objects, 可升级至25 000 objects**

图 2.42　NAE 网络集成引擎相关信息

(7)NCE 网络控制引擎

NAE网络控制引擎

NCE 网络控制引擎相关信息如图 2.43 所示。

提供管理和设备控制于一体的IP链接设备

NCE 功能

- **时间表，趋势**
- **实时时钟**
- **基于浏览器的用户界面**
- **每条现场总线32个设备**
- **BACnet，LON或N2**

FEC 功能

- **33个内置点**
- **SA总线128个点**

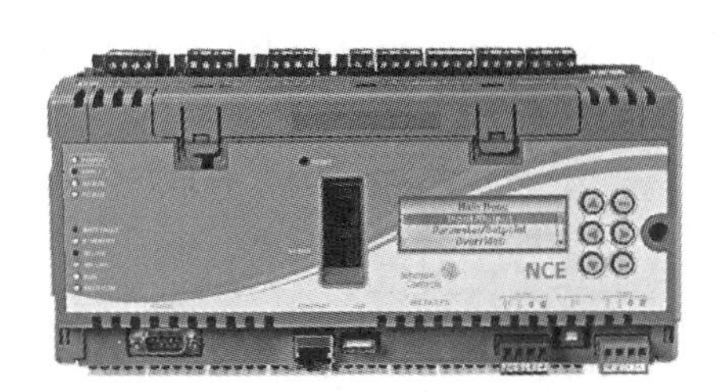

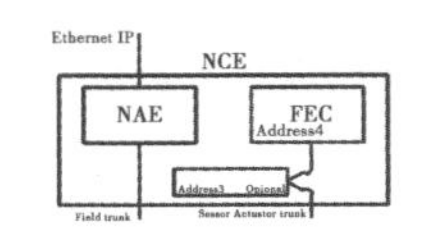

图 2.43　NCE 网络控制引擎相关信息

(8)NAE 网络自动化引擎

NAE 网络自动化引擎相关信息如图 2.44 所示。

用于集成并提供管理级控制和监视本地网络的现场控制器

管理级功能

- **报警检测**
- **时间表**
- **趋势（短期存储）**
- **累计**
- **优化启动**
- **定制控制应用**
- **需求限制/负载交替**

内置用户界面

内置软件工具

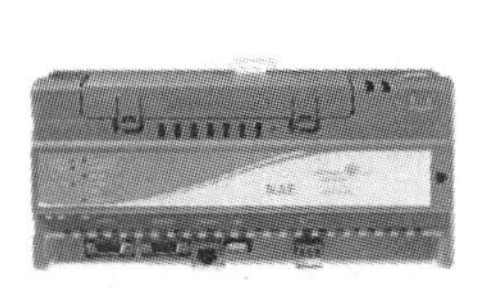

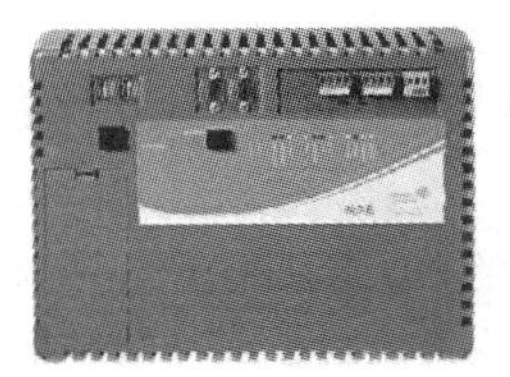

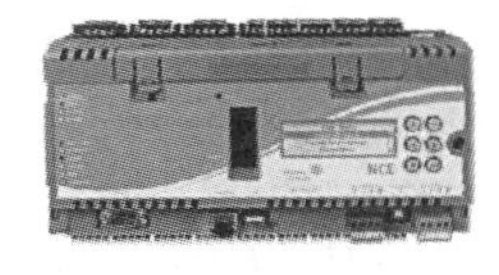

图 2.44　NAE 自动化引擎相关信息

3) NCE 网络控制引擎

Metasys 网络控制引擎(NCE)系列控制器不仅具有网络控制引擎(NAE)的网络管理功能和因特网协议(IP)网络连接,而且具备现场设备控制器(FEC)的输入/输出点连接和直接数字控制功能,见表 2.8。

所有型号 NCE 设备都具有 IP 以太网联网功能、Metasys 软件用户界面(UI)以及 NAE35/NAE45 系列网络控制引擎为代表的网络管理功能。

所有 NCE 型号的产品都能连接特定的现场总线并监控管理最多 32 个现场控制器。根据型号不同,NCE25 可以支持 BACnet 主从/令牌传递(MS/TP)总线、N2 总线或者 LonWorks 网络总线。

所有型号的 NCE 产品都具备 33 个内置的 I/O 点和一条传感器/驱动器(SA)扩展总线,用户可通过它提高 NCE 的 I/O 点位容量且将 NS 系列网络传感器和变频调速器(VFD)整合至用户的 NCE 应用。

表 2.8　NCE 特色和优点

特色	优点
在信息和企业层次上采用通用信息技术(IT)标准	能够让您在楼宇或者企业内现有的 IT 基础设施上安装 NCE,通过公司的企业内部网、广域网(WAN)或者带有防火墙保护功能的公共因特网使用标准 IT 通信服务
基于 Web 的用户界面	允许您从连接到网络的 Web 浏览器访问、监督和控制 NCE,包括通过电话拨号连接或者因特网服务提供商(ISP)连接的远程用户
能够对 N2 总线、LonWorks 网络总线 BACnet MS/TP 场总线进行管理	支持开放网络标准连接,以便灵活选择现场设备。通过 BACnet MS/TP 总线、LonWorks 网络总线或者 N2 总线,最多支持 32 个现场控制器
多种数据访问连接选项	能够利用以太网端口通过 IP 网络 Web 实现浏览器连接。对拨号连接来说,采用可选的内容或外部调制解调器
带有 33 个 I/O 点的一体化现场控制器	为制冷站设备和大型空气处理应用提供现场级的控制,同时具备企业级的 IP 网络连接功能
可扩展的 I/O 点功能,NS 传感器连接以及通过现场控制器 SA 扩展总线实现对 VFD 控制	能将多个输入/输出模块(IOM)、NS 系列网络传感器和 VFD 连接至现场控制器 SA 扩展总线,极大地提高了 NCE 的现场级控制能力

NCE 直接和 10 或 100 Mb/s 的 IP 以太网连接。多个 NCE 和 NAE 通过网络实现彼此间的通信。Metasys 系统可连接 32 个 NCE,如图 2.45 所示。通常,数据管理服务器/数据管理扩展服务器(ADS/ADX)或者 NAE 会被指定为整个 Metasys 网络的主站点。系统主站点是整个 BAS 网络的访问点,用户可通过 Web 浏览或 Metasys 的用户界面访问。

NEC 还具有一体化现场设备控制器(FEC),提供连接远程设备的直接接口,并能对其进行控制,如大型中央冷却和加热设备、大型空气处理单元。

NCE 上的 33 个 I/O 控制点和 NCE SA 扩展总线上的 I/O 点及设备,在控制器配置工具(CCT)软件中定义和配置。

33 个板载 NCE I/O 控制点包括:

①10 个通用输入点:每个点都可以被定义为电压模拟输入(0 ~ 10 V DC)、电流模拟输入(4 ~ 20 mA)、电阻模拟输入或干触点输入。

②8 个数字输入点:每个点都可以被定义为干触点维持模式或者脉冲计数器模式(100 MHz)。

③4 个模拟输出点:每个点都可以被定义为电压模拟输出(0 ~ 10 V DC)或电流模拟输出(4 ~ 20 mA)。

④4 个可配置的输出点:每个点都可以被定义为电压模拟输出(0 ~ 10 V DC)或者数字输出(24 V AC 三端双向可控硅开关)。

⑤7 个数字输出点:(24 V AC 三端双向可控硅开关)。

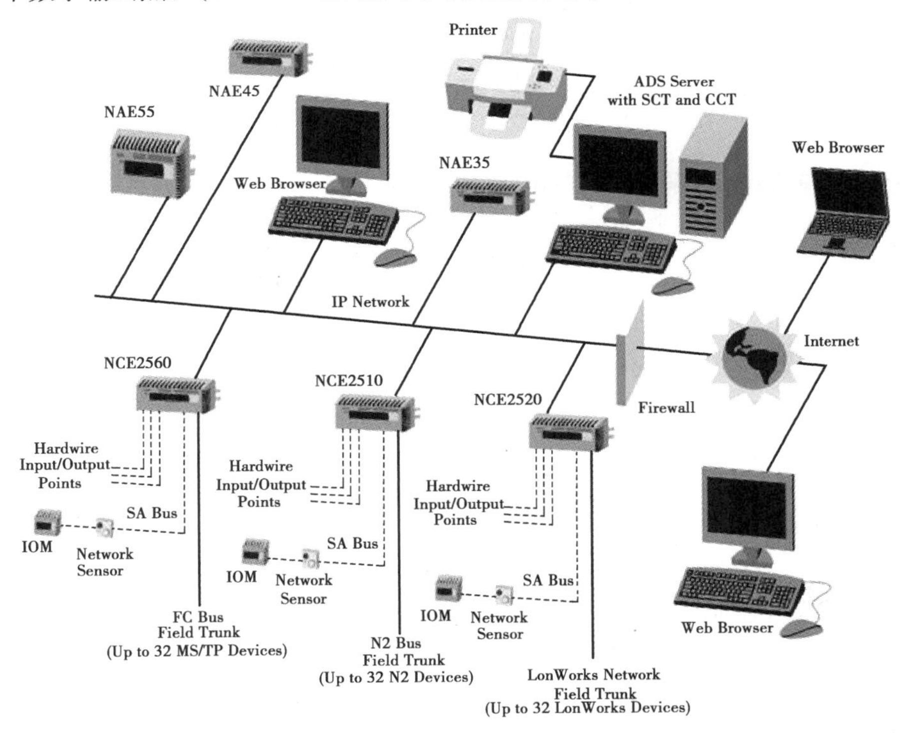

图 2.45　连接到 Metasys 系统的 32 个 NCE

4) FEC 控制器

FEC 控制器进一步延伸了 Johnson Controls 公司采用开放标准的承诺。FEC 系列采用标准的 BACnet 主从/令牌传递(MS/TP)协议进行通信,为控制暖通空调(HVAC)设备提供了全方位的标准应用。有些型号的 FEC 配置有 LCD,可用于对其控制区域状态的监控与调制。多种网络传感器型号为测量及显示区域温度、设定值调整、风机转速控制以及送风温度控制接口提供了众多选择。FEC 控制器特点及优势，见表 2.9。

表 2.9　FEC 控制器特点及优势

特点	优势
标准 BACnet 协议	支持各控制器采用标准、开放的协议，实现楼宇系统协调运作
标准硬件平台	整个系列采用常规设计，有助于实现标准的控制器连线方式
Zigbee 无线 FC/SA 总线接口	提供无线取代硬连接 Metasys 系统相关设备，适应性强，灵活性好，较少中断
蓝牙无线通信接口	提供了易于使用的配置及调试工具
完整的产品系列	能够满足任何 HVAC 控制需求
自适应调节控制回路	减少调试时间，无须换季调试，减少机械设备的磨损
通用输入点，可配置输出点和扩展模块	支持多种信号选择，输入/输出配置灵活
可选择本地用户界面显示	支持本地监控和修改设定值
BACnet Testing Laboratories™（BTL）认证	符合 BACnet Testing Laboratories™测试与互操作性通用协议

FEC 控制器在 Metasys 系统中的应用，如图 2.46 所示。

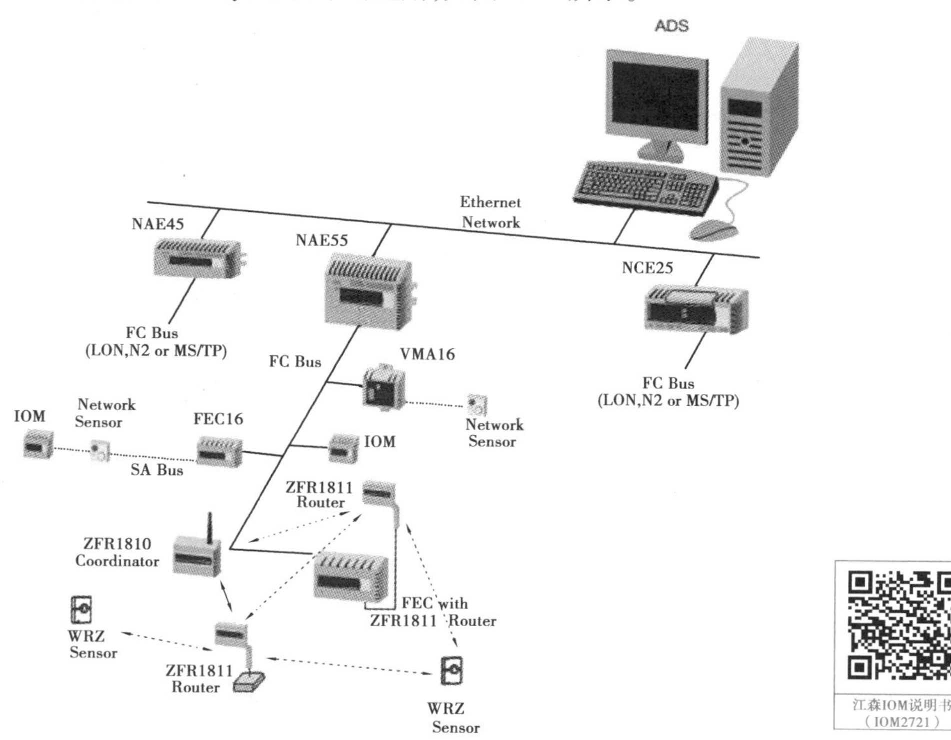

江森IOM说明书（IOM2721）

图 2.46　Metasys 系统和现场控制器

FEC 是一种可编程的数字控制器，通过 BACnet MS/TP 协议进行通信。本系列的主要控制器包括 10 点位 FEC16x0 和 17 点位 FEC26x0。

当 IOM 扩展模块安装在 SA 总线上时，用于 FEC 或 VMA 控制器的点位扩展。当安装在 FC 总线上时，可视为点位多路转换器，NAE 或 NCE 可直接监控 IOM 的点位。FEC 及 IOM 各型号的点的类型和数量及订购信息分别见表 2.10 和表 2.11。

表 2.10　FEC 及 IOM 各型号的点的类型和数量

点的类型	接收的信号	FEC16	FEC26	IOM17	IOM27	IOM37	IOM47
通用型输入（UI）A/D 转换分辨率：16 位	模拟量输入，电压信号，0～10 V DC 模拟量输入，电流信号，4～20 mA[1] 模拟量输入，电阻信号，0～2 kΩ、RTD（1 k NI［Johnson Controls］，1 k PT，A99B SI），NTC （10 k Type L，2.225 k Type2） 数字量输入，干触点保持输出模式	2	6	0	2	4	6
数字输入（BI）	干触点保持输出模式 脉冲计数模式（高速），100 Hz	1	2	4	0	0	2
模拟输出（AO）A/D 转换分辨率：12 位	模拟量输出，电压信号，0～10 V DC 模拟量输出，电流信号，4～20 mA	0	2	0	0	0	2
数字输出（BO）	24 V AC 三端双向可控硅	3	3	0	0	0	3
通用输出（UO）A/D 转换分辨率：12 位	模拟量输出，电压信号，0～10 V DC 数字量输出模式，24 V AC/DC FET 模拟量输出，电流信号，4～20 mA	0	0	0	2	4	0
可配置的输出（CO）A/D 转换分辨率：12 位	模拟量输出，电压信号，0～10 V DC 数字输出模式，24 V AC 三端双向可控硅	4	4	0	0	0	4
继电器输出	120/240 V AC	0	0	0	2	4	0

表 2.11　FEC/IOM 订购信息

产品代码	说明
MS-FEU1610-0 MS-FEC1610-0	具有 2UI，1BI，3BO 和 4CO 的 10 点现场设备控制器，24 V AC，SA 总线，带有安装底座，单独包装
MS-FEB1610-0	用于 FEC1610 的三端双向可控硅安装底座，单独包装
MS-FEU2610-0	具有 6UI，2BI，3BO，2AO 和 4CO 的 17 点现场设备控制器，24 V AC，SA 总线，带有安装底座，单独包装

续表

产品代码	说明
MS-FEC2610-0 MS-FEB2610-0 MS-IOM1710-0	具有 6UI,2B1,3BO,2AO 和 4CO 的现场设备控制器外壳,24 V AC, SA 总线,单独包装用于 FEC2610 的三端双向可控硅安装底座,单独包装 4 点 IOM,具有 4BI,FC 总线和 SA 总线支持
MS-IOM2710-0 MS-IOM3710-0 MS-IOU4710-0	6 点 IOM,具有 2UI,2UO,2BO,FC 总线和 SA 总线支持 12 点 IOM、具有 4UI,4UO,4BO,FC 总线和 SA 总线支持 17 点 IOM,具有 6UI,2BI,3BO,2AO,4CO,24 V AC 和 SA 总线,带有安装底座,单独包装
MS-IOB4710-0 MS-IOM4710-0 MS-VMA1610-0	用于 IOM4710(17 点)的三端双向可控硅安装底座,单独包装 用于 IOB4710(17 点)的控制器外壳,单独包装 集成的 VAV 控制器/驱动器/压差传感器(仅供冷风),FC 总线和 SA 总线,单独包装
MS-VMA1620-0	集成的 VAV 控制器/驱动器/压差传感器(配有再加热和风机控制), FC 总线和 SA 总线,单独包装

5)FEC 系列控制器硬件的使用

(1)输入输出口特性

江森控制器端口特性如图 2.47 所示。

江森DDC安装检查指南

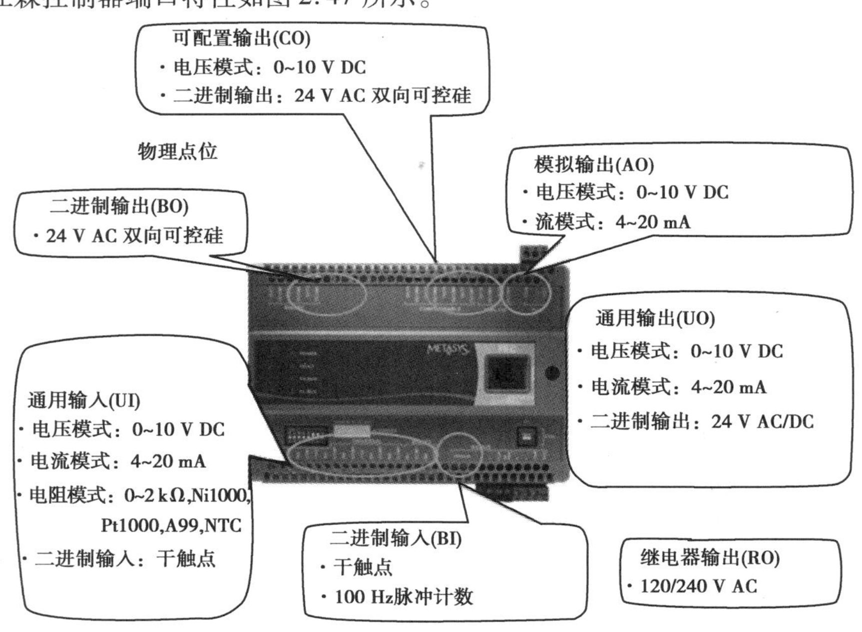

FEC 产品资料

图 2.47　江森控制器端口特性

(2)网络结构及总线使用特性

江森 Metasys 系列网络总线使用特性,如图 2.48 所示。

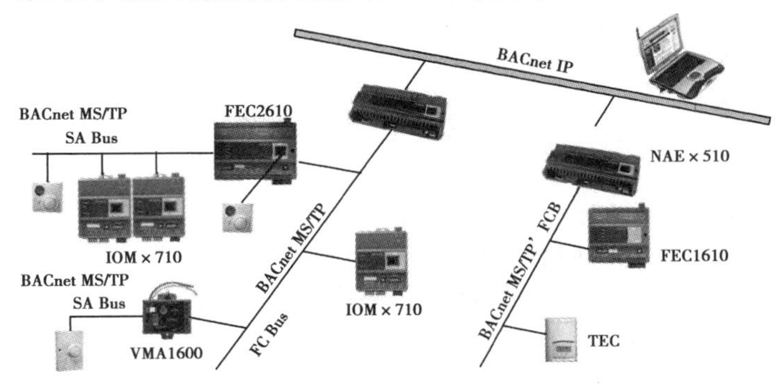

图 2.48　江森 Metasys 系列网络总线使用特性

(3)地址特性

江森 Metasys 系列控制器地址特性,如图 2.49 所示。

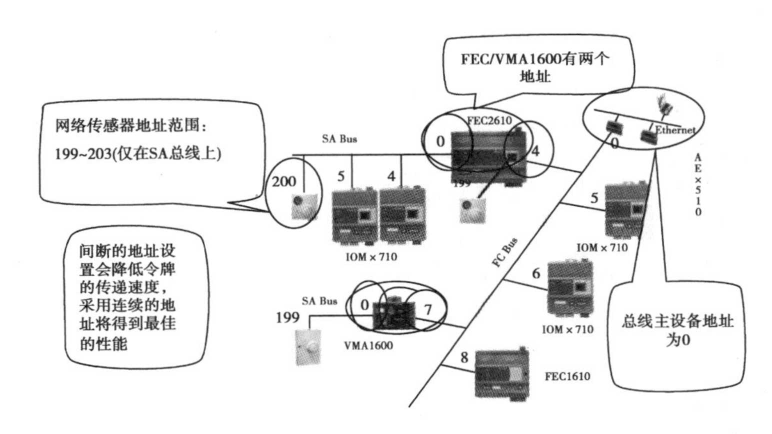

图 2.49　江森 Metasys 系列控制器地址特性

地址码范围应遵循表 2.12。

表 2.12　江森控制器地址范围

范围	类别	设备
0	总线主设备 (Bus Supervisor)	FC 总线上的 NAE,或 SA 总线上的 FEC/VMA
1	预留	无线调试转换器
2~3	预留	未来扩展预留
4~127	主机范围	FEC,VMA ,IOM
128~254	从机范围	SA 总线上的从设备或网络传感器
198	预留	VAV 平衡传感器
199	预留	网络传感器或 VAV 平衡传感器(壁挂式)

续表

范围	类别	设备
200 ~ 203	预留	网络传感器
255	广播	不设置为 255

(4)FC 总线网络结构及规则

江森 Metasys 系列 FC 总线结构及规则,如图 2.50 所示。

- 一条总线最多由2个repeaters(中断器)连接3段(Segment)组成
- 每段最多可连50个设备
- 每段总线最多可连100个设备
- 每段最远1 520 m
- 每段总线最远4 570 m
- 两个光纤调制解调器间最远距离2 012 m

例外情况:
1.若上机位是NAE35，则支持的节点数量减半
2.若存在TEC26××或其他第三方MS/TP设备，则32 devices &1220 m/segment，64 device & 3660 m/trunk

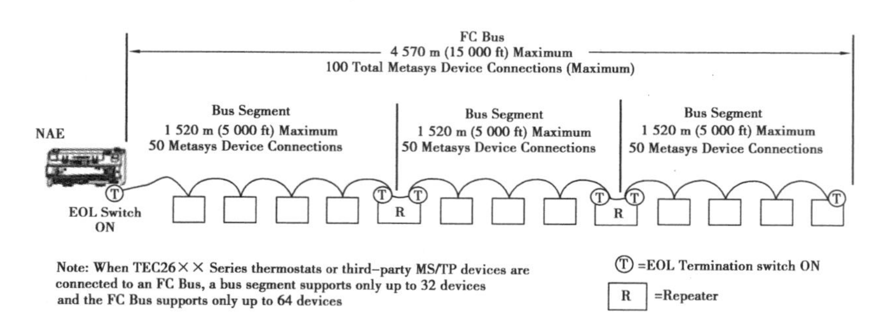

图 2.50　江森 Metasys 系列 FC 总线结构及规则

(5)SA 总线网络结构及规则

江森 Metasys 系列 SA 总线网络结构及规则,如图 2.51 所示。

- 仅1段
- 最多可连10个设备
- 最远365 m
- NS网络传感器与总线主设备距离最远152 m

例外情况:
1.不支持Repeater
2.由于Super visor的供电限制，最多有4个NS Sensor

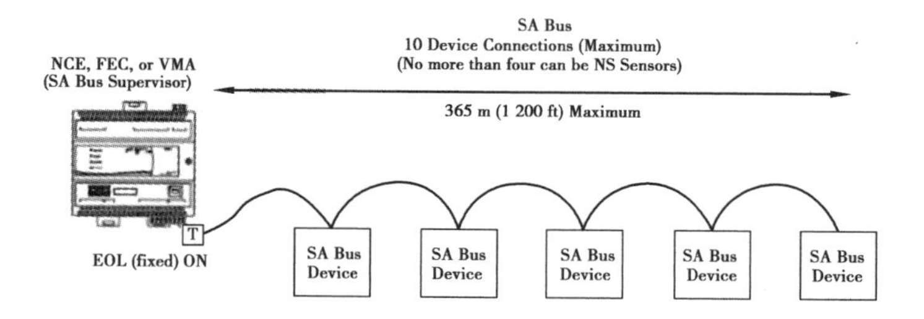

图 2.51　江森 Metasys 系列 SA 总线结构及规则

(6) UI 跳线设置

UI 跳线设置,如图 2.52 所示。

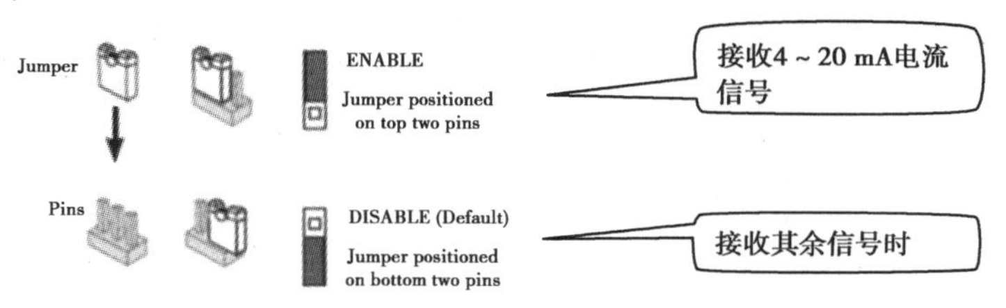

图 2.52　UI 跳线设置

(7) BO 跳线设置

BO 跳线设置,如图 2.53 所示。

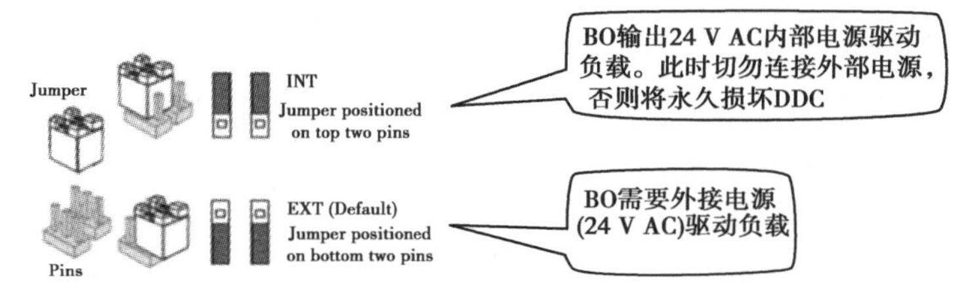

图 2.53　BO 跳线设置

(8) 接线

江森控制器各端口接线示例,如图 2.54 所示。

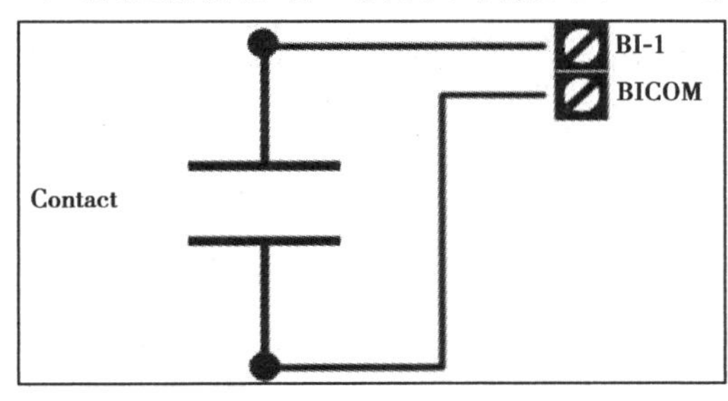

(a) BI,UI 口无源干出点信号接线

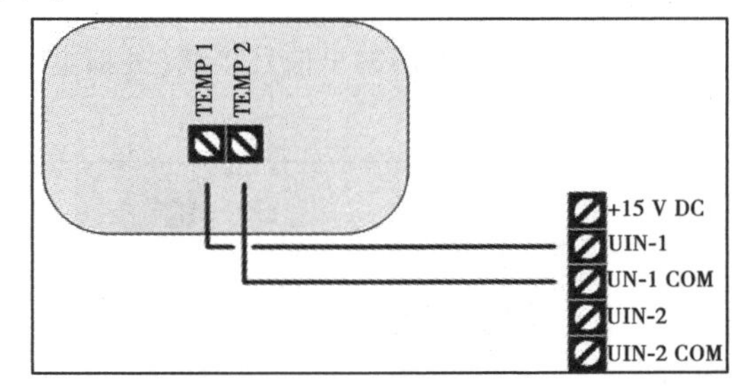

(b) UI 口 RTD(热敏电阻)信号接线

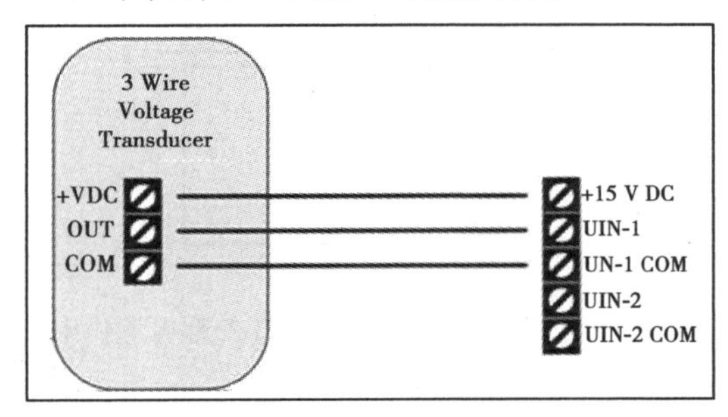

(c) UI 口电压信号接线(FEC 直接供电)

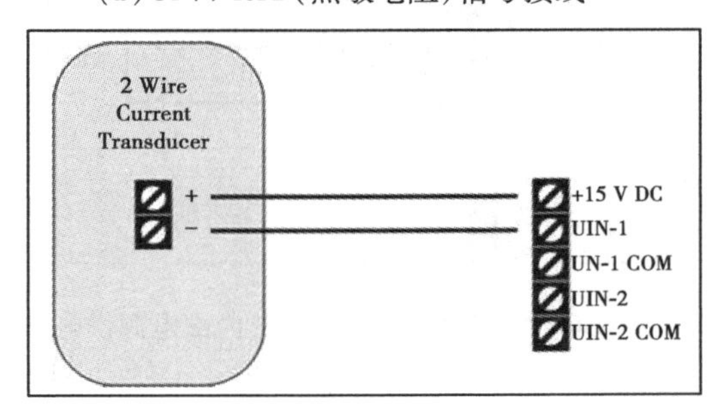

(d) UI 口电流信号接线(FEC 直接供电)

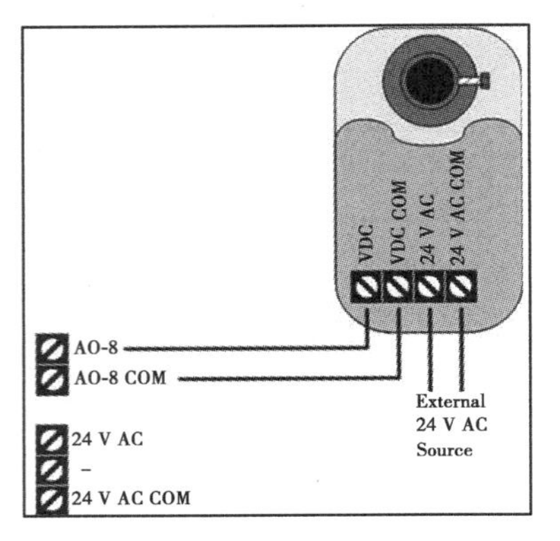

(e) AO 口 0 ~ 10 V DC 信号接线（外部电源供电）

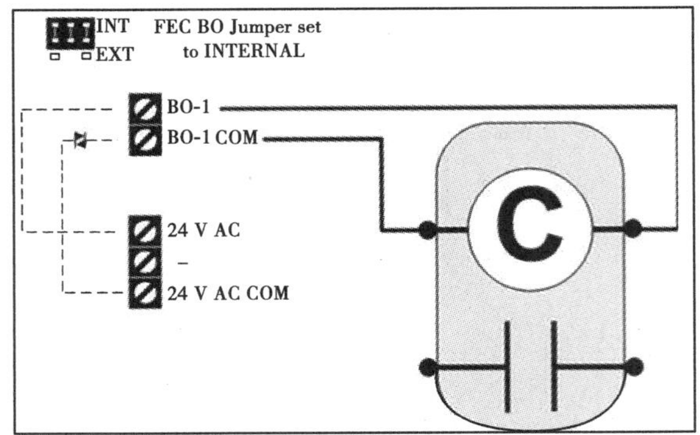

(f) BO 口继电器输出信号接线（内部电源供电 – 低电平有效）

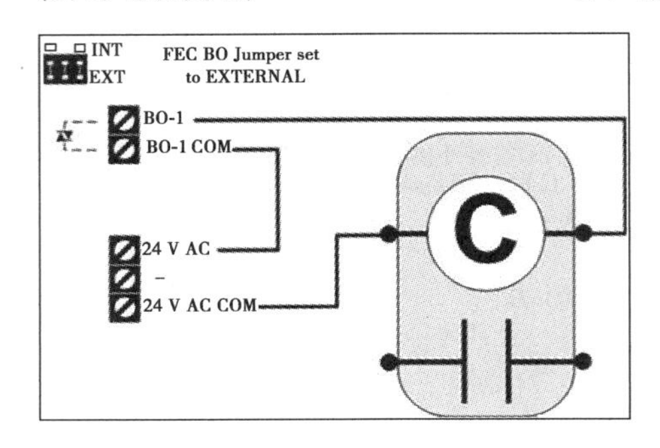

(g) BO 口继电器输出信号接线（外部电源供电）

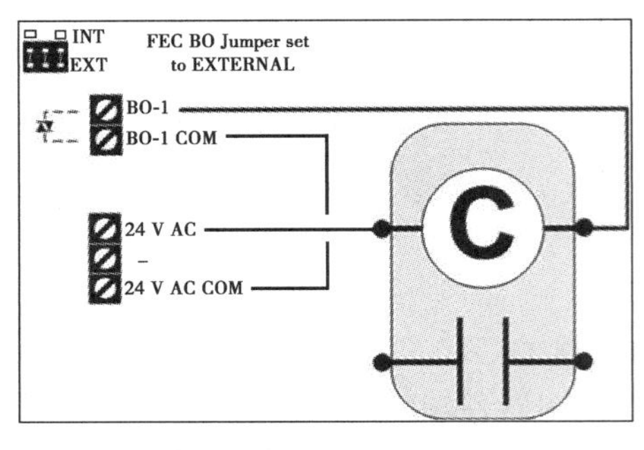

(h) BO 口继电器输出信号接线（外部低电平开关）

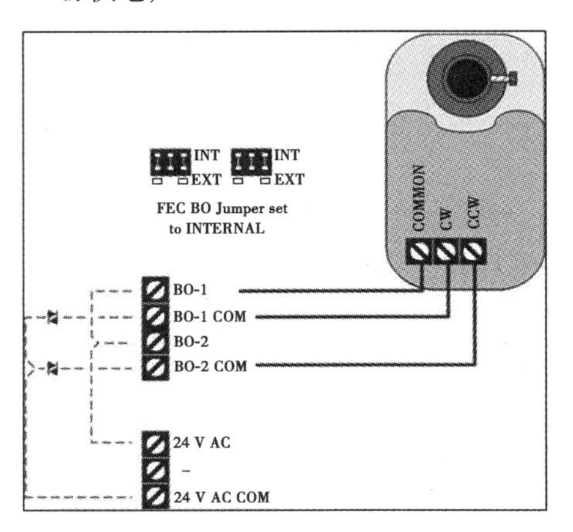

(i) BO 口浮点控制信号接线（内部电源供电）

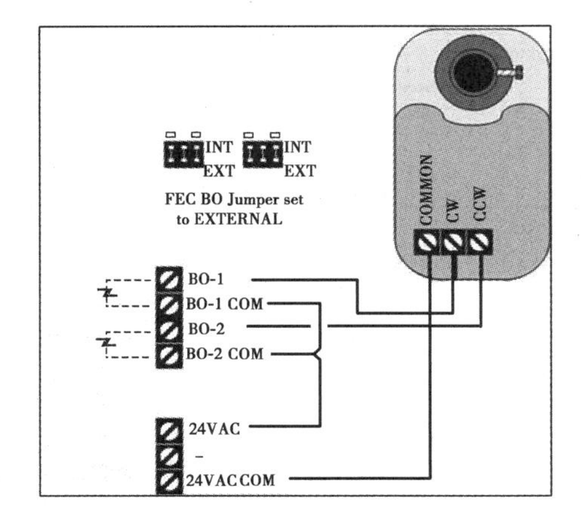

(j) BO 口浮点控制信号接线（外部电源供电）

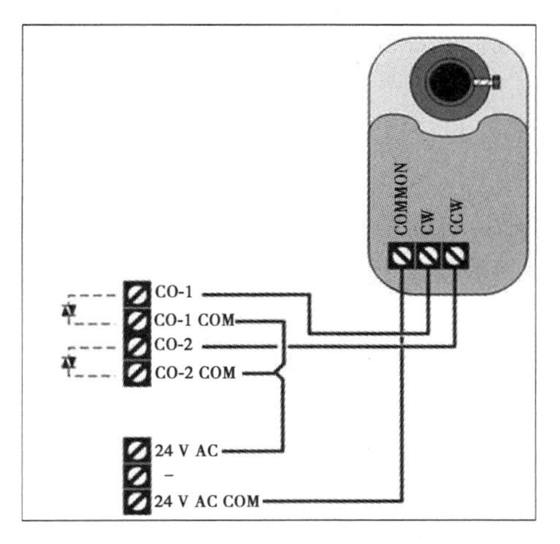

(k) CO,UO 口浮点控制信号接线

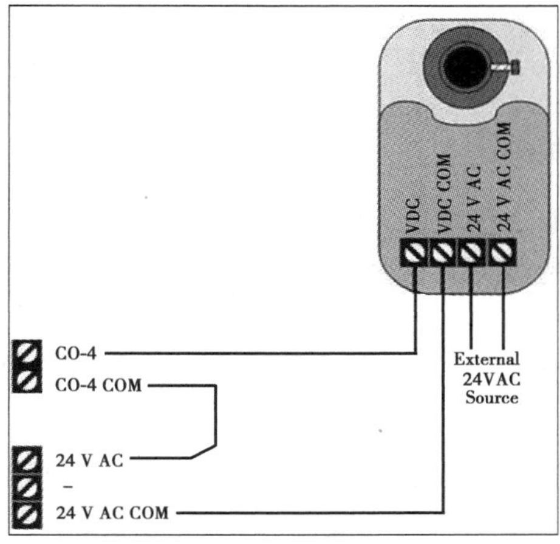

(l)CO,UO 口 0～10 V DC 控制信号接线（外部电源供电）

图 2.54　江森控制器各端口接线示例

6)控制器编程软件 CCT

CCT 软件用于配置、仿真、试运行 FEC、NCE、IOM、VMA1600 等。CCT 软件能够对创建简单系统选择树的标准控制系统逻辑进行定制。该软件为加载及调试控制器提供了灵活的连接功能。

①配置模式(Configuration):编程。

②仿真模式(Simulation):在模拟状态下,调制各类参数,以检查控制逻辑的正确与否。

③试运行模式(Commissisoning):通过蓝牙无线转换器(BTCVT)或 Passthru 的方法上传/下载程序。

【技能点】

2.3.3　控制器的安装

DDC箱内部

建筑设备管理系统设计与安装图集（19X201）

DDC 安装需满足以下要求:

①DDC 一般设置在电控箱内挂墙明装。

②DDC 应设在被控设备较集中的地方,尽量减少管线敷设。

③DDC 箱内部设备应布置整齐美观,强弱电系统分开,并便于检修。

④每个 DDC 箱需有独立的电源开关。

⑤现场仪表输入输出信号要与 DDC 端口信号匹配。

⑥如 DDC 需设置地址,一条总线上地址最好连续。

⑦DDC 箱内线缆需按图纸进行编号。

DDC 作为 BA 系统前端的直接控制设备,设置时应考虑管理方式和安装调试维护的便利和经济性,一般按机电系统的平面布置设置在冷冻站、热交换站、空调机房、新风机房等控制参数较为集中的地方,也可根据要求布置在弱电竖井中,箱体一般挂墙明装。每台 DDC 的输入输出接口数量和种类应与所控制的设备要求相适应,并留有 10% ~15% 的余量。

直接数字控制器（DDC）的安装要求

【任务实施】

提取工程案例中的控制器(可从系统图、平面图、材料清单等中提取),对应所选控制器类型、品牌、结构、功能,从平面图中找出其安装地点,再对应归纳安装方法,汇总至表 2.13 中(供参考)。

表 2.13 BAS 中的控制器选型及其安装任务实施单

工程名称			建筑物类型	
控制器品牌	控制器类型	控制器型号	控制器安装地点	控制器安装要求

【任务知识导图】

任务 2.3 知识导图,如图 2.55 所示。

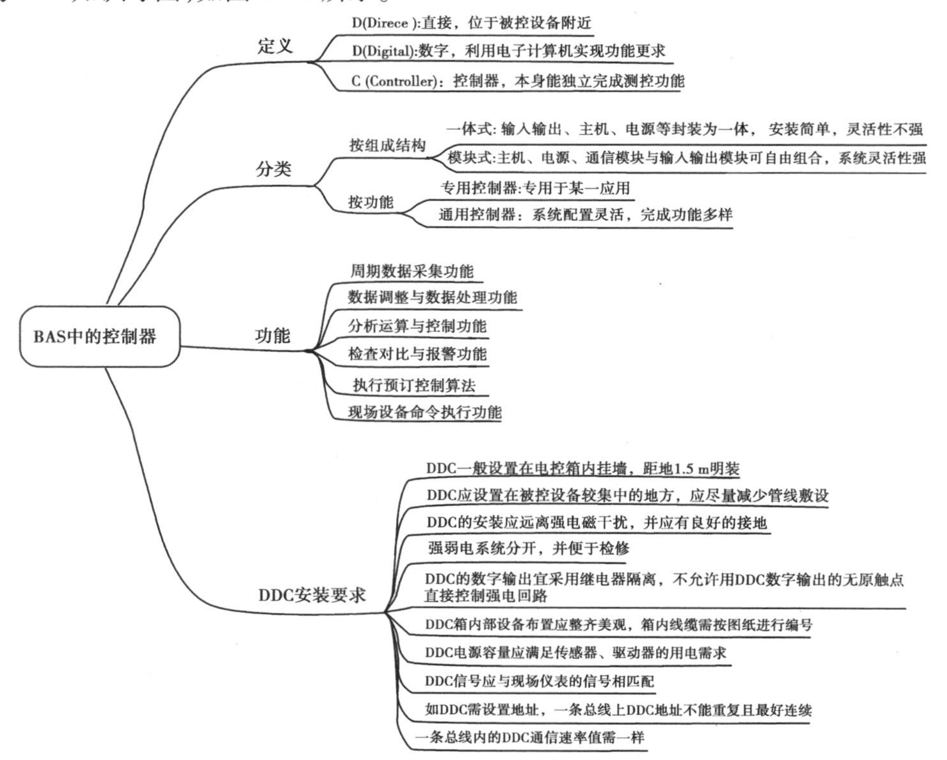

图 2.55 任务 2.3 知识导图

项目 3
建筑设备监控系统控制网络组建的认知

【学习导航】

为实现建筑体的"思考"能力，需将"感知"的大量零散建筑环境参数，构建为完整的局域控制网络，以完成建筑体的数字化、智能化监控。由于建筑设备监控系统监控对象的多样性，需要利用各种不同类型的控制网络。不同控制网络类型，其系统组网拓扑结构、系统规模、传输距离、信号传输方式、功能要求、适用场合等均不相同，各建筑设备监控厂家也基于不同控制网络开发产品，实际工程应用中，需要根据工程实际情况，选择各厂家产品、组建其建筑设备监控网络，并保证网络系统的可靠性、实时性、安全性、恶劣环境适应性、可扩展性、开放性等。

本项目以工程实例、产品实物为载体，全面了解什么是控制网络，控制网络与局域网络、数据网络的联系与区别，目前常用控制网络类型、特性、结构、组成等。

【学习载体】

某地产大厦建筑设备监控系统工程实例、某学院建筑设备监控系统工程实例、霍尼韦尔某建筑设备监控系统工程实例。

【学习目标】

素质目标

◆培养工程大局观意识；
◆培养团队协作能力；
◆逐步培养知识迁移至工程应用的能力。

能力目标

◆能识别建筑设备监控系统图，并根据图纸提取建筑设备监控系统体系构架与控制网络类型；

◆能根据控制网络要求，结合工程实例，绘制建筑设备监控系统图。

知识目标

◆掌握控制网络的定义、特征及应用场合；
◆熟悉目前常用控制网络的类型、特征及组网构架；
◆掌握集散控制系统的核心思想及其系统组成。

任务 3.1 认识控制网络

【任务描述】

结合本项目工程案例，对比分析建筑设备监控系统与综合布线系统的网络构架、传输速率、传输介质、应用环境、系统特性有何区别，并列表分析，总结出控制网络与信息网络异同之处。

【知识点】

3.1.1 什么是控制网络

在工控领域和大量的现场控制场合，将许多嵌入微处理器的控制器、控制装置、控制仪表、检测仪表用一个实时性好、可靠性高、可双向传输的全数字化网络连接起来，这样的连接网络就是控制网络。

专用于控制领域的网络称为控制网络，简称 Infranet（Infrastrcuture Network）。在工控领域、楼控领域中的多种现场总线、控制总线都是控制网络，如 LonWorks 总线、EIB（欧洲安装总线）、Modbus 总线、CAN 总线等。控制网络也常称为控制总线，它是一种位于生产现场、用于完成自控任务的计算机网络系统。

控制网络用于企业生产现场的网络通信系统的底层，由多个分散在生产现场、具有数字通信能力的测量控制仪表与控制器作为网络节点构成。生产现场中的监测控制设备之间、现场设备与监控计算机之间、现场中的传感测量、控制计算机、执行器等功能模块之间的数据传递都是通过控制网络完成的。具有通信能力的以下设备都可作为控制网络的节点：

①限位开关、感应开关等各类开关；
②光电传感器；
③温度、压力、流量、物位等各类传感器、变送器；
④可编程序控制器；
⑤比例积分微分（PID）等数字控制器；
⑥监控计算机、工作站；
⑦各种调节阀；
⑧电动机控制设备；

⑨变频器；

⑩直接数字控制器（DDC）等。

控制网络采用一定的通信协议及标准进行通信，不同的控制网络，其采用的通信协议及标准也不同。在控制系统中，将若干个监控点构成一个监控范围，采用同一种控制网络技术形成一个控制域（控制网络的作用域）。如果在一个系统中，采用了多种不同的控制网络技术，就会形成多个离散的控制域，将许多离散的控制域集合成一个彼此连通的较大控制域，需要使用网关装置将不同的控制网络连接起来，因此，控制网络的选择合适与否对日后的系统扩展工作影响较大。

3.1.2 控制网络的演变

控制网络系统应用于各个工业生产领域，如化工、电力、冶金、机械等行业，常用的控制设备有传感器、自动控制设备（如可编程控制器 PLC、集散控制系统 DCS 等）、执行机构（如各种阀门、风机、电机等）、计算机上位监控系统等，也可称为计算机生成过程控制系统。计算机控制系统应用模式的演变已经历了三代，即集中式控制系统（CCS）、集散式控制系统（DCS）和现场总线控制系统（FCS）。

1）集中式控制系统

集中式控制系统的特点是管理与控制都集中进行，即计算机监控主机设置在控制机房中，全部现场仪表及传感器的信号通过电缆集中送至控制机房，监控主机对现场的检测信号进行数据采集，对多个参数进行集中显示、记录、打印、越限报警以及各种自动控制计算，并输出信号到现场的执行机构对选定参数进行控制。

集中式控制系统成本较低，但现场引至控制机房的管线较多，常用于小型建筑设备监控系统。

2）集散式控制系统

集散式控制系统的特点是集中管理、分散控制，即计算机监控采用多级系统，计算机监控主机设置在控制机房中，数据采集和控制部分可设置在主机房、其他机房或被测被控对象附近的现场，通过数据通信的方式和计算机监控主机构成完整的计算机过程控制系统。将现场仪表及传感器的信号送至数据采集和控制设备中。监控主机可对数据采集和控制设备送来的数据进行集中显示、记录、打印、越限报警以及各种自动控制计算，并输出信号到数据采集和控制设备中。数据采集和控制设备对现场的执行机构进行控制。

集散式控制系统由于控制系统分级，大大降低了控制系统对控制主机的依赖性，做到了控制风险的分散。同时现场仪表的管线引至数据采集和控制设备中，而数据采集和控制设备可安装在现场，又大大减少了现场仪表的管线敷设工作。因此，在大中型工业过程控制系统中得到了广泛应用。

3）现场总线控制系统

现场总线是20世纪80年代后期随着计算机、通信、控制和模块化集成等技术发展而出现的一门新兴技术，目前流行的现场总线已达40多种，在不同的领域各自发挥着重要的作用。

关于现场总线的定义有多种。IEC 对现场总线(Fieldbus)一词的定义为:现场总线是一种应用于生产现场,在现场设备之间、现场设备与控制装置之间实行双向、串行、多节点数字通信的技术。现场总线是当今自动化领域发展的热点之一,被誉为自动化领域的计算机局域网。它作为工业数据通信网络的基础,沟通了生产过程现场级控制设备之间及其与更高控制管理层之间的联系。它不仅是一个基层网络,还是一种开放式、新型全分布式的控制系统。这项以智能传感器、控制、计算机、数据通信为主要内容的综合技术,已受到世界范围的关注而成为自动化技术发展的热点,并将导致自动化系统结构与设备的深刻变革。

3.1.3 网络拓扑结构

网络中节点的互连形式称为拓扑结构。常见的拓扑结构及主要特点见表 3.1。

表 3.1 网络拓扑结构与主要特点

拓扑名称	拓扑结构图	主要特点
星形	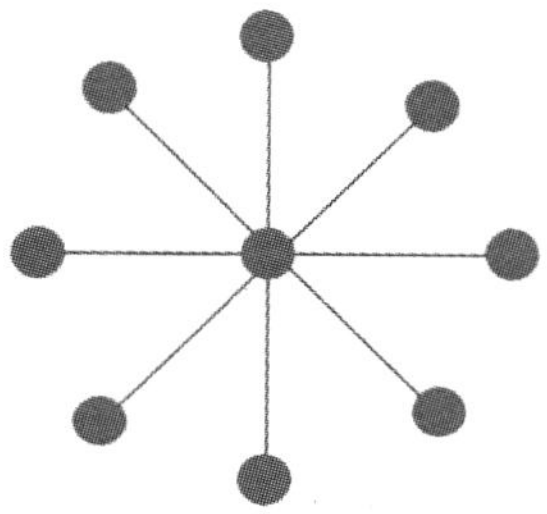	各节点分别与中央节点相连,节点之间的通信通过中央节点进行。 星形拓扑结构便于实现数据通信量的综合处理,终端节点只承担较小的通信量,常用于终端密集处。 典型应用于数据传输量大的局域网络。单个节点故障时不影响全网,但可靠性对中央节点的依赖性极大。 各节点都需要连接到中央节点,线缆使用量大。
树形	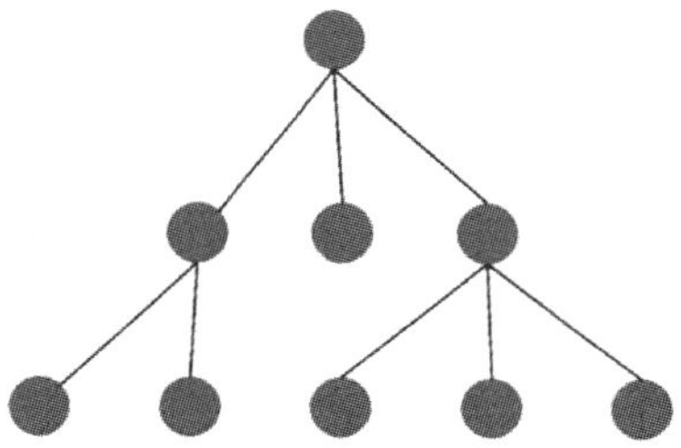	树形拓扑结构是星形拓扑和总线形拓扑的扩展形式,也称为分层型星形拓扑结构。任意两节点之间不产生回路,每个链路都支持双向传输。 结构简单,成本低,节点扩充方便灵活,寻找链路路径方便。
环形	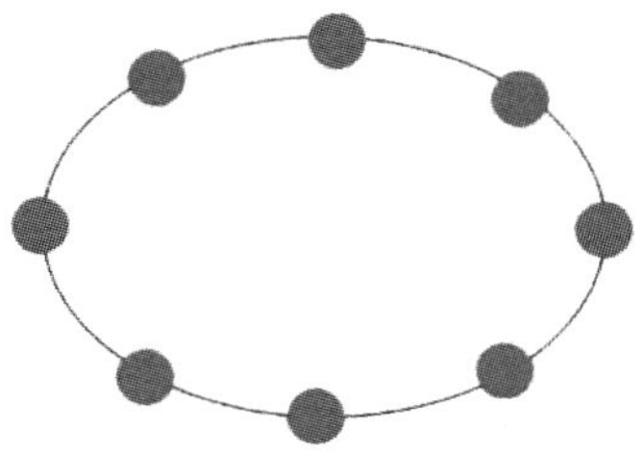	通过对网络节点的点对点链路连接,构成一个封闭的环路。信号在环路上从一个设备到另一个设备单向传输,直到信号传输到达目的地为止。 每个设备中有一个中继器,中继器之间可使用高速链路(如光纤),吞吐量较大。 线缆使用量少,但节点扩充不方便,在重要场合可使用双环。

续表

拓扑名称	拓扑结构图	主要特点
总线型		采用一条主干电缆作为传输介质(总线),各网络节点直接挂接在总线上。 每一时刻只允许一个节点发送信息(允许发送广播报文),多个节点可同时接收。 结构简单灵活,便于扩充,安装方便且节约电缆。 多个节点共用一条传输信道,信道利用率高,但容易产生访问冲突导致数据丢失。分支节点故障不影响其他节点,但故障查找难。

不同拓扑结构的网络规模与传输距离不尽相同。在实际应用中,通常将不同拓扑结构的子网结合在一起,形成混合型拓扑的更大网络。

3.1.4　网络传输介质

通信网络的拓扑结构需要物理媒介来连接,常见的传输介质及主要特性比较见表 3.2。

表 3.2　常见的传输介质及主要特性比较

传输方式		传输介质	抗干扰性	传输距离	工程造价	常见应用场合
有线传输	通信电缆	双绞线	屏蔽型较高 非屏蔽型较低	低速时可达 1 200 m; 高速以太网连接时,最远 100 m	低	在民用和工业控制系统中广泛使用
		同轴电缆	较高	<1 800 m	中	有线电视
	通信光缆	光纤	高,几乎不受电磁干扰	6～8 km	高	常用于网络主干部分
无线传输		移动通信	较高	几十千米	高	常用于站点少、距离远
		Wi-Fi 通信	低	短	较高	计算机无线局域网络
		ZigBee 通信	低	一般 10～100 m	低	物联网
		蓝牙通信	较低	较短	低	智能设备间短距离通信

在实际工程中，造价是比较重要的考虑因素，因此，在建筑设备监控系统中最常使用的是双绞线。

3.1.5 控制网络的主要特点

1）控制网络通信的实时性

控制网络中，数据传输与被控系统响应具有很好的实时性和可靠性，是控制网络的基本属性，也是对通过控制网络组织的控制系统最基本的要求。

控制网络能很好地支持实时数据信息的通信。实时性是指在网络通信过程中，能实时采集过程参数，对采集到的数据信息进行实时计算及相关处理，并迅速反馈给系统完成过程控制，满足过程控制对控制系统的响应时间要求，响应具有完全的正确性。

一般来讲，控制网络通信过程中的数据信息量不是很大，多为简短的小数据量的测控指令，因此控制网络的数据传输速率一般不高，如传输速率一般不高于 1 Mbit/s，但实时响应时间要求较高，为 0.01 ~0.5 s。

2）采用同一通信协议时不同网络产品具有很好的兼容性

控制网络种类较多，主要区别在于各自采用不同的通信协议或标准，一般情况下，只要采用了相同的通信协议或标准，不同厂商生产的相同类型的网络核心产品及组件能够互换互用、互联互通，控制网络构建的控制系统具有很好的开放性。

3）网络通信具有极高的可靠性

控制网络必须连续长时间运行，如果出现中断或故障将会导致控制系统的瘫痪，直接造成重大的生产损失及设备和人员损失，甚至出现安全事故。因此，控制网络的通信过程及网络本身必须具有极高的可靠性，如要求过程数据信息和操作指令数据信息实现零丢包率等。

控制网络的高可靠性主要表现在以下几个方面：

①网络设备质量优良。网络自身不易发生故障，平均故障间隔时间长，网络本身具有优良和有效的差错控制技术。

②容错能力强。网络系统局部单元出现故障时，不会导致整个控制系统的不正常工作。

③可维护性好。故障发生后，能及时发现和及时处理，通过维修使网络及时恢复。网络本身具有很强的自诊断能力，且能迅速排除故障。

4）优良的适应恶劣环境的能力

控制网络能在恶劣的生产现场环境下，保证数据通信有很高的可靠性。恶劣的生产现场环境包括：环境温度与湿度变化范围大且变化剧烈；环境空气质量差，空气中粉尘污染严重；环境振动干扰源多且强大；环境电磁干扰严重环境等。控制网络设备必须能够耐震动、适合在大温差环境下工作；耐腐蚀、防尘、防水能力强；电磁环境适应性强以及电磁兼容性好等。因此，控制网络设备需经过严格的设计和测试。

5)具有很高的网络安全性

控制网络构建的控制系统负责重要的生产过程和设备的控制及管理,网络系统的安全也至关重要,抵御恶意的非法入侵、保证监控信息安全的特定流向,都是网络应具备的基本属性。

3.1.6　常用的控制网络

在工控领域中,常用的控制网络技术有多种,见表3.3。

表3.3　常用的控制网络技术

网络类型	常用技术	应用场合
传统控制总线	RS-232,RS-485	应用于DCS系统底层
现场总线	LonWorks总线、EIB总线、Modbus总线、CAN总线、FF总线等,现场总线高达40多种,常用的接近10种	应用于FCS底层
以太网技术	10Base,100Base标准等	应用于控制系统监控层或管理层

【任务实施】

结合本项目工程案例,对比分析建筑设备监控系统与综合布线系统的网络构架、传输速率、传输介质、应用环境、系统特性有何区别,并列表分析其异同之处(表3.4供参考)。

表3.4　控制网络与信息网络异同表

<table>
<tr><td>工程名称</td><td></td><td>建筑物类型</td><td></td></tr>
<tr><td>特性</td><td>建筑设备监控系统(控制网络)</td><td colspan="2">综合布线系统(信息网络)</td></tr>
<tr><td>网络拓扑结构</td><td></td><td colspan="2"></td></tr>
<tr><td>网络传输速率</td><td></td><td colspan="2"></td></tr>
<tr><td>网络传输介质</td><td></td><td colspan="2"></td></tr>
<tr><td>网络传输接口</td><td></td><td colspan="2"></td></tr>
<tr><td>信号传输方向</td><td></td><td colspan="2"></td></tr>
<tr><td>信号传输时延</td><td></td><td colspan="2"></td></tr>
<tr><td>网络可靠性</td><td></td><td colspan="2"></td></tr>
<tr><td>网络故障率</td><td></td><td colspan="2"></td></tr>
<tr><td>网络兼容性</td><td></td><td colspan="2"></td></tr>
<tr><td>网络安全性</td><td></td><td colspan="2"></td></tr>
<tr><td>网络开放性</td><td></td><td colspan="2"></td></tr>
<tr><td>恶劣环境适应性</td><td></td><td colspan="2"></td></tr>
</table>

【任务知识导图】

任务 3.1 知识导图,如图 3.1 所示。

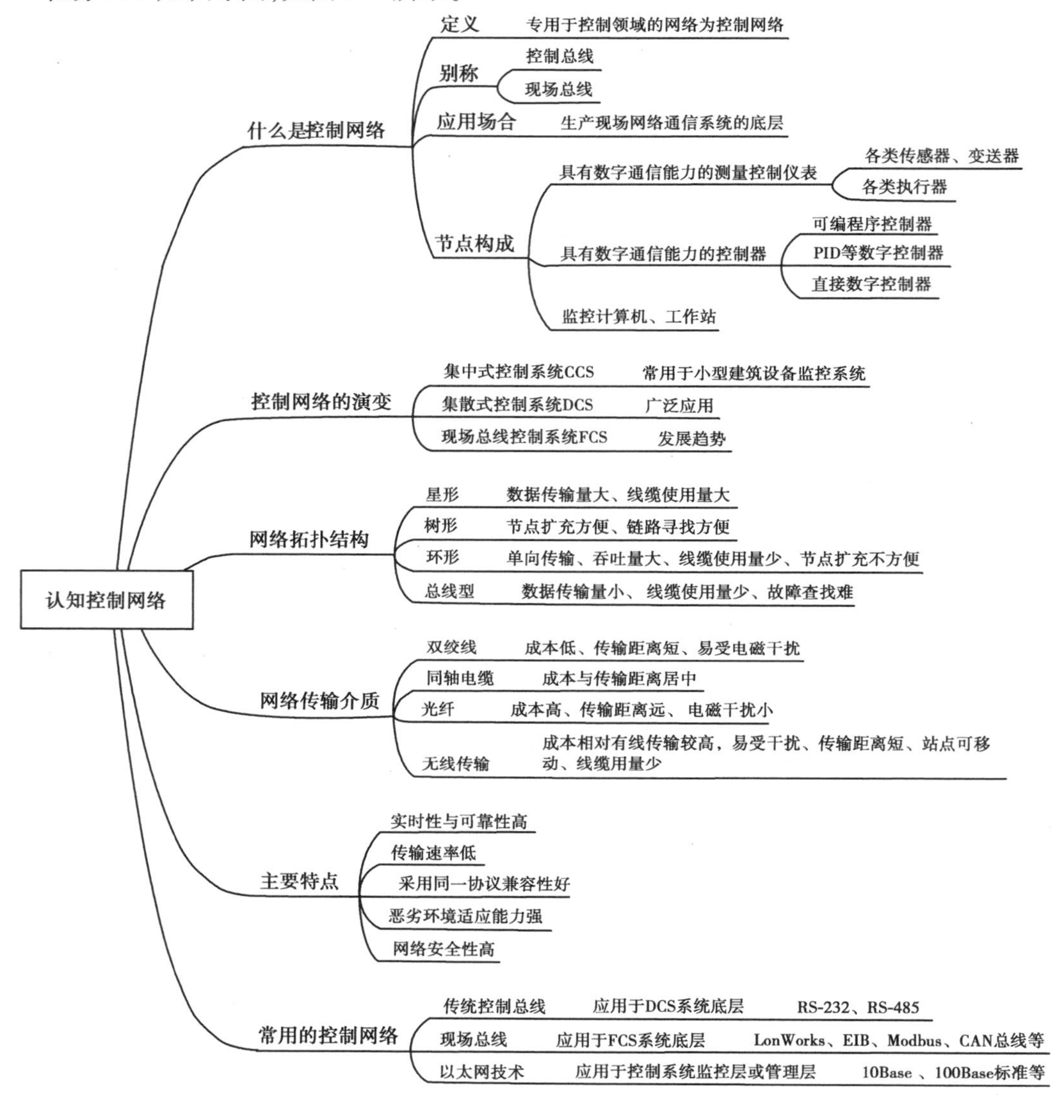

图 3.1 任务 3.1 知识导图

任务3.2　传统控制网络的认知与组网

【任务描述】

建筑设备监控系统中设备的物理接口繁多，如RS-232，RS-485，RJ-45接口等，当采用不同的控制网络时，其通信接口也不相同。结合本项目工程案例、产品说明书、产品实物等资料，并自主搜集其他相关厂家资料，分析有哪些案例及厂家支持RS-485通信总线、哪些支持以太网络通信，观察其系统的组网结构、传输距离、传输介质有何特点。

【知识点】

3.2.1　RS-485总线特性

由于造价低，在要求通信距离为几十米到上千米时，广泛采用RS-485串行总线标准。RS-485总线采用平衡发送和差分接收，因此，具有抑制共模干扰的能力。加上总线收发器具有高灵敏度，能检测低至200 mV的电压，故传输信号能在上千米以外得到恢复。

RS-485总线采用半双工工作方式，任何时候只要有一点处于发送状态，即数据的发送和接收共用一对通信线路，某一特定时刻的数据传输只能按照一个方向进行，但可根据需要在其他时刻反向传输，因此发送电路需由使能信号加以控制。RS-485总线用于多点互联时非常方便，可省掉许多信号线。应用RS-485总线可以联网构成分布式系统，其允许最多并联32台驱动器和32台接收器。

3.2.2　RS-485总线主要技术参数

RS-485总线主要技术参数如下：

①RS-485的电气特性：逻辑“1”以两线间的电压差为+(2~6) V表示；逻辑“0”以两线间的电压差为-(2~6)V表示。接口信号电平比RS-232-C低，就不易损坏接口电路的芯片，且该电平与TTL电平兼容，可方便与TTL电路连接。

②RS-485总线的数据最高传输速率为10 Mbit/s。

③RS-485总线接口是采用平衡驱动器和差分接收器的组合，抗共模能力增强，即抗噪声干扰性好。

④RS-485接口的最大传输距离约为1 219 m，另外RS-232-C接口在总线上只允许连接1个收发器，即只有单站点能力。而RS-485接口在总线上是允许连接多达128个收发器。即具有多站点能力，这样用户可以利用单一的RS-485接口方便地建立起设备网络。

⑤因RS-485接口具有良好的抗噪声干扰性，长的传输距离和多站能力等上述优点就使其成为首选的串行接口。因为RS-485接口组成的半双工网络，一般只需2根连线(AB线)，所以RS-485接口均采用屏蔽双绞线传输，其接口如图3.2所示。

图 3.2　RS-485 接口

3.2.3　RS-485 总线不足

①RS-485 总线的通信容量较少,理论上每段最多仅容许接入 32 个设备,不适用于以楼宇为节点的多用户容量要求。

②RS-485 总线的通信速率低,传输速率与传输距离成反比,在 100 kbit/s 的传输速率下,才可能达到最大的通信距离,如果需传输更长的距离,需加 485 中继器。

③RS-485 总线通常不带隔离,当网络上某一节点出现故障会导致整体或局部瘫痪,而且又难以判断其故障位置。

④RS-485 总线采用主机轮询方式。又造成以下弊端:

a. 通信的吞吐量较低,不适用于通信量要求较大(或平均通信量较低,但呈突发式)的场合。

b. 系统较大时,实时性较差。

c. 主机不停地轮询各从机,每个从机都必须对主机的所有查询作出分析,以决定是否回应主机,增加各从机的系统开销。

d. 当从机之间需要进行通信时,必须通过主机,增加从机间通信的难度及主机负担。

【任务实施】

结合本项目工程案例、产品说明书、产品实物等资料,并自主搜集其他相关厂家资料,分析有哪些案例及厂家支持 RS-485 通信总线、哪些又支持以太网络通信,观察其系统的组网结构、传输距离、传输介质有何特点,见表 3.5。

表 3.5　传统控制网络的认知与组网

工程名称			建筑物类型		
产品厂家	支持控制网络类型	传输介质	拓扑结构	网络规模	传输距离
霍尼韦尔					
江森					
西门子					
同方泰德					
泰杰赛					

续表

工程名称			建筑物类型		
产品厂家	支持控制网络类型	传输介质	拓扑结构	网络规模	传输距离
和欣控制					
……					

【任务知识导图】

任务3.2知识导图,如图3.3所示。

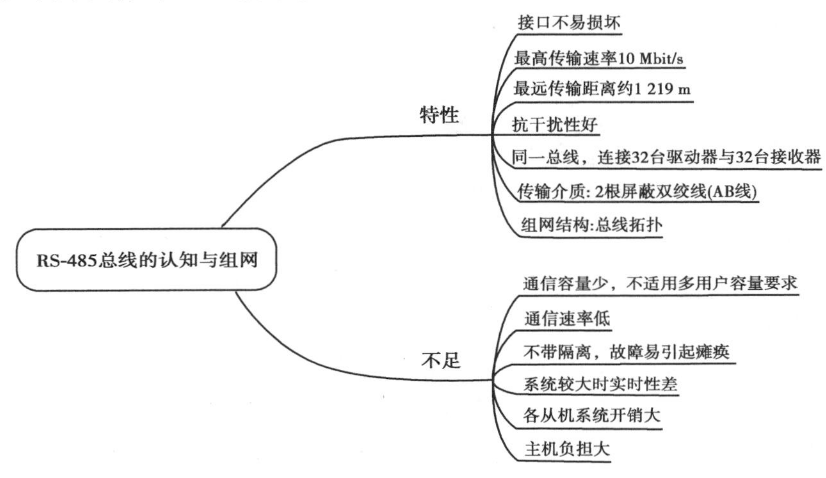

图3.3　任务3.2知识导图

任务3.3　现场总线的认知与组网

【任务描述】

现场总线在楼宇中的应用已越来越广泛,但现场总线的种类繁多,在楼宇中常用的总线有哪些?结合本项目工程案例,在任务3.2的基础上,对比分析楼宇中常用的现场总线的种类、系统网络构架、系统规模、传输距离、传输介质、传输速率各有何不同,各自适用于哪些应用系统,请列表说明。

【知识点】

现场总线是工业分布式系统中应用广泛、技术成熟的通信网络。经过多年的发展,目前在工业控制领域出现了很多种现场总线的标准和产品。在国际上,现场总线的种类多达40多种,而常用的工业现场总线也接近10种。目前,在我国比较常见的有PROFIBUS,Modbus,CAN,FF,Interbus,LonWorks等。在建筑设备监控系统中,常用的现场总线主要有LonWorks总线、EIB 总线、Modbus 总线、CAN 总线、FF 总线等。不同的总线各自具备不同的网络结构及控制特点,也适用于不同的控制系统。

3.3.1 现场总线的定义

现场总线(Fieldbus)是一种应用于生产现场,在现场设备之间、现场设备与控制装置之间实行双向、串行、多节点数字通信的技术。现场总线的本质体现在以下 6 个方面:现场通信网络、现场设备互联、互操作性、分散功能块、通信线供电、开放式互联网络。其结构示意图如图 3.4 所示。

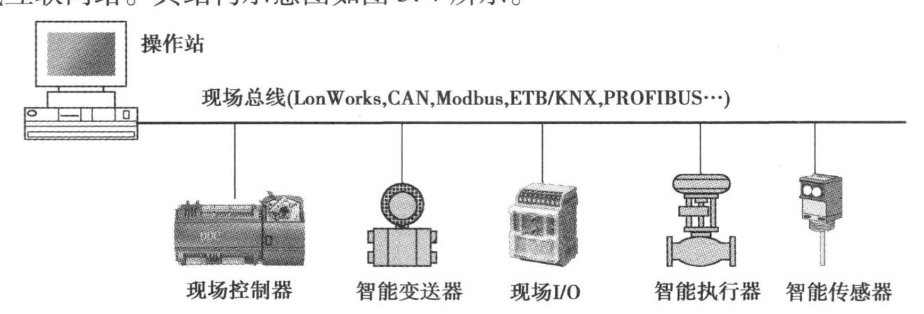

图 3.4 现场总线系统结构示意图

现场总线采用智能现场设备,实现彻底的分散控制;采用数字信号代替模拟信号,可实现一对线缆上传递多路信号;开放性、互操作性和互用性;现场设备的智能化与功能自治性;系统结构的高度分散性;适应恶劣的现场环境等诸多优点,阐明了现场总线相对于传统控制网络的优越性:节省硬件数量与投资;节省按照费用;介绍维护开销;用户具备高度的系统集成主动权;提高系统的准确性与可靠性。因此,现场总线技术将是建筑设备监控系统通信网络应用的一个主流发展方向。图 3.5 为典型建筑设备监控网络系统。

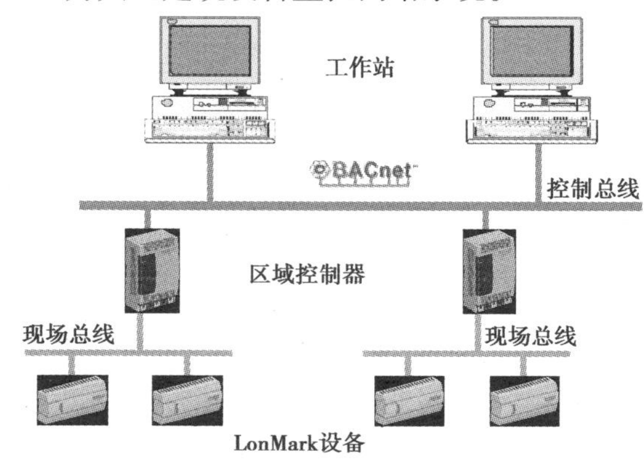

图 3.5 典型建筑设备监控网络系统

目前,世界上存在着 40 余种现场总线,如 PROFIBUS, LonWorks, InterBus, CAN, HART, Modbus, FF, WorldFIP, BitBus, DeviceNet, ControlNet 等,每种总线大都有其应用领域,主要的现场总线在部分行业中的应用情况如下:

①过程控制:FF, PROFIBUS, HART, WorldFIP。

②制造业自动化:PROFIBUS, InterBus。

③农业、养殖业、食品加工业:P-Net。

④楼宇自动化：LonWorks，PROFIBUS，Modbus，CAN。

3.3.2　CAN总线

CAN（Controller Area Network，控制局域网）总线网络技术是由德国Bosch公司为汽车的监测和控制而开发设计的一种串行数据通信总线技术。与一般的通信总线相比，CAN总线的数据通信具有突出的可靠性、实时性和灵活性，它在汽车领域上的应用最为广泛，世界上一些著名的汽车制造商，如奔驰、宝马、大众等都采用了CAN总线来实现汽车内部控制系统与各监测和执行机构间的数据通信。

CAN总线网络具有较高的可靠性，适用于低成本、高性能的现场控制设备及其互连。挂接在CAN总线网络上的节点不分主从，网络上任一节点可在任意时刻主动向网络上其他节点发起一个通信进程，其通信方式灵活。

CAN总线网络上的节点信息可划分为不同的优先级，使用优先级来控制网络节点之间传输数据的紧迫程度和不同的实时性要求，CAN总线采用总线仲裁技术，当出现多个节点同时向总线发送信息时，优先级高的节点可以继续，优先级低的节点会主动退出发送。

网络节点间的通信速率在5 kbit/s以下时，其最大通信距离为10 km；最高通信速率可达1 Mbit/s，对应的通信距离为40 m。CAN总线网络上的节点数可多达110个。

CAN总线网络的拓扑示意图，如图3.6所示，其通信介质可分为双绞线、同轴电缆或光纤。

CAN总线网络应用器件可被设置为休眠方式，相当于同总线断开，降低系统功耗。CAN节点在系统出现严重错误时可自动关闭输出，使总线上其他节点的操作不受影响。CAN总线网络成本低，许多厂商生产的相关设备都带有CAN接口。

CAN总线的缺点，主要体现在以下几个方面：

①CAN总线采用的“带碰撞检测的载波侦听多址访问”（CSMA/CA）的媒体访问控制方式，网络上不同的站点发送数据时，首先要对传输信道进行侦听，来避免碰撞，导致数据传送的实时性变差。

②CAN总线挂接负荷的能力不是很强，可挂接的设备数量最多有110个，对于智能楼宇来讲，不能满足需求。可使用中继器对CAN总线网段进行扩展。

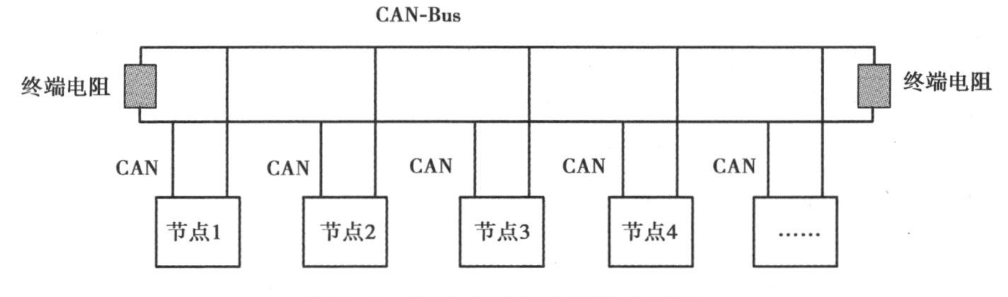

图3.6　CAN总线网络拓扑示意图

③CAN通信节点可直接挂接在总线上使用，但考虑其总线信号的驱动能力、短路保护、过热保护等环节，实际使用CAN通信节点时，一般在总线与CAN通信节点接口之间增加一个CAN总线收发器。

④CAN总线技术不适合在有防爆要求的场所使用。

3.3.3 Modbus 总线

Modbus 是一种通用的现场总线，是很多厂商的工业控制器、PLC、智能 I/O 与 A/D 转换模块具备 Modbus 通信接口。Modbus 通信协议是一种工业现场总线通信协议。Modbus 协议把通信对象定义为"主站"(Master)和"从站"(Slave)。Modbus 总线网络中的各个智能设备通过异步串行总线连接起来，系统中只能有一个控制器是主站，其余智能设备作为从站。主站发出请求，从站应答请求，并送回数据或状态信息。典型的主设备为主机和可编程仪表；典型的从设备为可编程控制器。

Modbus 协议支持传统的 RS-232，RS-485，RS-422 和以太网接口。Modbus 网络物理接口符合 EIA-485 规范，数据和信息的通信遵从主/从模式，组成主从访问的单主控制网络，通过 Modbus，可以很方便地将不同厂商生产的控制设备连接控制网络并进行集中监控。Modbus 网络可支持超过 247 个的远程从属控制器。其网络组织结构示意图如图 3.7 所示。

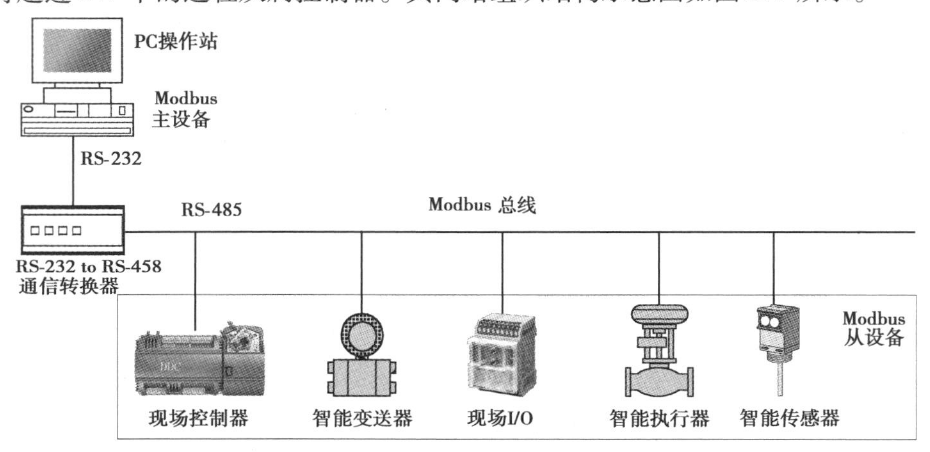

图 3.7 Modbus 总线网络组织结构示意图

Modbus 串行链路协议是一个主/从协议，网络上的每个从站必须有唯一的地址(从 1 ~ 247)，每次通信请求由主站向从站发起；从站地址用于寻址从站设备，由主站发起。主设备可单独和从设备通信，也能以广播方式和所有从设备通信。如果单独通信，从设备返回一条消息作为回应，如果是以广播方式查询的，则不作任何回应。

标准的 Modbus 端口是使用一个 RS-232 兼容的串行接口，定义了连接器、接线电缆、信号等级，传输波特率和奇偶校验，控制器可直接或通过调制解调器接入总线网络。

Modbus 协议定义了两种传输模式，即 RTU(Remote Terminal Unit)和 ASCII。在配置每台控制器时，用户须选择通信模式以及串行口的通信参数，如波特率、奇偶校验等。在 Modbus 总线上的所有设备应具有相同的通信模式和串行通信参数。

当控制器以 ASCII 模式进行通信时，一个信息中的每 8 位字节作为 2 个 ASCII 字符传输，这种模式的主要优点是允许字符之间的时间间隔长达 1 s，也不会出现错误。

当控制器以 RTU 模式进行通信时，信息中的每 8 位字节分成 2 个 4 位 16 进制的字符，该模式的主要特点是在相同的波特率下其传输的字符密度高于 ASCII 模式，每个信息必须连续传输。

如发送字符“20”时，采用RTU模式时为“00100000”，然而采用ASCII模式则成为“00110010”+“00110000”（ASCII字符的“2”和“0”）。可见，RTU模式的效率大约为ASCII模式的两倍。所以，一般来说，如果所需要传输的数据量较小可考虑使用ASCII协议，如果所需要传输的数据量较大最好采用RTU协议。

Modbus协议主要在RS-232和RS-485等物理接口上实现其协议。其协议实现模型如图3.8所示。

层	ISO/OSI模型	
7	应用层	Modbus应用协议
6	表示层	空
5	会话层	空
4	传输层	空
3	网络层	空
2	数据链路层	Modbus串行链路协议
1	物理层	EIA/TIA-485(或EIA/TIA232)

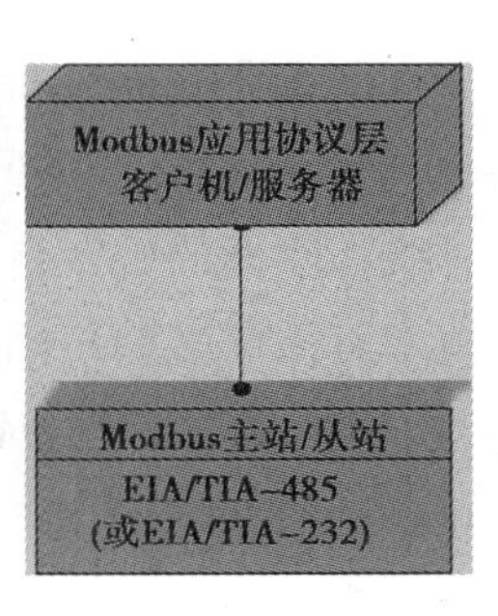

图3.8　Modbus协议的实现模型

基于Modbus协议的主从通信特点，在建筑设备监控系统中，可用于供配电系统的监控中，如图3.9所示。

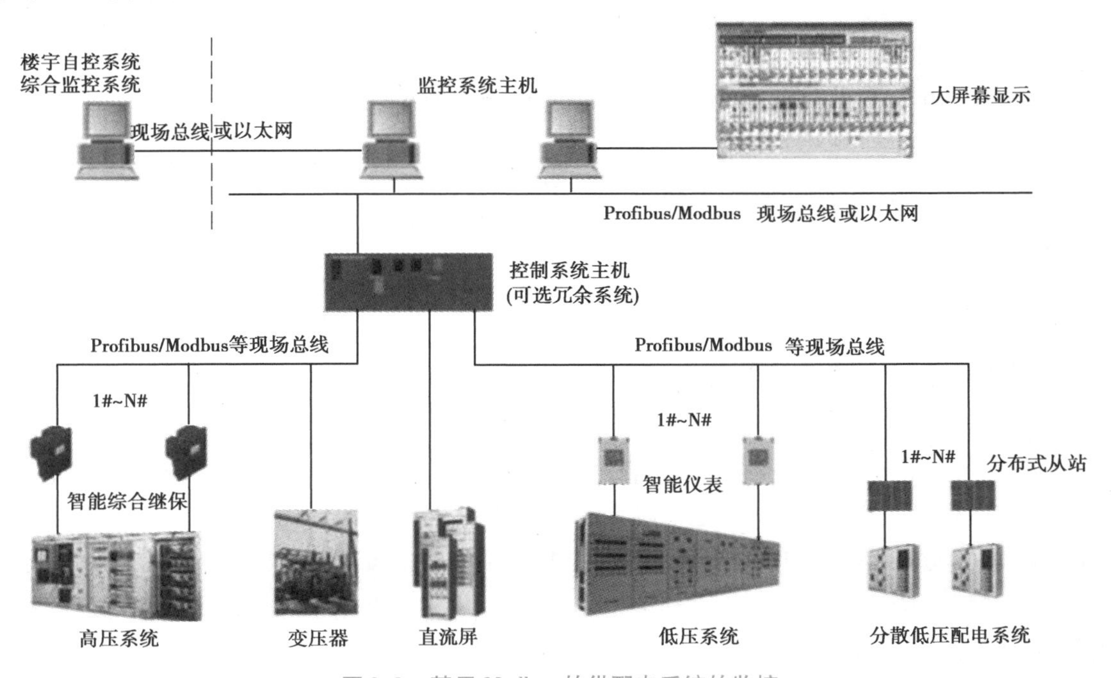

图3.9　基于Modbus的供配电系统的监控

3.3.4　EIB/KNX 总线

EIB（Electrical Installation Bus，电气安装总线）/KNX（是 Konnex 的缩写）标准。

现场总线-EIB-KNX总线

1999 年，欧洲三大总线协议 EIB、BatiBus 和 EHSA 合并成立了 Konnex 协会，提出了 KNX 协议。该协议以 EIB 为基础，兼顾了 BatiBus 和 EHSA 的物理层规范，并吸收了 BatiBus 和 EHSA 中配置模式等优点，提供了智能楼宇家居控制系统的完整解决方案，并成为 ISO/IEC 14543-3 标准，这也是在住宅与楼宇领域中唯一的国际标准。

2007 年，正式被国家标准委员会认证为《控制网络 HBES 技术规范　住宅和楼宇控制系统》（GB/Z 20965—2013）国家标准。

西门子instabus系列智能照明系统设计手册

EIB 总线在欧洲的楼宇自动化和家庭自动化领域中有着广泛地应用。

EIB 技术可采用多种不同的网络传输介质，如用双绞线、电力线、同轴电缆、无线介质等，但大多数场合中石油双绞线和电力线使用双绞线时，每个物理网段可长达 1 000 m，传输速率为 7.6 kbit/s；使用电力线时，最大传输距离为 600 m。

EIB 总线主要具有以下几个特点：

（1）分布式结构

施耐德C-BUS智能照明控制系统产品手册

无控制中心分布式结构，使被控系统能够处于一个高效率的运行状态中，布线量小，安装费用低廉。

（2）互操性

开放性结构与组编址通信的结合使系统内的设备具有良好的互操作性。

（3）灵活性

EIB 对多种传输介质的支持，尤其是对电力线传输和无线传输方式的支持，使系统组件和扩充简化。

（4）系统的其他特点

①采用 DC24 V 供电；

②采用 CSMA/CA 媒体访问技术；

③使用优先权定义，处理检测控制的实时性；

④控制电缆和电力电缆被单一多芯电缆替代。

EIB/KNX 是一个分布式现场总线标准，被广泛用于智能建筑、现代住宅中的灯光、窗帘、空调、电器、安防等设备的控制。其网络组织结构包括线路（Line）、区域（Area）以及系统（System），网络最大可容纳：15 × 15 × 64 = 14 400 个 EIB 元件。EIB/KNX 总线网络组织结构图如图 3.10 所示。

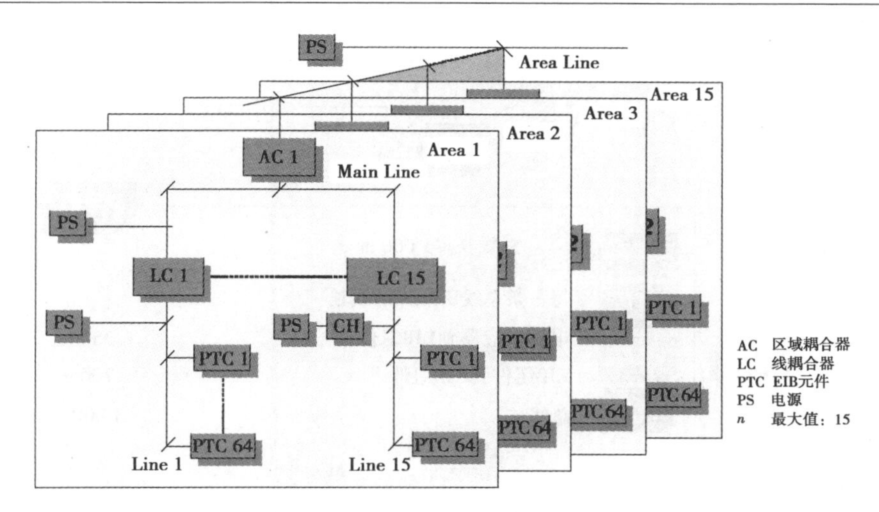

图3.10　EIB/KNX总线网络组织结构图

EIB/KNX网络支持多种拓扑结构,如星形、树形、总线型等,但不支持环形。其网络拓扑结构如图3.11所示。物理介质是4芯屏蔽双绞线,其中,2芯为总线使用,另外,2芯备用。所有元件均采用24 V DC工作电源。

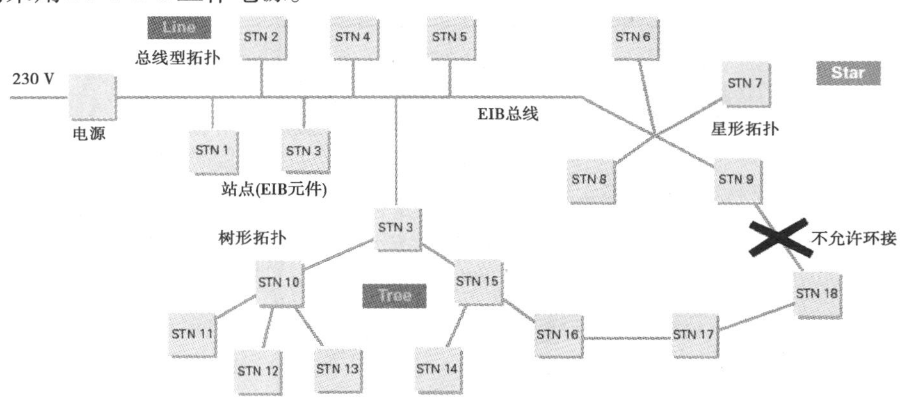

图3.11　EIB/KNX总线网络拓扑结构图

EIB/KNX总线具备以下特点,如图3.12所示。

①最大单条电缆长度(包括分支)1 000 m。

②最大装置与电源长度350 m。

③最大装置间距700 m。

④系统组网规模灵活。

⑤区域数15个。

⑥每区域线路数有15个。

⑦每线路并一线装置数64个(可扩充至256个)。

⑧数据存储方式:分布式总线存取(CSMA/CA)。

⑨数据传输方式:串行异步传输。

⑩数据传输速率:9.6 kbit/s。

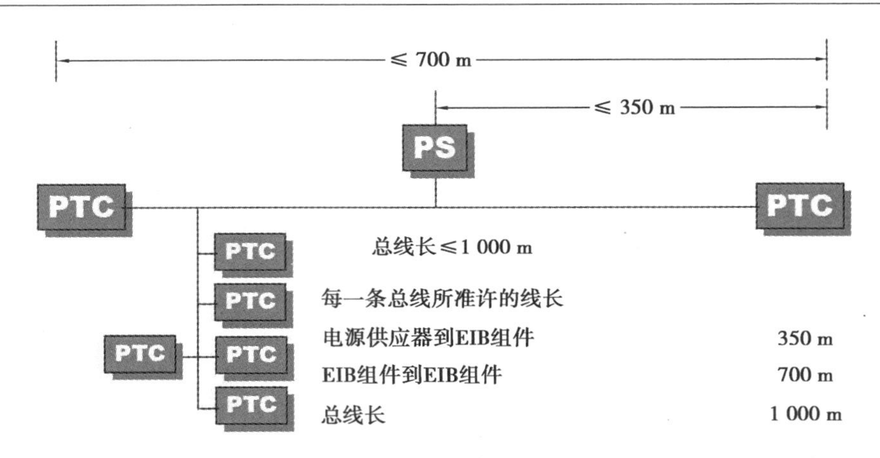

图 3.12　EIB/KNX 总线电气规范

KNX 标准中提出了 EIBnet/IP 的概念，通过 EIBnet/IP 协议，KNX 总线可直接与 TCP/IP 系统连接，总线信号可在高速以太网上传输。系统的扩展不再受传输距离的影响，而数据的传输量和传输速度也不再成为 KNX 系统的问题。基于以太网的 EIB/KNX 网络组成结构，如图 3.13 所示。

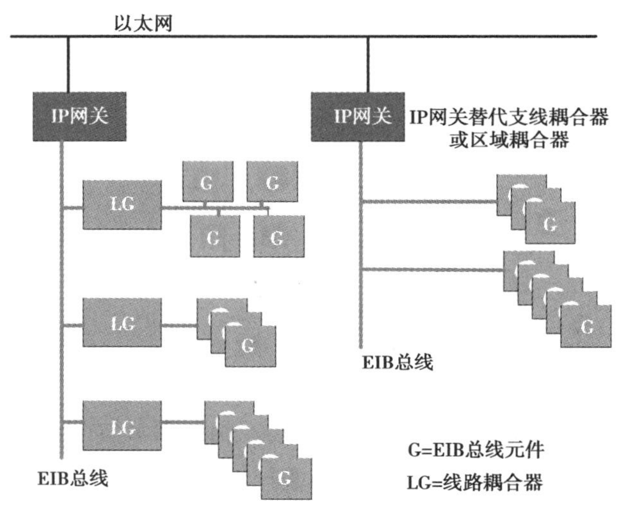

图 3.13　基于以太网的 EIB/KNX 网络组成结构

EIB/KNX 是一个在欧洲占据主导地位的楼宇自动化标准，它的统一管理机构为 EIBA，共有 100 多个会员，它们相继推出了符合 EIB 协议的产品。如 ABB 的 i-Bus EIB、西门子的 Instabus EIB、Hager 的 Tebis EIB/KNX 等。图 3.14 为 EIB/KNX 在智能家居方面的应用。图 3.15 为 ABB 的 EIB/KNX 产品。

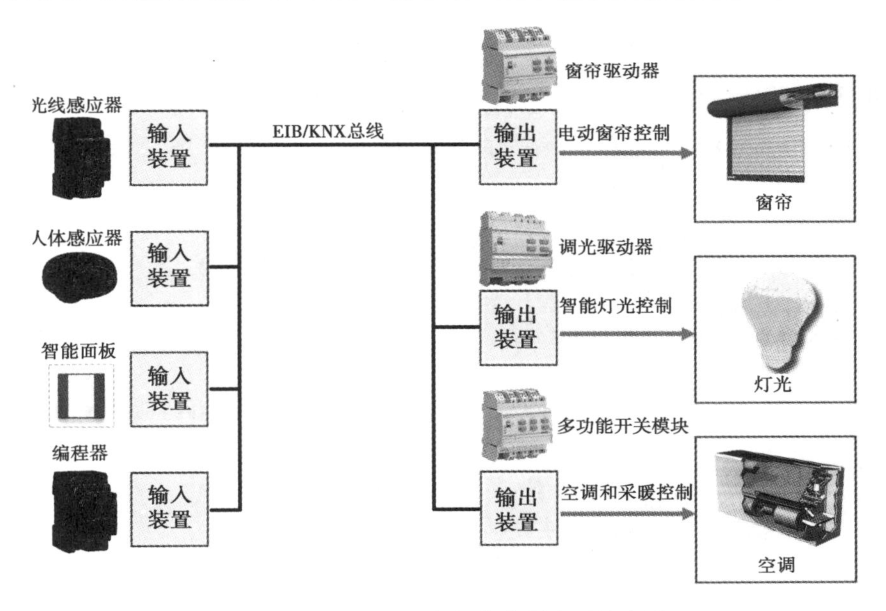

图3.14 EIB/KNX在智能家居方面的应用

3.3.5 LonWorks总线

由于不同厂商提供的不同产品和系统，其通信协议不同，造成通信速率、编码格式、同步方式、通信规程各不相同，因而很难使这些产品实现互操作和系统互连。系统中各种设备及子系统如果不进行互连而独立运作，则不能进行一体化协调运作，将会导致管理效率低、维修困难、扩展维护费用高。智能建筑的业主和管理者迫切需要降低投入和提高效率。他们要求智能建筑的各子系统集成在一起，为实现系统和设备集成和互操作，必须有一种有效的方法实现系统和设备之间的通信。因此，需要系统具有真正的开放性。

开放系统即建筑设备自动化系统的所有部件均以公认的工业标准技术制造。LonWorks总线为控制网络开放性总线标准，系统的技术标准和规范所有厂商必须共同遵守；同样功能的部件虽由不同厂家生产，但可以互相替换和互操作。

LonWorks总线技术由美国Echelon公司开发，适合楼宇自动化系统的局域网络。它控制网络各部分子系统、设备运行于同一LonWorks网络平台，各子系统间互连互动，同时，可随时更改网上设备，具有很强的可扩展性。LonWorks采用LonTalk通信协议，提供OSI模型定义的七层服务，协议采用短帧报文，可靠性高，实时性好。LonWorks采用面向对象设计方法，通过网络变量把网络通信设计简化为参数设计，绑定节点间输出输入网络变量，即可实现两个网络变量之间的数据交换，方便实现点对点控制。

组成LonWorks控制网，包括6个要素，如图3.16所示。它们分别是：

①Lon网络服务器LNS：为LonWorks控制网提供控制数据服务、支持可互操作的应用、提供简易高效的最高层软件平台。

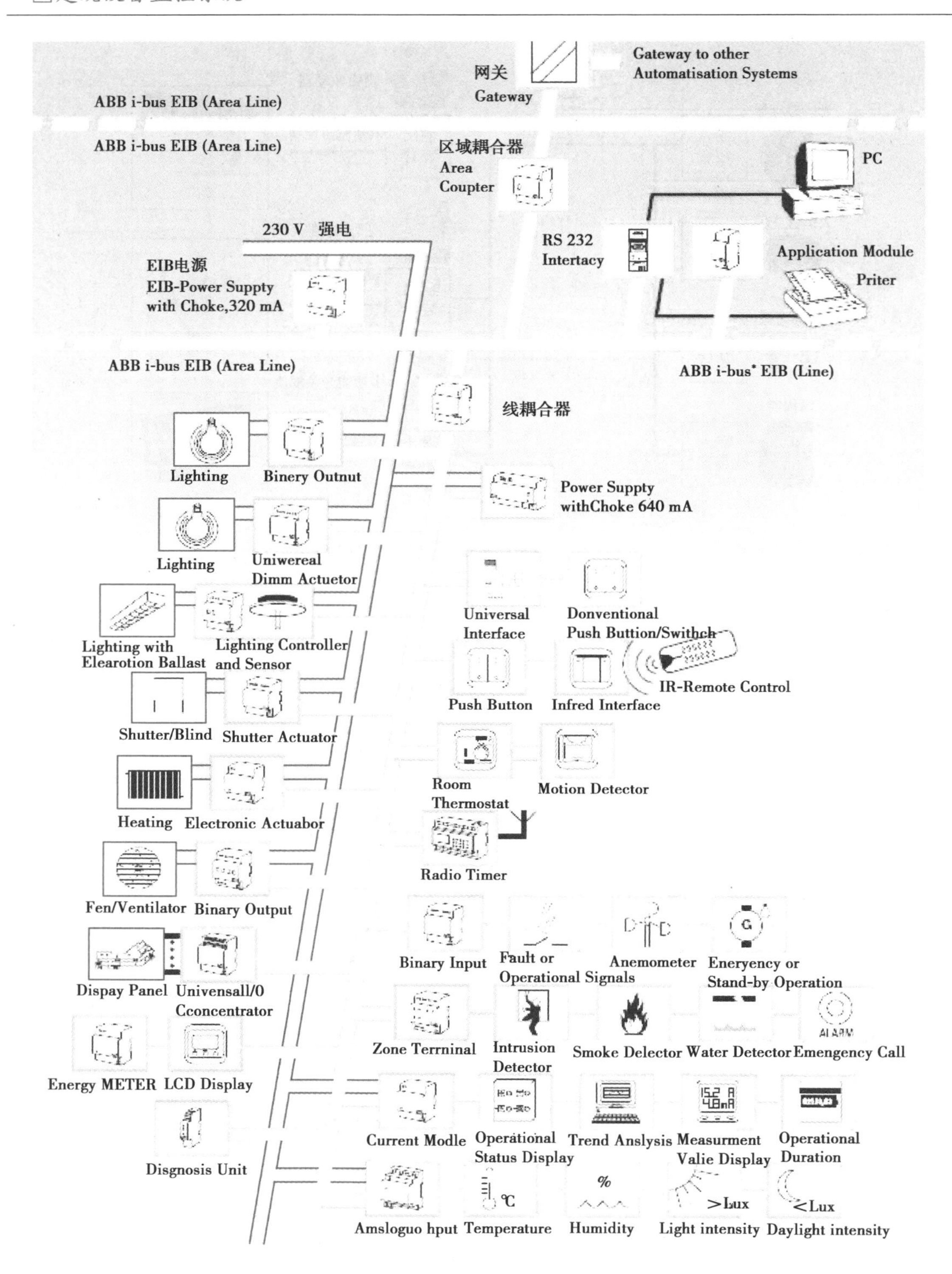

图 3.15 EIB/KNX 的应用(ABB 产品)

②工作站通信接口：链接 LonWorks 控制网与外部主机的物理接口，包括接口卡 PCLTA，串行接口器 SLTA，以太网接口 iLon 600/100/10 等，这些物理接口提供通信协议和应用编程接口 API，使基于主机的程序，像 LNS 或编程工具。

③主通道：通常是双绞线，通信速度为 1.25 Mbit/s，用于建立 LonWorks 控制网数据的互相连接以及与 LNS 的连接。

④路由器（组件子网的物理链接）：对多种不同介质的 LonWorks 控制网进行连接，使单一的对等网络能够跨接许多类型的传输介质，支持成千上万的设备；路由器用于实现为控制数据流量所进行的网络分段，以抑制其他部分来的数据流量。

⑤子网：通常经由一个路由器连接在主通道上，每个子网的控制节点为 64，也称为一段，如果串连一个重复器，可再增加一段，多连接 63 个控制节点，子网此时可达 126 个控制节点。

⑥节点（各种 Lon 设备）。

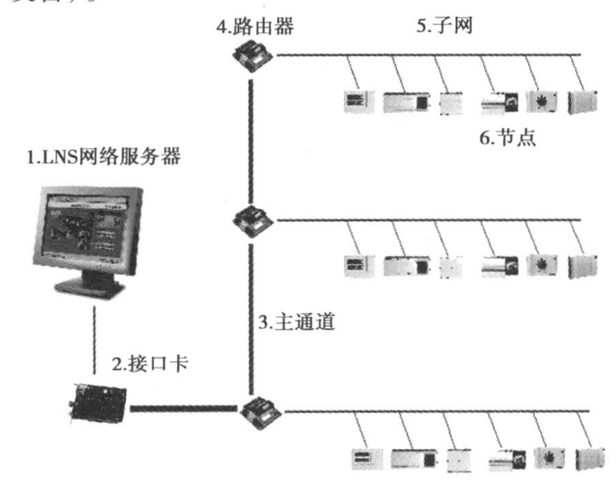

图 3.16　LonWorks 控制网络的 6 个组成要素

LonWorks 的每个控制节点包括一片神经元芯片、传感器和控制设备、收发器和电源。神经元芯片是节点的核心部分，它包括一套完整的 LonTalk 协议，确保智能系统中各智能设备之间使用可靠的标准进行通信，实现各智能设备之间的互操作。LonWorks 基本控制节点原理图如图 3.17 所示。

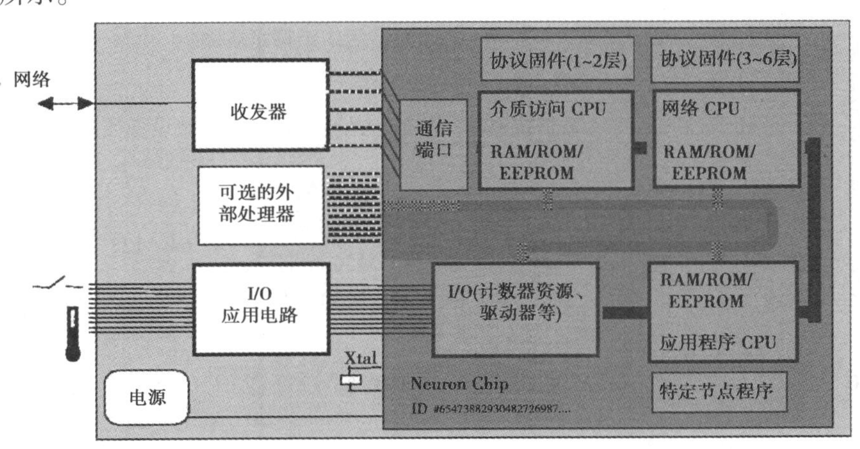

图 3.17　LonWorks 基本控制节点原理图

收发器在神经元芯片和 LonWorks 控制网络之间提供物理通信接口,可添加到任意一个基于神经元芯片的控制系统。有用于不同介质的各种收发器,包括双绞线收发器、电力线收发器、无线收发器、光纤收发器等。它既是发送器,也是接收器,在通信介质上发送和接收信号。

LonTalk 协议遵循 ISO 定义的开放系统互联(OSI)模型,并提供了 OSI 参考模型所定义的全部七层服务。它具备以下特点:

①LonTalk 协议支持包括双绞线、电力线、无线、红外线、同轴电缆和光纤在内的多种传输介质。

②LonTalk 应用可以运行在任何主处理器上。该处理器管理 LonTalk 协议的第六层和第七层,并使用 LonWorks 网络接口管理第一层到第五层。

③LonTalk 协议使用网络变量与其他节点通信。网络变量可以是任何单个数据项,也可以是结构体,并都有一个由应用程序说明的数据类型。网络变量的概念大大简化了复杂的分布式应用编程,从而降低开发人员的工作量。

④LonTalk 协议支持总线形、星形、自由拓扑等多种拓扑结构型,极大地方便了控制网络的构建,如图 3.18 所示。LonTalk 通信协议采用以太网载波侦听多址访问(CSMA)技术作为避免碰撞的解决方案,在网络负担很重时导致网络瘫痪。LonTalk 通信协议支持双绞线、同轴电缆、光纤等多种通信介质,见表 3.6。网络拓扑结构可使用总线型、星形等。最大通信速率为 1.25 Mbit/s(有效距离 130 m),支持非屏蔽双绞线 UTP 的通信距离达 2 700 m(通信速率为 728.125 kbit/s)。

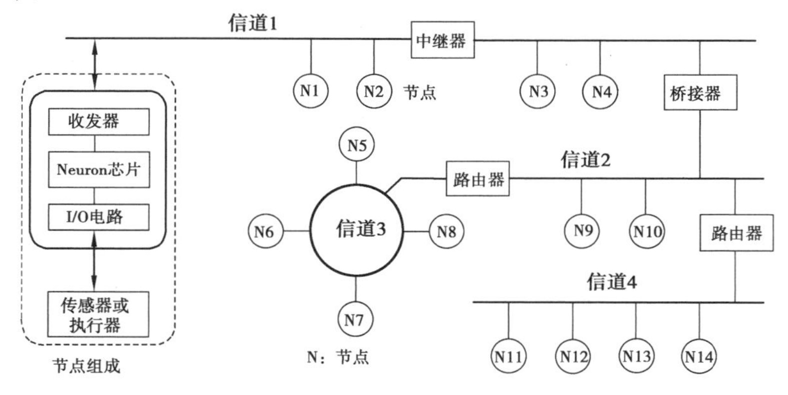

图 3.18 LonWorks 总线网络组织结构示意图

表 3.6 LonWorks 信道类型

信道类型	介质	数据速率	兼容的收发器	最大设备数量	最大距离
TP/FT-10	双绞线、自由拓扑或者总线拓扑、可选信道电源	78 kbit/s	FTT-10A;LPT-11;FT 3120 & TF 3150	64 ~ 128	500 m(自由拓扑)2 200 m(总线拓扑)
TP/XF-1250	双绞线、总线拓扑	1.25 Mbit/s	TPT/XF-1250	64	125 m

续表

信道类型	介质	数据速率	兼容的收发器	最大设备数量	最大距离
PL-20	电力线	5.4 kbit/s	PL 3120 & PL3150	视环境而定	视环境而定
IP-10	IP 之上的 LonWorks	由 IP 网络决定	由 IP 网络决定	由 IP 网络决定	由 IP 网络决定

LonWorks 技术是我国较早引入和消化的总线技术。它有诸多优点,例如,LonTalk 协议开放,应用开发简单,网络拓扑灵活,编程易于掌握,媒介选择多样,无主结构能够实现真正分布控制系统等。目前,我国 LonWorks 网络产品已发展到百种以上,应用领域也已打开。在研究和消化 LonWorks 技术的基础上,我国的科技工作者正着力解决其存在的具体问题,推进 LonWorks 网络的国产化发展。如图 3.19 所示为基于 LonWorks 总线的系统组网示意图。

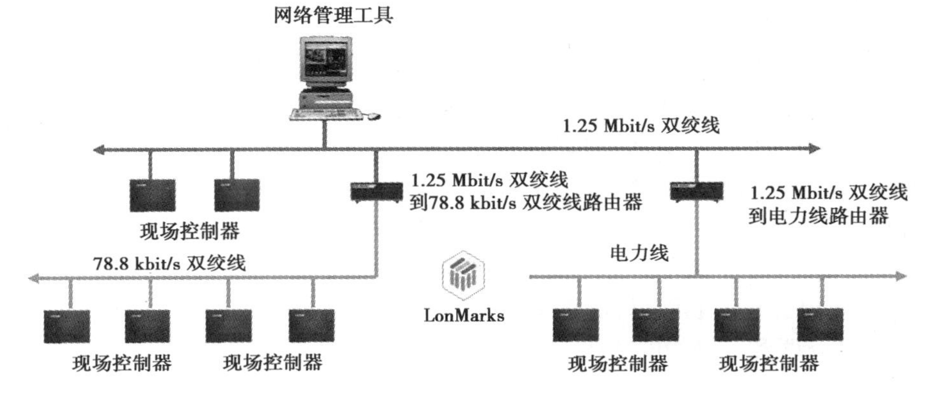

图 3.19　基于 LonWorks 总线的系统组网示意图

LonWorks 总线的不足之处如下:

①LonWorks 尽管在物理形式上可自由拓扑,但每个 LonWorks 节点需要连接到信道上,这就必须进行网络分段,在系统配置上必须增加路由器。从而增加系统管理的复杂度,实际上,在逻辑上增加了控制系统分级数,管理分级数越多,系统不可靠度值就高,从而降低了系统稳定性。

②各厂商生产的元器件(如各类型传感器、控制器)只有而且必须插入固化有 LonTalk 协议的 NEURON 专用神经元芯片,这就会导致行业垄断,且造价高的缺点。

3.3.6　BACnet 协议

随着信息技术及整个信息产业的发展,楼宇自动化系统正朝着集成化、智能化和网络化方向迈进。现场总线仅对建筑设备监控系统的现场控制级网络进行定义,而建筑设备监控系统网络的标准化进程并不满足于现场控制级网络的公开化和标准化,而进一步追求整体通信解决方案的标准化。

长期以来,众多厂家各自不同的专有协议阻碍了 BAS 系统的发展。一个不具备开放性、不能实现互操作的系统给系统的运行、维护和升级改造带来不便。因此,用户期望不同厂家的产品能使用同一种标准通信语言,实现互操作和开放性。

为创建使不同厂家的暖通空调子系统相连接的标准方法，美国供暖制冷及空调工程师协会(American Society of Heating Refrigeration and Air-Conditioning Engineers，ASHRAE)制订了一种开放标准，被称为“楼宇自动化和控制网络”，即BACnet(Building Automation and Control Networks)。厂家可以按照BACnet标准开发与BACnet兼容的控制器或接口，可在这一标准协议下实现相互交换数据的目的。

BACnet比LonMarks有更为量大的数据通信，运作高级复杂的大量信息。它是可以实现不同厂家的楼宇自动化系统之间互联的通信技术。

2004年，中国住房和城乡建设部标准规定，在建筑自动化系统中的通信规约，要求采用BACnet通信协议，从而，BACnet技术的通信协议成为中国建筑自动化系统控制网络数据通信协议的通用标准。

它是一个开放的协议，任何厂家基于这个协议生产产品都是免费的，BACnet不需要任何私有的硬件和软件。该协议是针对采暖、通风、空调、制冷控制设备所设计的，同时也为其他楼宇控制系统(如照明、安保、消防等系统)的集成提供一个基本原则。

BACnet的开发，自始至终要求在不同厂家生产的楼宇自控产品之间实现完全的“互操作”。为实现这一目标，BACnet的委员会为BACnet的数据结构，控制盒通信都指定了精确的标准。其中之一，就是定义了几种类型的局域网络，使BACnet的信息可以被传输。

BACnet协议详细地阐述了楼宇自控网的功能，阐明了系统组成单元相互分享数据实现的途径、使用的通信媒介、可以使用的功能以及信息如何翻译的全部规则。因此，它确立了不必考虑生成厂家、各种兼容系统在不依赖任何专用芯片组的情况下，相互开放通信的基本规则。

目前，BACnet已成为国际上智能建筑发展的方向和主流通信协议，它使得不同厂商生产的设备与系统在互联和互操作的基础上实现无缝集成成为可能。

1) BACnet基本目标

通过定义工作站级通信网络的标准通信协议，以取消不同厂商工作站之间的专有网关，将不同厂商、不同功能的产品集成在一个系统中，并实现各厂商设备的互操作，从而实现整个楼宇控制系统的标准化和开放化，如图3.20所示。

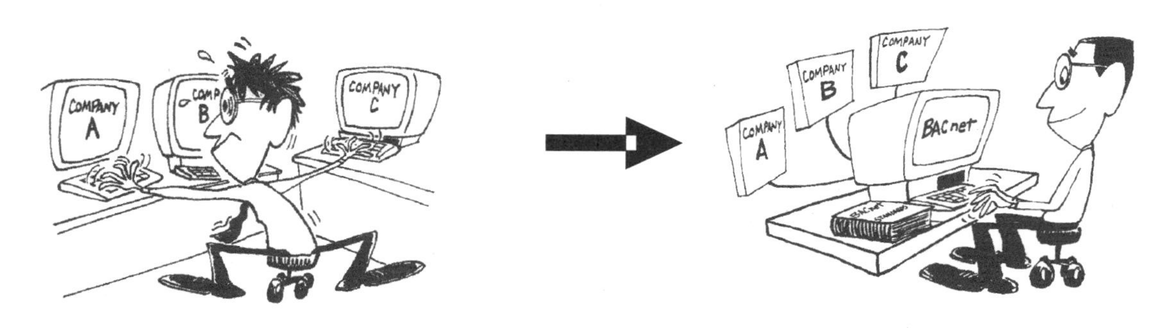

图3.20　BACnet目标

2) BACnet标准的体系结构

BACnet协议最根本的目的是提供一种楼宇自动控制系统实现互操作的方法。BACnet的核心是面向控制网络信息交换的数据通信解决方案。BACnet 充分利用现有的、广泛使用的局域网技术,如 Ethernet,ARCNET 和 LonTalk,见表 3.7,有利于技术的推广和性能的提高。

表 3.7　BACnet 运用的局域网络技术

网络类型	描述	速率
Ethernet	以太网(ISO 8802-3)是一种在商业环境中使用较广的局域网标准。使用介质为双绞线、同轴电缆和光纤。以太网需要专有芯片处理网络通信	10 ~ 100 Mbit/s
ARCnet (Attached Resources Computer Network)	ARCnet 是由美国 Datapoint 公司开发的一种令牌局域网,支持的设备需要使用芯片来处理网络通信,已成为美国国家标准(ATA/ANSI 878.1)。最新一代的 ARCnet 芯片具有速度可调的功能,并可使用 EIA-485 电平信号	150 kbit/s ~ 7.5 Mbit/s 双绞线 2.5 Mbit/s
MS/TP* (Master-Slave/Token-Passing)	物理层使用 EIA-485 的信号标准。使用屏蔽双绞线。MS/TP 局域网技术是 BACnet 标准为了适应低速应用定义的专有技术,这种类型的网络成本低,适用于现场控制器的通信连接	9.6 ~ 76.8 kbit/s
PTP* (Point to Point)	使用 modem 和公共电话网络来实现数据交互操作的方法。PTP 适用 modem 协议(V.32bis 和 V.42),使用 EIA-232 信号标准直连电缆连接	9.6 ~ 56 kbit/s
LonTalk	LonTalk 是由 Echelon 公司开发的专有技术,是仅有的需要专有开发工具和专有芯片来实现的网络类型	32 kbit/s ~ 1.25 Mbit/s

BACnet 提出了一种简化的 4 层体系结构,相当于 OSI 模型中的物理层、数据链路层、网络层和应用层,如图 3.21 所示。

BACnet 协议只规定了设备之间通信的规则,并不涉及实现细节。

图 3.21　BACnet 层次模型

3) BACnet 标准的网络拓扑结构

为了在应用方面具有灵活性,BACnet 协议没有严格的定义网络拓扑结构,BACnet 设备是通过物理连接到4种局域网LAN其中的一种网络上，这些网络可以由路由器进一步互联，在BACnet网络中，定义了如下一些拓扑结构，如图3.22所示。

①物理网段：直接连接一些BACnet设备的一段物理介质。

②网段：多个物理网段通过中继器在物理层连接所形成的网络段。

③网络：多个BACnet网段通过网桥互联而成，每个BACnet都形成一个单一的MAC地址域。

④网际网：将使用不同局域网LAN技术的多个网络使用BACnet路由器互联起来便形成了一个BACnet网际网，在一个BACnet网际网中任意两个节点之间恰好存在一条报文通路。

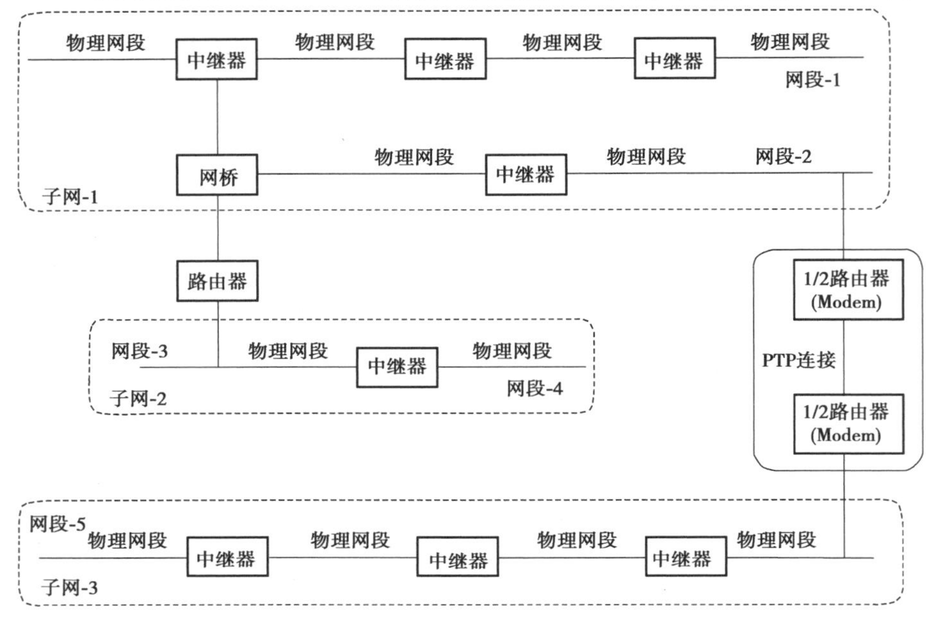

图3.22　BACnet的网络组网结构

BACnet在物理介质上，支持双绞线、同轴电缆和光缆；在拓扑结构上，支持星形和总线拓扑。

4）BACnet通信协议设备表示模型

（1）对象（object）和属性（property）

BACnet用具有属性的标准对象表示建设设备（输入输出、控制回路等）和控制过程有关的逻辑实体（数据文件、应用程序等）的功能，提供了一种标准的表示方法，说明建筑设备的自动控制方式。这种表示方法，在整个控制网络中具有唯一性，可以利用BACnet通信网络提供的机制进行访问，是所有设备都能理解的“公共语言”，利用设备属性来实现操作。

BACnet把系统中的每个物理点和软件点都定义为一个“对象”，每个对象都有与之相关的属性，如当前值、描述、状态、单位等。属性有必选和可选两类。对象是在设备之间传输的一组数据结构，数据结构中的信息就是属性。设备可以从数据结构中读取信息，也可以向数据结构中写入信息。这就是访问对象的操作—服务。功能较多的设备，有较多的属性。选择用哪一种对象来表示一台BACnet设备，取决于这台设备的功能。

BACnet定义了18个标准对象模型和123种属性，见表3.8。

表3.8 BACnet定义的18个标准对象及其应用实例

对象名称	应用实例
模拟输入(Analog Input)	传感器输入
模拟输出(Analog Output)	控制信号输出
模拟值(Analog Value)	设定点或其他模拟控制系统参数
数字输入(Binary Input)	开关输入
数字输出(Binary Output)	继电器输出
数字值(Binary Value)	数字控制系统参数
时序表(Calendar)	按事件执行程序定义的日期列表
命令(Command)	为完成诸如日期设置等特定操作而向多个设备的多个对象写多个变量
设备(Device)	其属性表示设备支持的对象和服务以及设备商和固定版本
事件登记(Event Enrollment)	描述可能处于错误状态的事件(如“输入超出范围”),或者其他设备需要报警。该对象可直接通知一个设备,也可用一个通知类(Notification Class)对象通知多个设备
文件(File)	设备支持的可读写数据文件
组(Group)	提供在一个读单一操作下,访问多个对象的多个属性
控制环(Loop)	提供标准化地访问一个闭环控制回路
多态输入(Multi-state Input)	表述一个多状态过程的状态,如冰箱的开、关和除霜周期
多态输出(Multi-state Output)	表述一个多状态过程的期望状态,如冰箱的开始冷却时间、开始除霜时间等
通知类(Notification Class)	包含一个设备列表。如果一个事件登记对象确定有一个警告或报警报文需要发送,那么将送给列表中的设备
程序(Program)	允许设备中的一个程序开始、停止、装载、卸载,以及报告程序当前状态等
时间表(Schedule)	定义一个操作时间表。通过对指定对象表中的对象写入相应的内容实现,可以设定例外情况,如假期等。可以使用日历表对象设定例外情况

BACnet对象的属性是描述BACnet对象的方法,每一个BACnet对象用一组属性来定义,实际上,BACnet对象的属性就是它的数据结构。表3.9为模拟输入对象的属性。

表 3.9　模拟输入对象的属性

属性	规范	举例
对象标识符(Object_Identifier)	必需	模拟输入#1(Analog Input #1)
对象名称(Object_Name)	必需	AI 01
对象类型(Object_Type)	必需	模拟输入
当前值(Present_Value)	必需	68.0
描述(Description)	可选	室外空气温度
设备类型(Device_Type)	可选	10 kΩ 热敏电阻
状态标志(Status_Flags)	必需	报警,出错,强制,脱离服务标志
事件状态(Event_State)	必需	正常(加上各种情况报告状态)
可靠性(Reliability)	可选	转变确认,确认无误
脱离服务(Out_of_Service)	必需	否
更新间隔(Update_Interval)	可选	1.00 (s)
单位(Units)	必需	华氏度
最小值(Min_Pres_Value)	可选	-100.0 (最小可靠读数)
最大值(Max_Pres_Value)	可选	+300.0 (最大可靠读数)
分辨率(Resolution)	可选	0.1
COV 增量(COV_Increment)	可选	0.5 (如当前值变化量达到增量值则发出通知)
通知类(Notification_Class)	可选	发送 COV 通知给通知类对象:2
高值极限(High_Limit)	可选	+215.0 正常范围上限
低值极限(Low_Limit)	可选	-45.0 正常范围下限
死区(Deadband)	可选	0.1
极限使能(Limit_Enable)	可选	高值极限报告和低值极限报告使能
事件使能(Event_Enable)	可选	"反常""出错""正常"状态改变报告使能
转变确认(Acked_Transtions)	可选	接收到上述变化的确认标志
通知类型(Notify_Type)	可选	事件或报警

BACnet 对象只由属性所组成,不包含访问和操作属性的方法,BACnet 把对象的方法称为服务。服务就是一个 BACnet 设备可以用来向其他 BACnet 设备请求获得的信息,命令其他设备执行某种操作,或者通知其他设备有某个事件发生的方法。

BACnet 要求每个 BACnet 设备有一个设备对象。设备对象将设备的信息和性能状况传递给网络上的其他设备。一个 BACnet 设备在与其他设备进行控制通信前,它需要先从对方设备的设备对象中获得有关信息。

(2)服务种类

对象和属性提供了通信的共同语言,那么服务则提供了信息传递的手段或方法。通过这些方法，一个BACnet设备可从另一个设备中获取信息，可命令另一个设备执行某动作或向一个或多个设备发布某种事件已发生的通知。如图3.23所示为BACnet设备接收服务请求和进行服务应答的示意图。

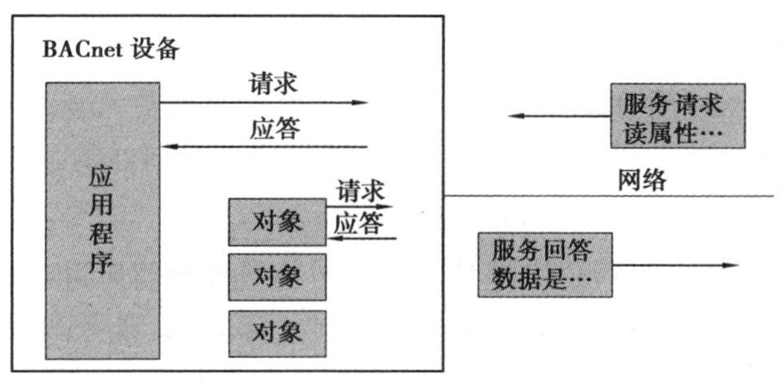

图3.23　BACnet设备接收服务请求和进行服务应答的示意图

BACnet定义了35种服务，划分为6类：报警和事件、文件访问、对象访问、远程设备管理、虚拟终端服务和网络安全。BACnet设备不必实现所有服务功能，只有一个"读属性"服务是所有BACnet设备必备的。根据设备的功能和复杂性，可增加其他服务功能。6类服务类型如下：

①报警和事件服务（Alarm and Event Service）。用于处理BACnet设备监测的条件变化。

②文件访问服务（File Access Service）。提供对文件"读/写"操作的功能，可用于监控程序的远程下载、运行历史数据库的保存等管理功能。

③对象访问服务（Object Access Service）。提供了读出、修改和写入属性的值以及增删对象的功能。这类服务是BACnet标准实现建筑设备监控系统互操作的基础，并且是BACnet建筑设备监控系统运行时最常用的服务。

④远程设备管理服务（Remote Device Management Service）。提供对BACnet设备进行维护和故障检测的工具。

⑤安全服务（Security Service）。BACnet标准的可选服务。

⑥虚拟终端服务（Virtual Terminal Service）。提供了一种实现面向字符的数据双向交换机制。

【知识拓展】

以太网在建筑设备监控系统中的应用

以太网在问世初期，一直作为局域网的主要技术，在办公自动化等系统中发挥着重要作用。由于其具有结构简单、价格低廉、高带宽、标准化程度高、维护方便等突出的优点，近年来得到了快速发展，在很多领域得到了非常广泛的应用，已成为社会上信息通信的主流技术，如Internet广域网和工业以太网的应用。以太网本身的技术也在不断发展，如从共享式发展到交换式，从半双工发展到全双工，带宽的提高使以太网的传输速率从十兆发展到千兆、万兆，整体技术性能有了极大地提高。目前，在建筑智能化系统和建筑设备监控系统中，以太网主要在两个方面起着主要作用：

①在建筑智能化系统和建筑设备监控系统中，作为监控主机和网络控制器（NCU）之间、

监控主机和监控主机之间，以及和外部其他或信息集成系统之间的主要通信网络。

②在建筑设备监控系统中，一些设备厂商开发出采用工业以太网作为通信网络的现场控制器或模块、代替以往的现场总线控制器，直接连接现场仪表和执行机构，对现场参数进行测量和控制。

在建筑设备监控系统中常用的以太网通信方式为采用无屏蔽或屏蔽双绞线，10BaseT 标准，RJ-45 连接器，采用网络交换机或集线器，每级有源设备之间距离不超过 100 m。网络交换机之间可采用光纤通信，以得到更远的传输距离。

在建筑设备监控系统中，采用以太网作为通信网络的现场控制器或模块，近年来发展得较快。在初期阶段，其计算机网络结构多采用 C/S 结构（客户机/服务器结构），近年来，又出现了采用目前流行的计算机广域网技术所开发的建筑设备监控系统，其计算机网络结构采用了 B/S 结构（浏览器/服务器），支持多重体系结构和远程访问维护，网络通信功能更加强大，使用更加灵活，但对其可靠性尚待长期运行考验。

当被控的建筑设备数量较多时，传统的总线式建筑设备监控系统难以满足其对速度、容量等技术的要求，采用以太网结构有诸多优点：

①建筑设备监控系统可直接使用建筑物内的综合布线系统，从而简化建筑设备监控系统的网络结构，降低成本，没有传输距离的限制，系统无容量限制，方便后期的系统扩展。所有一对一的空调 DDC 与 DDC 之间、DDC 与中央站之间均采用 Peer to Peer（对等网络）通信方式，不采用主/从（Master/Slave）式通信方式。

②以太网网络结构不仅可以简化网络结构，减少布线工作量，以太网具有传输速率较高的优势，而且能提高 DDC 之间的通信速率。接入网络中的现场控制器 DDC 都能分配到一个真实有效的 IP 地址，这样的现场控制器 DDC 又可称为 IP DDC 控制器或者以太网 DDC 控制器，它相当于每个 RS-485 网络的 DDC 控制器都内置了一个 NCU 网络控制器。

③网络结构形式的以太网采用基于 TCP/IP 协议，除了中央站以外，现场控制器 DDC 也采用 TCP/IP 协议，从而使建筑设备监控系统能够更加顺畅地与 Internet 连接，具有优良的远程监控功能。

④建筑设备监控系统不再需要引入网络控制器作为中央管理工作站和现场控制器 DDC 之间的桥梁，中央管理工作站、现场控制器 DDC 通过具有 RJ- 45 接口的非屏蔽双绞线电缆直接接入以太网交换机中，但是，传感器和执行器仍然与控制器 DDC 直接相连，与基于现场总线的建筑设备监控系统相同。

以太网网络结构解决了多种现场总线技术与标准并存，彼此之间不能互相兼容的问题，有利于建筑设备监控系统的标准化和通用化。

【任务实施】

结合本项目工程案例，在任务 3.2 的基础上，对比分析楼宇中常用的现场总线的种类、系统网络构架、系统规模、传输距离、传输介质、传输速率各有何不同，各自适用于哪些应用系统，请列表说明（表 3.10 仅供参考）。

表3.10　现场总线的认知与组网

工程名称			建筑物类型		产品厂家	
总线类型	支持网络拓扑结构	支持传输介质传输	输线缆根数	传输距离	传输速率	应用场合
CAN 总线						
Modbus 总线						
EIB/KNX 总线						
LonWorks 总线						
BACnet 协议						
……						

【任务知识导图】

任务3.3知识导图,如图3.24所示。

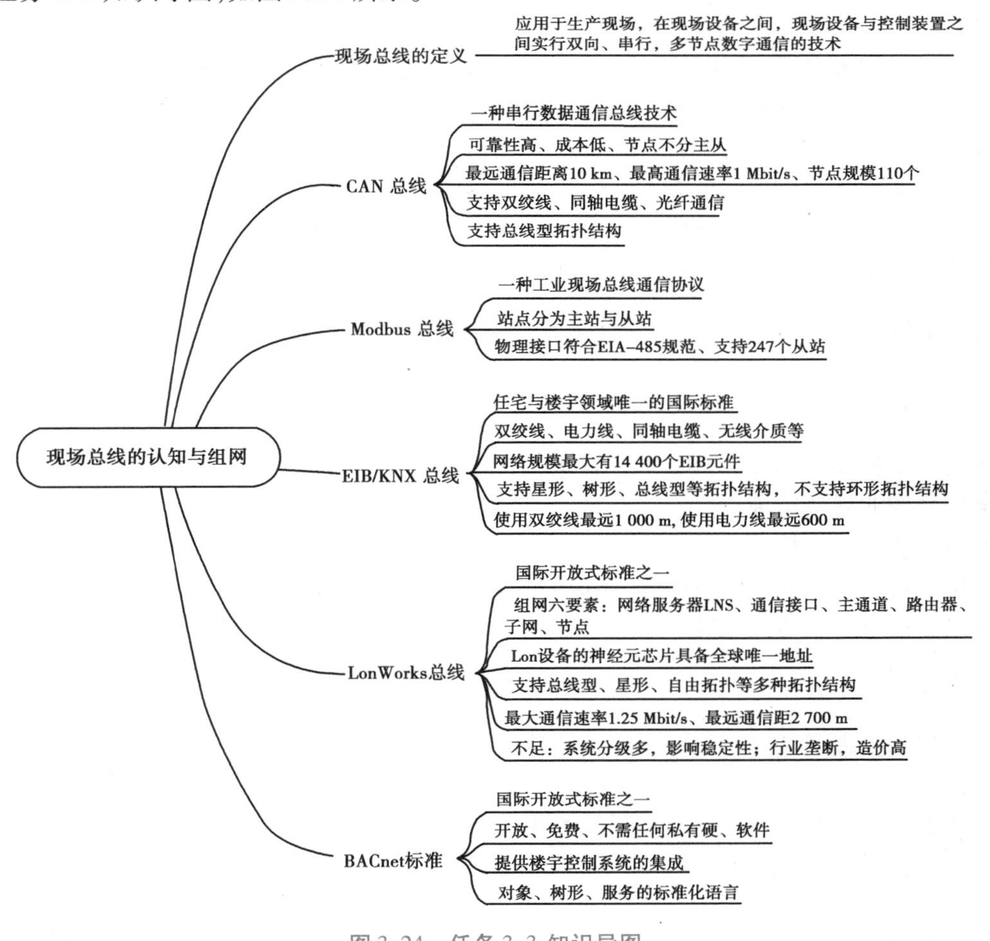

图3.24　任务3.3知识导图

项目4 建筑设备监控系统的设计与配置

【学习导航】

中华人民共和国行业标准《建筑设备监控系统工程技术规范》(JGJ/T 334—2014)提出，建筑设备监控系统为做到技术先进、经济合理、安全适用、稳定可靠，有利于公众健康、设备安全和建筑节能，监控范围宜包括供暖通风与空气调节、给水排水、供配电、照明、电梯和自动扶梯等设备。

本项目根据国家、行业相关标准，结合相关图集，利用典型楼控产品，以6个不同工程实例为任务载体，完成案例中各监控子系统的设计、选型、配置、调试等任务，从而全面熟悉并掌握建筑设备监控系统的设计与配置。

【学习载体】

某建筑物全套给排水、暖通空调、供配电与照明系统工程图纸。

【学习目标】

素质目标

◆培养工程环保、节能意识、安全意识、工程思维；
◆培养职业规范精神；
◆培养团队协作精神；
◆培养可持续发展的分析问题、解决问题、研究探索能力；
◆培养信息采集与处理能力。

能力目标

◆能根据工程图纸、规范，运用相关品牌产品，完成建筑设备监控系统的设计、选型、调试与配置；
◆能识别并绘制建筑设备监控系统的相关图纸。

知识目标

◆掌握建筑设备监控各子系统的监控功能；

◆掌握建筑设备监控各子系统的监控原理；

◆熟悉建筑设备监控系统的新技术、新设备和新知识。

任务 4.1　建筑设备监控系统图形图例识读

【任务描述】

图 4.1 为《建筑设备管理系统设计与安装图集》(19X201)中的给水系统监控原理图，请识别图中的图形、图例、符号各代表的含义。

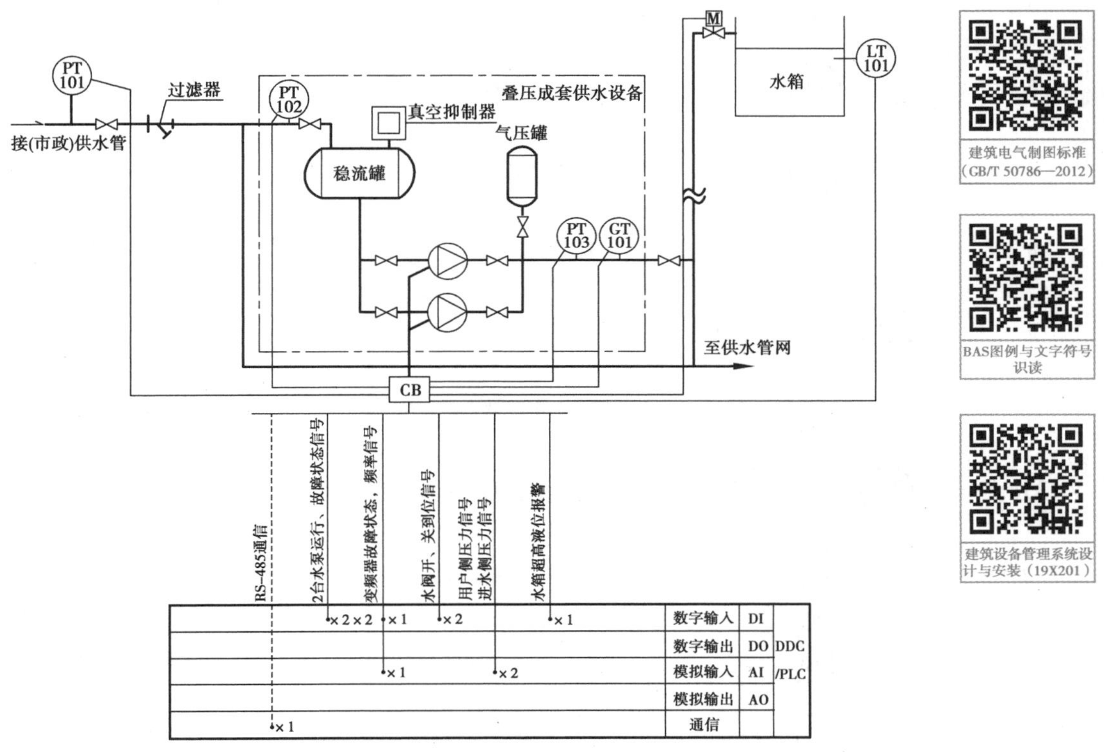

图 4.1　给水、中水叠压供水系统控制接线图

【知识点】

4.1.1　常用图形、图例与文字符号

常用图形、图例与文字符号分别见表 4.1、图 4.2。

表 4.1　常用图形、图例与文字符号

序号	符号	名称	符号来源
1	CB*	自带控制箱（＊为箱序号）	GB/T 50786—2012
2	PB	动力配电箱	GB/T 50786—2012
3	AL*	照明配电箱（＊为箱序号）	GB/T 50786—2012
4	GE *	流量测量单元（＊为位号）	GB/T 50786—2012
5	GT *	流量变送器（＊为位号）	GB/T 50786—2012
6	LT *	液位变送器（＊为位号）	GB/T 50786—2012
7	PT *	压力变送器（＊为位号）	GB/T 50786—2012
8	TT *	温度变送器（＊为位号）	GB/T 50786—2012
9	MT * ｜ HT *	湿度变送器（＊为位号）	GB/T 50786—2012
10	GP *	位置变送器（＊为位号）	GB/T 50786—2012
11	PDT * ｜ ΔPT *	压差变送器（＊为位号）	GB/T 50786—2012
12	HM	热能表	GB/T 50786—2012
13	WM	水表	GB/T 50786—2012
14	T	温度传感器	GB/T 50786—2012
15	M ｜ H	湿度传感器	GB/T 50786—2012
16	PD ｜ ΔP	压差传感器	GB/T 50786—2012
17	ST *	速率变送器（＊为位号）	GB/T 50786—2012
18	IT *	电流变送器（＊为位号）	GB/T 50786—2012
19	UT *	电压变送器（＊为位号）	GB/T 50786—2012

续表

序号	符号	名称	符号来源
20		电磁阀	GB/T 50786—2012
21		电动阀	GB/T 50786—2012
22	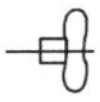	轴流风机	GB/T 50114—2010
23	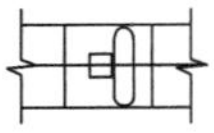	轴(混)流式管道风机	GB/T 50114—2010
24	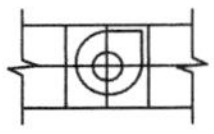	离心式管道风机	GB/T 50114—2010
25	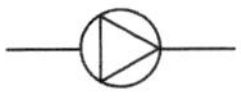	水泵	GB/T 50114—2010
26	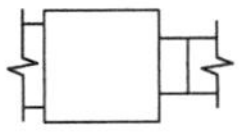	变风量末端	GB/T 50114—2010
27		空调机组加热盘管	GB/T 50114—2010
28		空调机组表冷盘管	GB/T 50114—2010
29		空调机组加热、表冷盘管	GB/T 50114—2010
30	 粗效：　中效：　高效：	空气过滤器	GB/T 50114—2010
31	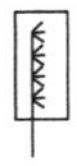	加湿器	GB/T 50114—2010
32		电加热器	GB/T 50114—2010
33	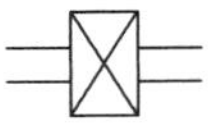	板式换热器	GB/T 50114—2010
34	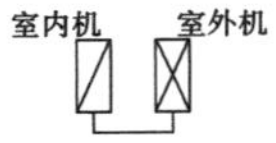 室内机　室外机	分体式空调器	GB/T 50114—2010
35	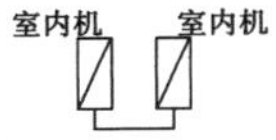 室内机　室内机	多联机	GB/T 50114—2010
36	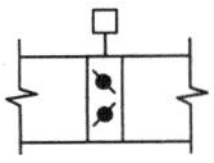	电动对开多叶(双位)风阀	GB/T 50114—2010

续表

序号	符号	名称	符号来源
37	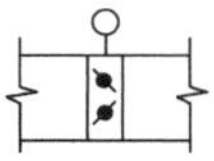	电动对开多叶(调节)风阀	GB/T 50114—2010
38	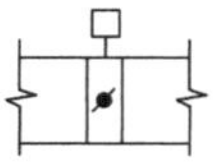	电动(双位)碟阀	GB/T 50114—2010
39	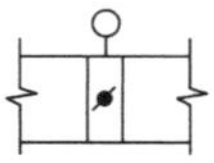	电动(调节)碟阀	GB/T 50114—2010
40	F	水流开关	GB/T 50114—2010
41	ET *	电能变送器	GB/T 50114—2010
42	DI	数字输入量	GB/T 50114—2010
43	DO	数字输出量	GB/T 50114—2010
44	AI	模拟输入量	GB/T 50114—2010
45	AO	模拟输出量	GB/T 50114—2010
46	BAC	建筑自动化控制器	GB/T 4728.2—2018
47	DDC	直接数字控制器	GB/T 4728.2—2018
48	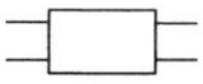	冷水机组	
49		冷却塔	
50		一般检测点	
51	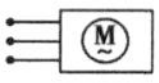 M	诱导风机	
52	CO	CO 变送器	
53	CO_2	CO_2 变送器	
54	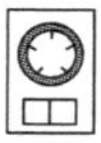	室内温控器带三速开关	
55	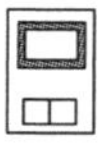	液晶面板室内温控器	
56		除图中标注外表示电源线路	
57		除图中标注外表示通信或控制线路	
58		除图中标注外表示网络线	

符号来源	图形符号	说明
		风机
		水泵
GB/T 50114—2010		空气过滤器
GB/T 50114—2010	S	空气加热,冷却器　S = + 为加热, - 为冷却
GB/T 50114—2010		风门
GB/T 50114—2010		加湿器
		水冷机组
		冷却塔
		热交换器
		电气配电,照明箱

(a)常用工艺设备图形符号

图形符号	说明	图形符号	说明
数字编号 XX XX 数字编号	就地安装仪表	M	电动二通阀
数字编号 XX XX 数字编号	盘面安装仪表	M	电动三通阀
数字编号 XX XX 数字编号	盘内安装仪表	M	电磁阀
数字编号 XX XX 数字编号	管道嵌装仪表	M	电动蝶阀
	仪表盘,DDC 站	M	电动风门
	热电偶	200×80	电缆桥架(宽×高)
	热电阻	2010	电缆及编号
	湿度传感器		
	节流孔板		
	一般检测点		

(b)BAS 常用图形符号

字母	第一位		后继
	被测变量	修饰词(小写)	功能
A	分析		报警
C			控制,调节
D		差	
E	电压		检测元件
F	流量		
H	手动		
I	电流		指示
J	功率	扫描	
K	时间或时间程序		操作
L	物位		灯
M	湿度		
N	热量		
P	压力或真空		
Q			积分,累积
R			记录或打印
S	速度或频率		开关或联锁
T	温度		传送
U	多变量		多功能
V			阀,风门,百叶窗
W	重量或力		运算,转换单元,伺放
Y			
Z	位置		驱动,执行器

(c)BAS 常用文字符号

图 4.2 常用图形、图例与文字符号

4.1.2 建筑设备监控对象的分布

在智能建筑诸系统中,建筑设备监控系统的设计和施工往往被认为是最复杂的。建筑设备监控系统的复杂性并不完全取决于控制系统或通信网络系统本身,而更是由其监控对象的多样性造成的。

建筑设备监控系统不同于消防或安保系统,消防与安保系统监控的都是建筑物的空间环境,因此,设计与施工只需了解建筑物的平面布置、功能用途及安全等级。而建筑设备监控系统的监控对象是建筑物中种类繁多、控制要求各异的机电设备,建筑设备监控系统的设计和施工必须按照各机电设备的控制工艺要求进行。建筑设备监控系统的被控对象往往分散在大楼的各个角落,在对它们实施监控任务前,首先要了解他们在大楼的具体位置,为后续系统施工提供敷设距离及线缆选择的依据。

BAS监控对象的分布

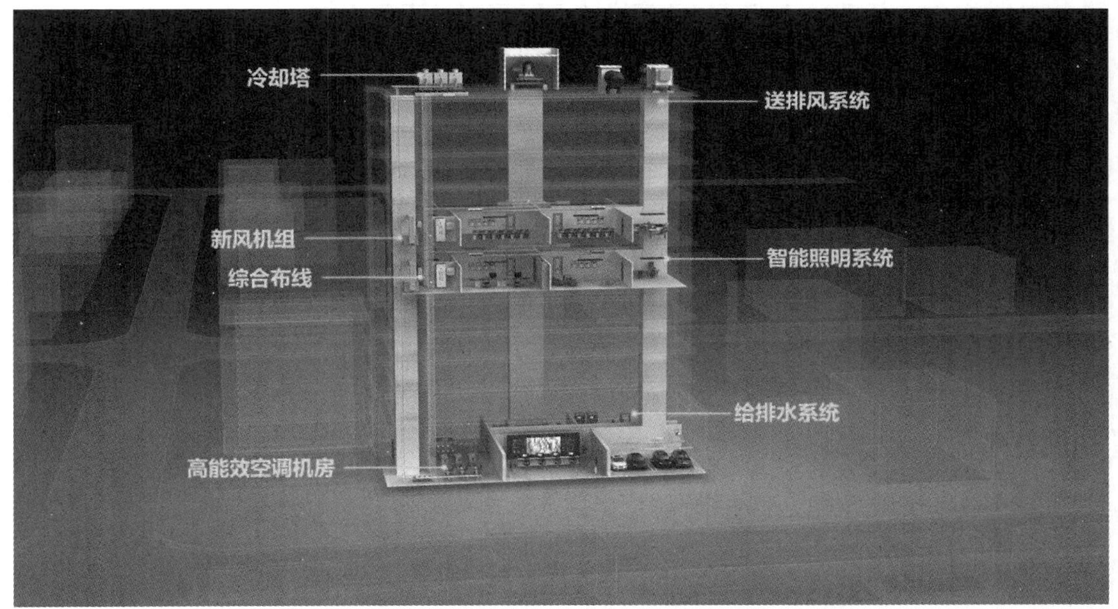

图4.3　建筑物机电设备分布图

图4.3以一栋地上31层、地下2层的建筑物为例,表示了这些机电设备在建筑物中的基本分布。冷热源中的锅炉、冷水机组及相关泵类设备一般位于建筑物的最底层,冷却塔在裙房屋顶,热泵机组为了便于风冷散热,一般位于屋顶设备层;空调设备分布在人员密集的裙房及标准层,设备层和地下层主要依靠送排风进行换气;给排水系统包括地下一层的生活水池、相关泵类和位于屋顶设备层的屋顶水箱;建筑设备监控系统一般仅对裙房及标准层的照明系统以及泛光等进行监控,而不考虑设备层的照明;建筑物变配电设备一般位于地下一层;电梯机房位于屋顶设备层。

【任务实施】

此给水、中水叠压供水系统控制接线图，对照标准及图集，图中的图例表达的含义如图4.4所示（供参考）。

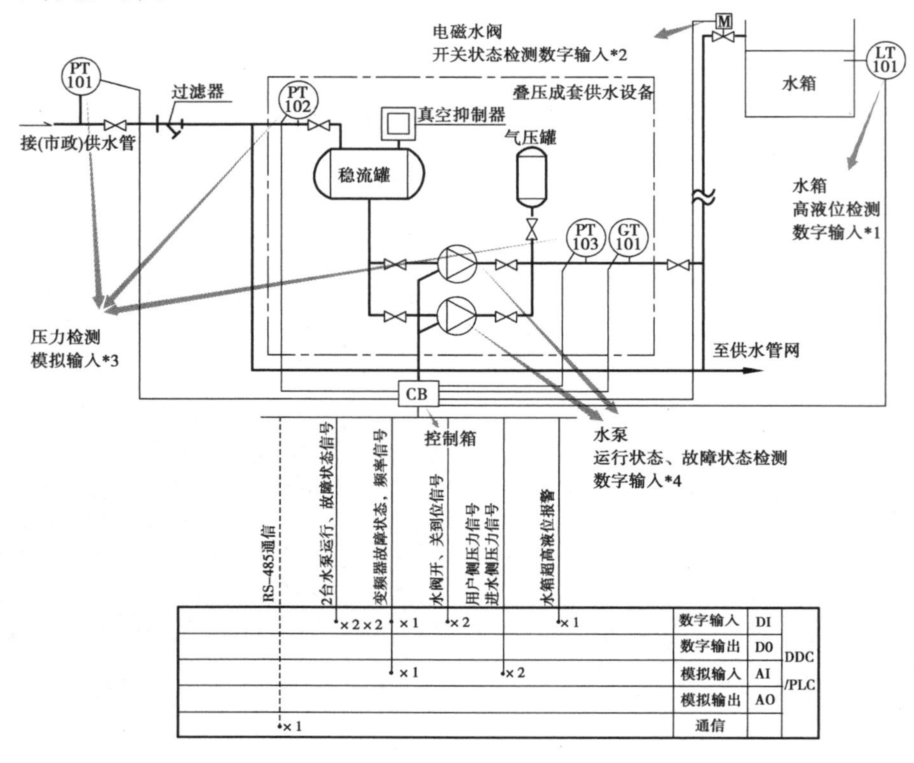

图4.4 给水、中水叠压供水系统控制接线图图形图例的含义

【拓展任务】

完成图4.5空调系统监控的图形图例识读。

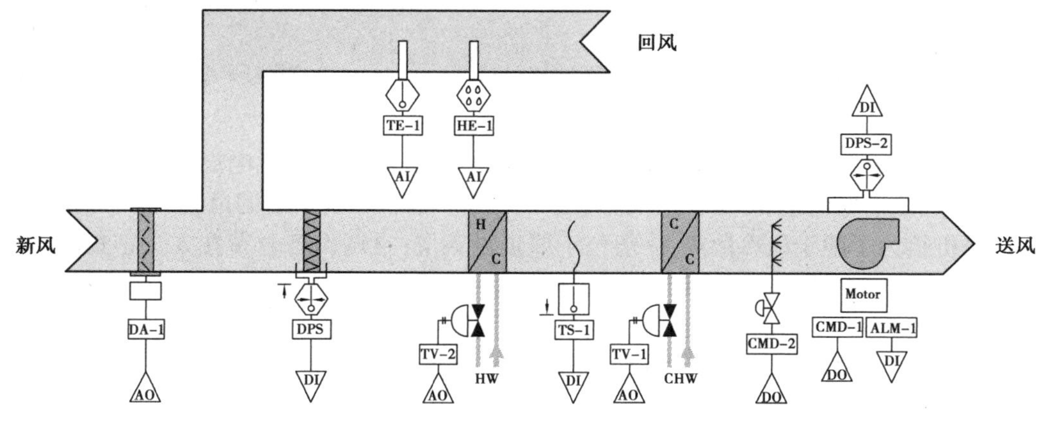

图4.5 空调机组的监控原理图

任务4.2　给排水子系统的监控

【任务描述】

①6人为一组，组内每人分别完成6个不同工程项目的给排水系统的监控任务（包括大厦、商务中心、医院、酒店等项目），每个小组可选用一个厂家的控制器进行设计，不同小组，选择控制器厂家的型号也不同，搜索厂家控制器及现场设备资料完成设计任务。

②每人需完成的CAD图纸绘制：给排水系统的监控原理图、楼层监控点位分布图及管线路由图（即平面图）、监控系统图。

③需完成的表格编制：给排水系统BA点数表、产品选型表（包括传感器、控制器、执行器等选型）、DDC配置一览表。

④需详细描述本给排水系统的控制功能，搭建硬件监控系统，并能利用DDC配置软件与上位机组态软件（如LonMaker/CCT、力控[illegible]其硬件点及软件点，实现其监控功能的编制。

重庆华林天美印务有限公司
产品合格证
检验工号:21

【知识点】

4.2.1　系统监控要求及描述方法

中华人民共和国行业标准《建筑设备[illegible]术规范》（JGJ/T 334—2014）于2014年11月1日批准实施，该标准中，监控系统对被监控设备实现的主要功能概括为以下5项：

(1)监测功能

监测功能是指对环境参数和设备状态等物理量进行策略，并根据需要在人机界面上显示出来，其目的是随时向操作人员提供设备运行、室外环境和室内控制参数等的情况。这是一项基本功能，也是后续四项功能的基础。为分析监控效果和优化运行，监测的参数都应进行记录，记录数据包括参数本身和时间标签两部分，记录数据在数据库中的保存时间不应小于1年，并可导出到其他存储介质上。

(2)安全保护功能

对于涉及设备本身故障和对设备运行可能造成的安全隐患项目，监控系统需发出警报并同时执行停止本设备及相关联设备的动作；根据使用需要，可以在现场或监控机房发出声、光等警示，在人机界面、操作员手机和电子邮箱等处收到信息。对于运行参数超限等情况，监控系统也需发出警报，但不一定要求进行设备启停等操作。实现报警和安全保护也是必备的基本功能。报警参数和响应动作等信息也应进行记录。

(3)远程控制功能

远程控制功能是指根据操作人员通过人机界面发出的指令改变被监控设备的状态。实际工程中一般在被监控设备附近的电气控制箱（柜）上设置“手动/自动”转换开关及就地手动控制装置。为保障检修人员的安全，在“手动/自动”转换开关为“手动”状态时，设备的远程控制指令无效。因此，被监控设备的“手动/自动”转换开关和“开/关”状态都是监控系统的监测内容;特别是前者更是实现远程控制功能的重要条件和安全保障。为保障设备运行管理的安全性和可追溯性,对于通过人机界面的人员身份信息(ID)和具体的操作指令,均需进行记录,并具有相关保存时长等要求。

(4)自动启停功能

一种是设备启停和工况转换时相关设备的顺序启停控制或执行器状态的改变;另一种是根据使用时间表进行设备的定时运行控制。相对于“自动调节”功能而言,配置硬件的 CPU 要求较低、软件编程简单,易于实现。

(5)自动调节功能

自动调节功能是指在选定的运行工况下,根据控制算法实时调整被监控系统的状态,使得被监控参数达到设定值要求。该功能需要根据控制算法预先编制好软件程序,对硬件配置和软件编程均有较高的技术要求。设定工况和调节目标后,就可根据预定的算法自动进行设备调节,无须人员干预,管理方便并可大大节约人力成本;如能采用优化的控制算法则有助于运行节能,这是建筑设备监控系统的核心功能。

这五大功能是按照从基础到高级逐步升级的顺序划分的,监测和安全保护功能是监控系统必备的功能,也是实现远程控制功能的基础和前提;而自动启停功能和自动调节功能要以实现远程控制功能为前提。监控系统的功能需要根据被监控设备种类和实际项目需求进行确定,即根据使用需要确定智能化系统的功能实现到哪一个层次:监测、安全保护、远程控制、自动启停、自动调节。实现更多的功能,往往意味着更多的初投资和维护保养费用,需要根据投资及维护保养预算,以及实现这些功能所带来的收益,通过技术经济比较来综合确定。

4.2.2 给排水系统监控要求

监控系统对给水设备的监控功能应符合下列规定:

(1)应能监测下列内容

建筑设备监控系统工程技术规范（JGJ/T 334—2014）

①水泵的启停和故障状态。

②供水管道的压力。

③水箱(水塔)的高、低液位状态。

④水过滤器进出口的压差开关状态。

(2)应能实现下列安全保护功能

①水泵的故障报警功能。

②水箱液位超高和超低的报警与连锁相关设备动作。

(3)应能实现水泵启停的远程控制

(4)应能实现下列自动启停功能

①根据水泵故障报警,自动启动备用泵。

②按时间表启停水泵。

③当采用多路给水泵供水时,应依据相对应的液位设定值控制各供水管的电动阀(或电磁阀)的开关,并应能实现各供水管之电动阀(或电磁阀)与给水泵间的连锁控制功能。

(5)宜实现下列自动调节功能

①设定和修改供水压力。

②根据供水压力,自动调节水泵的台数和转速。

③当设置备用水泵时,能根据要求自动轮换水泵工作。

监控系统对排水设备的监控功能应符合下列规定:

(1)应能监测下列参数

①水泵的启停和故障状态。

②污水池(坑)的高、低和超高液位状态。

(2)应能实现下列安全保护功能

①水泵的故障报警功能。

②污水池(坑)液位超高时发出报警,并连锁启动备用水泵。

(3)应能实现水泵启停的远程控制

(4)应能实现下列自动启停功能

①根据水泵故障报警自动启动备用泵。

②根据高液位自动启动水泵,低液位自动停止水泵。

③按时间表启停水泵。

监控系统应能监测生活热水的温度,宜监控直饮水、雨水、中水等设备的启停。

4.2.3　给水系统的分类

给水系统分类

大厦的给排水分为生产、生活和消防三类用水需要,给水工程就是为了确保这三类给水的实现而采取的技术措施,主要的给水工程如下:

(1)生活给水系统

给水系统实物参观

供应民用建筑、公共建筑和工业建筑中的饮用、烹饪、洗浴及浇灌和冲洗等生活用水。储水量、水压应满足需要外,水质也必须符合国家颁布的生活饮用水水质标准。

(2)生产给水系统

供给生产设备冷却、原料和产品的洗涤以及各类产品制作过程中所需的生产用水。由于工业种类、生产工艺各异,因而对水量、水压及水质的要求也不尽相同。为了节约水量,在技术经济比较合理时,应设置循环或重复利用给水系统。

(3)消防给水系统

建筑物给排水方式

供给层数较多的民用建筑、大型公共建筑及某些生产车间消防系统的消防设备用水。消防用水对水质要求不高,但必须保证其有足够的水量和水压,并应符合国家制订的现行建筑设计防火规范要求(有时消防给水系统与生活给水系统可合用一套系统)。

上述三种给水系统应根据建筑的性质,综合考虑技术、经济和安全条件,按水质、水量及室外给水的情况,组成不同的公用系统,如生活、生产、消防公用给水系统,生活、消防公用给水系统,生活、生产公用给水系统,生产、消防公用给水系统等。

建筑物内部给水系统的给水方式,是根据建筑物的各项因素,如使用功能、技术、经济、社会和环境等方面,采用综合评判的方法进行确定。给水系统的形式有多种,各有优缺点,一般来说,建筑物给水系统的给水方式有以下几种。

(1)直接给水方式

城市给水管网本身具备一定的水量与水压,给水系统直接在室外管网压力下工作,即可满足建筑物在一天的任何时间对水量、水压的需求。直接给水方式如图4.6所示，此种给水方式适合低楼层用户供水，因为不需要额外投入设备保证建筑物供水水压及水量，所以一般不纳入建筑设备监控系统监控范围。

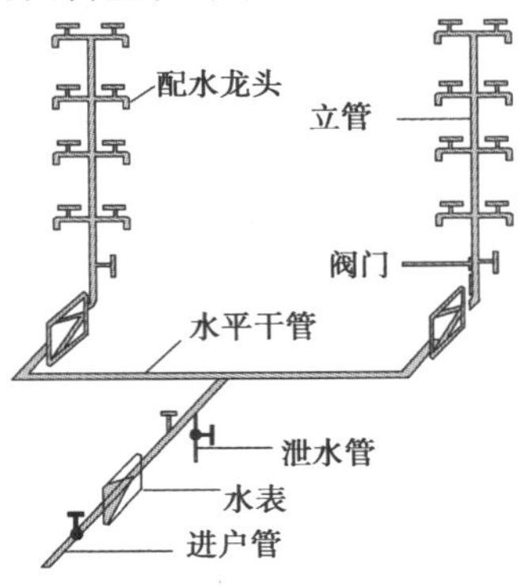

图4.6　直接给水方式

(2)重力给水方式

当建筑物内部给水系统用水量大，室外给水管网水质和水量能满足要求，而水压不满足要求时，可采用水泵和水箱、蓄水池联合的给水方式。水箱设置在楼顶，蓄水池设置在底楼，利用水泵将蓄水池的水送往水箱，而水箱内的水利用自身重力作用给用户侧供水。另外，室内消防设备要求储备一定容积的水量时，也可采用这种方式，如图4.7、图4.8所示。

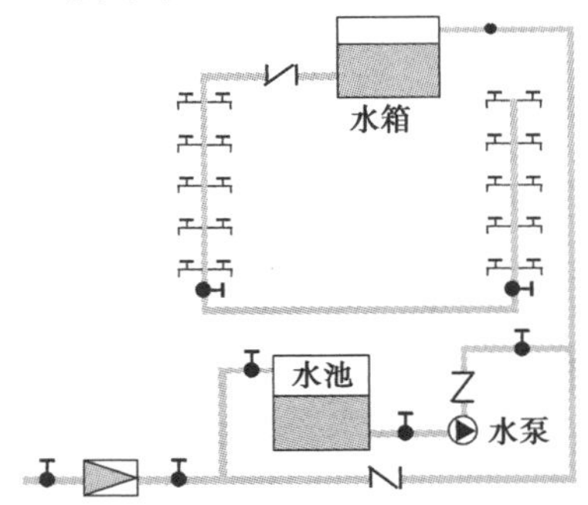

图4.7　重力给水方式

图4.8　蓄水池、水泵、水箱实物图

重力给水系统用水是由水箱直接供应，即为重力供水，供水压力比较稳定，且有水箱储水，供水较为安全。但水箱质量很大，增加建筑的负荷，占用楼层的建筑面积，且有产生噪声振动之弊，对于地震区的供水尤为不利。同时由于水箱的滞水作用，可能会使水质下降，有些水箱封闭不严从而导致水污染的事件时有发生，因此，用水箱重力供水的系统需要定时清洗储水箱。

(3)压力给水方式

考虑到重力给水系统的各种缺点，可考虑压力供水系统。不在楼层中或屋顶上设置水箱，仅在地下室或某些空余之处设置水泵机组、气压水箱等设备，采用压力给水来满足建筑物的供水需要。压力给水可用并联的气压水箱给水系统，也可采用无水箱的几台水泵并联给水系统。

气压供水

①气压给水方式。

气压给水系统是以气压水箱代替高位水箱，而气压水箱可以集中在地下室水泵房内，这样可以避免楼房设置水箱的缺点，如图4.9所示。

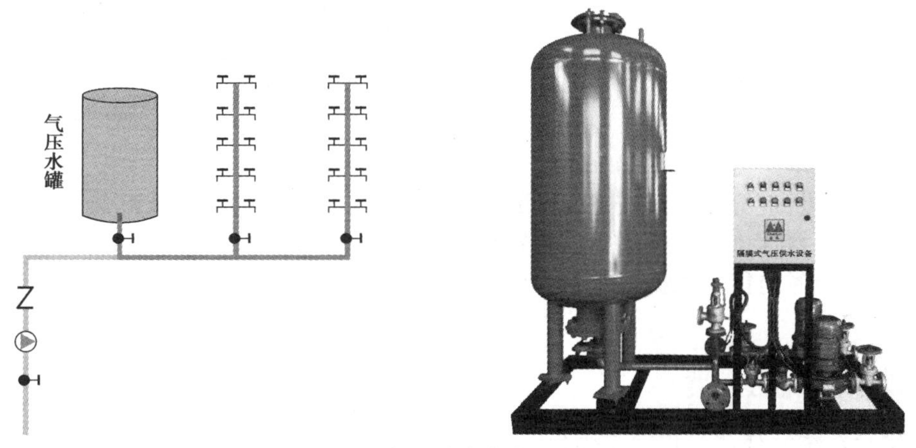

图4.9　气压给水方式及实物图

②恒压给水方式。

恒压供水

气压给水、重力给水均为设有水箱装置的系统。设水箱的优点是预储一定水量，供水直接可靠，尤其对消防系统是必要的。但存在着上述很多缺点，因此，有必要研究无水箱的水泵直接供水系统。水泵直接供水，最简便的方法可采用调速泵供水系统，即根据水泵的出水量与转速成正比关系的特点，调整水泵的转速而满足用水量的变化，同时也可节省动力。

水泵调速可采用变频调速电机，由于用水量的变化而控制电机的转速，从而使水泵的水量得到调节。这种方法设备简单，运行方便，节省动力，如图4.10所示。

无水箱的水泵直接给水系统，最好是用于水量变化不太大的建筑物中，因为水泵必须长时间不停地运行。即便在夜间，用水量很小时，也将消耗动力。而且水泵机组投资较高，需进行技术经济比较后确定。

(4)分区给水方式

城市管网中的水压力一般不能满足整栋建筑物的供水压力要求，除了低的楼层可由城市管网供水外，建筑的其余上部各层均须提升水压供水。由于供水的高度增大，如果采用统一供水系统，显然下部低层的水压将过大，过高的水压对使用设备、维修管理均不利。因此，必须进行合理竖向分区供水。在进行竖向分区时，应考虑低处卫生器具及给水配件处的静水压力，在住宅、旅馆、医院等居住性建筑中，供水压力一般为300～350 kPa；在办公楼等公共建筑可以稍高些,可用350～450 kPa的压力为宜,最大静水压力不得大于600 kPa,在这种情况下,对于管道材料的选用、施工、使用、维护均适宜。

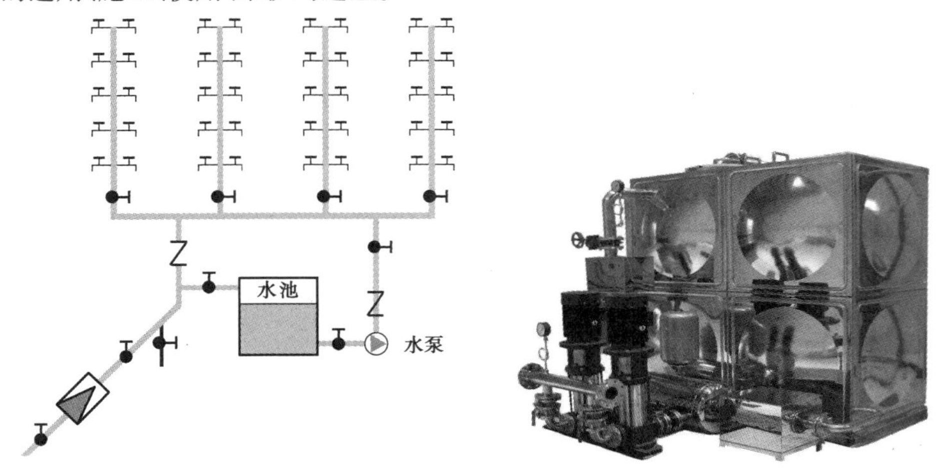

图4.10　恒压给水方式及实物图

为了节省能量,应充分利用室外管网的水压,在最低区可直接采用城市管网供水,并将大用水户如洗衣房、餐厅、理发室、浴室灯布置在低区,以便由城市管网直接供水,充分利用室外管道压力,可以节省电能。根据建筑给水要求、高度、分区压力等情况,进行合理分区,然后布置给水系统。

4.2.4　排水系统的分类

建筑排水系统的任务是将建筑内生活、生产中使用过的水收集并排放到室外的污水管道系统。根据系统接纳的污、废水类型,可分为以下3类:

①生活排水系统:用于排除居住、公共建筑及工厂生活间的盥洗、洗涤和冲洗便器等污、废水。生活排水系统也可进一步分为生活污水排水系统和生活废水排水系统。

②工业废水排水系统:用于排除生产过程中产生的工业废水,由于工业生产门类繁多,所以所排水质较为复杂。工业废水排水系统根据其污染程度又可分为生产污水排水系统和生产废水排水系统。

③雨水排水系统:用于收集排出建筑物上的雨雪水。

【技能点】

4.2.5　重力给水监控系统的设计与配置

自动给水工作过程

1)重力给水监控原理

根据水池(箱)的高/低水位控制水泵的启/停,使水箱储满水。监测给水泵的工作状态和故障,对水池水位进行监测,当高/低水位超限时报警,当使用水泵出现故障时,备用水泵会自动投入工作。循环使用和启用备用泵,联动相应的进出水阀门。还可对水流量等参数进行监测与记录,监视设备的运行状态与故障状态,重力给水系统监控原理框图,如图

4.11 所示。

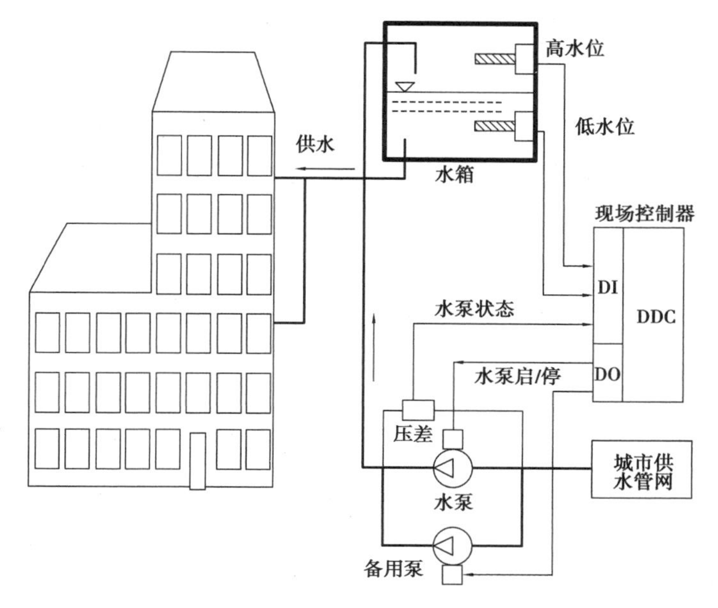

图 4.11　重力给水系统监控原理框图

2)重力给水监控系统的监控对象与功能

智能建筑重力给水监控系统的监控对象一般为(蓄水池)、水泵、高位(屋顶)水箱及管道电动阀。根据《建筑设备监控系统工程技术规范》(JGJ/T 334—2014)对给排水系统的监控要求、结合重力给水原理,重力给水监控系统的监控功能有以下几种:

①蓄水池和高位水箱水位监测及超限报警(可包括低限水位、低水位、高水位、溢流水位的监测)。

②根据蓄水池和高位水箱的水位,自动控制给水泵(可为一用一备、互为备用、两用一备等)的启/停。当蓄水池内有水、高位水箱内水位较低时,联锁启动相应的水泵;直接到水位上升至高液位时联锁停泵。

③监测给水泵运行状态以及发生故障时报警(可包括水泵手动/自动运行状态、当前运行状态、故障状态的监测)。

④水泵的远程启停控制功能。

⑤相关管道电动阀门的联锁控制(如开/关控制)。

3)重力给水监控系统的监控对象与功能

根据监控功能,将相应点位连接至 DDC 相应端口,并根据现场连线距离,确定使用线缆类型及线缆内径,绘制如图 4.12 所示的监控原理图(仅供参考)。

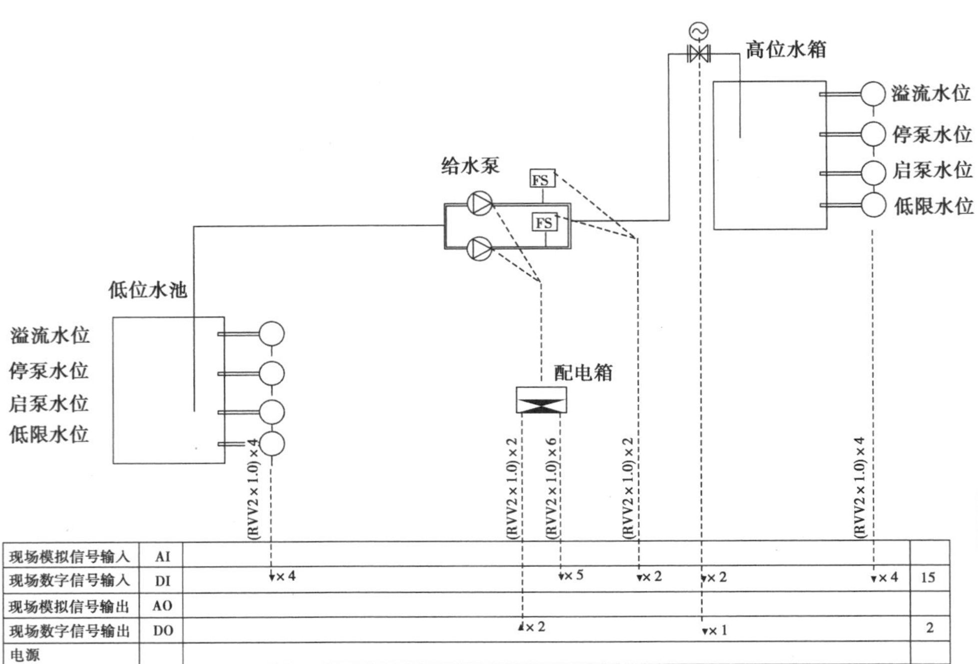

重力给水监控原理图的绘制

图 4.12　重力给水监控系统原理图

4）重力给水监控系统的监控点表

根据监控原理图，绘制相应监控点，见表 4.2（供参考）。

表 4.2　重力给水系统监控点表

监控项目	监控设备	数量	被控设备编号	接口编号	接口位置	描述	数量	输入输出				传感器或执行机构	信号类型	控制器配置
								DI	DO	AI	AO			
重力给水系统	高位水箱	1					1							
	溢流水位			DI1	高位水箱内溢流液位检测开关	H-0L		1				液位开关	无源节点	
	停泵水位			DI2	高位水箱内停泵液位检测开关	H-HL		1				液位开关	无源节点	
	启泵水位			DI3	高位水箱内启泵液位检测开关	H-ML		1				液位开关	无源节点	

续表

监控项目	监控设备	数量	被控设备编号	接口编号	接口位置	描述	数量	输入输出				传感器或执行机构	信号类型	控制器配置
								DI	DO	AI	AO			
	低限水位			DI4	高位水箱内低限液位检测开关	H-LL		1				液位开关	无源节点	
	低位蓄水池						1							
	溢流水位			DI5	蓄水池内溢流液位检测开关	L-0L		1				液位开关	无源节点	
	高水位			DI6	蓄水池内高水位检测开关	L-HL		1				液位开关	无源节点	
	低水位			DI7	蓄水池内低水位检测开关	L-ML		1				液位开关	无源节点	
重力给水系统	低限水位	1		DI8	蓄水池内低限水位检测开关	L-LL		1				液位开关	无源节点	
	给水泵（泵 1、泵 2）						2							
	水泵手自动控制			DI9	给水泵电气控制箱转换开关	PUMP-SW		1					无源节点	
	水泵故障反馈			DI10/DI11	给水泵电气控制箱热继电器辅助触点	PUMP-AW		2					无源节点	
	水泵运行状态反馈				给水泵电气控制箱主接触器辅助触点	PUMP-S		2					无源节点	
	水流状态（水泵运行反馈）			DI12/DI13	水流开关	PUMP-FS		2				水流开关	无源节点	

续表

监控项目	监控设备	数量	被控设备编号	接口编号	接口位置	描述	数量	输入输出				传感器或执行机构	信号类型	控制器配置
								DI	DO	AI	AO			
重力给水系统	水泵启停控制	1		D01/D02	D0 端口经中间继电器至控制箱主接触器回路	PUMP-C			2				继电器输出	
	电磁阀											电磁阀		
	阀门当前状态			DI14				1					无源节点	
	阀门启停控制			D03	D0 端口接至电磁阀（电磁阀如为 220 V，D0 端口需接至中间继电器间接控制）				1				继电器输出	
	小计							16	3					
	合计													

表 4.2 便于后续配置控制器，在工程中，为了方便统计不同类型点位的总量，还常常用另一种格式绘制，见表 4.3。

表 4.3 BAS 监控点表范例

			DI（数字量输入点）							AI（模拟量输入点）													DO（数字量输出点）				AO（模拟量输出点）					
序号	设备	数量	开关状态	故障报警	超温/压报警	过滤网压差	蝶阀状态	送风状态	水/油位高低	送风温度	回风温/湿度	室内 CO_2	室外温/湿度	水/油温度	流量	压力	电流	电压	电度	功率因数	有功功率	频率	风机启停	蝶阀开关	新风阀控制	开关控制	冷热水发控制	调节蝶阀控制	热水加热控制	新风阀控制	回风阀控制	点数小计

5) 监控平面图的绘制

根据被监控设备的位置，确定 DDC 控制箱的位置、数量、监控设备的范围，如图 4. 13 所示。

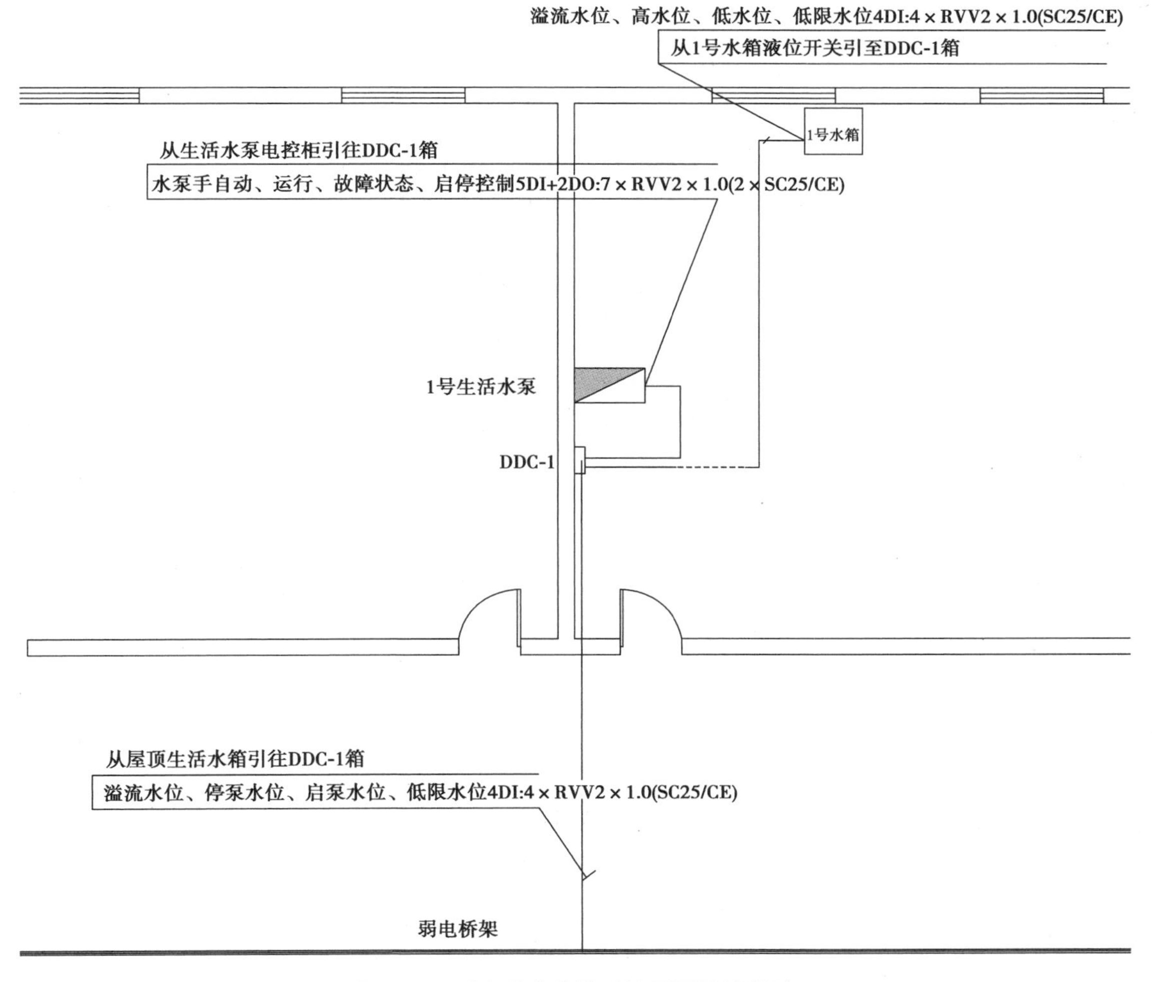

图 4. 13　重力给水监控系统平面图(局部)

6) 设备的安装、接线与调试

根据《自动化仪表工程施工及质量验收规范》(GB 50093—2013)、《智能建筑工程质量检测标准》(JGJ/T 454—2019)、弱电工程施工等规范与要求，重力给水监控系统的安装与接线可参考图 4. 14、图 4. 15。

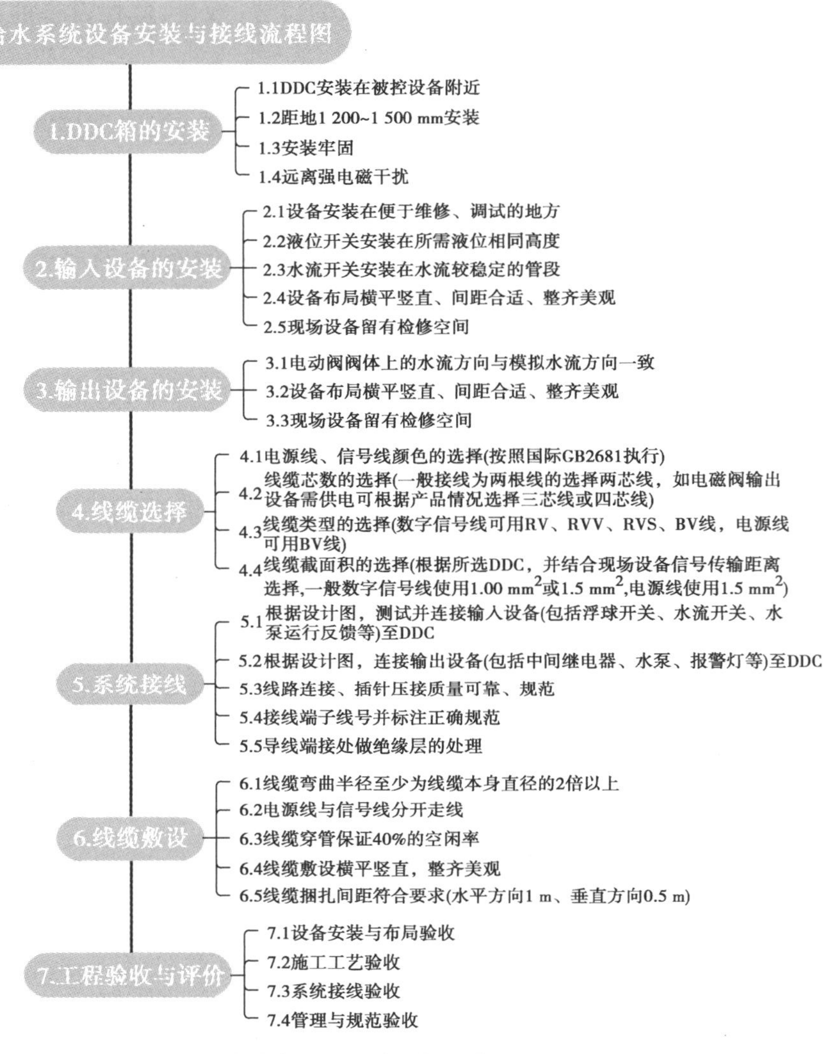

图 4.14　重力给水监控系统设备安装与接线流程图

弱电工程施工技术

给水监控系统设备的选型、定位与安装

西门子传感器安装手册

给水系统硬件搭建操作演示

给水系统硬件调试与验收

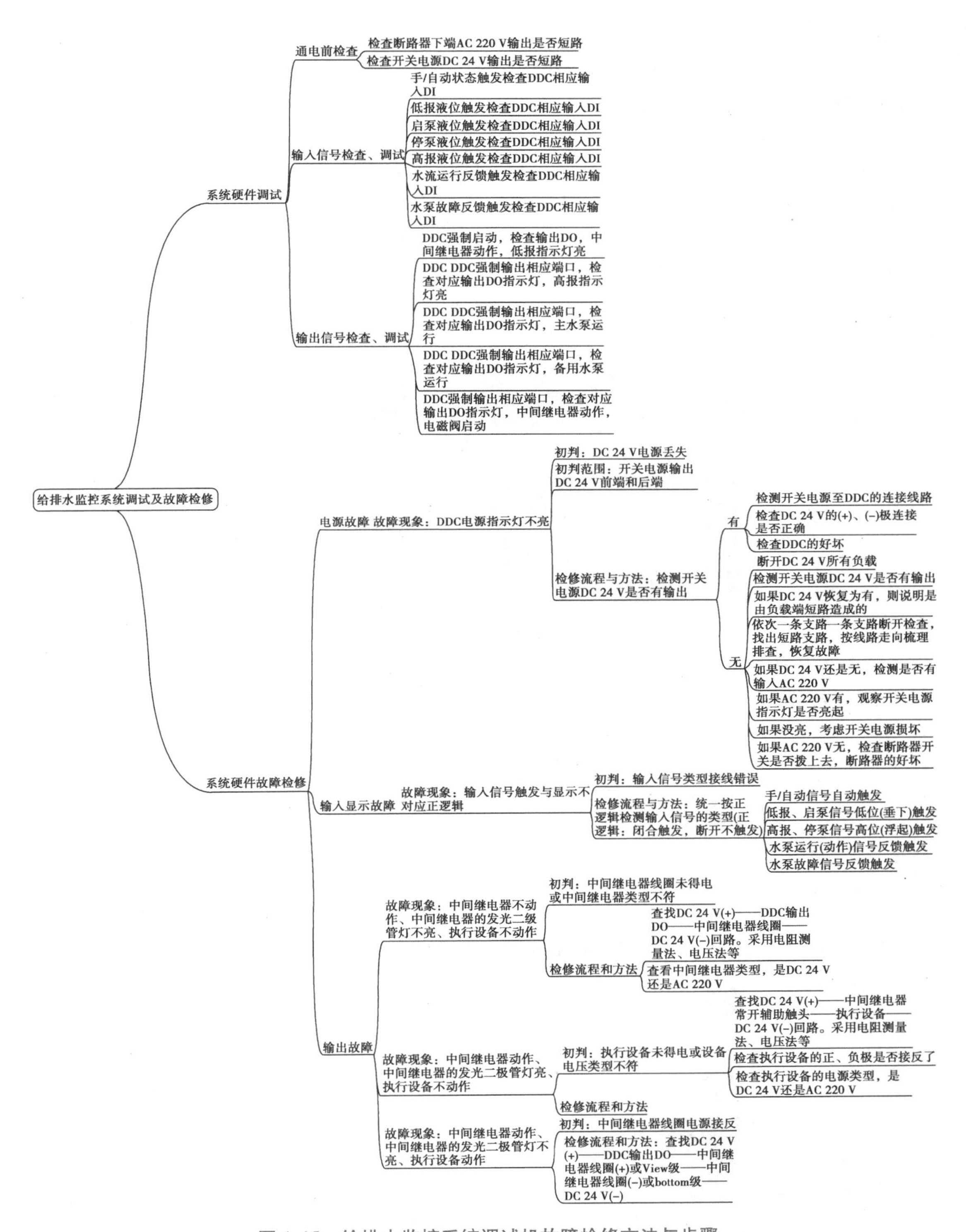

图4.15　给排水监控系统调试机故障检修方法与步骤

7) 系统监控功能的配置

系统完成工程设计、设备安装与接线之后，就可进入 DDC 下位机功能配置阶段了，以江森控制器配置软件 CCT 为例，介绍功能配置步骤如下：

(1) CCT 简介

CCT 是江森用于配置、仿真、试运行 FEC、NCE、IOM、VMA1600 等控制器的编程软件，其中，配置模式用于编程；仿真模式提供在模拟状态下，调整各类参数，以检查控制逻辑的正确与否；试运行模式为通过蓝牙无线转换器(BTCVT)或 Passthru 的方法上/下载程序。CCT 配置软件能对创建于简单系统选择树的标准控制系统逻辑进行定制。在配置、模拟和调试模式中完全一致的用户界面，为加载及调试控制器提供了灵活的连接功能，其软件启动界面如图 4.16 所示。

重力给水系统的控制功能

江森CCT控制回路操作演示

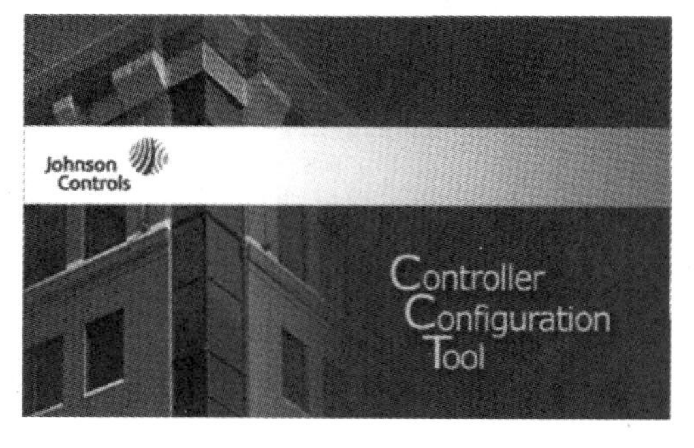

图 4.16　CCT 软件启动界面

力控使用手册

(2) CCT 软件界面环境

CCT 软件界面环境，如图 4.17 所示。

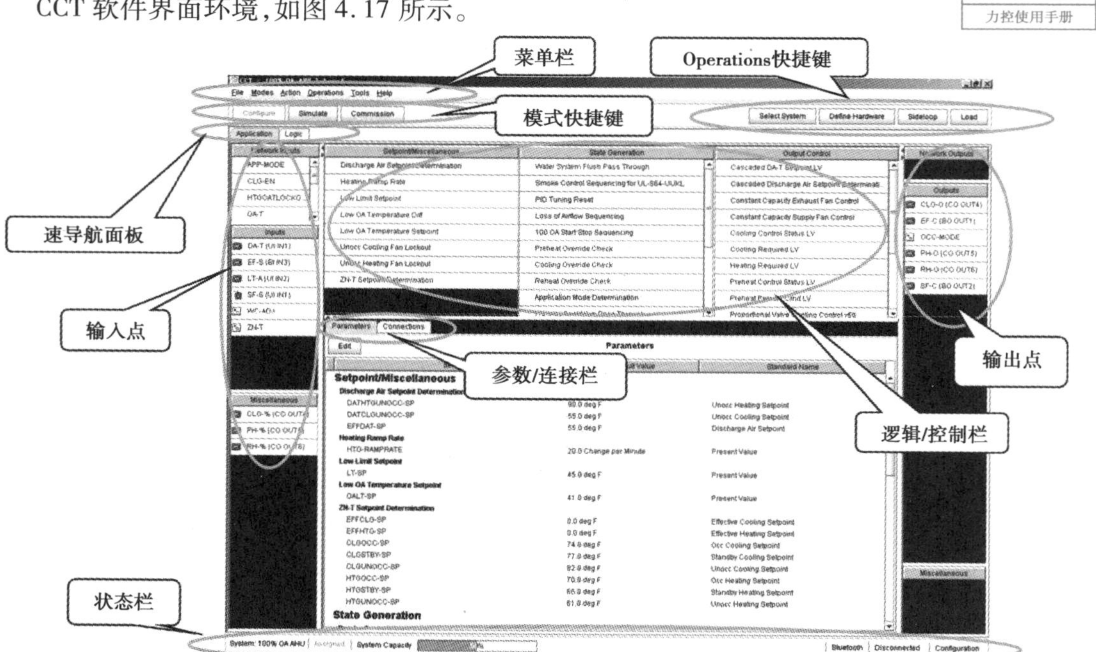

图 4.17　CCT 软件界面环境

(3)新建程序

选择菜单栏中的"File"→"New",输入系统名称"System Name",选择系统类型"System Type"为"Custom Applications",再选择系统单位"System of Units"为公制"Metric",接着选择"OK"→"Next"→"Finish",即可新建程序,如图4.18所示。

图4.18 CCT新建程序界面

(4)添加点位

按照监控点表,依次添加各点位,以DI1溢流液位为例,建点过程如下:

①添加硬件输入点位。

用鼠标右键单击"Inputs"→"New"→"Data Type",选择"Binary"二进制数字量→"Signal"选择为无源干触点信号"Dry Contact Maintained"→"Funttion",选择"Alarm"报警信号→单击"Create"→"OK",即可添加硬件输入点位,如图4.19所示。

图4.19 添加硬件输入点位的步骤

②修改及确认硬件输入点配置。

用鼠标右键单击新建点位"View Details"→"Edit",编辑点位属性在"Details"页面中定义"Name"和"Description",并确认点单位是否正确,选择"Apply"→"Close",即可修改硬件点名称、描述和单位,如图4.20所示。

按照此步骤,依次新建BA点表中的其他输入点,需要注意的是,不同点的单位不同,如非报警液位检测/状态检测一般为off/on、手自动检测可为Hand/off/Auto(需占用2个DI)或off/

Auto(占用 1 个 DI),如图 4.21 所示。

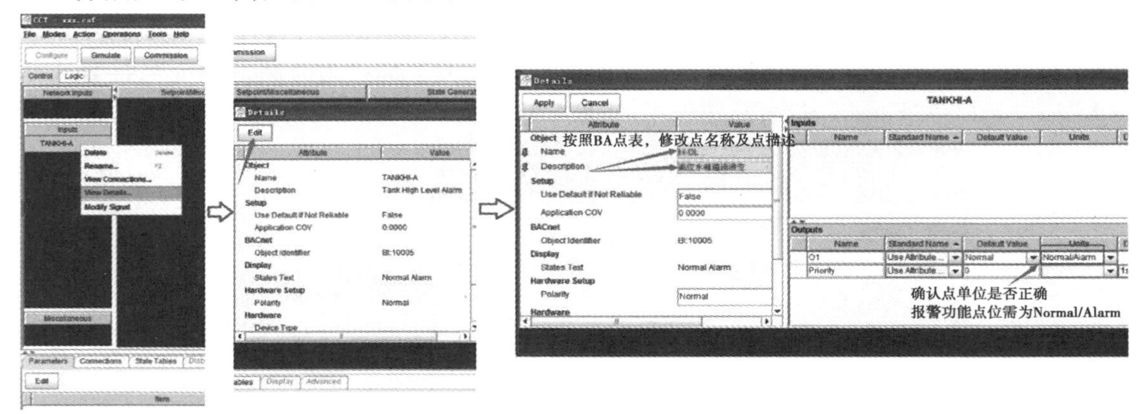

图 4.20　修改硬件点名称、描述和单位

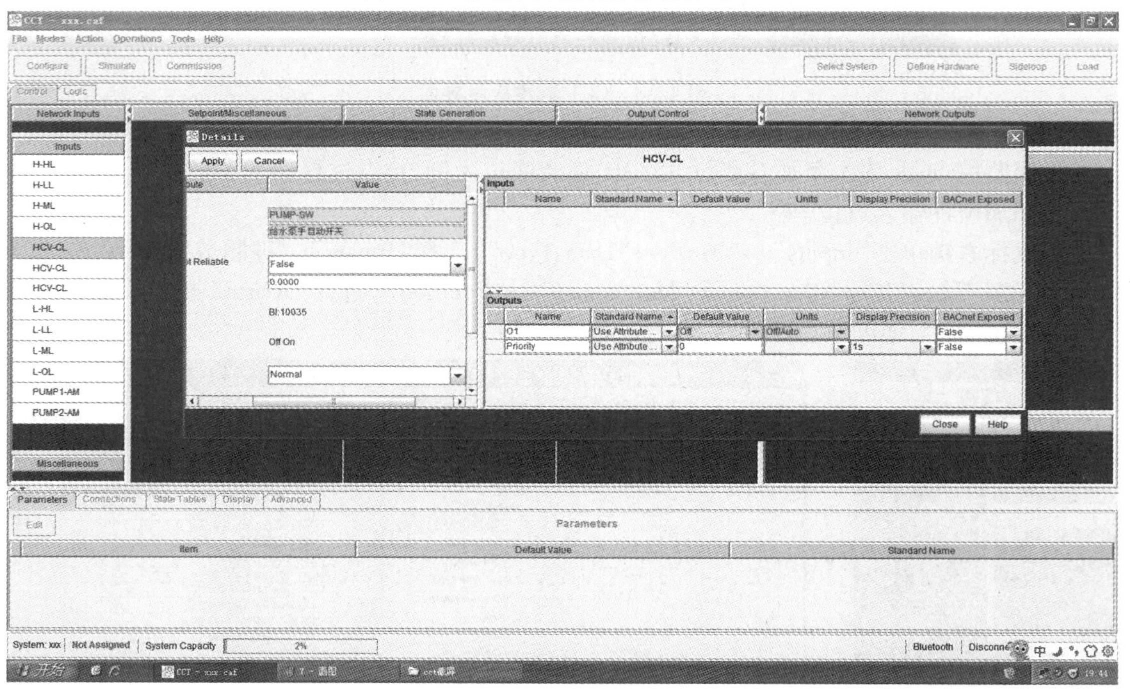

图 4.21　建立并修改其他硬件点及信息

③添加网络/软件输入点位。

如需建立网络/软件输入点位,用鼠标右键单击“Network Inputs”新建即可,建点过程如图 4.22 所示。一般系统启停命令、环境设定温度、设定湿度、设定送风量、设定压力、设定 CO_2 含量、远程控制等可通过监控端进行设定及修改的点为软件输入点。

④添加、修改硬件输出点位。

用鼠标右键单击“Outputs”→“New”→“Data Type”,选择为“Binary”二进制数字量→“Signal”选择为“24 V”保持信号:24 V AC Maintained→Funttion 选择为命令:“Command”→单击“Create”→“OK”,建立点位成功后,按照步骤②修改及确认硬件输入点配置步骤,修改相应输出点名称、描述、单位，本系统输出信号为水泵、水阀的开关，其类型基本为命令“Command”，单位基本为“off/on”，如图 4.23 所示。

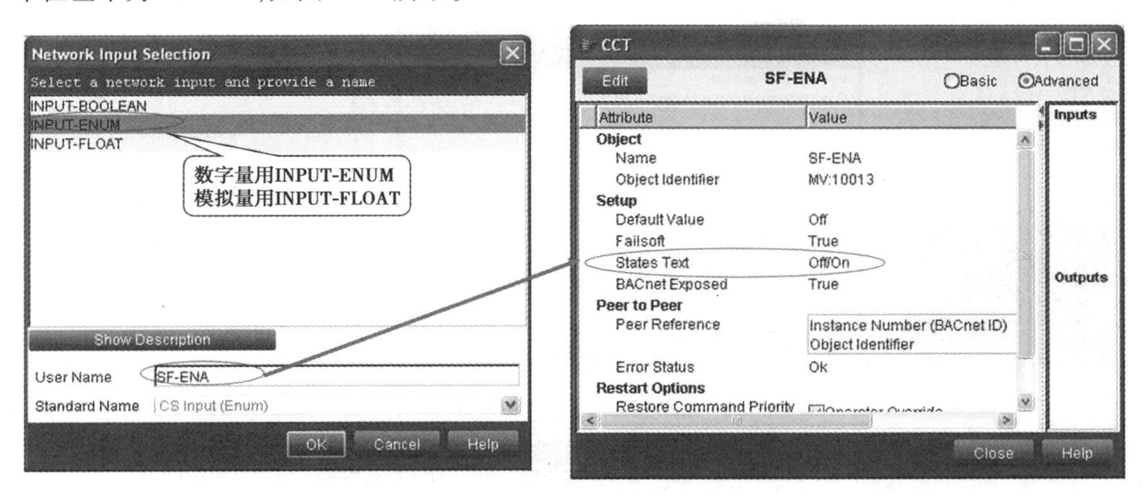

图 4.22　建立并修改软件点及信息

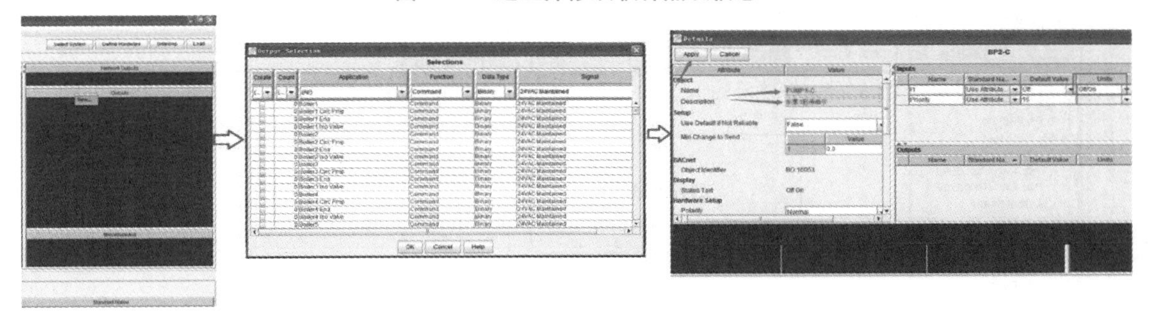

图 4.23　建立、修改硬件输出点及信息

（5）逻辑编程

系统输入、输出点建立好后，需要编制逻辑控制程序，实现系统的相关控制功能。

①建立控制回路。

用鼠标右键单击“Output Control”→“New”，选择“Activity”（也可选择 Hybrid Activity）→“输入控制回路名称”→“OK”，用鼠标右键单击新建的控制回路→“View Logic”进入逻辑配置界面，如图 4.24 所示。

编程界面面板构成如图 4.25 所示。

②建立逻辑控制点。

展开左边逻辑模块选择栏中的“Activity Inputs”，单击“Input（Enum）”，选中拖至编程区域空白处，单击新建的逻辑点“View”→“Details”。单击“Edit”进入点编辑状态，修改点的名称、描述与单位“States Text”，为与前面建立的外部点位具有较好的对应关系，此处点名称可直接用外部点名称命名，其中“States Text”一栏的信息，必须与前面建立的相应点位的单位“Units”保持一致，否则后期会无法关联，如图 4.26 所示。

其他逻辑点建立过程相似，其中，如点类型为开关量，一般选择“Enum”，如点类型为模拟量，一般选择“Float”，如建立输出点，可展开左边逻辑模块选择栏中的“Activity Outputs”文件夹进行选择。在编程区域中,按照信号的传递方向,一般将输入点放置在最左边,输出点放置在最右边。

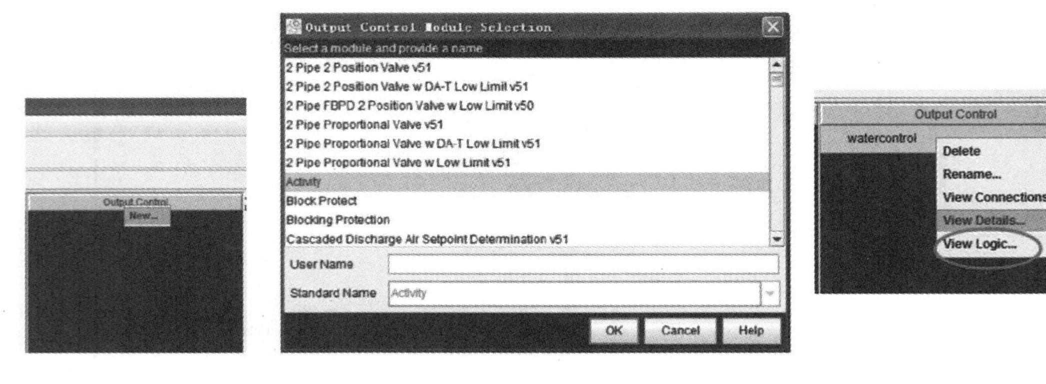

图 4.24　建立控制回路

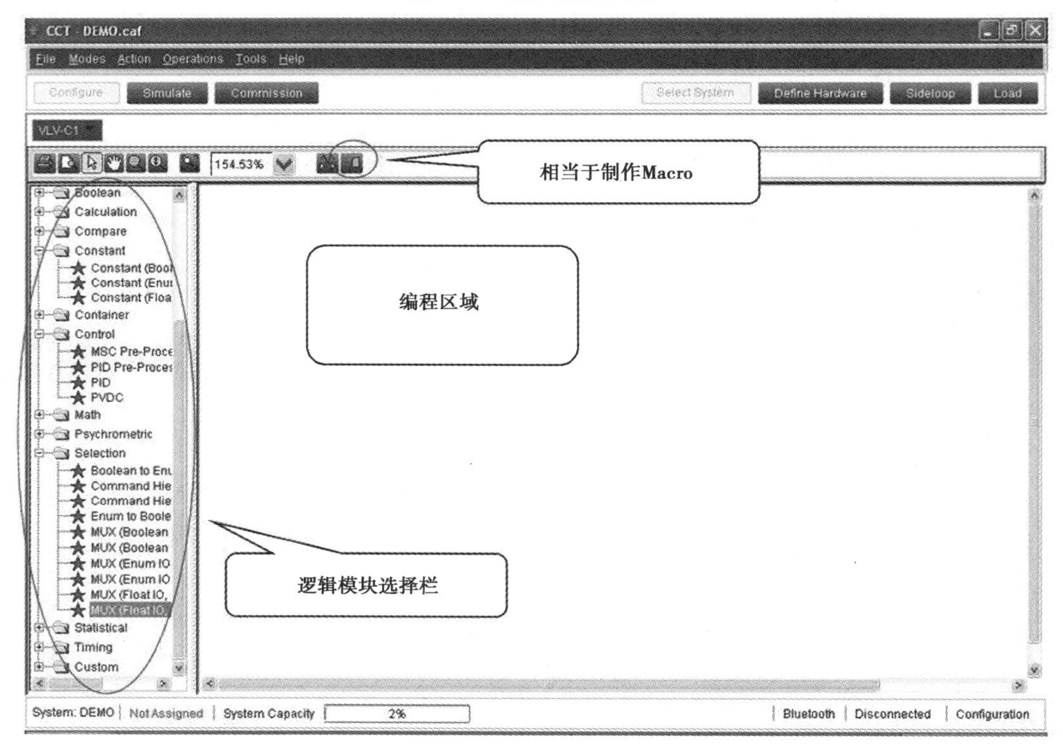

图 4.25　控制回路编程界面

③配置控制功能。

逻辑点位建完后,根据监控功能要求,将相应的逻辑功能模块拖入编程区域,并完成连线。本任务基本只有开关量的逻辑控制,因此,只需在逻辑模块选择栏中,选择“Boolean”内的逻辑块即可[逻辑与(AND)、逻辑或(OR)、逻辑非(NOT)],其中,开关量接入逻辑块时,会自动加入开关量至布尔量的转换模块“Enum to Boolean Translation”,双击此模块,可配置相应的开关量到布尔量的转换对应关系,需根据具体控制功能,灵活配置其对应关系为“True”或“False”,如图 4.27 所示。

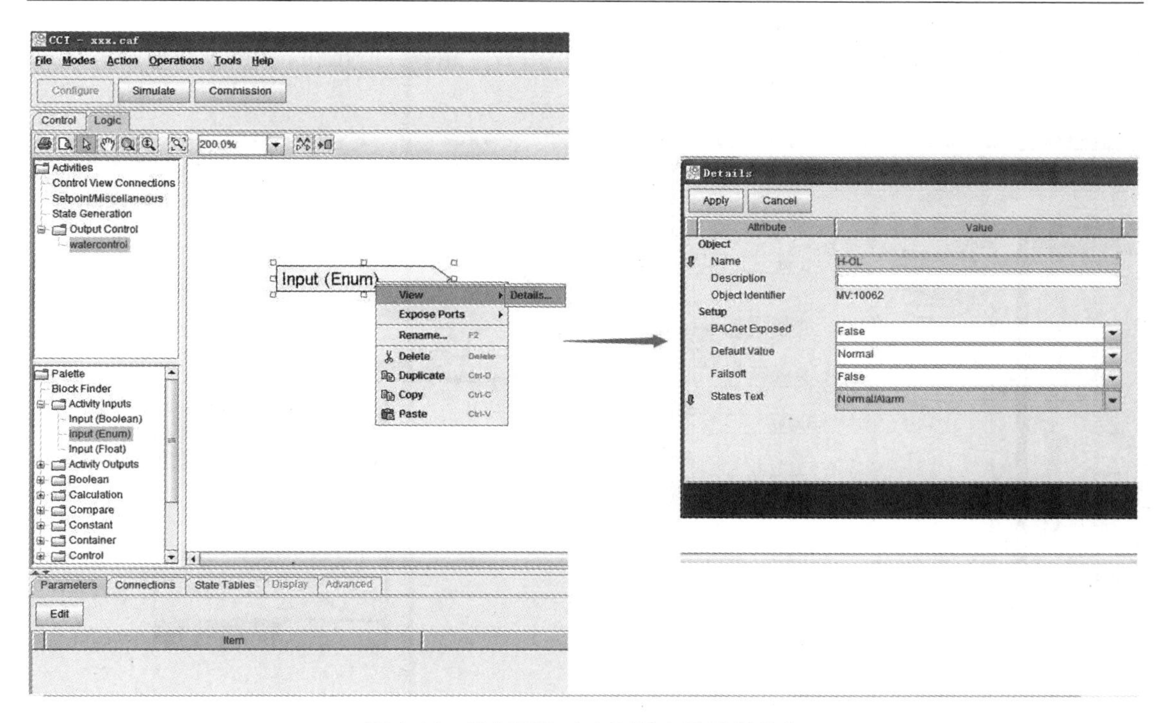

图 4.26 控制回路建立逻辑点及配置信息

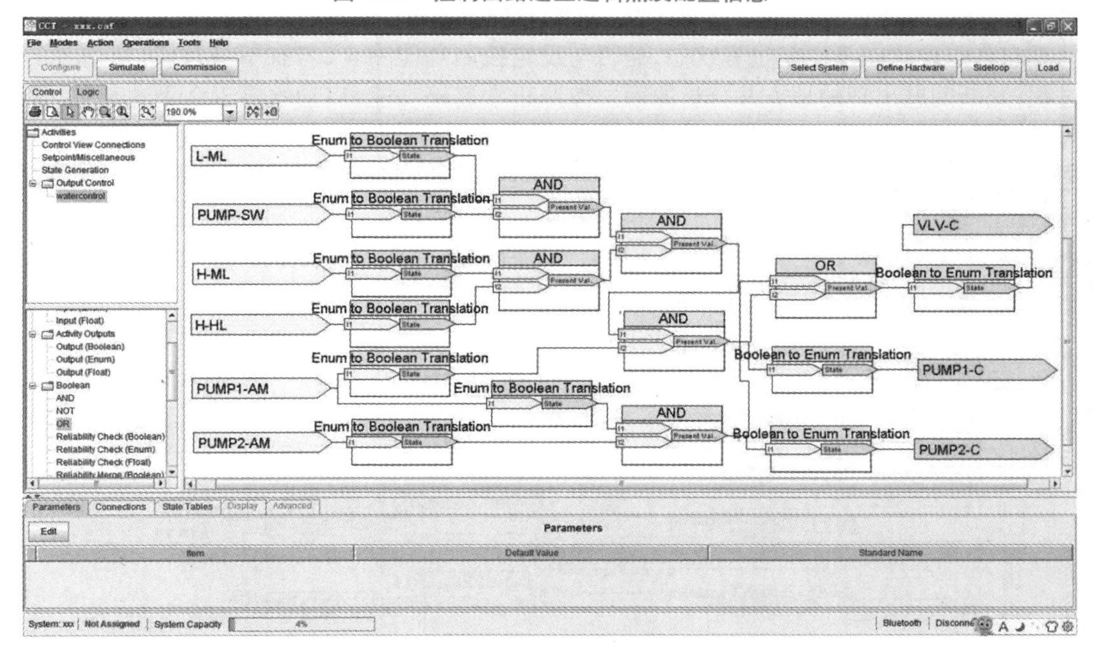

图 4.27 控制功能配置示例

(6)仿真调试“Simulation”

为验证控制功能是否正确，单击 CCT 软件界面左上角的“Simulate”按钮，进入仿真调试状态，因为没有与外部硬件点进行捆绑和关联，故需进入逻辑控制界面查看其内部控制功能仿真效果。单击左上角的“Logic”，再单击所建控制回路名称进行逻辑功能界面切换。用鼠标右键单击输入点“Commands”,选择所需调试的点位,单击右上角 ... 按钮,下拉选择所需调试的状态→“OK”,单击“Send”发送命令,如图 4.28 所示。

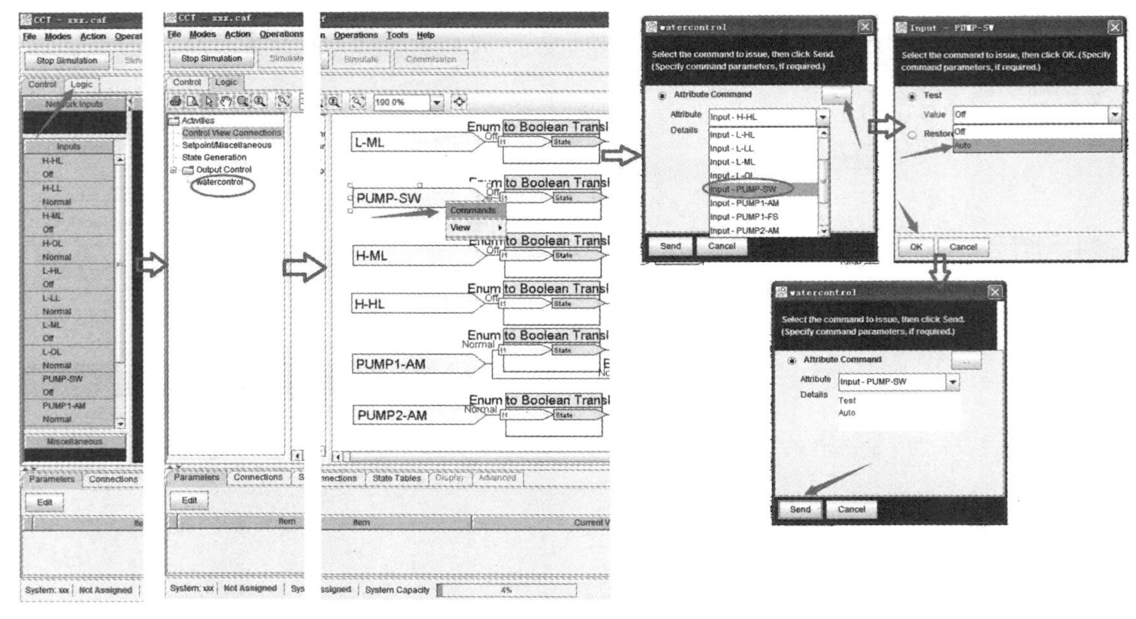

图 4.28　仿真调试步骤示例

观察各点位状态及中间过程状态,是否与设定控制功能吻合,若有不一致,可从信号的中间过程,判断问题出现的地方并分析原因。按照正常启停功能,启动水泵 1、2 及电磁阀,测试故障状态时,是否水泵与电磁阀进行联锁关闭,如图 4.29 所示。

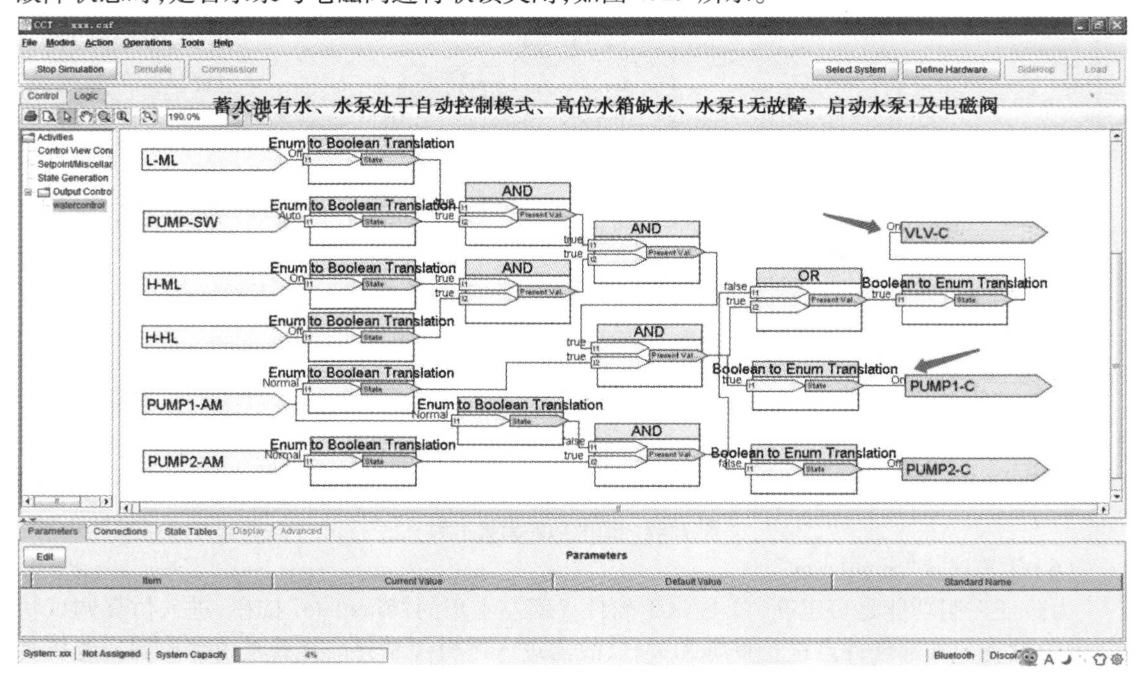

图 4.29　仿真调试结果示例

根据此步骤，调试所有可能出现的状态，查看结果是否实现控制功能，如未实现，则单击左上角停止仿真按钮 Stop Simulation ，停止仿真，并修改相应逻辑功能，修改完成后，可再次进入仿真调试状态，模拟仿真控制功能是否实现，直至程序调试通过。

(7)硬件关联与定义

①点位的关联。

此功能配置完成后，回到控制界面(单击“Control/Logic”中的“Control”)，用鼠标右键创建相应的控制回路，选择“View Connections”查看其连接，在参数/连接栏右键单击控制回路，选择“Expose Ports”释放端口，再选择“Select All”，单击“OK”按钮即可，如图 4.30 所示。

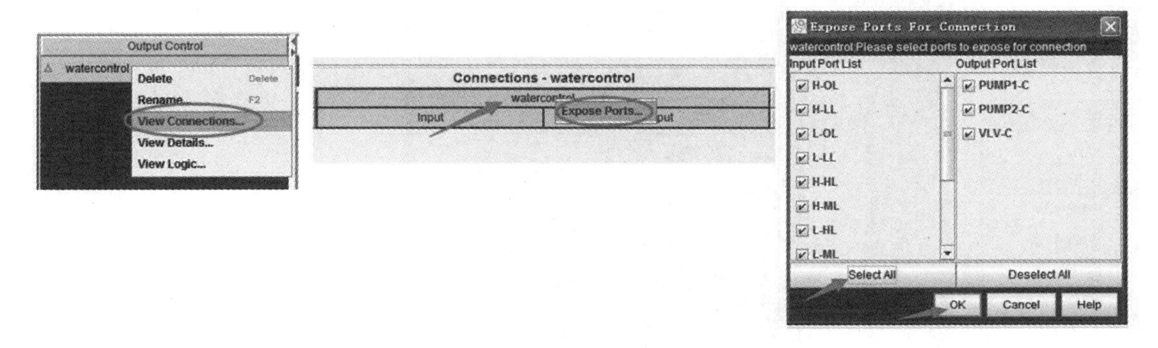

图 4.30　释放连接端口操作流程

单击参数/连接栏中所释放的端口，右键单击“Make Connection”，相应的输入/输出点会呈现绿色高亮状态供选择(如不是绿色高亮状态，证明未连接上，一般为点的单位/类型不匹配)，选择相应点位，单击“OK”按钮即可完成连接，如图 4.31 所示。

同理，完成所有点的连接，如图 4.32 所示，也可在此处查看各端口连接去向，若不对，可重新建立连接，如图 4.33 所示。

②硬件 I/O 的分配。

单击“Define Hardware”→“Select”，选择主控制器(如网络控制引擎 NCE、现场 FEC 控制器等)→“Add Device”选择从控制器(IOM 扩展模块及网络传感器)→“Next”，如图 4.33 所示。

选择好控制器型号后，按照监控点表，拖曳相应点至分配的端口，对相应点位进行 I/O 口的调整与分配，如图 4.34 所示。

硬件点位分配好后，设置相应硬件设备的地址编码(一般总线地址从 4 开始根据硬件连接顺序进行相应顺序编码)，单击“Finish”按钮即可完成，如图 4.35 所示。

分配好硬件的点位，如图 4.36 所示。

(8)显示器编程

在菜单栏中，选择“Tools”→“Configure Display”，再选择各页所需显示的点位，单击“OK”按钮即可完成。

(9)程序下载

在“Configure”模式下单击“Load”快捷键，在“Load Device”页中选择适当的波特率和串口号，单击“Next”按钮即可，如图 4.37 所示。

选择需下载程序的设备并按“Next”，在“Load Operation”框中选择需下载的程序部分并单击“Finish”按钮即可。

程序下载后,可进入 DDC 的调试阶段,此处暂不赘述。

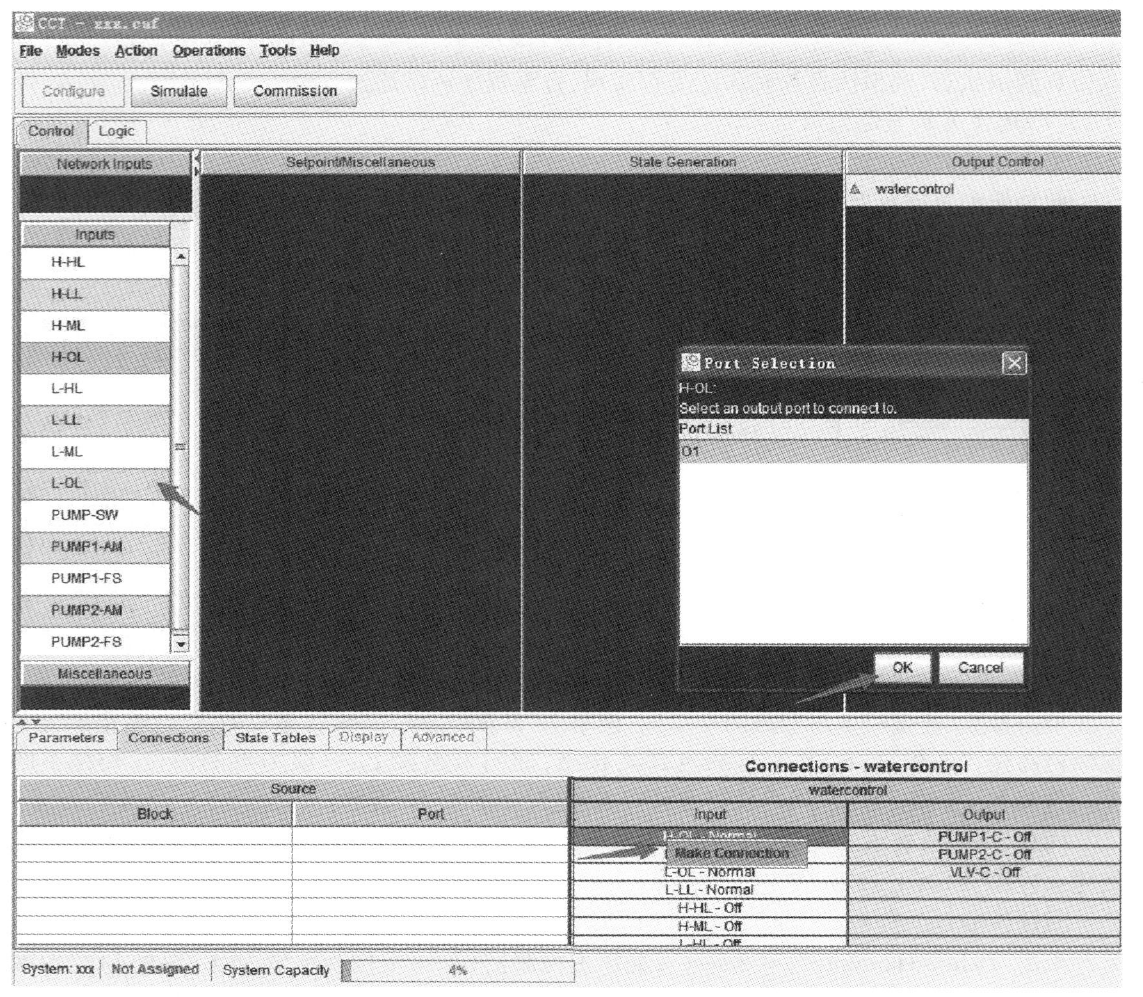

图 4.31　硬件点位连接图

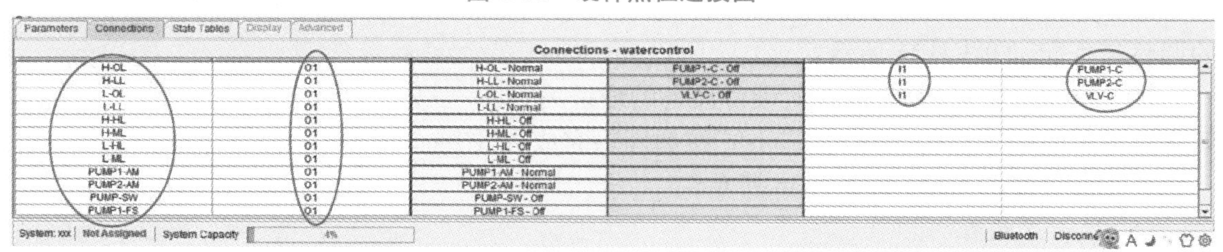

图 4.32　点位连接状态示意图

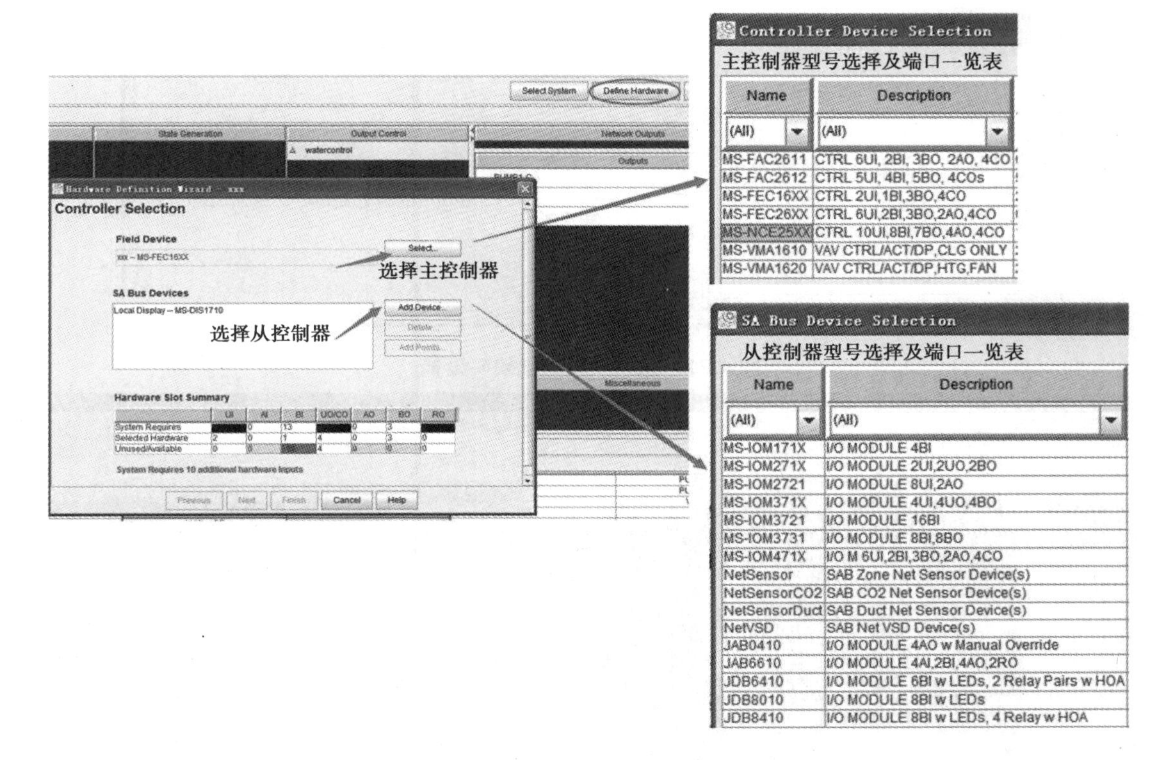

图4.33　硬件选择界面

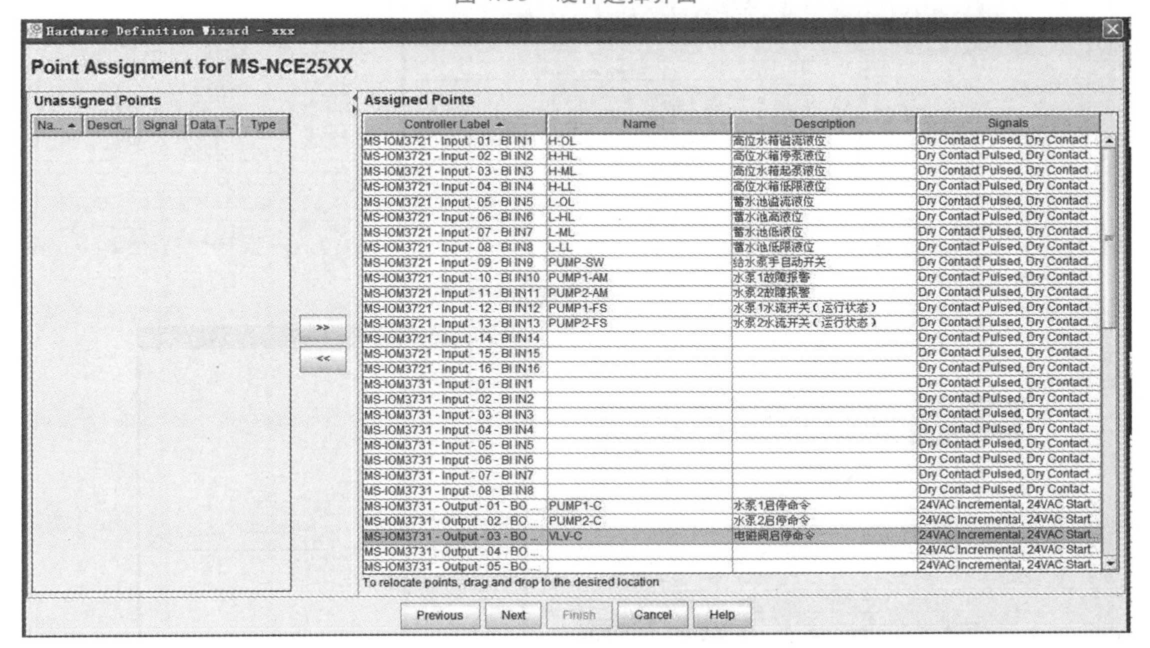

图4.34　硬件点位分配示意图

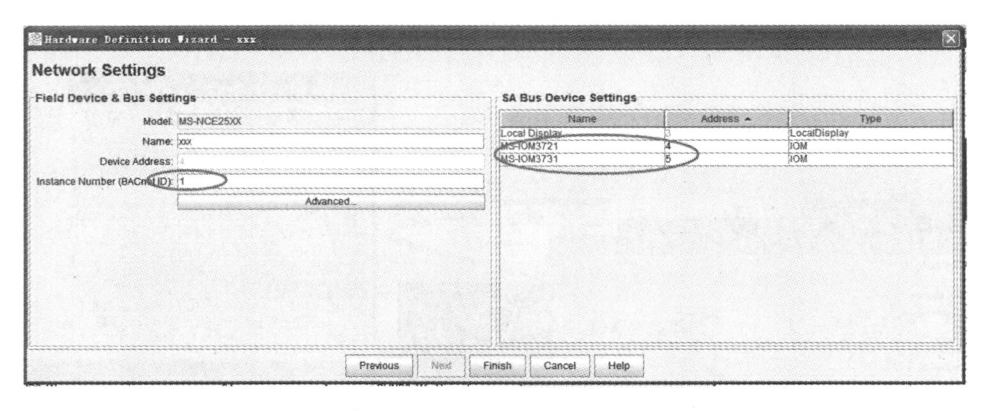

图 4.35　总线设备地址编码设置

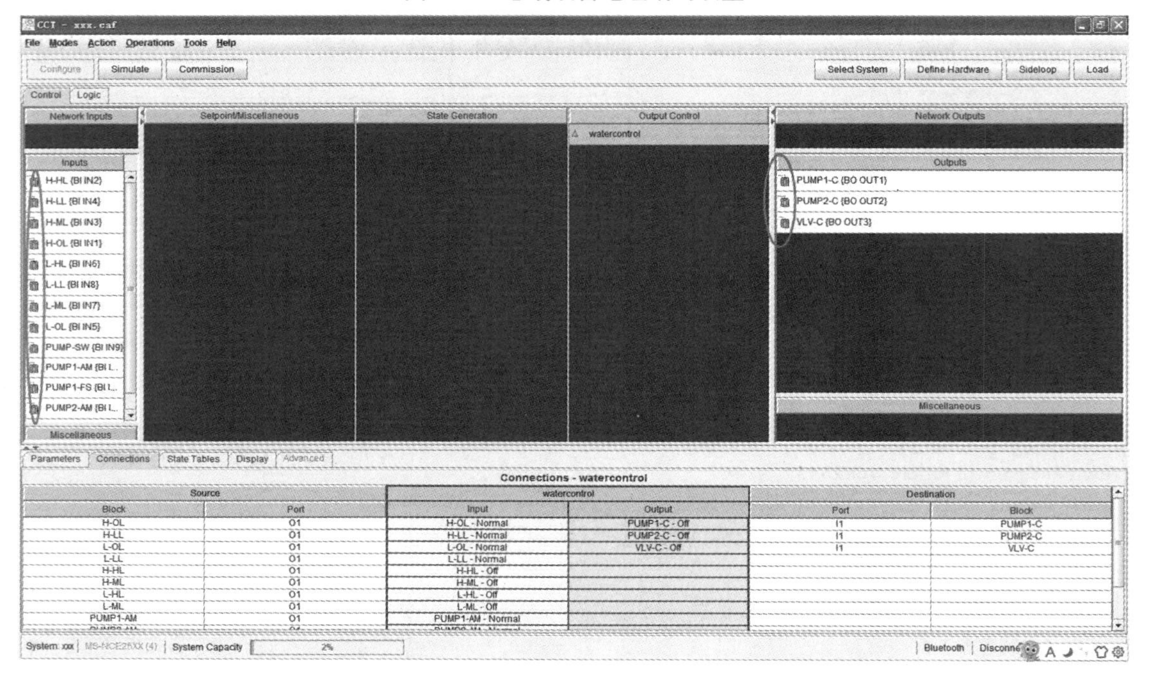

图 4.36　已分配硬件点位的效果示意图

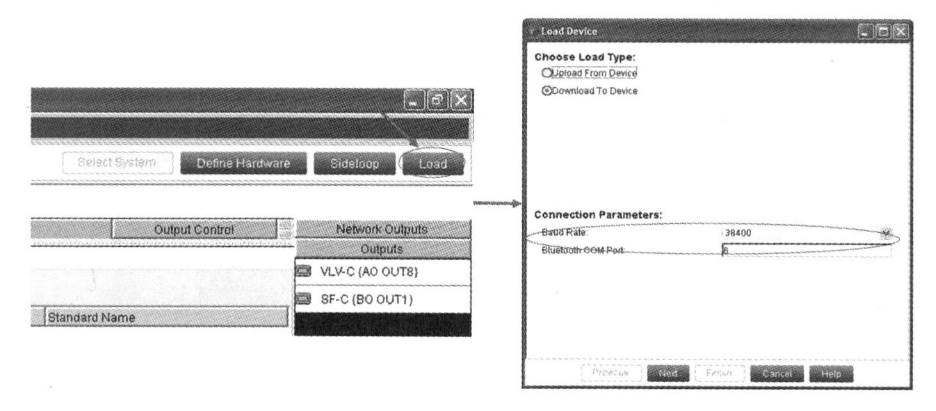

图 4.37　程序下载参数配置示例 1

4.2.6　压力给水监控系统的设计

1) 恒压给水系统监控原理

恒压给水系统,根据供水压力,调节水泵转速,以维持供水管网压力恒定,如图4.38所示。

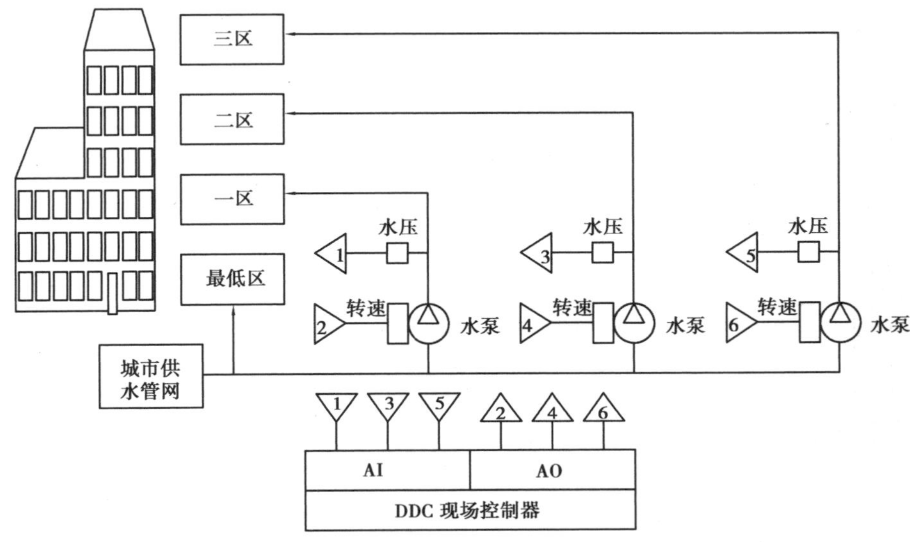

图4.38　恒压给水系统监控原理(调速水泵)

2) 压力给水监控系统的监控对象与功能

智能建筑恒压给水监控系统的监控对象一般为水箱、水泵及管道电动阀。根据《建筑设备监控系统工程技术规范》(JGJ/T 334—2014)对给排水系统的监控要求、结合恒压给水原理,恒压给水监控系统的功能如下:

(1) 监控功能

①水箱液位状态(高液位、低液位、超低报警液位、超高报警液位等);

②水泵状态(手自动状态、启停状态反馈、故障状态反馈、运行速率反馈);

③供水管道压力;

④水过滤器进出口压差状态。

(2) 控制功能(水泵远程启停控制)

①水泵故障报警,自动启用备用泵;

②时间表启停水泵;

③电磁阀或电动阀与水泵的连锁控制。

(3) 调节功能

①设定修改供水水压;

②根据供水压力,调节水泵台数与转速;

③根据要求自动轮换备用泵工作。

(4)安全保护功能

①水泵故障报警功能；

②水箱超高、超低液位报警功能；

③水箱超高、超低液位连锁相关设备功能。

压力给水监控系统的监控原理图、监控点表、监控平面图的绘制、设备的安装、接线与调试、系统监控功能的配置等在此处不再赘述，其过程可参考重力给水监控系统相应部分的介绍。

3)气压给水监控原理

气压给水监控原理与重力给水监控原理相似，根据气压水箱的水位，控制水泵的启停。图4.39为并联气压给水系统监控原理图。

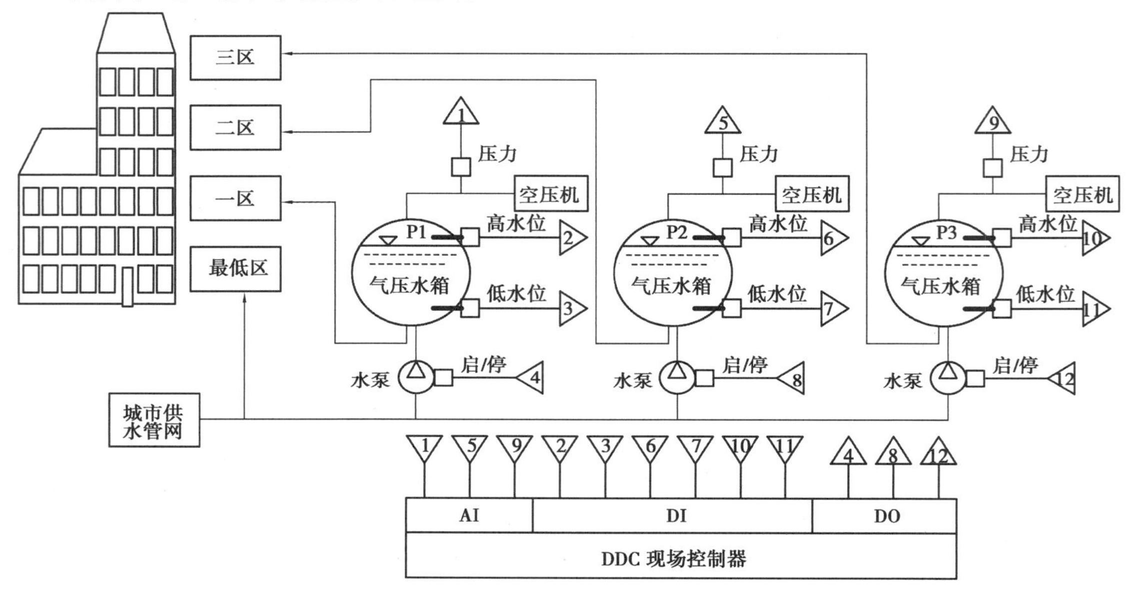

图4.39 并联气压给水系统监控原理图

4.2.7 排水监控系统的设计

智能化建筑的卫生条件要求较高，其排水系统必须通畅，保证水封不受破坏。有的建筑采用粪便水与生活废水分流，避免水流干扰，改善卫生条件。

智能化建筑一般都建有地下室，有的深入地面下2~3层或更深，地下室的污水常不能以重力排除，在此情况下，污水集中在污水集水井，然后以排水泵将污水提升至室外排水管中，污水泵应为自动控制，保证排水安全。

智能化建筑排水监控系统的监控对象为集水井和排水泵。排水监控系统的监控功能如下：

①污水集水井和废水集水井水位监测及超限报警。

②根据污水集水井与废水集水井的水位，控制排水泵的启/停。当集水井的水位达到高限时，联锁启动相应的水泵；当水位达到超高限时，联锁启动相应备用泵，直接到水位降至低限时联锁停泵。

排水系统组成及原理

③监测排水泵运行状态以及发生故障时报警。

④非正常情况快速报警。非正常情况是指流入污水井中流量过大或超过正常排放标准，应

及早报警采取措施。出现这种情况的原因主要有进水阀、消防水阀损坏、水管爆裂、大量雨水渗漏等。这种情况下，如不及时采取措施，后果十分严重，而应及早发现并处理，可减少损失。

智能化建筑排水监控系统通常由液位开关、直接数字控制器组成，如图 4.40 所示。

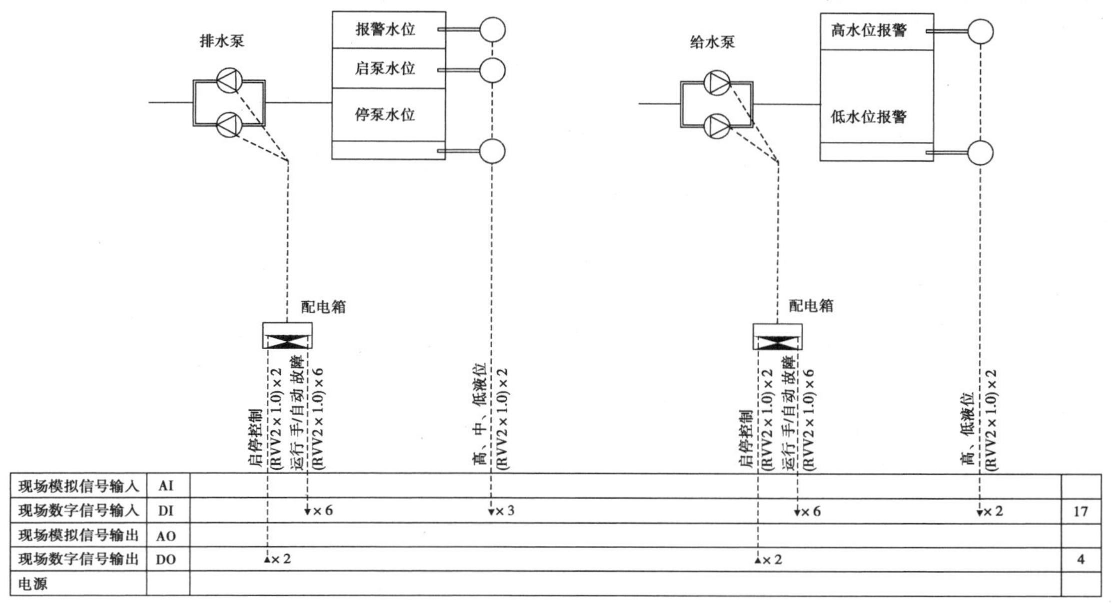

图 4.40　排水系统监控原理

【任务实施】

分析各工程案例，根据给水系统图，再根据表 4.4 的步骤，详细填写每步的过程与结果。

表 4.4　任务实施单

工程名称		建筑物类型		产品厂家	
实施形式	分组讨论、角色扮演				
被控对象					
工作原理					
监控功能					
监控原理图					
监控点表					
监控平面图					
设备安装流程					
设备安装要求					
接线端子图					
逻辑公式/表					
仿真过程与结果					
验收测试结果					

【任务知识导图】

任务 4.2 知识导图，如图 4.41 所示。

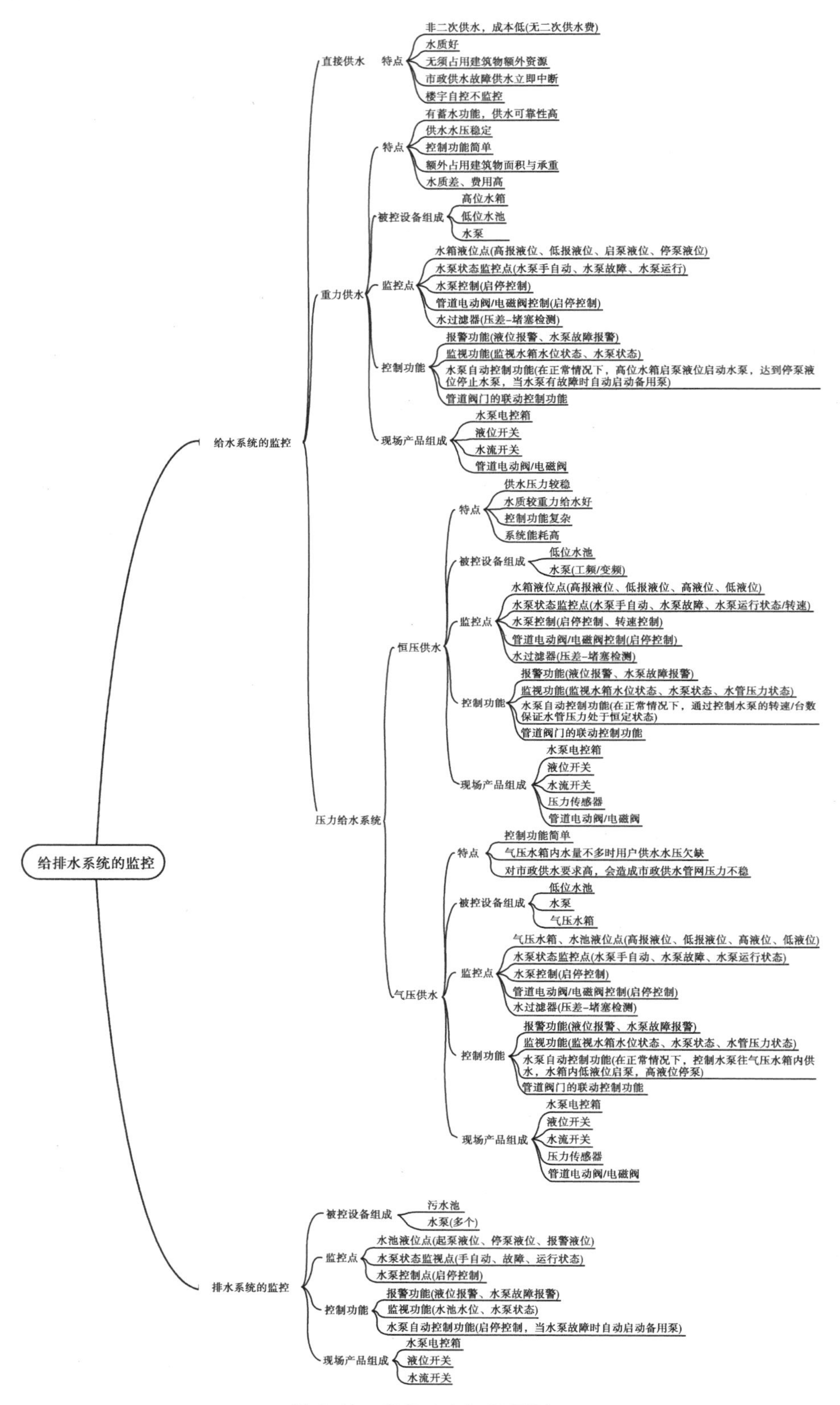

图 4.41　任务 4.2 知识导图

任务4.3　空调子系统的监控

【任务描述】

①6人为一组,组内每人分别完成6个不同工程项目的空调系统的监控任务(包括大厦、商务中心、医院、酒店等项目),每个小组继续沿用给排水监控系统所选厂家的控制器进行设计。

②每人需完成的CAD图纸绘制:空调系统的监控原理图、楼层监控点位分布图及管线路由图(即平面图)、监控系统图。

③需完成如下表格的编制:空调系统BA点数表、产品选型表(包括传感器、控制器、执行器等选型)、DDC配置一览表。

④需详细描述本空调系统的控制功能,搭建硬件监控系统,并能利用DDC配置软件与上位机组态软件(如LonMaker/CCT、力控组态软件等),添加其硬件点及软件点,实现其监控功能的编制。

【知识点】

4.3.1　空调系统的组成

暖通空调系统的机电设备所耗能源几乎占楼宇能量消耗的50%,空调系统的能量主要用在冷热源及输送系统上;根据智能楼宇能量使用分析,空调部分占整个楼宇能量消耗的50%,其中,冷热源系统(即空调水系统)使用能量占40%,输送系统(即空调风系统)占60%,空调系统(本节的空调系统所指为空调风系统)可称得上是智能建筑中的能耗大户。《民用建筑电气设计标准》(共两册)(GB 51348—2019)中:“采用BAS节能按照10%~15%估算”,因此,对于建筑节能的最佳监控对象则是对空调系统的节能控制。

一般空调系统包括进风、过滤、热湿处理、输送和分配、冷热源等,如图4.42所示。

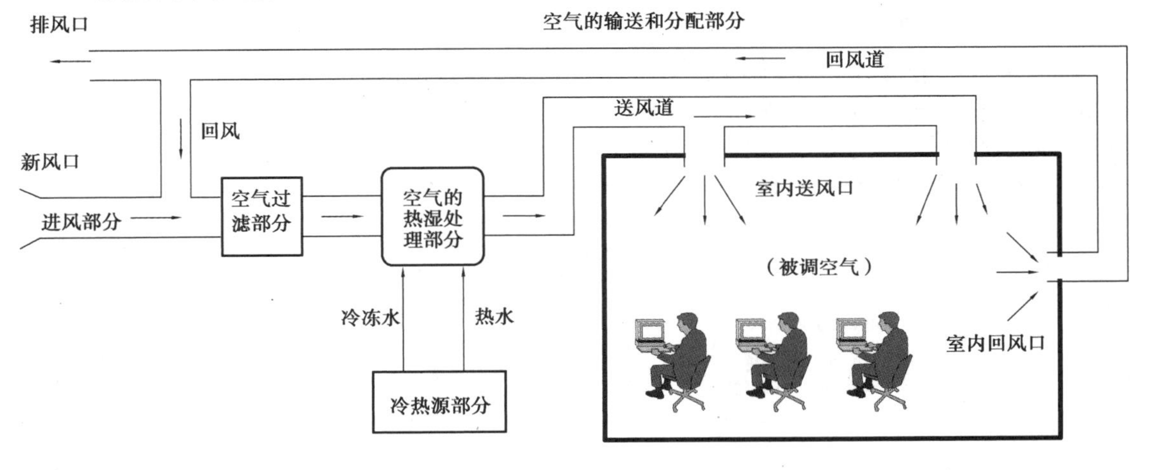

图4.42　空调系统组成

①进风部分。根据生理卫生对空气新鲜度的要求，空调系统必须有一部分空气取自室外，常称新风。进风口连同引入通道和阻止外来异物的结构等，组成进风部分。

②空气过滤部分。由进风部分取入的新风，必须经过一次预过滤，以除去颗粒较大的尘埃。一般空调系统都装有预过滤器和主过滤器两级过滤装置。根据过滤的效率不同可分为初级过滤器、中效过滤器和高效过滤器。

③空气的热湿处理部分。将空气加热、冷却、加湿和减湿等不同的处理过程组合在一起，统称为空调系统的热湿处理部分。

④空气的输送和分配部分。将调节好的空气均匀地输入和分配到空调房间内，以保证其合适的温度场和速度场。这是空调系统空气输送和分配部分的任务，它由风机和不同形式的管道组成。

根据用途和要求不同，有的系统只采用一台送风机，称为“单风机”系统；有的系统采用一台送风机，一台回风机，则称为“双风机”系统。

⑤冷热源部分。为了保证空调系统具有加温和冷却能力，必须具备冷源和热源两部分。

空调系统的监控实施过程，可参考如下流程，如图 4.43 所示。

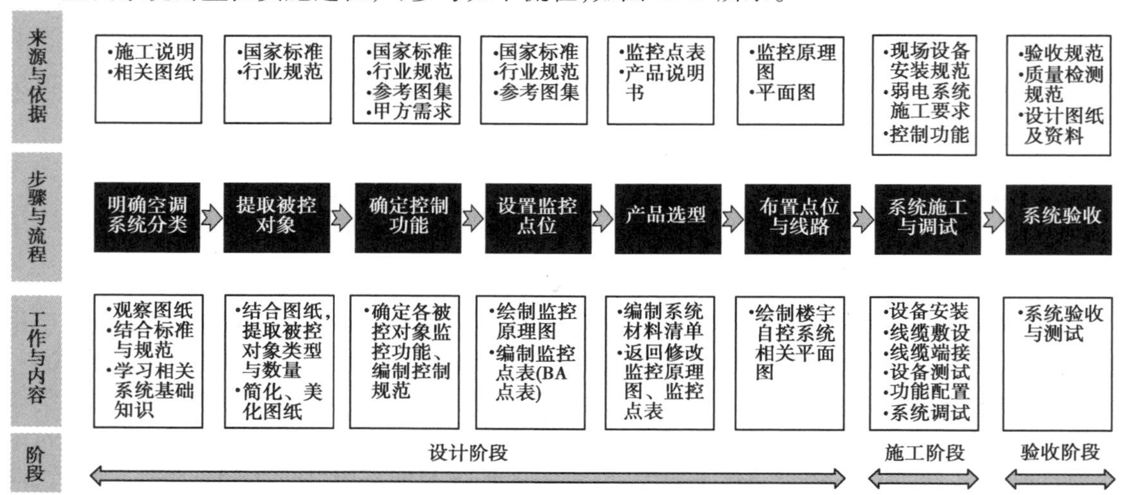

图 4.43　空调系统的监控实施流程图

4.3.2　空调系统的分类

空气处理与输配系统工作过程

空调系统一般可按下列 3 种情况进行分类（图 4.44）：按负担空调负荷所用介质可分为全空气空调系统、全水空调系统、空气—水空调系统；制冷剂空调系统、新回风混合式空调系统；此外还有定风量、变风量空调系统；低速、高速空调系统；工艺性、舒适性空调系统；一般性、恒温恒湿性空调系统。

空气调节过程

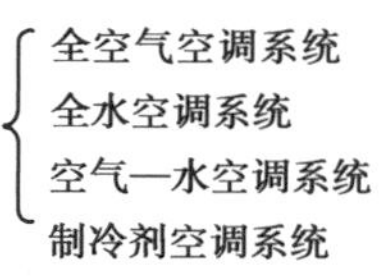

全回风式空调系统
全新风式空调系统
新回风混合式空调系统

集中式空调系统
半集中式空调系统
分散式空调系统

定风量、变风量空调系统
低速、高速空调系统
工艺性、舒适性空调系统
一般性、恒温恒湿性空调系统

图 4.44　空调系统的分类

一次回风系统

按照空气处理设备的设置情况，空调系统可分为集中式空调系统、半集中式空调系统和全分散式空调系统。

(1)集中式空调系统

集中式空调系统的所有空气处理设备(包括风机、冷却器、加热器、加湿器、过滤器等)都设在一个集中的空调机房内，如图4.45所示。其特点是：经过集中设备处理后的空气，用风道分送到各空调房间，因而，系统便于集中管理、维护。此外，某些空气处理的质量，如温度、湿度精度、洁净度等，也可达到较高水平。典型的集中式空调系统是由空调机组(AHU)对大空间区域空气集中处理的定风量系统，以及AHU对独立、分割空间空气进行几种处理的变风量系统等。

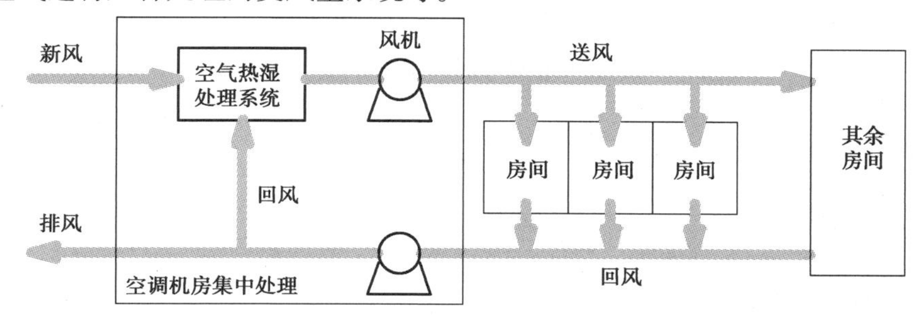

图4.45　集中式空调系统

(2)半集中式空调系统

在半集中式空调系统中，除了集中空调机房外，还设有分散的被调节房间的二次设备(又称末端设备)，如图4.46所示。变风量系统、诱导系统以及风机盘管系统均属于半集中式空调系统，典型的半集中式空调是新风机组(PAU)加风机盘管(FCU)系统，也是智能建筑中应用最广的空调系统方式。

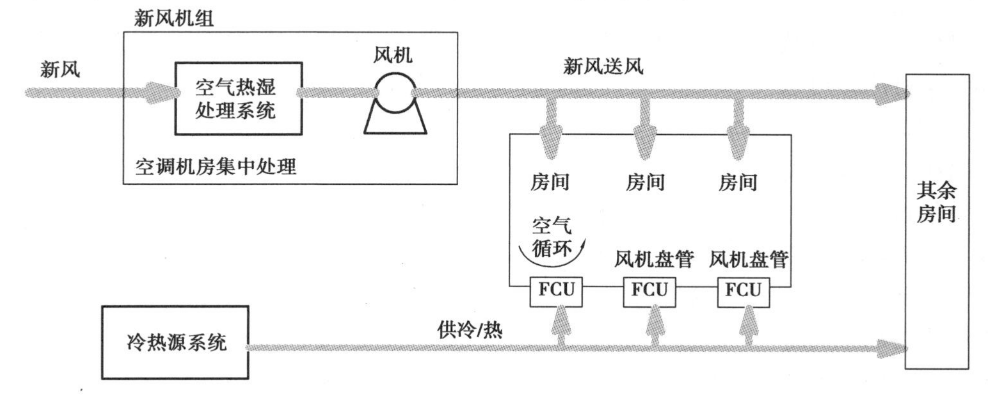

图4.46　半集中式空调系统

(3)全分散式空调系统

全分散式空调系统也称局部空调机组。这种机组通常把冷、热源和空气处理、输送设备(风机)集中设置在一个箱体内，形成一个紧凑的空调系统。通常的窗式空调器及柜式、壁挂式分体空调器均属于此类机组。它不需要集中的机房，安装方便，使用灵活。可直接将此机组放在要求空调的房间内进行空气调节，也可放在相邻的房间用很短的风道与该房间相连。一般来说，这类系统可以满足不同房间的不同送风要求，使用灵活，移动方便，但装置的总功率必然较大。

还有一类全分散空调系统，如图 4.47 所示，是集中供冷/热、分散控制式空调系统，在大型建筑群的空调系统中多有应用。我国北方地区冬季集中供热系统就是采用的这种方式。

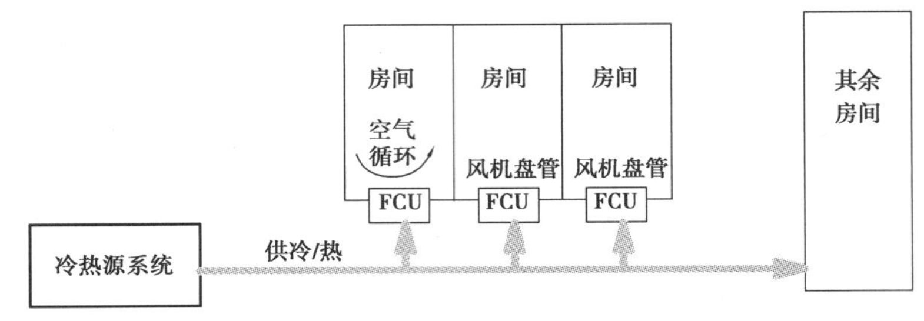

图 4.47　集中供冷/热、分散控制式空调系统

【技能点】

4.3.3　新风机组的监控

1) 新风机组的监控功能

监控系统对新风机组的监控功能应符合下列规定：

(1) 应能监测下列参数

①室外空气的温度；

②机组的送风温度；

③空气冷却器，空气加热器出口的冷、热水温度；

④空气过滤器进出口的压差开关状态；

⑤风机、水阀、风阀等设备的启停状态和运行参数；

⑥冬季有冻结可能性的地区，还应监测防冻开关状态。

住宅新风系统技术标准

(2) 应能实现下列安全保护功能

①风机的故障报警；

②空气过滤器压差超限时的堵塞报警；

③冬季有冻结可能性的地区，还应具有防冻报警和自动保护的功能。

(3) 应能实现下列远程控制功能

①风机的启停；

②调整水阀的开度，并宜监测阀位的反馈；

③调整风阀的开度，并宜监测阀位的反馈。

(4) 应能实现下列自动启停功能

①风机停止时，新风阀和水阀连锁关闭；

②按时间表启停风机。

(5) 应能实现下列自动调节功能

①自动调节水阀的开度；

②设定和修改供冷、供热、过渡季工况；

③设定和修改送风温度的设定值。

(6) 宜能根据服务区域空气品质情况，控制风机的启停(或)转速

2) 新风机组的监控原理

新风机组是用来集中处理室外新风的空气处理装置，它对室外进入的新风进行过滤及温、湿度控制后配送至各空调区域。典型新风机的监控原理如图 4.48所示。

如图所示，通过新风门可以控制新风机组与室外空气的通断。新风门应与送风机联动，一般进行开关控制。送风机启动时，新风门自动打开；送风机停止，新风门连锁关闭，以防止室内冷量或热量外溢，减少灰尘进入，保持新风机组内清洁，冬季还可起到盘管防冻作用。

室外新风进入新风机组后由滤网进行过滤。为监视滤网的畅通情况，在滤网两端装设压差开关，当滤网发生阻塞时滤网两端的压差就会增大，压差开关动作发出报警，提醒工作人员进行清洗。

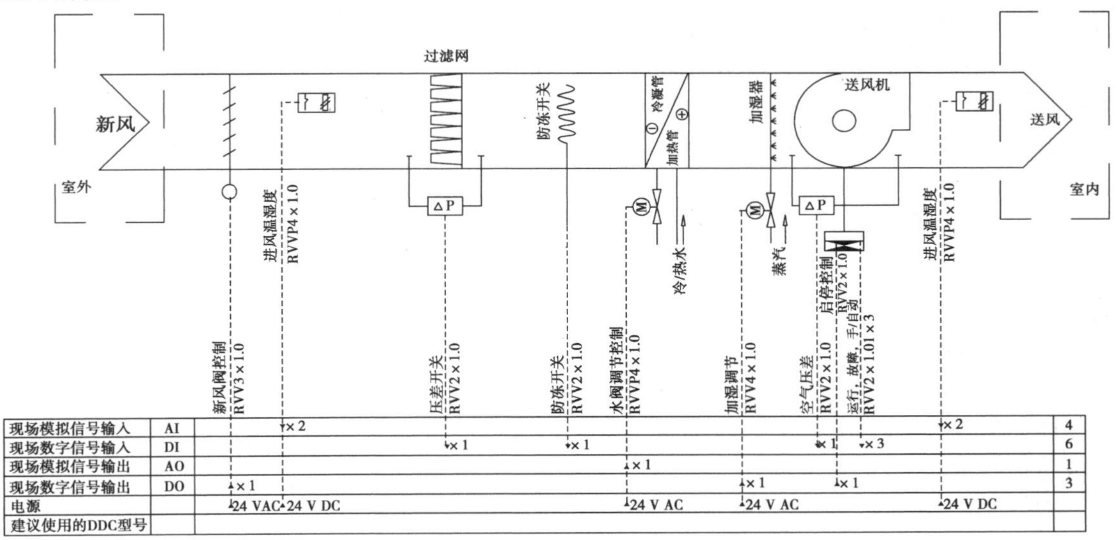

图 4.48　典型新风机组监控原理图

换热盘管对经过滤后的新风进行热交换处理，通过水阀开度控制可以调节热交换速度，从而控制热交换后新风的温度。工程中一般根据送风温度与设定温度的差值对水阀开度进行PID(比例、积分、微分)控制。此外，热水盘管的水阀应与送风机联动，仅当送风机处于运行状态时，水阀进入自动调节状态；送风机停止后，水阀自动回到关闭位置，以免浪费冷冻水循环能源。

风机是新风机组的动力设备，对风机的监控内容包括：

①风机启/停控制及状态监视。

②风机故障报警监视。

③风机手/自动控制状态监视等。

风机的状态监视一般有两种实现方式：一种是直接从风机电控箱接触器的辅助触点取信号；另一种是在风机两端加设压差开关，根据压差反馈判别风机状态。第一种方法虽然简单经

济,但实际只是监测风机电控箱的送电状态,而第二种方法可以准确地监视风机的实际运行状态。

此外,在新风机组的出风口设置温度传感器以监视新风机组的送风温度。室外温度传感器一般没有必要每台新风机组单独设置,只需整栋建筑统一设置一个或几个即可。

为使新风机组能正常运行,通过编制程序,严格按照各设备启停顺序的工艺流程要求运行。新风机组的启动、停止必须满足工艺流程要求的逻辑连锁关系。新风机组启动顺序是:新风风门开启→送风机启动→冷热水调节阀开启→加湿阀开启;新风机组停机顺序是:加湿阀关闭→冷热水调节阀关闭→送风机停止→新风风门关闭。

图中,还增加了防冻保护,这在北方地区是十分必要的。防冻保护主要是在冬季风机停止运行时,防止盘管冻结。防冻开关的动作温度一般设置在 5 ℃左右。当冬季防冻开关动作时,应加大热水盘管的水阀开度,提升风管温度。

新风机组根据冷热盘管分设还是共设,可分为两管制新风机组、四管制新风机组,在热盘管位于冷盘管上游的四管制系统中,热盘管可以有效地对冷盘管进行防霜冻保护,比较适合北方寒冷地区。但是,这种系统无法进行除湿处理。在南方夏季比较潮湿的地区,冷盘管一般位于热盘管上游,这样就可通过冷盘管将空气温度冷却至其露点温度以下,冷凝除湿,然后再依靠热盘管将空气温度上升至送风温度设定值。此时,冷盘管的水阀开度根据室内湿度与设定值的差值进行 PID 控制,而热盘管的水阀开度根据送风温度与设定值的差值进行 PID 控制。

有些新风机组增加了次级滤网,对空气进行二次过滤。其监控原理同初级滤网。

图 4.48 还包含了加湿控制,当室内湿度低于室内湿度设定值时,可通过两者的差值对加湿阀进行 PID 控制,以保证室内湿度恒定。由于湿度控制的要求没有温度控制那么严格,因此,在许多工程中也可对加湿器进行开关控制,而不进行模拟调节。

在变频控制的新风机组中,送风机的运行频率一般根据室内空气品质(主要是 CO_2 含量)进行控制。当室内空气品质满足设定值要求时,可降低送风机频率以节约能源(但送风机一般有最小运行频率限制,以保证最小新风量);当室内空气品质不满足设定值要求时,应加大送风机运行频率,增加新风量。

带湿度控制的新风机组一般设置室内湿度传感器。带变频控制的新风机组需设置室内空气品质传感器。室外温湿度传感器一般没有必要每台新风机组进行单独设置,只需整栋建筑统一设置一个或几个即可。

单独由新风机组进行空气集中处理的空调方式称为全新风空调系统。这种空调方式的舒适度高,但能耗巨大,因此,一般很少使用。新风机组往往和其他分散空气处理设备(如风机盘管、冷吊顶等)组成半集中式空调系统。在新风机与其他分散空气处理设备组成的半集中式空调系统中,新风机组一般只保证送入足够的新风量、控制室内湿度和送风温度,而不管控制区域内的温度。控制区域内的温度由分散的空气处理设备进行控制。

如图 4.49 所示为新风机组实物图。

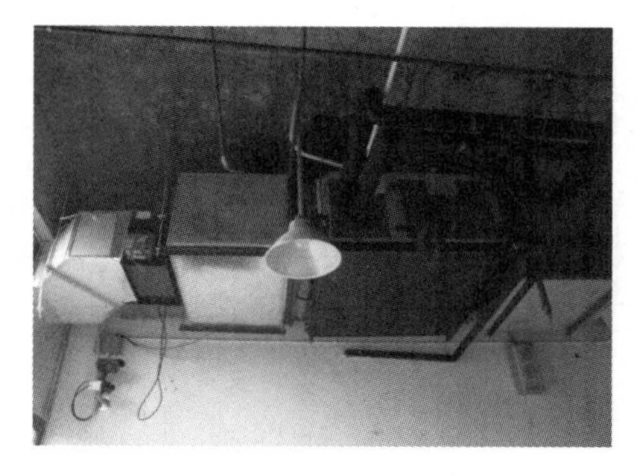

图 4.49　新风机组实物图

4.3.4　风机盘管的监控原理

1) 风机盘管的监控功能

监控系统对风机盘管的监控功能应符合下列规定：

(1) 应能监测下列参数

①室内空气的温度和设定值；

②供冷、供热工况转换开关的状态；

③当采用干式风机盘管时，还应监测室内的露点温度或相对湿度。

(2) 应能实现下列安全保护功能

①风机的故障报警；

②当采用干式风机盘管时，还应具有结露报警和关闭相应水阀的保护功能。

(3) 应能实现风机启停的远程控制

(4) 应能实现下列自动启停功能

①风机停止时，水阀连锁关闭；

②按时间表启停风机。

(5) 应能实现下列自动调节功能

①根据室温自动调节风机和水阀；

②设定和修改供冷/供热工况；

③设定和修改服务区域温度的设定值，且对于公共区域的设定值应具有上、下限值。

(6) 宜能根据服务区域是否有人控制风机的启停

2) 风机盘管的监控原理

新风机组是对室外新风进行集中处理后送入各空调区域的，而风机盘管则直接安装在各空调区域内，对空调区域内空气进行闭环处理（一般没有新风，完全处理回风）的空调设备。如图 4.50 所示为典型风机盘管监控原理图。

由于风机盘管是分散对回风进行处理的，因此无论从监控内容还是设备功率上都比对新风进行集中处理的新风机组简单得多。回风由小功率风机吸入风机盘管，经盘管热交换后送回室内。

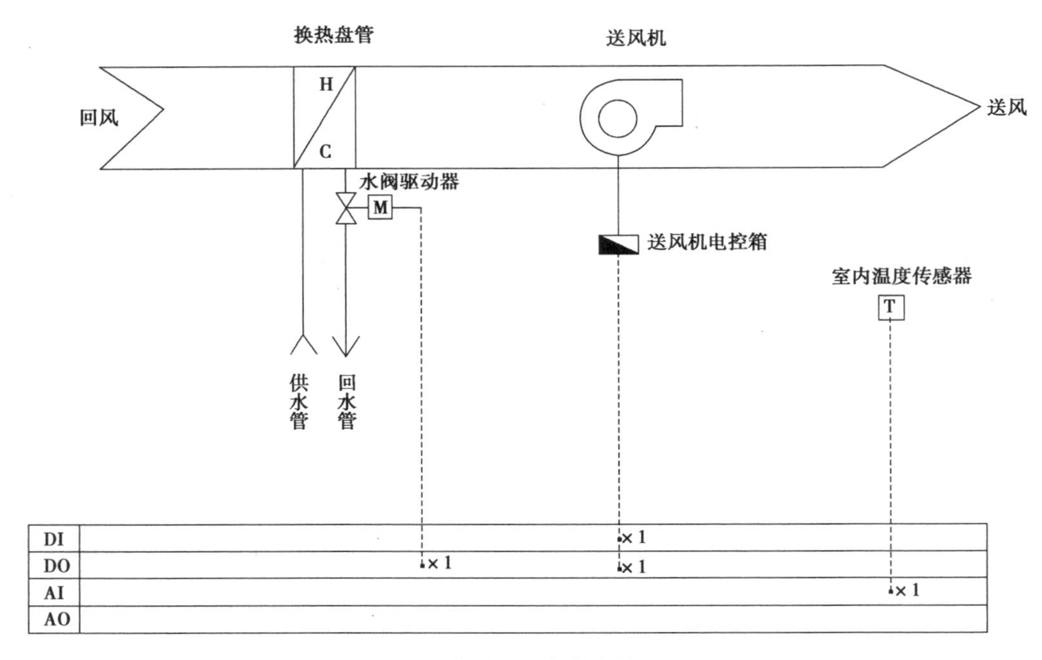

图 4.50　典型风机盘管监控原理图

风机盘管的盘管系统也有两管制和四管制之分,图 4.50 仅表示出两管制的控制原理。风机盘管的控制精度要求比新风机组要低,因此,其盘管水阀通常是开关量控制的,其控制方式如图 4.51 所示。夏季,当室内温度高于设定温度若干度时打开水阀,当室内温度低于设定温度若干度时关闭水阀。冬季工况正好相反。

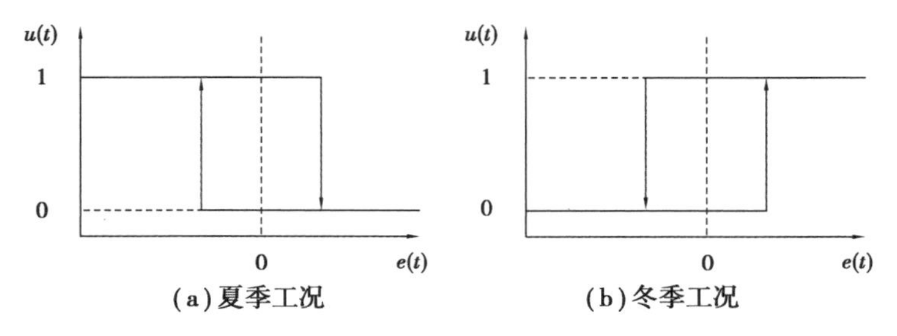

图 4.51　风机盘管水阀控制方式

$e(t)$—偏差;$u(t)$—控制量

由于风机盘管的风机功率较小,因此控制较为简单,仅包括转速控制与状态监视,且一般为有级调节,分为高、中、低速三挡。

风机盘管温度采样直接取室内实际温度,温度传感器通常安装在温度控制器内。根据类型不同,风机盘管的温度控制器有启停控制、三档风速控制、温度设定、室内温度显示、占用模式设定等功能可供选择。图 4.52 为风机盘管实物图。

(a)卧式暗装式

(b)吸顶式

(c)风机盘管温控器

图4.52　风机盘管实物图

4.3.5　空调机组的监控原理及配置

1)空调机组的监控功能

监控系统对空调机组的监控功能应符合下列规定:

(1)应能监测下列参数

①室内、室外空气的温度;

②空调机组的送风温度;

③空气冷却器,加热器出口的冷、热水温度;

④空气过滤器进出口的压差开关状态;

⑤风机、水阀、风阀等设备的启停状态和运行参数;

⑥冬季有冻结可能性的地区,还应监测防冻开关状态。

(2)应能实现下列安全保护功能

①风机的故障报警;

②空气过滤器压差超限时的堵塞报警;

③冬季有冻结可能性的地区,还应具有防冻报警和自动保护的功能。

(3)应能实现下列远程控制功能

①风机的启停;

②调整水阀的开度,并宜监测阀位的反馈;

③调整风阀的开度,并宜监测阀位的反馈。

(4)应能实现下列自动启停功能

①风机停止时,新/送风阀和水阀连锁关闭;

②按时间表启停风机。

(5)应能实现下列自动调节功能

①自动调节水阀的开度;

②自动调节风阀的开度;

③设定和修改供冷、供热、过渡季工况;

④设定和修改服务区域空气温度的设定值。

2) 空调机组的监控原理

以上介绍了对新风进行集中处理的新风机组和对回风进行分散处理的风机盘管，这两种设备往往配合使用，以完成新、回风处理过程。新、回风的另一种处理方式是先将新、回风按一定比例进行混合，然后利用空调机组对其进行集中处理后配送至各控制区域。典型空调机组监控原理图，如图 4.53 所示。

现场模拟信号输入	AI	×2 ×2 ×3	7
现场数字信号输入	DI	×1 ×3 ×1 ×1 ×3	9
现场模拟信号输出	AO	×2 ×1 ×1 ×1 ×1	6
现场数字信号输出	DO	×1 ×1	2
电源		24 VAC× 24 VAC 24 VAC 24 VAC 24 VAC 24 VDC 24 VDC	
建议使用的DDC型号		建议使用VLC-1188,搭配输入扩展模块	

图 4.53　典型空调机组监控原理图

(1) 新、回风门的控制

与新风机组相比，空调机组主要是加入了新、回风的混合过程；然后对新、回风的混合空气进行处理。空调机组有新风和回风两个风门，分别对两个风阀开度进行控制以调节混合空气中新、回风的比例。控制时新风门开度与回风门开度之和保持为 100%。增大新风比例可以提高室内空气的品质和舒适度，而提高回风比例可以起到节能效果，因此在控制新、回风比例时需要兼顾舒适度与节能两个因素进行综合考虑。在空气处理机工作时，一般不允许新风门全关，需要设定最小新风门开度，最小新风门开度一般为 10% ~15%。

工程中，经常采用的新、回风控制策略有以下几种模式：

①节能优先控制模式。节能优先的控制思想是，只要换热盘管水阀没有处于关断状态，则将新风门开至最小开度以节约能源。具体实施时多根据工况和空气温度（当设有湿度传感器及加湿设备时应用焓值替代）进行判断。在过渡季，盘管水阀处于关断状态，新风门全开。夏季工况，当室外温度大于回风温度时，盘管水阀必然打开，关闭新风门至最小开度；当室外温度小于等于回风温度时，盘管水阀关闭，新风门全开。冬季工况的判别逻辑与夏季工况相反。

②PID 控制模式。通过回风温度与设定温度的差值对新风门开度进行 PID 控制。通过改变 PID 参数，可以调整此控制策略的节能、舒适倾向。

③有级控制模式。PID 控制模式虽然先进，但是参数整定困难。另一种简便、直观的控制

方式是将回风温度与设定温度的差值划分为若干区域，每个区域对应不同的新风门开度。例如，在夏季工况下，可采用如图4.54所示的控制逻辑。具体区域的划分及对应的新风门开度可根据实际工程情况加以确认。当只区分回风温度大于或小于设定温度两个区域，且一个区域对应新风门全开，另一个区域对应新风门最小开度时，有级控制模式实际上就退化成节能优先控制模式了。

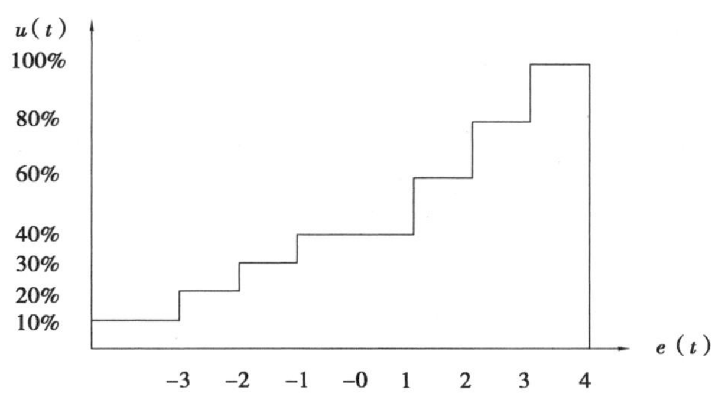

图4.54　空调机组风门有级控制模式夏季工况示例

$e(t)$—偏差；$u(t)$—控制量

最后，空调机组的新风门同新风机组一样，应与送风机的运行状态连锁控制。当送风机停止时，新风门应回到关闭位置。

(2)盘管水阀的控制

空调机组不同于新风机组只需对送风温度进行控制，它控制的是相应空调区域的温度环境。因此，空调机组的控制目标是回风温度或室内温度(回风温度为室内温度的平均值)。为提高控制精度和响应速度，空调机组的盘管水阀通常采用如图4.55所示的双闭环串级PID模型进行控制。

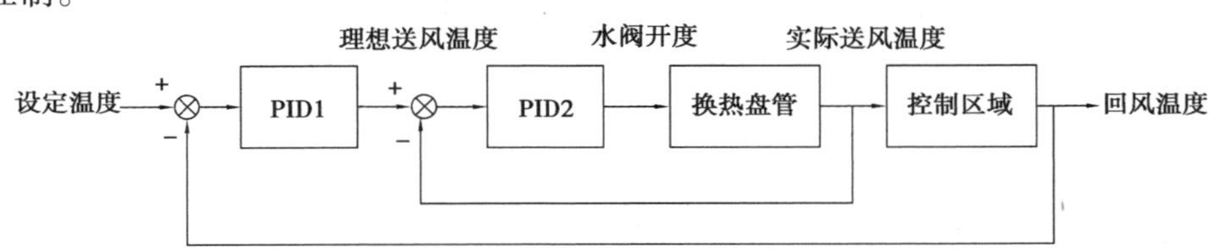

图4.55　空调机组的盘管水阀控制方式

如图4.55所示，首先根据设定温度与回风温度的差值通过PID算法确定理想的送风温度；然后再由理想的送风温度与实际的送风温度的差值确定盘管水阀开度。这种双PID的串级控制方法在控制精度与响应速度上都要优于由设定温度与回风温度的差值直接确定盘管水阀开度的单PID闭环控制。

空调机组滤网、送风机等其他设备的监控方式与新风机组相同，在此不再赘述。图4.56为某空调机组控制组成图。

3)空调机组的监控配置

以单风机、二管制、带风阀、带加湿空调机组为例，利用CCT软件阐述定风量空调机组的监控功能配置，如图4.57所示。

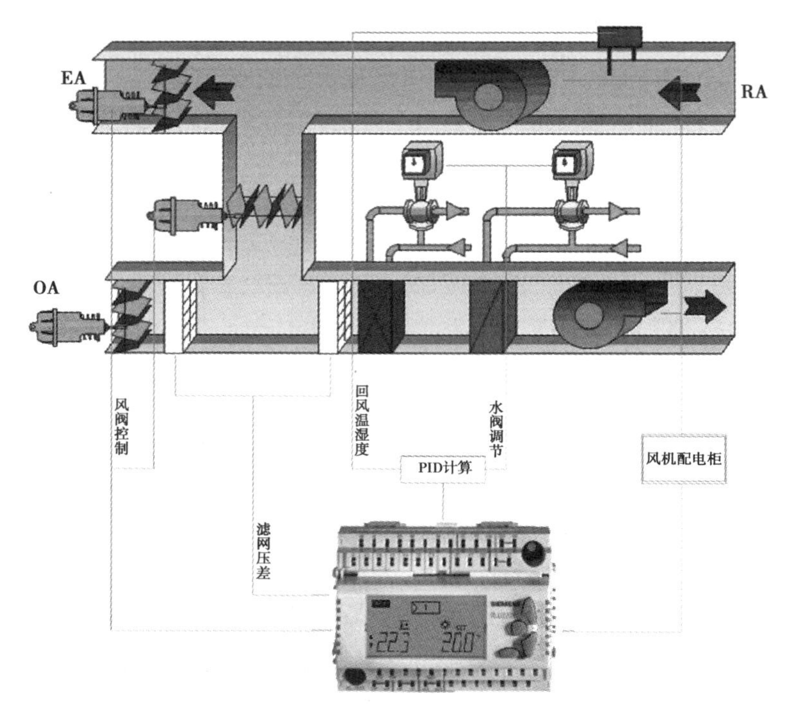

图 4.56　某空调机组控制组成示意图

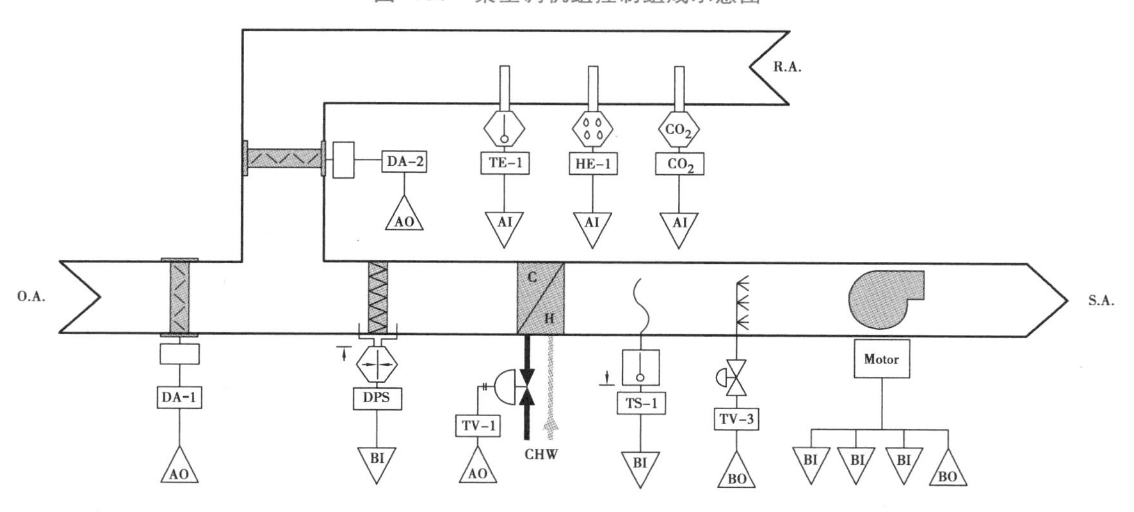

图 4.57　空调机组监控原理图

(1)编制软件配置监控点表

根据监控原理图,编制软件配置监控点表,见表 4.5 和表 4.6。

表 4.5　建筑设备监控系统监控点表

监控	监控设备	数量	被控设备编号	接口编号	接口位置	描述	数量	输入输出				传感器或执行机构	信号类型	软件配置单位	控制器配置	数量	盘号	楼层	设备位置
								DI	DO	AI	AO								
暖通空调系统	空调机组						1												
	新风阀调节			AO1		OAD-C					1	电动调节风阀(M91××-GGA)	0~10 V，24 V AC 供电	%					
	回风阀调节			AO2		RAD-C					1	电动调节风阀(M91××-GGA)	0~10 V，24 V AC 供电	%					
	过滤网报警			DI1		FILT-S		1				压差开关(P233A-10-AKC)	无源节点	Normal/Alarm					
	防冻报警			DI2		LOWT-A		1				防冻开关(A11D-4C)	无源节点	Normal/Alarm					
	水阀调节			AO3		VLV2-C					1	电动调节水阀(VG 1000)	0~10 V，24 V AC 供电	%					
	加湿阀控制			DO1		HUM-C			1				继电器输出	off/on					
	送风机状态			DI1		SF-S		1					无源节点	off/on					
	送风机故障			DI2		SF-F		1					无源节点	Normal/Alarm					
	送风机手自动			DI3		SF-AM		1					无源节点	off/auto					
	送风机控制			DO2		SF-C			1				继电器输出	off/on					
	回风温度			AI1		RA-T				1		风道温度传感器(TE-6311M-1)	Ni1000	deg C					
	回风湿度			AI2		RA-H				1		风道湿度传感器(HT-9000-UD1)	0~10 V，24 V AC 供电	%RH					
	回风 CO_2 浓度			AI3		RA-CO2				1		CO_2 传感器(CD-P00-00-0)	0~10 V，24 V AC 供电	$\times 10^{-6}$					
	小计							5	2	3	3								
	合计																		

表 4.6　空调机组软件监控点表

DDC Software Points			Equipment List	
			Default	Unit
BD	SF-ENA	系统启停命令	Off	Off/On
	WS-EX	冬夏转换	Summer	Summer/Winter
AD	RA-TSP	回风温度设定值	0.0	deg C
	RA-HSP	回风湿度设定值	0.0	%RH
	RA-CO_2SP	回风二氧化碳浓度设定值	0.0	$\times 10^{-6}$
	OAD-MINSP	新风阀最小开度设定值	0.0	%
	VLV-MINSP	水阀最小开度设定值	0.0	%

(2)送风机启停控制功能配置

①系统停止:水阀、风阀、加湿阀与送风机状态连锁,当送风机状态为关时,风阀、加湿阀关闭。

②夏季:水阀关闭。冬季:水阀保持最小开度。

③系统启动:自动模式下,可以通过时间表设置风机的启停;当系统启停命令为开、送风机无故障报警,且无低温报警时,送风机命令变为开,送风机开始正常运转。送风机启停控制流程图如图 4.58 所示,送风机启停控制程序如图 4.59 所示。

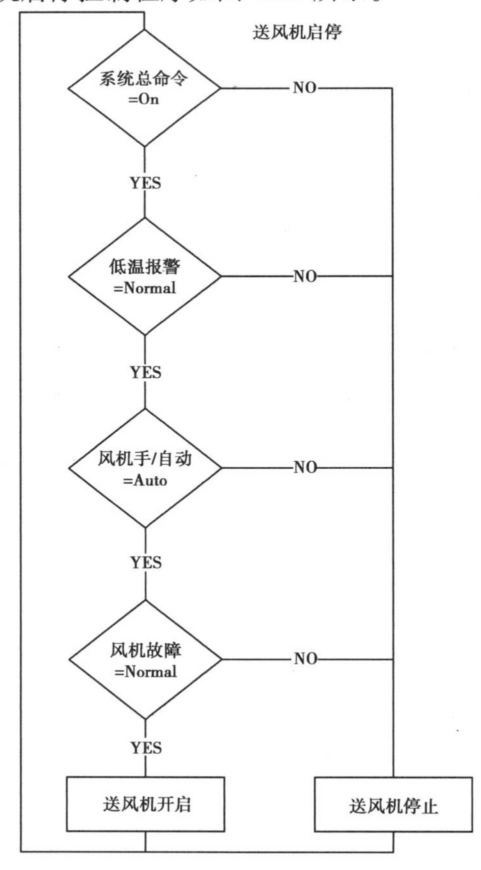

图 4.58　送风机启停控制流程图

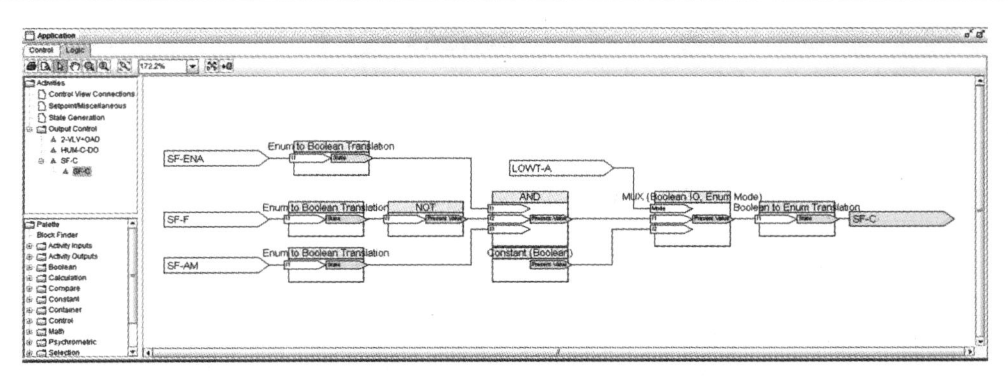

图4.59　送风机启停控制程序

4)新风阀控制

通过回风 CO_2 浓度,控制新风阀开度:监测回风 CO_2 浓度,通过PI调节新风阀,使回风 CO_2 浓度保持在设定值;当回风 CO_2 浓度高于设定值时,新风阀趋于开启方向调节;当回风 CO_2 浓度低于设定值时,新风阀趋于关闭方向调节直至最小开度。根据回风 CO_2 浓度控制新风阀示意图,如图4.60所示,控制流程如图4.61所示,控制程序截图如图4.62所示。

回风阀开度与新风阀开度互补,若有排风阀开度,则开度与回风阀开度相同,回风阀控制程序截图,如图4.63所示。

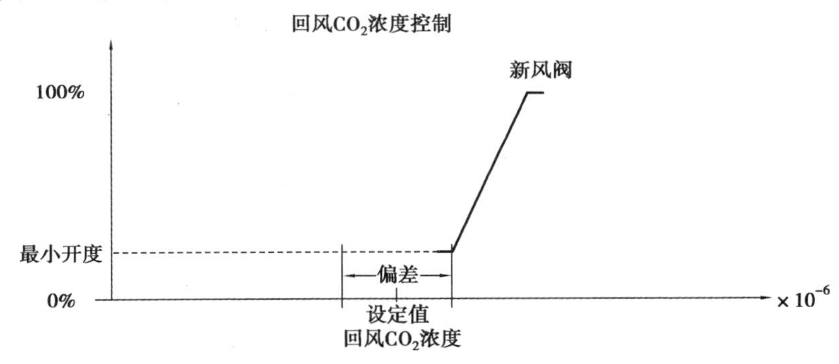

图4.60　根据回风 CO_2 浓度控制新风阀示意图

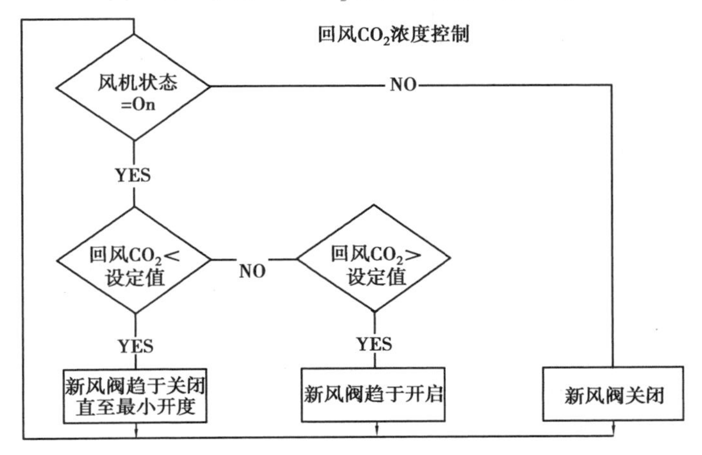

图4.61　根据回风 CO_2 浓度控制新风阀控制流程图

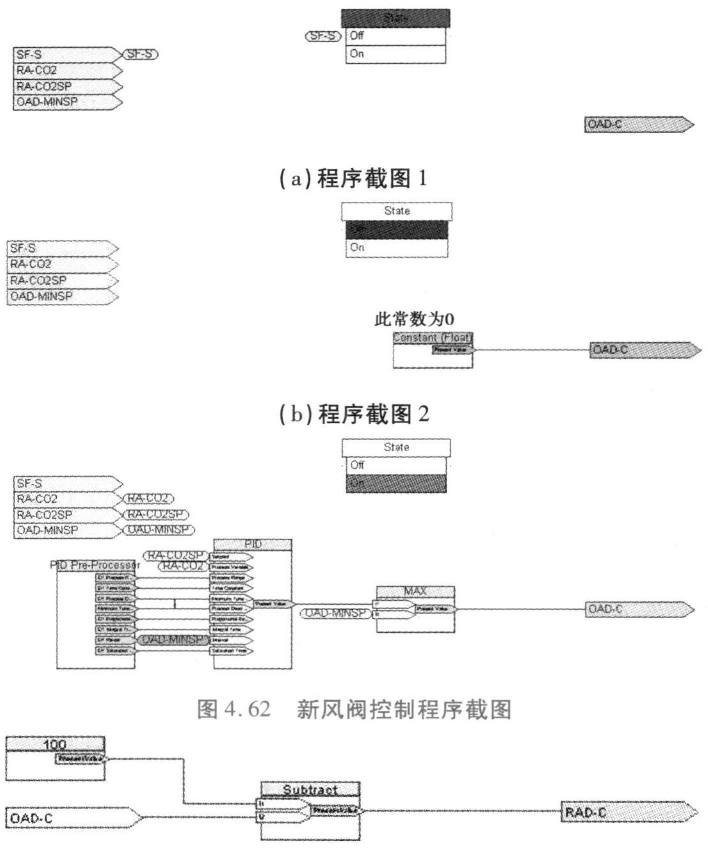

(a)程序截图1

(b)程序截图2

图4.62 新风阀控制程序截图

图4.63 回风阀控制程序截图

5)盘管水阀控制

回风温度控制水阀:监测回风温度,通过PI调节水阀,使回风温度保持在设定值;夏季:当回风温度高于设定值时,水阀趋于开启调节;当回风温度低于设定值时,水阀趋于关闭调节。冬季:当回风温度低于设定值时,水阀趋于开启调节;当回风温度高于设定值时,水阀趋于关闭调节(提高:加保持最小开度要求)。防冻报警时,热水阀开度为100%。回风温度在偏差范围内,水阀不调节。根据回风温度控制水阀示意图如图4.64所示、控制流程如图4.65所示、控制程序截图如图4.66所示。

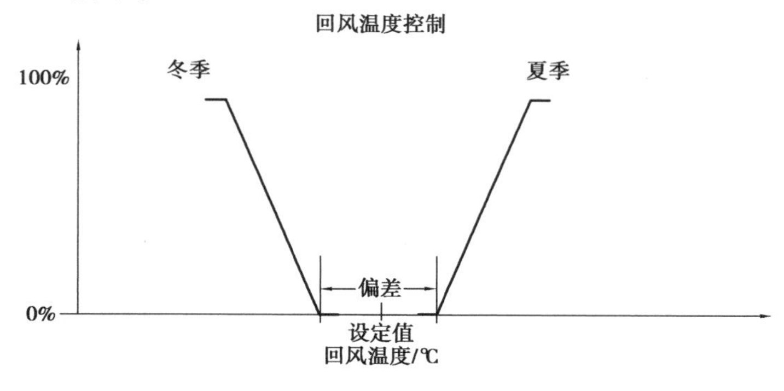

图4.64 根据回风温度控制水阀示意图

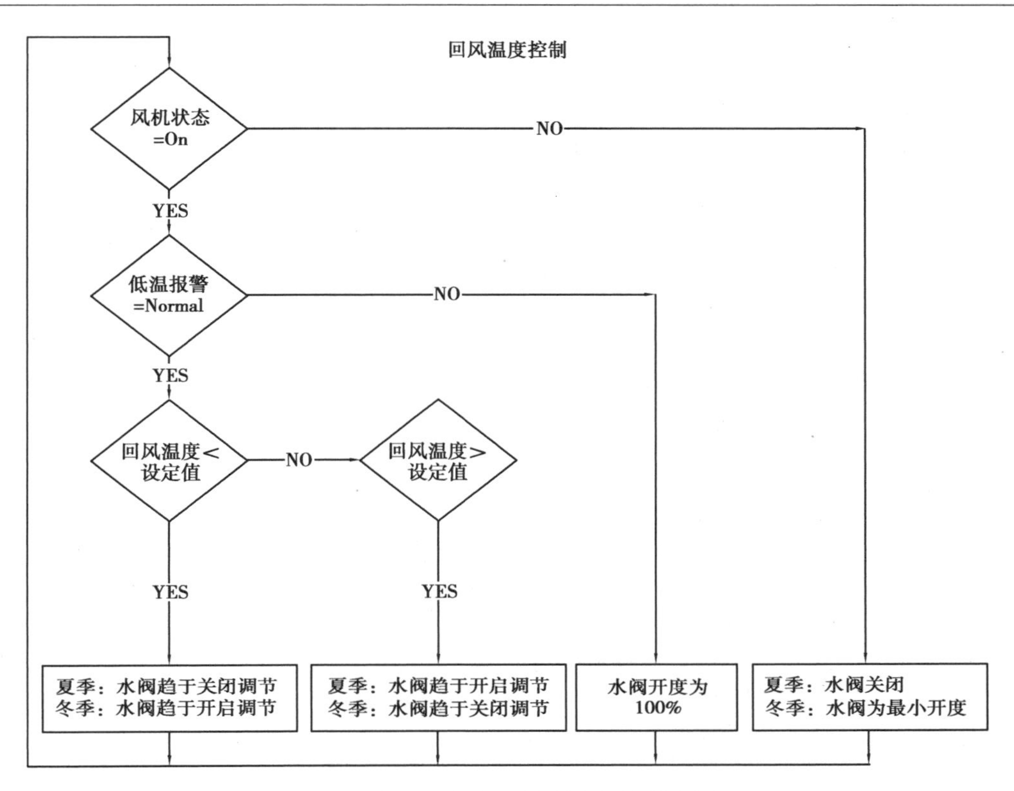

图4.65 根据回风温度控制水阀控制流程图

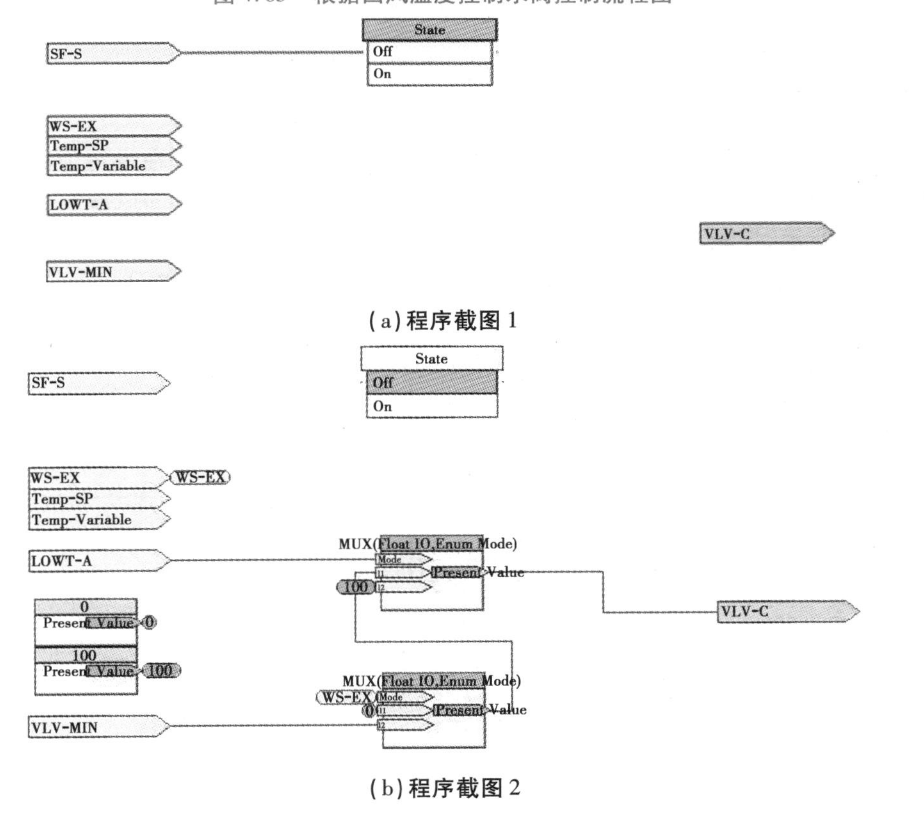

(a)程序截图1

(b)程序截图2

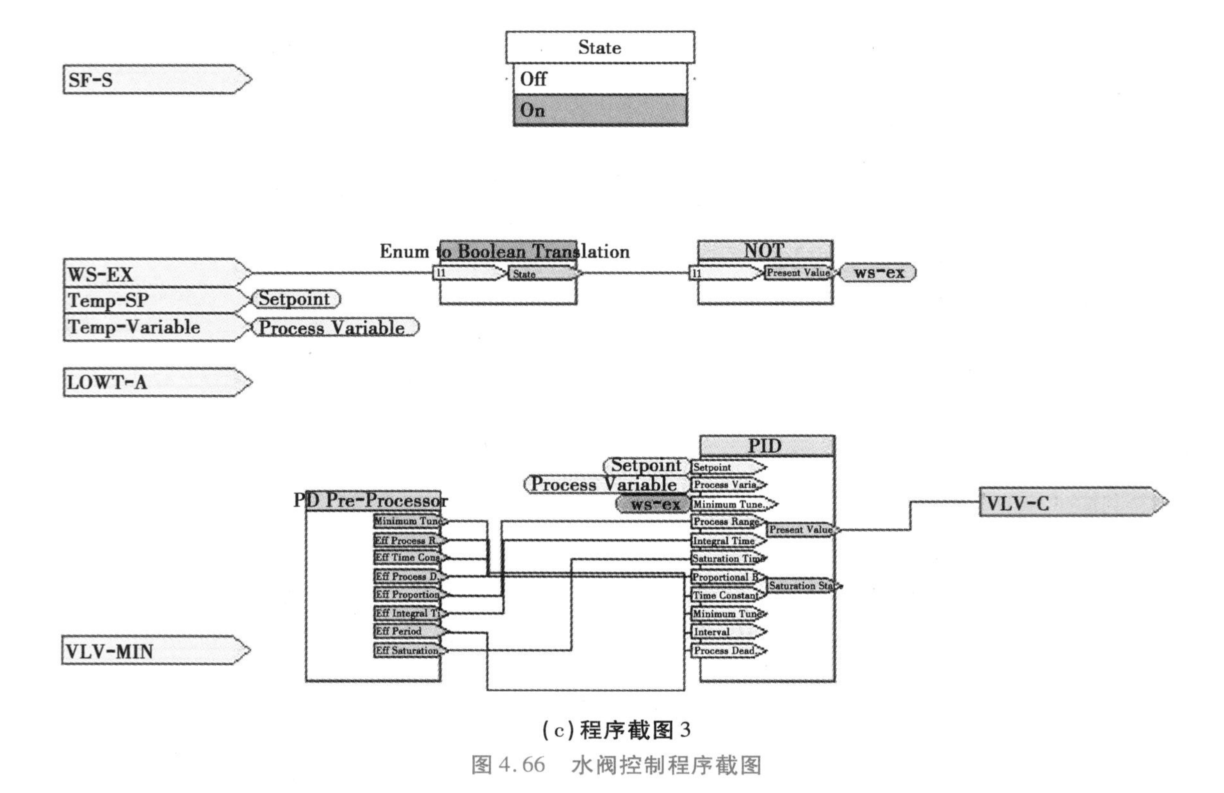

(c)程序截图 3

图 4.66 水阀控制程序截图

6)加湿器控制

回风湿度控制:监测回风湿度,通过启停加湿阀,使回风湿度保持在设定值。当回风湿度低于设定值时,加湿阀开启;当回风湿度高于设定值时,加湿阀关闭。回风湿度控制水阀示意图,如图 4.67 所示、控制流程图如图 4.68 所示、控制程序截图如图 4.69 所示。

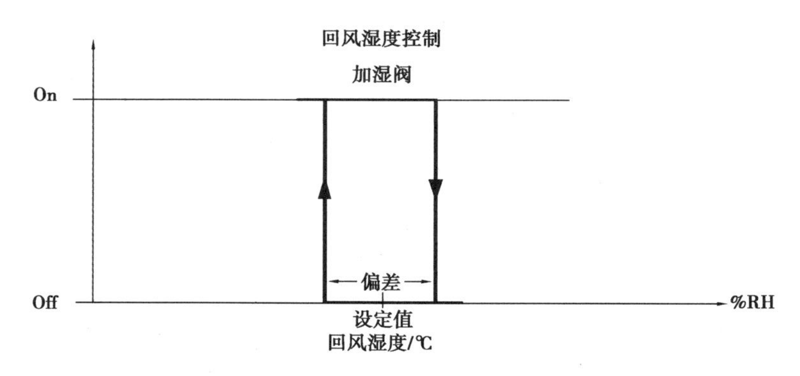

图 4.67 回风湿度控制加湿阀示意图

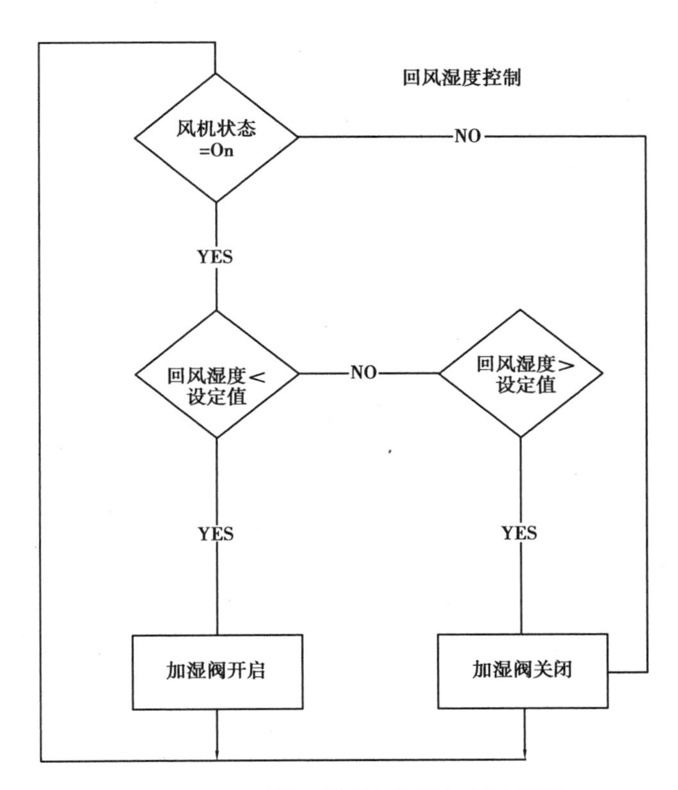

图 4.68　回风湿度控制加湿阀控制流程图

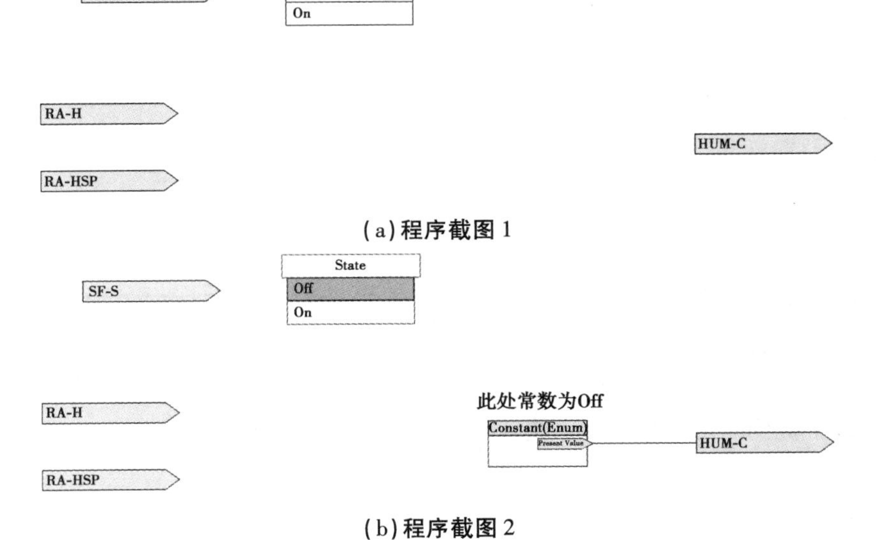

(a)程序截图 1

(b)程序截图 2

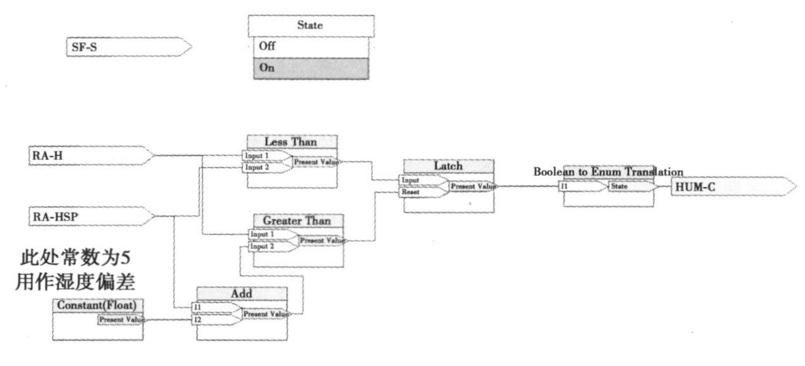

(c)程序截图3

图4.69　回风湿度控制加湿器控制程序截图

4.3.6　定风量与变风量系统

空调机组必须与相应的风管配送网络及末端设备配合才能组成完整的空调系统,根据末端设备的控制方式,可将空调机组分为定风量(CAV)系统与变风量(VAV)系统两大类。

1)定风量系统

最简单的风管配送网络及末端不设任何其他装置,经空调机组处理后的空气直接由风管配送网络按比例送至各送风口。由于各送风口不具备任何调节能力,若送风机为非变频的,则送至各送风口的风量基本不变(忽略室内气压变化对送风量的影响)。工程中常将这种系统称为定风量空调系统。但实际上,这种空调系统并不是严格意义上的CAV系统,严格意义上的CAV系统的末端与VAV系统的末端完全相同,其监控原理图如图4.70所示。

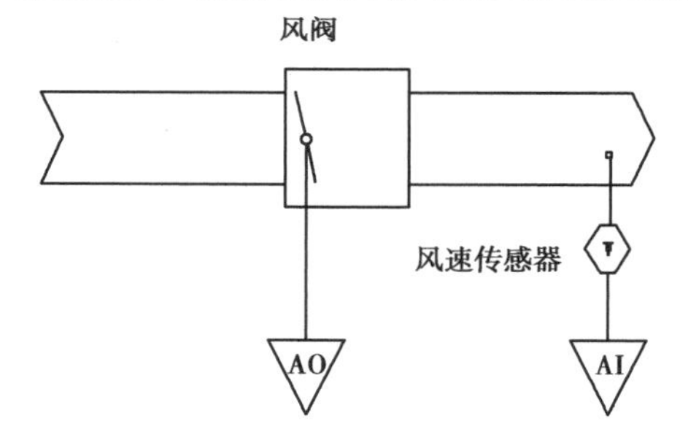

图4.70　CAV及VAV末端监控原理图

对于严格的CAV末端,控制器根据风速传感器风速反馈与设定值之间的差值对末端风门进行PID调节,以保证风速恒定。在实际工程中,很少有对送风量要求如此精确的场合,因此,CAV末端很少安装在送风口。CAV末端通常安装在排风口或新风口,以保证恒定的换气量或室内压力。以下提到的定风量空调系统若无特殊说明时指的都是前面所说的非严格意义的定风量系统。

对于定风量空调系统而言,一般仅适合用于大空间区域(如会议厅、餐厅、大堂等)。这些区域各送风口的控制范围内占用的情况及温、湿度设定值相同,可由一台或多台空调机组统一控制。但对于独立、分割空间(如办公区域等)往往无法满足各区域的个性化需求。对于一些仅存在占用情况不同,一旦处于占用状态,温、湿度设定值相同的独立、分割空调区域(如一些病房区域、仓库区域等)，可以在送风口末端安装开关风阀。当空调区域处于占用状态时打开开关风阀进行控制，当空调区域空闲时关闭开关风阀以节约能源。送风机运行频率根据各末端风阀的开关状态进行确定，保证各末端送风量基本恒定，这种系统仍属于定风量空调系统。

2) 变风量系统

变风量空调系统的监控

变风量系统是通过改变送入房间的风量来控制室内温度，以满足室内负荷变化需求的。图 4.71 为变风量系统示意。

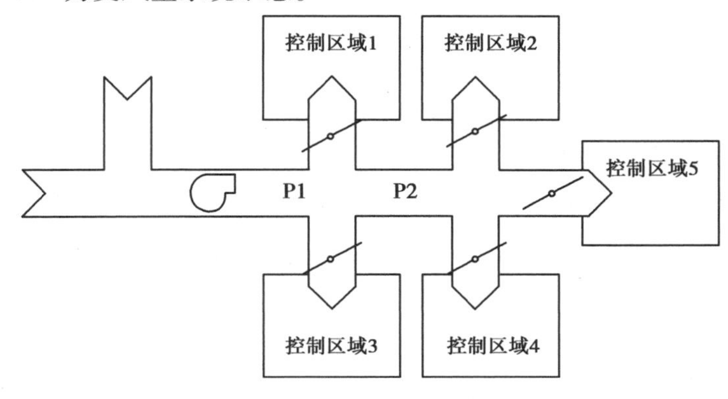

图 4.71　变风量系统示意图

如图 4.71 所示，在变风量系统中每个控制区域都有一个末端风阀装置，称为“VAV Box”。通过改变 VAV 末端风阀的开度可以控制送入各区域的风量，从而满足不同区域的负荷需求。同时，由于变风量系统根据各控制区域的负荷需求决定总负荷输出，在低负荷状态下送风能源、冷热量消耗都获得节省(与定风量系统相比)，尤其在各控制区域负荷差别较大的情况下，节能效果尤为明显。与新风机组加风机盘管相比，变风量系统属于全空气系统，舒适性更高，同时避免了风机盘管的结露问题。

由于其舒适性和节能性，变风量系统在近几年获得广泛应用，特别适合于高档办公楼等应用场合。但变风量系统的造价较高，工艺设备加控制系统的总价大约是新风机组加风机盘管系统的两倍以上。

变风量系统的控制特点如下：

变风量系统在其舒适性和节能性方面具有定风量系统以及新风机组加风机盘管系统无法比拟的优势，但它的控制也相当复杂。

首先，由于变风量控制系统中任何一个末端风量的变化都会导致总风管压力的变化，如不能及时调整送风机转速和其他各风口风阀开度，则其他各末端的风量都将受到干扰，发生变化。以图 4.70 为例，在夏季工况下，假设人为将控制区域 1 内的设定温度调高，则控制区域 1 的 VAV 末端风阀开度必将减小。如其他设备运行状态不变，则风管静压必将升高，其他各控制区域的送风量加大，温度降低。即控制区域 1 的变化影响了其他区域的控制。如送风机运行频率及其他各末端的风阀进行相应调整，这些调整同样又会影响控制区域 1。如何正确地处理各控制区域之间相互影响的问题是变风量系统控制的最大难点。

其次，如图 4.71 所示，变风量末端风阀的控制是以末端风速或送风量为依据的。在风量较小时，送风量的准确测量是变风量系统控制的又一问题。

再次，在定风量空调系统中，由于各末端的送风量基本保持恒定，因此，只要保证送风量中新风的百分比就可保证最小新风量的送入。但是在变风量空调系统中,各末端的送风量是变化的,因此,依靠百分比保证新风量的做法显然是行不通的。在许多变风量工程中,用户反映低负荷状态下空气品质不好往往就是这个原因。在当空调机组总送风量变化时,如何保证足够的新风量也是变风量控制需要解决的问题。

由此可见,变风量控制非常复杂,以下我们分 VAV 末端控制、风管静压控制和空调机组控制三部分进行讨论。

(1)VAV 末端控制

①基本 VAV 末端控制。

最基本的 VAV 末端由进风口、风阀、风量传感器和箱体等几部分组成。目前绝大多数风量传感器采用毕托管传感器。它是通过测量风管内全压和静压,根据两者之差求出动压后得到风速,进而求出末端装置送风量。

VAV 末端根据控制原理不同可分为压力有关型和压力无关型两种。

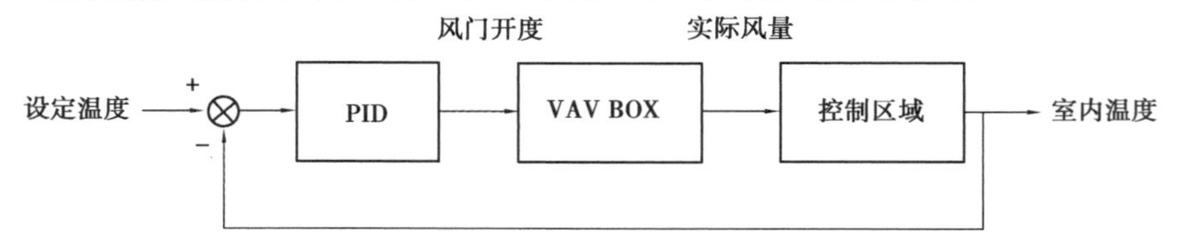

(a)压力有关型VAV末端

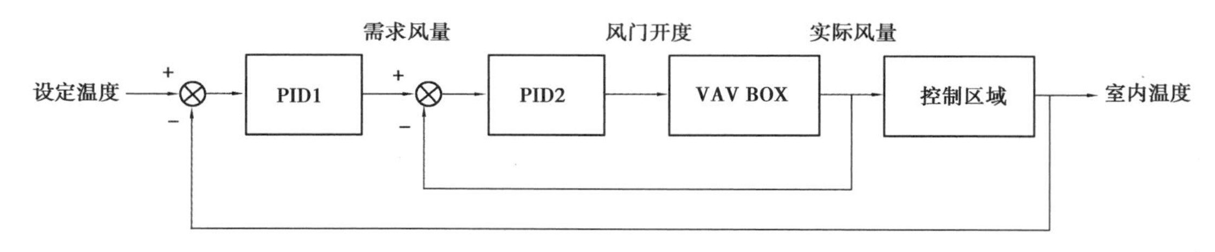

(b)压力无关型VAV末端

图 4.72　VAV 末端的两种控制方式

图 4.72(a)所示的是压力有关型 VAV 末端的控制方式。它是直接根据室内温度与设定温度的差值确定末端风门开度的。当风管静压发生变化时,由于室内温度惯性较大,不可能发生突变,因此不会立刻影响风门的开度。若风管静压变化了而风门开度不变,则送风量必然发生改变,即送风量的大小与风管静压有关,故称为压力有关型 VAV 末端。这种末端由于受风管静压的波动影响过大,目前工程中已很少使用。

压力无关型 VAV 末端的控制方式,如图 4.72(b)所示。它采用串级 PID 调节方式,首先根据室内温度与设定温度的差值确定需求风量,然后根据需求风量与实际风量的差值确定风门开度。在此系统中,当风管静压变化时,立刻会导致送风量的变化,图 4.72(b)中的 PID2 运算模块将改变风门开度,保持送风量恒定,即送风量不再受风管静压的影响,故称为压力无关型 VAV 末端。目前,工程中大量采用的正是这种压力无关型 VAV 末端。

②再加热型 VAV 末端控制。在 VAV 系统控制的建筑层面中,往往会区分内区与外区进行控制。

所谓外区是指建筑物的周边区域。室内的空气状态不仅与室内人员、灯光、设备等因素有关，还与室外温度和太阳辐射有关。建筑物的外区一般夏季供冷、冬季供暖。

建筑物内区的空气状态仅与室内负荷有关，而与室外环境无关。建筑物的内区往往常年供冷。

在区分内区、外区的 VAV 系统中，内区 VAV 一般采用基本末端形式，而在一些工程要求较高的应用场合，外区采用再加热型 VAV 末端。外区采用再加热型 VAV 末端可以在冬季工况下根据需求独立升高各末端的送风温度，以增强系统灵活性。

目前工程中常用的再加热型 VAV 末端有盘管加热和电加热两种。一般都是通过 DDC 的数字量输出进行有级控制的，而非模拟调节。如图 4.73 所示为带三级电加热 VAV 末端的监控原理。其中，电加热设备投运与风门开度的关系视具体应用而定，可先加大风门开度至极限位置后再投入电加热设备，也可边加大风门开度边投入电加热设备。盘管加热的控制方式与电加热完全相同。

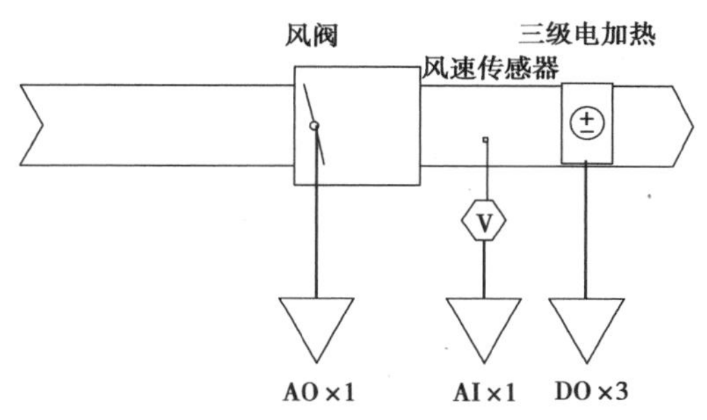

图 4.73　带三级电加热 VAV 末端监控原理图

③风机驱动型 VAV 末端控制。空调系统的控制对象不仅包括温、湿度及空气品质，还包括气流组织。基本 VAV 末端在风量较小时，无法保证良好的气流组织，往往造成控制区域冷热不均，甚至产生气流死角。风机驱动型 VAV 末端在基本 VAV 末端的基础上增设了风机设备，通过将集中送风与部分室内回风混合以改善这一状况。

在风机驱动型 VAV 末端控制中，建筑设备监控系统除需完成常规 VAV 末端控制任务外，还需对风机的启停及运行状态进行监控。

④末端控制方式的实现。目前工程中多采用一些固化应用程序的小型 DDC 对 VAV 末端进行一对一控制，所有的风门、再热设备及末端风机控制都由这种小型 DDC 独立完成。由于这种小型 DDC 的应用程序多是出厂预先固化的，因此，在工程订货时应先根据 VAV 末端的实际情况和监控需求选定应用程序，然后确定 DDC 型号。

一些厂商还提供了一种一体化的 VAV 控制器，这种控制器将 DDC 与风门驱动器进行一体化生产，以便于工程安装和维护。

(2) 风管静压控制

如图 4.71 所示，当各 VAV 末端风门开度随控制区域负荷的变化而改变时，如送风机运行频率不做相应调整，风管静压就会产生波动。工程中必须根据各末端状态及时调整送风机频率以优化控制。目前，应用较多的风管静压控制策略主要包括定静压、变静压和总风量三种。

①定静压控制方式。

定静压控制方式的基本思想是如果能够通过调整送风机运行频率稳定风管静压不变，则各末端风门的开度仅与其控制区域负荷有关，而不受其他末端风门开度变化的影响。

定静压控制方式只能稳定风管中个别点的静压不变,在工程设计中,静压传感器的设置位置是一大难点。根据经验,该点一般设在靠近主风道末端,离末端距离约为主风道全长的1/3处。但是在风管管网比较复杂时,该点的位置仍然很难确定。有时会设置多个静压传感器,以各传感器测量值的加权和作为控制依据。

静压测量点难以确定,且节能效果不佳是定静压控制方式的主要缺陷。但定静压控制方式实施简单,各VAV末端之间的耦合性小,因此,在欧美获得广泛应用。

②变静压控制方式。

变静压控制方式产生于能源高度匮乏的日本。考察定静压控制方式在低负荷状态下的工作情况可以发现,定静压是通过减小VAV末端风门开度来限制送入各控制区域风量的。当各末端风门开度都较小时,是否能够通过降低送风机运行频率、增大各末端风门开度,在送风量不变的情况下进一步节能呢?变静压是基于这一思想产生的。

变静压控制根据VAV末端风门开度反馈控制送风机运行频率,使开度最大的末端风门处于接近全开的状态。变静压的典型控制策略,见表4.7。

表4.7　变静压的典型控制策略

末端装置阀门状态	风机转速	控制内容
最大阀门开度为100%	转速增加	增大送风量,使最大阀门开度接近100%
最大阀门开度介于85%与100%之间	转速不变	控制内容不变
最大阀门开度小于85%	转速降低	减小送风量,使最大阀门开度大于85%

变静压控制的节能效果良好,但由于各风门末端之间的耦合关系复杂,因此工程实施较定静压控制方式困难。尤其在各控制区域负荷均较低时,对于变静压这样的低风速系统,使用毕托管测量的送风量误差往往较大,直接影响控制效果。变静压末端风量的测量一般使用超声波风速传感器,以提高测量精度,从而大大提高工程成本。

目前,国内许多新建高档办公楼都优先考虑采用变静压控制方式,但就已完工的项目而言,控制效果并不理想。许多项目中途又转为定静压控制。

③总风量控制方式。

总风量控制方式是在20世纪末出现的变风量控制方法,它认为变风量系统中,由于涉及多个末端的状态变量,采用反馈控制方式反应慢、算法复杂,因此,总风量控制提出了前馈控制的思想。

在压力无关型VAV末端中,已经确定了各控制区域需求风量。将所有区域的需求风量累加即可获得送风机的总输出风量,并以此作为控制风机频率的依据。总风量控制中的关键是确定风机送风量与风机转速之间的函数关系。

理论上由于前馈控制带有一定的超前预测特性,因此响应速度比变静压和定静压都快,且节能效果可以接近变静压控制。但实际上风道的阻力特性要比理想状态下复杂得多,因此总风量控制的效果并没有理论上这么好。为保证系统至少满足各控制区域的负荷需求,总风量控制往往与定静压控制结合使用,在风管静压最不利点(可以是多点)设置静压传感器。当这些点的风管静压均满足最小静压限制时,采用总风量控制;当风管静压低于最小静压限制时,转为定静压控制,优先保证风管静压。

④三种控制方式的工程实施及比较。

工程中,许多人往往误认为采用哪种控制策略完全是控制方面的问题,而与暖通设计无关。事实上,每一种控制策略都必须和相应的暖通设计相配合,才能达到良好的控制效果。以定静压和变静压控制为例,定静压由于各 VAV 末端直接的耦合关系不明显,一般一台空调机组可以带 15 ~20 个末端,而变静压控制方式控制的空调机组一般只能带 5 ~8 个末端。因此,为定静压控制设计的 VAV 系统用变静压方式控制基本上是无法调试稳定的。而为变静压控制设计的 VAV 系统如果采用定静压方式,就控制而言是没有问题的。但变静压系统的末端往往采用低风速系统,对 VAV 末端噪声参数要求不高,如果换成定静压控制的话,控制区域的室内噪声将明显增大。

由此可见,工程中的 VAV 风管静压控制方式的确定应与暖通设计结合起来,最好暖通设计早期就开始介入。表 4.8 对 3 种风管静压控制方式进行了比较,以供工程参考。

表 4.8　VAV 系统风管静压控制方式比较表

特点/控制方式	定静压控制法	变静压控制法	总风量控制法
控制原理	以风管静压为依据,控制送风机运行频率,保持风管静压恒定	以各变风量末端的风阀开度反馈为依据,控制送风机运行频率,使其中开度最大风门接近全开状态	以各变风量末端的风量需求为依据,控制送风机运行频率,使送风机送风量等于各控制区域需求风量
建设难点	定压点的确定,尤其在风管结构较复杂时	末端风量的准确测量,尤其在风量需求较小时	如何在各末端风量需求不断变化的情况下,准确地确定风机转速
节能效果	节能效果差	节能效果最好	节能效果居中
建设成本	成本居中	成本最高	成本最低
各末端之间	耦合度最小	耦合度居中	耦合度最大
末端数量	最多,一般 15 ~20 个	最小,一般 5 ~8 个	居中

【技能点】

4.3.7　变风量空调机组控制

VAV 系统中,空调机组控制的主要难度在于新风量的控制,即在总送风量变化的条件下如何保证最小新风量。

保证新风量最简单、直观的方法是在新风口上安装风速传感器,测量新风量。根据测得的新风量对新风门进行控制。但实际工程中,空调机组的新风量一般较小,且新风管道很短,这给风速的准确测量带来了困难。

另一种间接测量新风量的方法是分别测量送风量和回风量,两者的差值即为新风量。由于送风量和回风量一般都较新风量大,且管道较长、风速平稳,因此,测量精度较第一种方式高。

还有一种精确控制新风量的方法是在新风口单独设置对新风进行预处理的 CAV 新风机

组，如图 4.74 所示。此系统中只要将 CAV 的风量设定为最小新风量即可。采用这种方式的控制系统不仅最小新风量控制精确，而且由于新风机组对新风的预处理作用，使得温度控制效果也进一步优化。

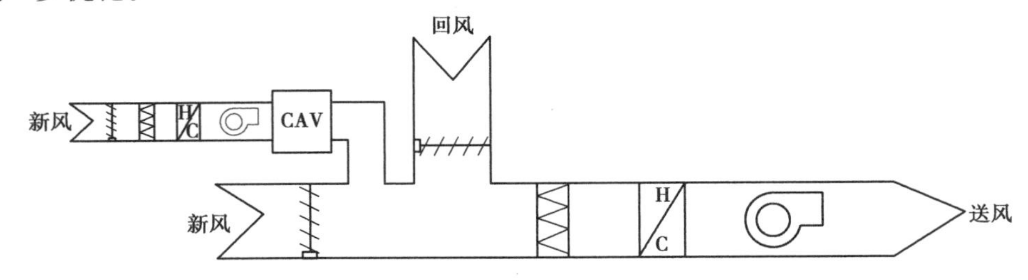

图 4.74　单独设置 CAV 新风机组的新风量控制示意图

VAV 系统空调机组的其他控制方式与常规空调机组控制基本相同，只是 VAV 系统空调机组的控制目标不是室内或回风温、湿度，而是送风温、湿度。具体控制内容及原理不再复述。图 4.75 所示为典型定静压 VAV 系统的监控原理图。

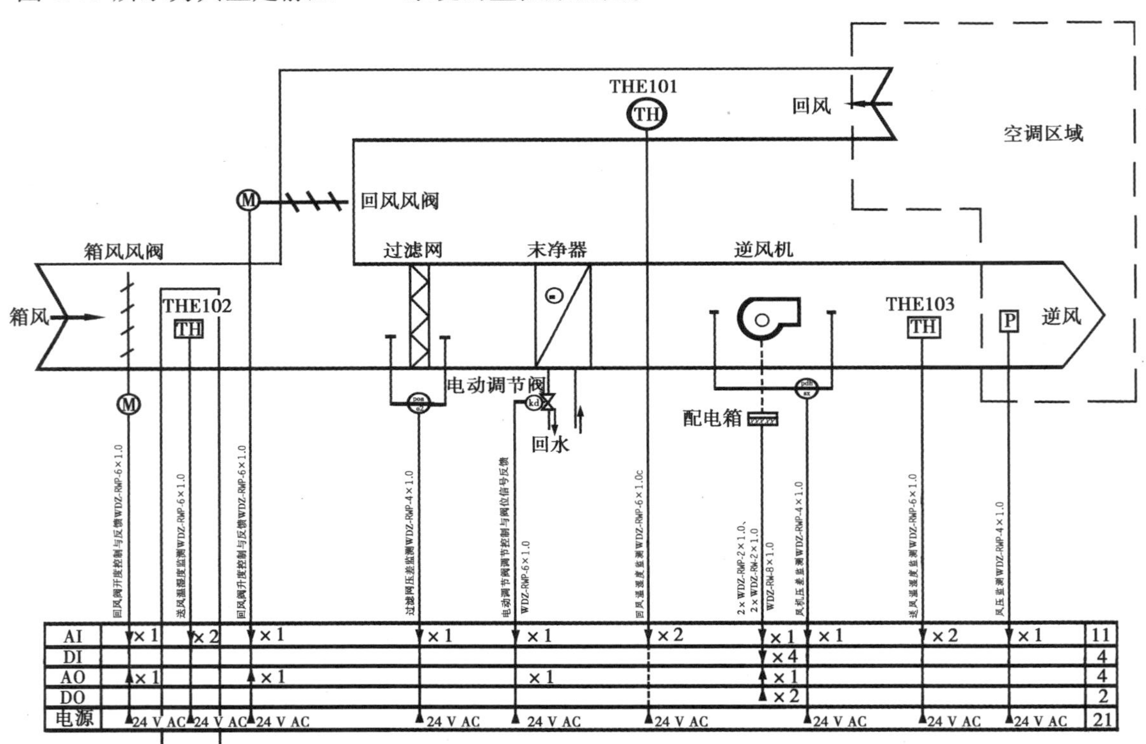

图 4.75　典型定静压 VAV 系统的监控原理图

以上介绍的 VAV 系统控制方法及原理都是以控制室内温、湿度为目标的，也有部分 VAV 系统的控制目标是以保证室内压力为目标的，例如，在一些化学实验室、洁净厂房等。以压力为控制目标的 VAV 系统控制方式与上述控制方法基本相同，差别仅在于末端需求风量的确定依据，且以压力为目标的 VAV 系统往往会和某些设备（如排风、门窗等）存在较多的联动关系，有时对末端风阀的动作速度也有较高要求。

4.3.8　送排风系统的监控

1）送排风系统的监控功能

监控系统对通风设备的监控功能应符合下列规定：

（1）应能监测下列参数

①通风机的启停和故障状态；

②空气过滤器进出口的压差开关状态。

（2）应能实现下列安全保护功能

①当有可燃、有毒等危险物泄漏时，应能发出报警，并宜在事故地点设有声、光等警示，且自动连锁开启事故通风机；

②风机的故障报警；

③空气过滤器压差超限时的堵塞报警。

（3）应能实现风机启停的远程控制

（4）应能实现风机按时间表的自动启停

（5）应能实现下列自动调节功能

①在人员密度相对较大且变化较大的区域，根据 CO_2 浓度或人数/人流修改最小新风比或最小新风量的设定值；

②在地下停车库，根据车库内的 CO 浓度或车辆数，调节通风机的运行台数和转速；

③对于变配电室等发热量和通风量较大的机房，根据发热设备使用情况或室内温度，调节风机的启停、运行台数和转速。

2）送排风系统的监控原理

通风系统的监控

送风机（Supply Fan，SF）与排风机（Exhaust Fan，EF）系统由于不对空气进行任何温、湿度处理，因此控制较为简单。如图 4.76 所示为典型送排风系统的监控原理图。

如有需要还可安装风速传感器，对送/排风量进行监测，有些甚至带 CAV 末

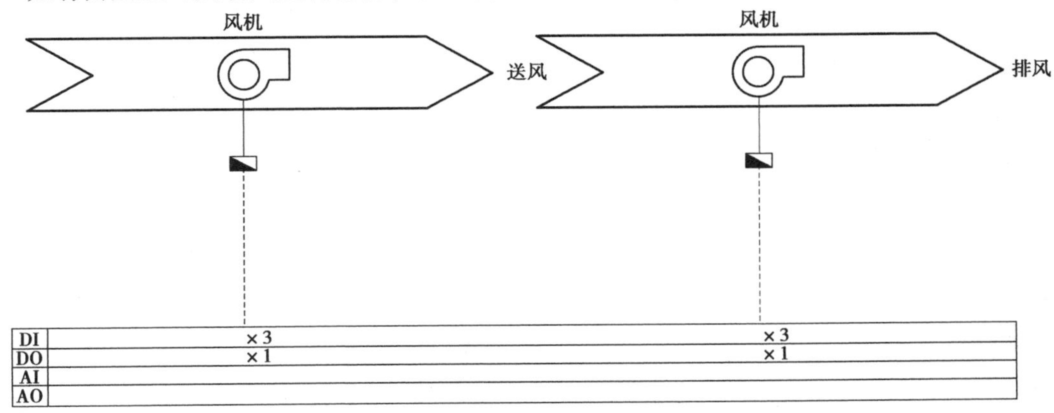

图 4.76　典型送排风系统的监控原理图

端控制。另外,有些送风系统还需安装滤网对室外空气进行过滤,此时,还需安装滤网压差传感器,对滤网阻塞情况进行监视。

在车库中,送排风系统还需与空气中的 CO 和 CO_2 浓度联动控制。

工程中,消防排烟风机(Smoke Exhaust Fan,SEF)一般也归入送排风系统,它的启停一般由消防系统联动控制,建筑设备监控系统只需对其运行及故障状态进行监视即可。防排烟风机实物图如图 4.77 所示。

图 4.77　防排烟风机实物图

【任务实施】

分析各工程案例,根据暖空空调的系统图、平面图,结合表 4.9 的步骤,详细填写每步的过程与结果。

表 4.9　任务实施单

工程名称		建筑物类型		产品厂家	
实施形式	分组讨论、角色扮演				
被控对象					
工作原理					
监控功能					
监控原理图					
监控点表					
监控平面图					
设备安装流程					
设备安装要求					
接线端子图					
逻辑公式/表					
仿真过程与结果					
验收测试结果					

【任务知识导图】

任务4.3知识导图总图,如图4.78所示。其中,半集中空调系统的监控,如图4.79所示,集中空调系统的监控,如图4.80所示,变风量空调系统的监控,如图4.81所示,通风系统的监控,如图4.82所示。

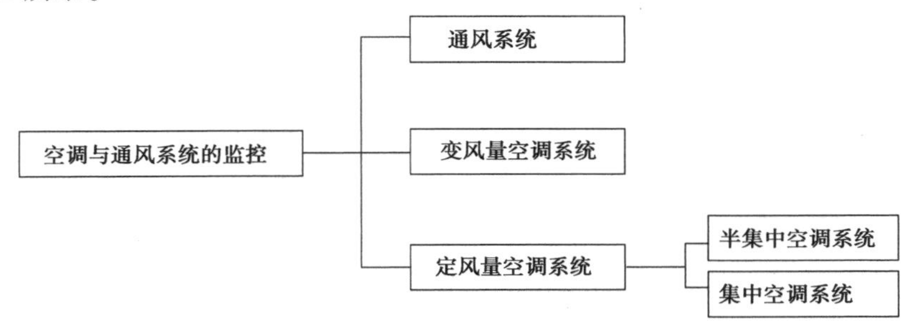

图4.78　任务4.3知识导图总图

任务4.4　冷热源子系统的监控

【任务描述】

①6人为一组,组内每人分别完成6个不同工程项目的冷热源系统的监控任务,每小组继续沿用空调监控系统所选厂家的控制器进行设计。

②每人需完成CAD图纸的绘制:空调系统的监控原理图、楼层监控点位分布图及管线路由图(即平面图)、监控系统图。

③需完成如下表格的编制:空调系统BA点数表、产品选型表(包括传感器、控制器、执行器等选型)、DDC配置一览表。

④需详细描述本空调系统的控制功能,搭建硬件监控系统,并能利用DDC配置软件与上位机组态软件(如LonMaker/CCT、力控组态软件等),添加其硬件点及软件点,实现其监控功能的编制。

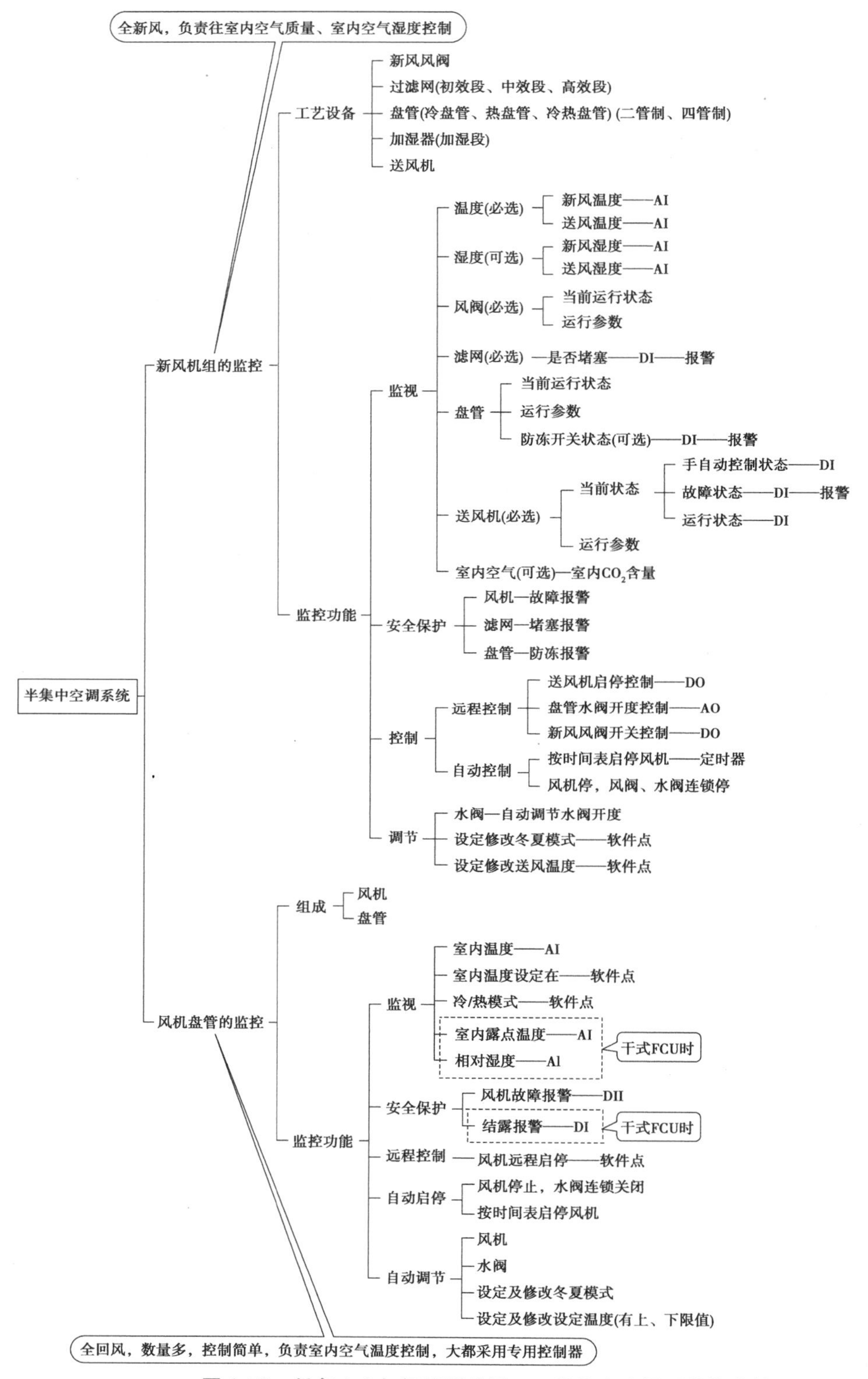

图 4.79　任务 4.3 知识导图分图——半集中空调系统的监控

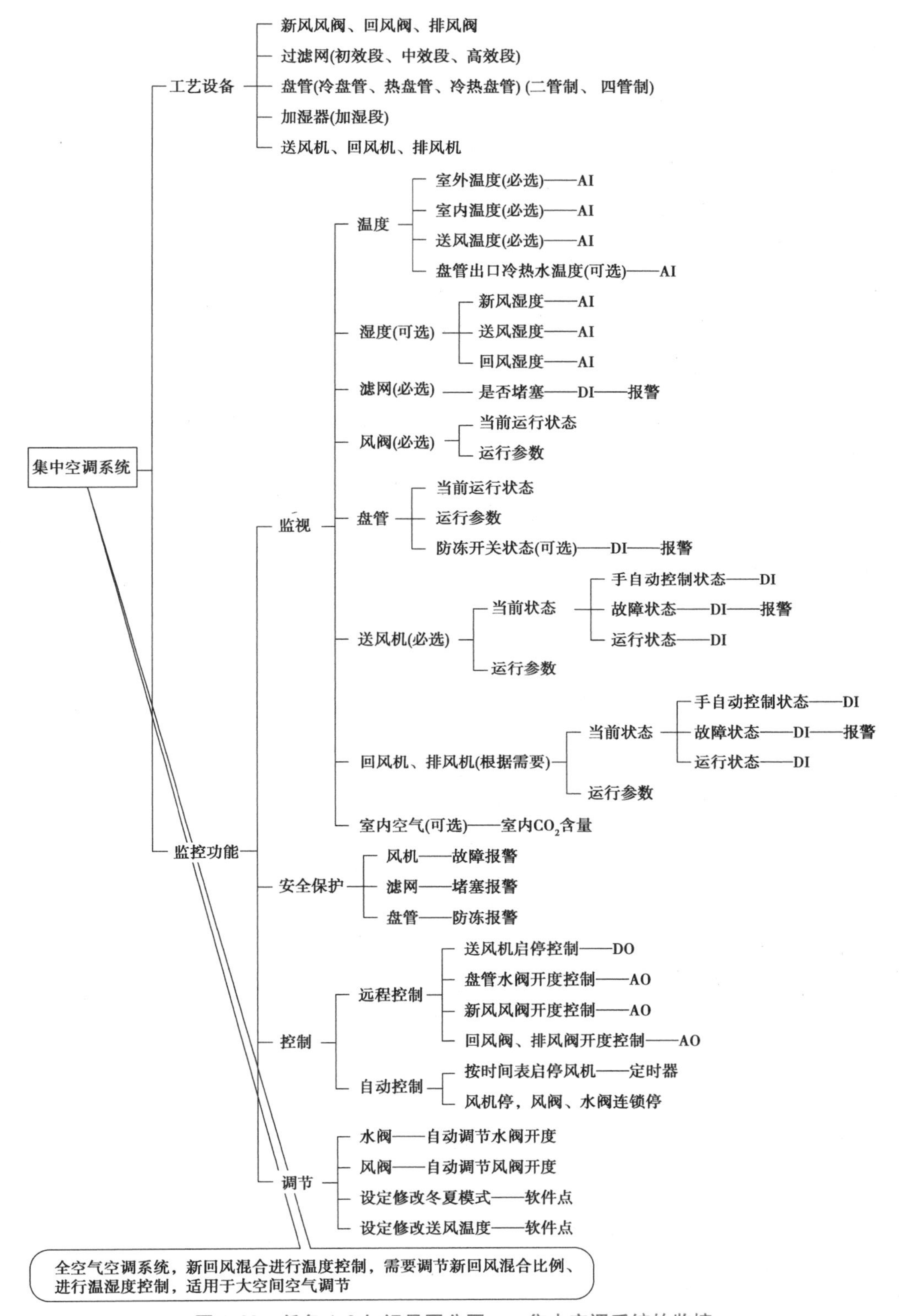

图4.80　任务4.3知识导图分图——集中空调系统的监控

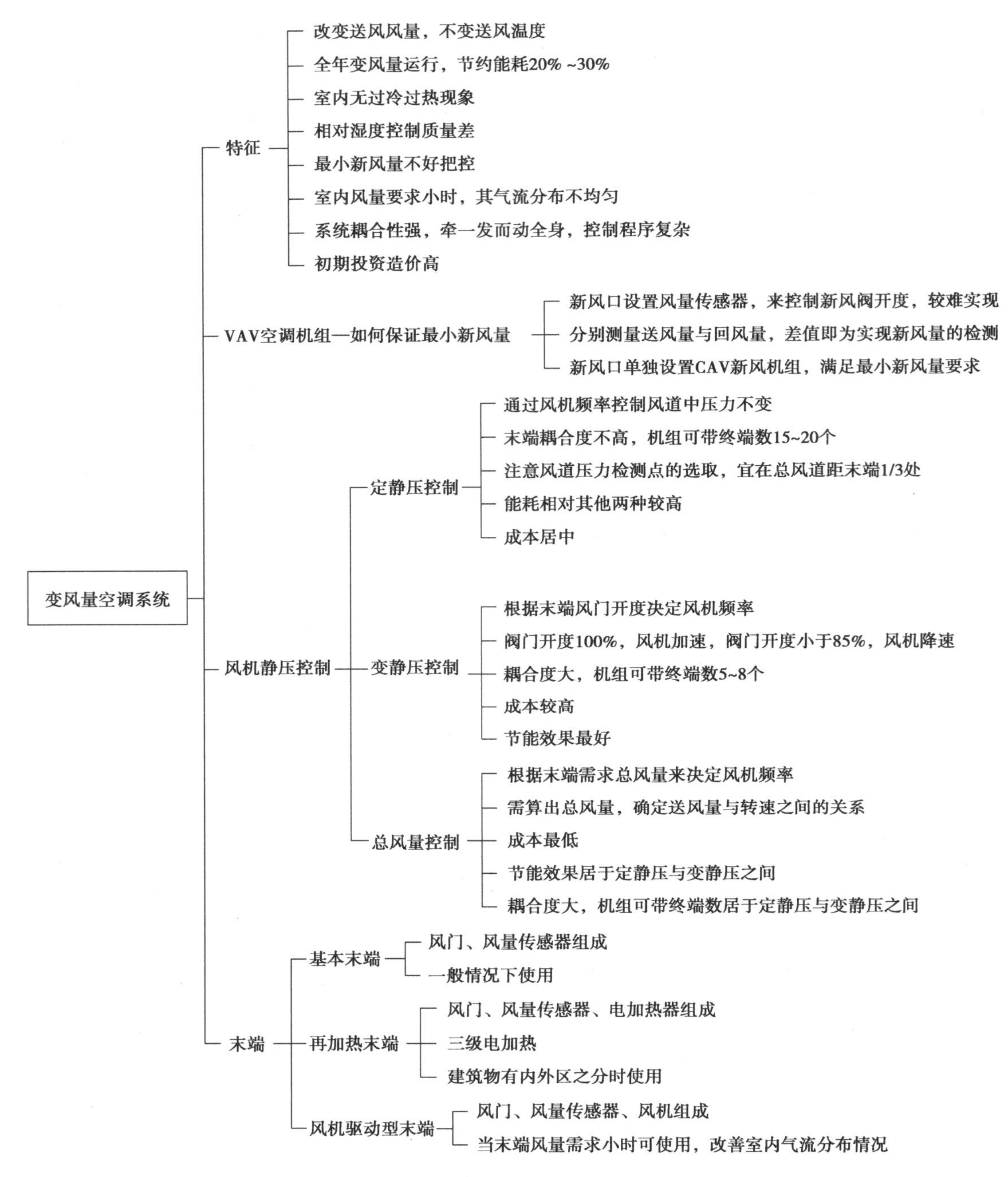

图4.81　任务4.3知识导图分图——变风量空调系统的监控

【知识点】

4.4.1　冷热源系统的组成

现代建筑物中，暖通空调设备的能耗占总能耗的65%左右，而冷热源设备及水系统的能耗又是暖通空调系统能耗的最主要部分，占80% ~90%。如果提高了冷热源设备及水系统的效率就解决了建筑设备监控系统节能最主要的问题,冷热源设备与水系统的节能控制是衡量建筑设备监控系统成功与否的关键因素之一。冷热源设备不仅监控工艺复杂,而且节能技术手段丰富,对这些设备的监控质量的优劣直接影响日后的设备运行经济效益。

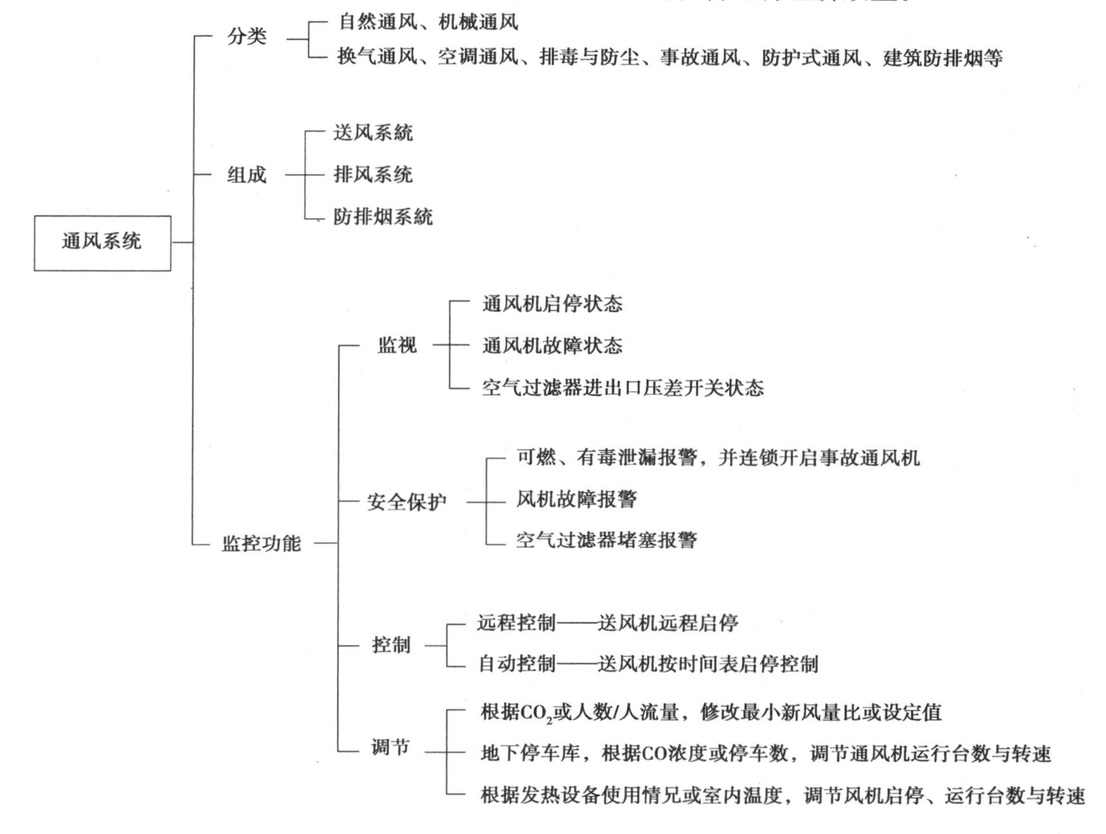

图4.82　任务4.3知识导图分图——通风系统的监控

一般建筑物中,系统冷源可以是冷水机组、热泵等,主要为建筑物空调系统提供冷量;系统热源可以是锅炉系统或热泵机组等,除了为建筑物空调系统提供热水外,还包括生活热水系统。其中,热泵机组既可作为系统冷源,又可作为系统热源。但由于它的制冷、制热效率都较低,因此,单独将热泵机组作为系统冷热源的建筑并不多见。考虑单独将冷水机组作为系统冷源,将锅炉系统作为系统热源有较大的容量浪费,设备利用率低(冷水机组在冬天几乎不用,而锅炉系统在夏天仅需满足生活热水需求,但冷水机组和锅炉机组的容量又必须满足尖峰负荷需求),因此,许多建筑物都将冷水机组和锅炉系统作为主要冷热源,其容量满足大多数情况下的负荷需求,不足部分由热泵机组承担,这种冷热源的配置方式相对比较经济。

由于冷水机组、热泵、锅炉等设备的控制复杂、危险性大,因此,在一般民用建筑中其内部工作并不是由建筑设备监控系统直接控制的。建筑设备监控系统只能通过接口方式控制这些设备的启、停及调节部分的可控参数,如出水温度、蒸汽温度等。所谓的冷热源设备监控系统实际上主要监控的是这些设备的工作状态及相关水循环、蒸汽循环回路的工作状态和参数。

生活热水系统的监控原理与建筑物空调热源水循环系统的工作原理基本相同,因此,以下仅以建筑物空调冷热源系统为例介绍冷热源设备监控系统的工作原理。

4.4.2 系统冷源工作原理

制冷系统中常用的冷媒有氟利昂、溴化锂、氨等。制冷方式有压缩式制冷、热力制冷和冰蓄冷。压缩式制冷是以氟利昂或氨为制冷剂的电力制冷；热力制冷是以水为制冷剂、溴化锂溶液为吸收剂的热力制冷；冰蓄冷是让制冷设备在电网低负荷时工作，将冷量储存在蓄冷器中，供空调系统高峰负荷时使用。这种方法可缓解电力供应的紧张状况。

冷源系统的监控

在压缩式制冷方式中，制冷剂一般是水，制冷剂一般采用含氟利昂或氟的制剂，其工作原理如图4.83所示。

压缩式制冷系统主要由制冷压缩机、冷凝器、膨胀阀和蒸发器4个主要设备组成，并用管道相连，构成一个封闭的循环系统。系统工作时，来自蒸发器的低温低压制冷剂蒸汽被压缩机吸入，压缩成高温高压制冷剂蒸汽后，排入冷凝器。在冷凝器中，高温高压的制冷剂蒸汽被冷却水冷却，冷凝成高压液体，然后经膨胀阀节流降压后变成低温低压液体进入蒸发器。在蒸发器中，低压制冷剂液体吸取冷冻水的热量，蒸发成低温低压蒸汽后再进入压缩机，开始下一个循环。冷冻水失去热量后，温度下降，输入空调系统做冷源使用。

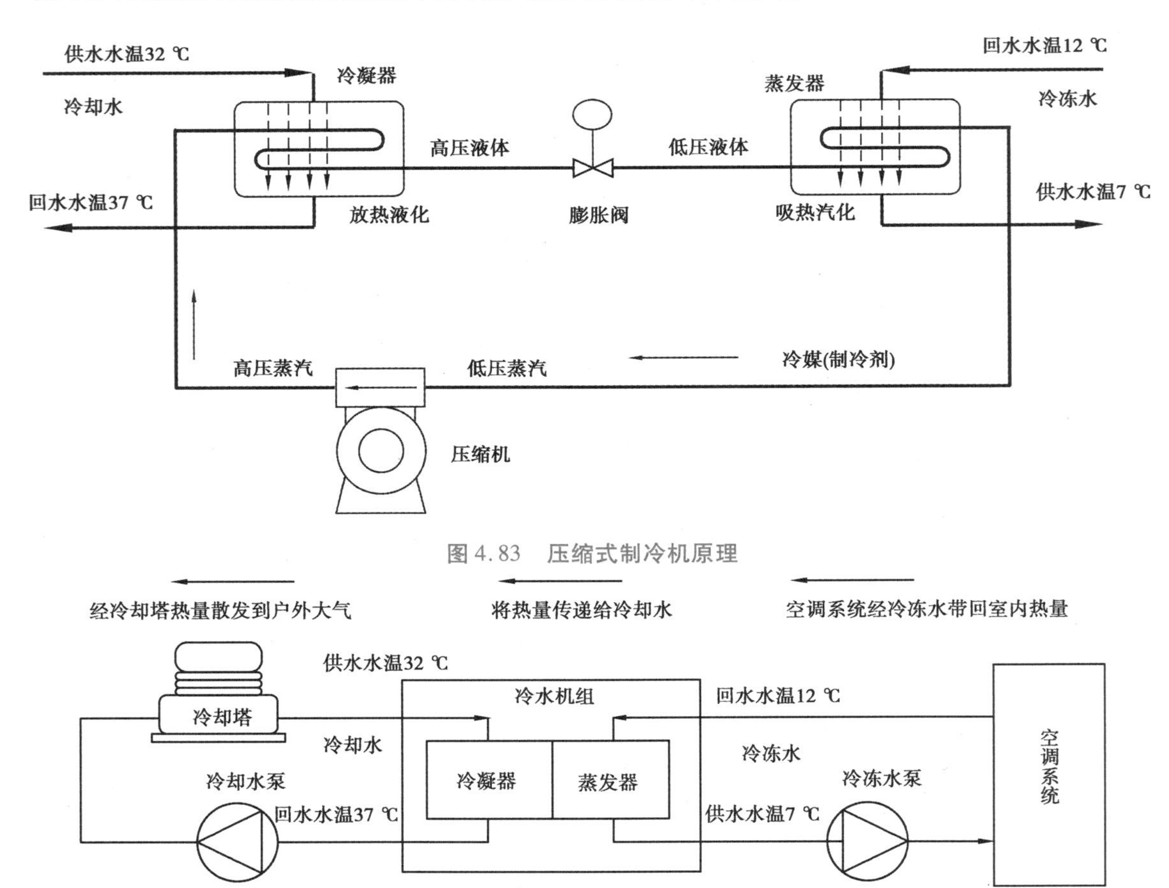

图4.83 压缩式制冷机原理

图4.84 空调系统热量传递原理

实际上,压缩式制冷系统是整个热量传递过程中的一个环节。在空调系统中,被调节的室内空气由于种种原因而使温度升高,为了降低室内空气温度,就需排出热量,图4.84表示了这个过程。

【技能点】

4.4.3　冷源系统的监控

1)冷源系统的监控功能

监控系统对空调冷热源和水系统的监控功能应符合下列规定:

(1)应能监测下列参数

①冷水机组/热泵的蒸发器进、出口温度和压力。

②冷水机组/热泵的冷凝器进、出口温度和压力。

③常压锅炉的进、出口温度。

④热交换器一二次侧进、出口温度和压力。

⑤分、集水器的温度和压力(或压差)。

⑥水泵进、出口压力。

⑦水过滤器前后压差开关状态。

⑧冷水机组/热泵、水泵、锅炉、冷却塔风机等设备的启停和故障状态。

⑨冷水机组/热泵的蒸发器和冷凝器侧的水流开关状态。

⑩水箱的高、低液位开关状态。

(2)应能实现下列安全保护功能

①根据设备故障或断水流信号关闭冷水机组/热泵或锅炉。

②防止冷却水温低于冷水机组允许的下限温度。

③根据水泵和冷却塔风机的故障信号发出报警提示。

④根据膨胀水箱高、低液位的报警信号进行排水或补水。

⑤冰蓄冷系统换热器的防冻报警和自动保护。

(3)应能实现下列远程控制功能

①水泵和冷却塔风机等设备的启停。

②调整水阀的开度,并宜监测阀位的反馈。

③应通过设备自带控制单元,实现冷水机组/热泵和锅炉的启停。

(4)应能实现下列自动启停功能

①按顺序启停冷水机组/热泵、锅炉及相关水泵、阀门、冷却塔风机等设备。

②按时间表启停冷水机组/热泵、水泵、阀门和冷却塔风机等设备。

(5)应能实现下列自动调节功能

①当空调水系统总供、回水管之间设置旁通调节阀时,自动调节旁通阀的开度,且保证冷水机组允许的最低冷水流量。

②当冷却塔供、回水总管之间设置旁通调节阀时,自动调节旁通阀的开度,且保证冷水机组允许的最低冷却水温度。

③设定和修改供冷/供热/过渡季工况。

④设定和修改供水温度/压力的设定值。

(6)宜能实现下列自动调节功能

①自动调节水泵运行台数和转速。

②自动调节冷却塔风机运行台数和转速。

③自动调节冷水机组/热泵/锅炉的运行台数和供水温度。

④按累计运行时间进行被监控设备的轮换。

2)冷源系统监控原理

典型建筑物空调冷源系统的监控原理图如图 4.85 所示。建筑物空调冷源系统主要由冷源设备(冷水机组或热泵机组)、冷冻水循环回路和冷却水循环回路 3 个部分组成。

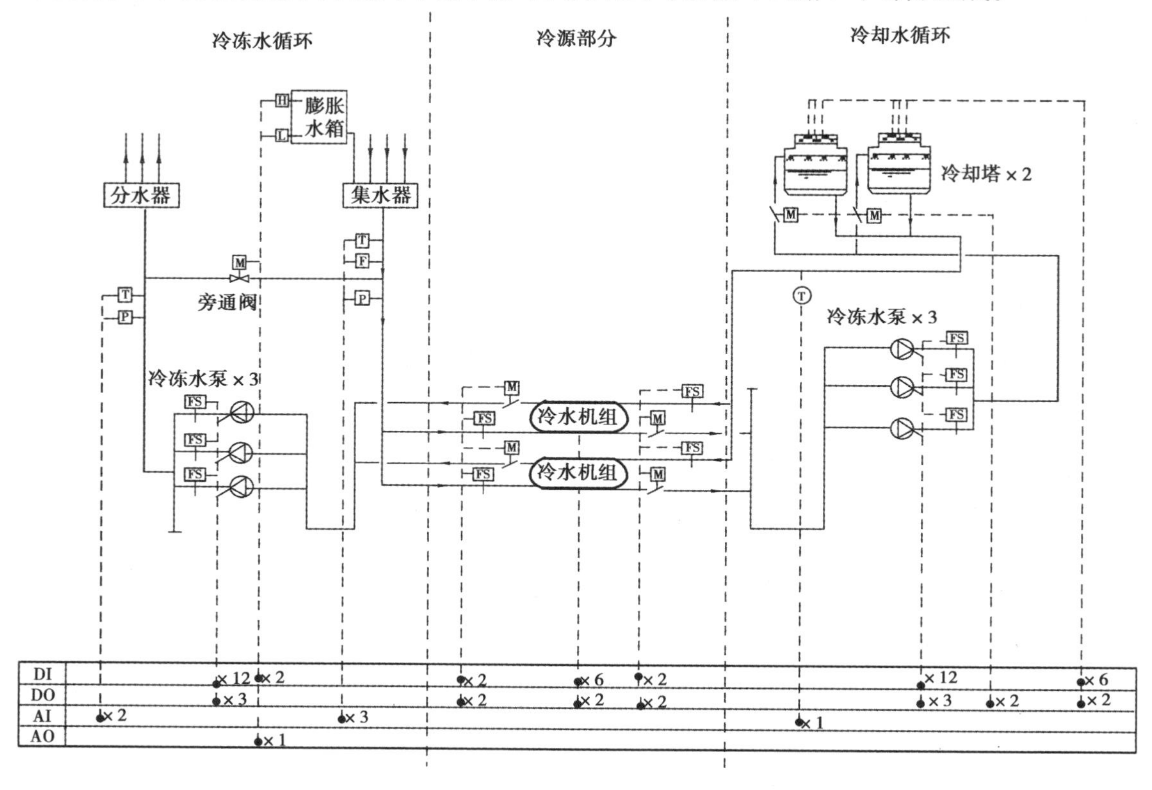

图 4.85　典型建筑物空调冷源系统的监控原理图

(1)冷源设备的监控

在民用建筑中,冷水机组内部设备的控制一般由机组自带的控制器完成,而不是由建筑设备监控系统直接控制。多台冷水机组的控制器之间一般由设备供应商通过某种总线(如 Modbus 总线)进行联网,建筑设备监控系统可通过通信接口控制机组的启/停及调节部分控制参数,同时也可通过接口监视一些重要的运行参数。具体可控的参数需要建筑设备监控系统工程承包商与冷水机组生产厂商进行协调,这主要取决于厂商开放数据的多少。

一般建筑设备监控系统监控的冷水机组状态参数较少,仅包括:

①冷水机组启/停控制及状态监视。

②冷水机组故障报警监视。

③冷水机组的手/自动控制状态监视。

④冷冻水出水/回水温度监视等。

如冷水机组为双工况机组(许多冰蓄冷系统中所采用的冷水机组为制冰/水冷双工况机组),还需监控冷水机组的工况设定。若有特殊需要,还可要求制冷机组厂商提供冷水机组出水温度设定及监视、冷水机组负荷率等参数的监控接口。

建筑设备监控系统对冷水机组的控制主要是台数控制,即各台冷水机组的启/停控制。建筑设备监控系统根据建筑物的实际冷量需求,决定需要开启几台冷水机组及开启哪几台冷水机组。控制要求保证各台冷水机组的累计运行时间基本相同,同时避免同一台冷水机组频繁启/停。

除对冷水机组本身的控制外,建筑设备监控系统一般还要对各冷水机组的冷冻水、冷却水回路蝶阀进行控制,同时监视各回路的水流状态。

(2)冷冻水循环回路监控

建筑物空调冷源系统的冷冻水循环如图4.85左半部分所示,它将从各楼层空气处理设备循环回来的高温冷冻水送至冷水机组制冷,然后再供给各空气处理设备。此回路的监控内容主要包括冷冻水泵的监控、冷冻水供/回水各项参数的监测、旁通水阀及膨胀水箱的监控等。

冷冻水泵是冷冻水循环的主要动力设备,其监控内容一般包括:

①冷冻水泵的启/停及状态监视。

②冷冻水泵故障报警监视。

③冷冻水泵的手/自动控制状态监视等。

冷冻水泵(其他大多数由BA直接控制启/停的电气设备,如风机、照明等的监控原理与水泵基本相同)的这些监控点一般都直接取自其电气控制回路。图4.86所示为典型电气设备启/停监控的电气原理图。

如图4.86所示,该系统在电气上分为主回路(一次回路)与控制回路(二次回路)两部分。主回路工作电压为三相380 V,以闸刀开关或空气断路器作为电源进线开关,以便故障检修时形成明显的断点,确保安全。主回路通过接触器对设备电源进行控制,采用热继电器对设备进行过载保护。

控制回路分220 V回路,主要实现对主回路接触器的控制。此回路一般要求以手/自动两种方式对风机启/停进行控制。具体设计方案:利用一个手/自动转换开关,实现手动回路与自动回路之间的转换。当拨到手动挡时,操作人员可通过启动按钮、停止按钮、接触器线圈以及接触器辅助常开触点组成的自保持电路在现场对设备进行控制;当拨到自动挡时,设备的启/停则受DDC的控制。

设备监控内容中的启/停控制实际上就是对图4.85主回路中接触器的控制,启/停状态信号取自接触器辅助触点,故障状态信号取自热继电器的辅助触点,手自动转换信号取自手自动转换开关。

除对冷冻水泵本身的监控外,还可通过监测水泵回路的水流状态进一步确认水泵的运行状态。

冷冻水供/回水的监测参数包括:

①冷冻水供/回水温度监测。

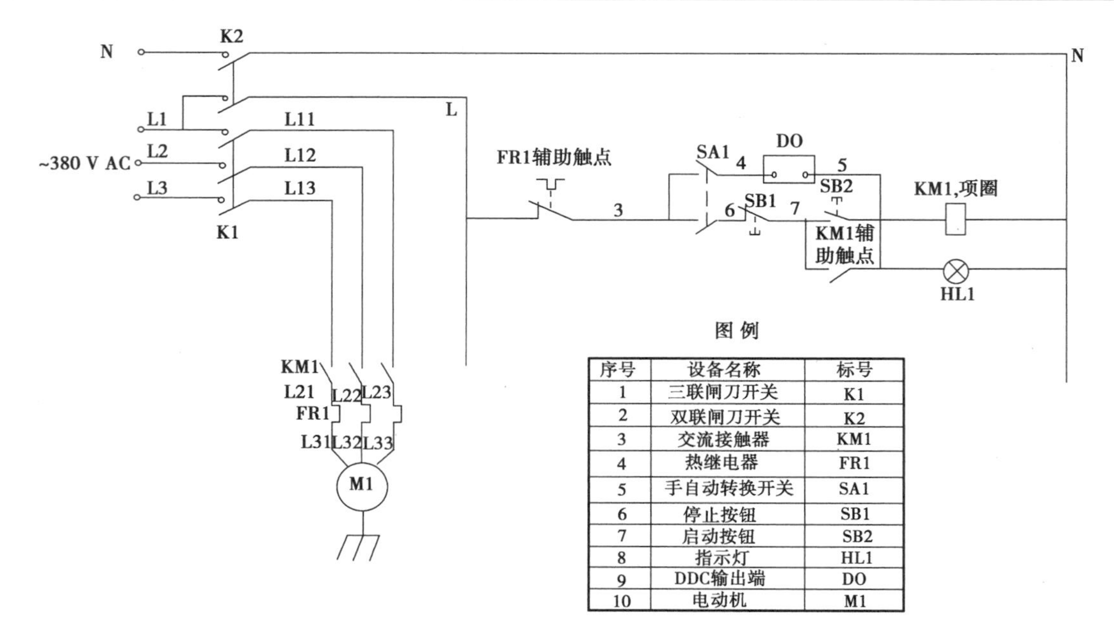

序号	设备名称	标号
1	三联闸刀开关	K1
2	双联闸刀开关	K2
3	交流接触器	KM1
4	热继电器	FR1
5	手自动转换开关	SA1
6	停止按钮	SB1
7	启动按钮	SB2
8	指示灯	HL1
9	DDC输出端	DO
10	电动机	M1

图 4.86　典型电气设备启/停监控电气原理图

②冷冻水供/回水总管压力或压差监测。

③冷冻水循环流量监测等。

系统根据冷冻水供/回水总管的压力差可控制旁通阀开度以使冷冻水供/回水总管压差保持恒定,起节能和延长设备寿命的效果。

系统根据冷冻水供/回水温度差及流量可计算出整个空调冷源系统的总冷量输出,从而决定冷水机组的启动台数。冷冻水供/回水温度及流量测取点的确定是许多工程设计及施工中易犯的错误。如图 4.87 所示,分水器侧温度的测取位置既可位于旁通回路前端,也可位于旁通回路后端,测取位置的改变不会影响测量值。即图 4.87 中(a)、(b)所示的测量位置都是正确的,根据这 3 个值可以准确地计算出系统冷源的输出冷量。而集水器侧温度和流量的测取点理论上都应位于旁通回路的前端,图中(c)、(d)所示的测量位置是错误的。对于定流量冷冻水泵而言,当水泵启动台数不发生变化时,图(c)测出的流量值是恒定的,而图(d)中测出的是混合水的温度。

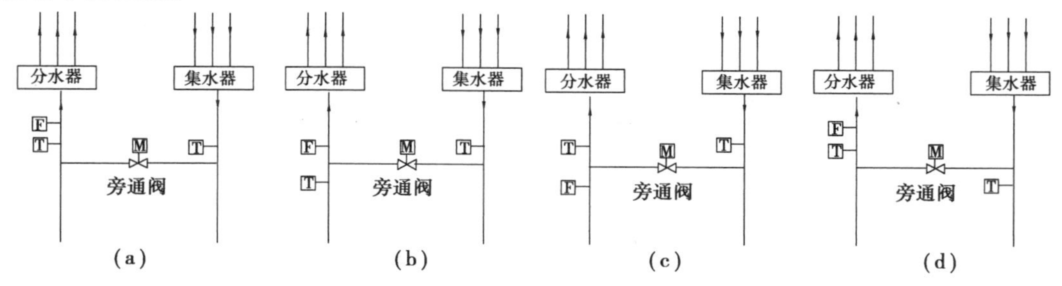

图 4.87　冷冻水供/回水总管温度及流量测取位置

图 4.87 中(a)、(b)所示的测量位置是最经济、最理想的,但有时暖通设计将旁通回路设计在分水器与集水器之间,如图 4.88 所示。这样,集水器侧温度和流量的测取点就无法位于旁通回路前端了。此时可采用如图 4.88(a)所示的位置测量温度和流量。根据这 3 个参数同

样可以准确地计算出系统冷源的输出冷量,但无法获得负荷侧的流量及回水温度。为获得负荷侧的流量,可以在旁通回路上加装流量传感器,如图4.88(b)所示,利用总管流量减去旁通回路流量得到回水流量,同时通过利用热量平衡公式也可算得负荷侧的回水温度。另外,在实际工程中也有分别测各回路流量及回水温度的设计方案,如图4.88(c)所示,但造价较高。

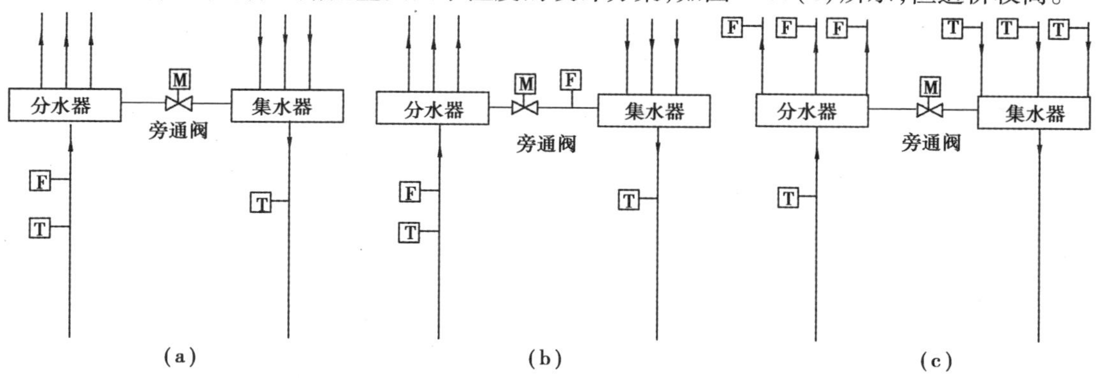

图4.88　特殊情况下冷冻水供/回水总管温度及流量的测取位置

冷冻水回路膨胀水管的监测内容主要为其高、低液位状态。膨胀水箱的补水阀或补水泵一般不由数字自控系统控制,因此,建筑设备监控系统只需对其水位状态进行监视,异常时产生报警即可。

(3)冷却水循环回路监控

建筑物空调冷源系统的冷却水循环如图4.85右半部分所示,它的主要任务是将冷水机组从冷冻水循环中吸取的热量释放到室外。此回路的监控内容主要包括冷却塔的监控、冷却水泵的监控及冷却水进、回水各项参数的监测。

冷却塔是冷却水循环回路的主要功能设备,其监控内容一般包括:

①冷却塔风机启、停控制及状态监视。

②冷却塔风机故障报警监视。

③冷却塔风机的手/自动控制状态监视等。

另外,冷却塔的控制还包括其进水管的蝶阀控制。若工程要求较高,还可增设冷却塔出水蝶阀控制等其他监控内容。

冷却水泵是冷却水循环的主要动力设备,其监控内容一般包括:

①冷却水泵的启、停机状态监视。

②冷却水泵故障报警监视。

③冷却水泵的手/自动控制状态监视等。

除了对冷却水泵本身的监控外,还可通过监测水泵回路的水流状态进一步确认水泵的运行状态。

冷却水循环进、回水参数的监测主要是对回水温度的监测,这是保证冷水机组正常工作的重要监测参数。将回水温度维持在正常范围内是冷却水循环的主要功能。除此之外,根据具体需要也可以在进、回水管设置流量、压力等传感器设备,对进、回水参数进行检测,也可在进、回水管之间设置温差旁通回路。

(4)设备间联动及冷水机组的群控

冷水机组是整个建筑物空调冷源系统的核心设备,冷冻水循环、冷却水循环都是根据冷水机组的运行状态进行相应控制的。

当需要启动冷水机组时,一般首先启动冷却塔,其次启动冷却水循环系统,然后是冷冻水循环系统的启动,当确定冷冻水、冷却水循环系统均已启动后方可启动冷水机组;当需要停止冷水机组时,停止的顺序与启动的顺序正好相反,一般首先停止冷水机组,然后是冷冻水循环系统、冷却水循环系统,最后是冷却塔。

建筑设备监控系统在对某个制冷机组下达启动命令时,其相关设备的动作时间顺序应为:

①对应冷却水、冷冻水管路上的阀门立即开启;

②冷却塔风机、冷却水水泵、冷冻水水泵的启动延迟 2 ~3 min 执行;

③制冷主机启动延迟 3 ~4 min 执行。

在对某个制冷机组下达停止使命时,其相关设备的动作执行时间应为:

①立即切断主机电源;

②冷却塔水泵、风机,冷冻水水泵延时 3 ~5 min 停止;

③对应的管路阀门延时 4 ~6 min 后关闭。

当存在多台冷水机组时,以上过程将会变得十分复杂。最简单的多台冷水机组启/停控制的流程图,如图 4.89 所示。

首先,当需要增加启动一台冷水机组时,需要确定启动哪台冷水机组,同样需要停止一台冷水机组时也相同。建筑设备监控系统可根据目前各台冷水机组的启/停状态、故障状态、累计运行时间及启动频率等因素进行选择。

其次,当需要启动或停止某台冷水机组时首先要确定应增开或停止几台及哪几台冷冻水泵、冷却水泵和冷却塔。一种方法是在冷水机组、冷冻水泵、冷却水泵和冷却塔之间建立一一对应关系,即如决定增开 2 号冷水机组,则首先启动 2 号冷却塔、2 号冷却水泵及 2 号冷冻水泵,反之亦然。这种方案是考虑在决定各台制冷机组启/停的过程中已融入了群控的概念,因此,只要建立各设备之间一一对应关系,就可实现冷冻水泵、冷却水泵和冷却塔等设备的优化启停。这种方案在正常工作状态下控制理想、方便,但当某台设备发生故障时,要由特定的替代机组备选程序启动备用设备。这种方案的最大缺点是无法保证冷冻水泵、冷却水泵及冷却塔的启动台数及具体启动哪台是最优的。另一种方案是对冷冻水泵、冷却水泵和冷却塔各自分别实行群控。此方案控制策略较复杂,可根据具体系统加以确定。

在需要启动一台制冷机组时可按:

①当前停止时间最长的优先;

②累计运行时间最少的优先;

③轮流排队等。

在需要停止一台制冷机组时可按:

①当前运行时间最长的优先;

②累计运行时间最长的优先;

③轮流排队等。

实际应用中,每台设备的启/停可能还包括与其相关蝶阀的开关操作,综合考虑各设备启/停及故障处理的控制程序相当复杂,完善的工程实施难度较大。

(5)冷冻水回路二次水泵变频的控制方案

如前所述,在冷冻水回路采用定流量水泵的情况下,为平衡负荷侧变流和冷水机组侧定流

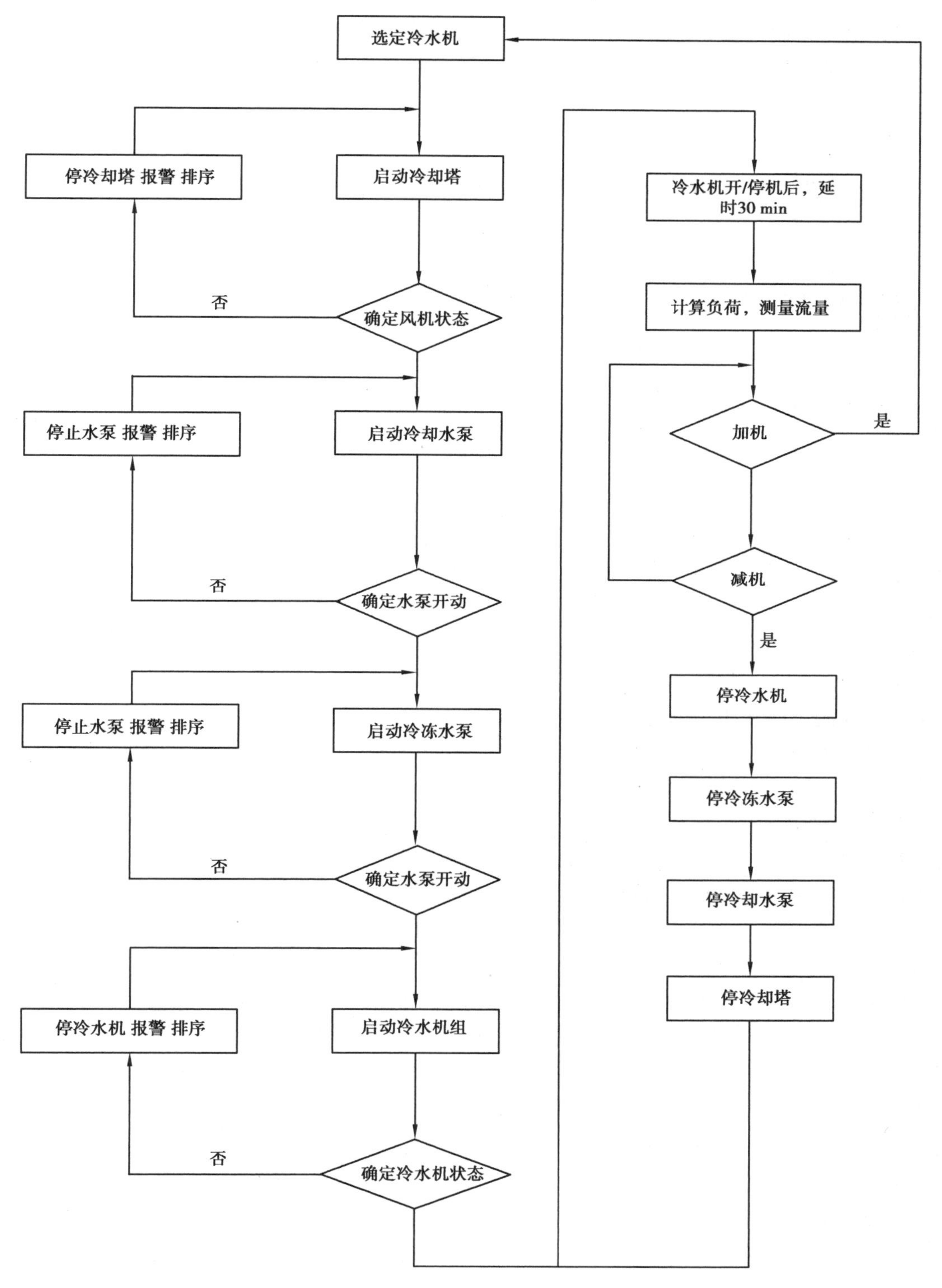

图4.89　多台冷水机组启/停控制的流程图

之间的矛盾，防止低负荷情况下（负荷侧盘管水阀同时关小）水泵对管路及泵本身的冲击，应在冷冻水供回水总管上加装旁通回路，通过旁通阀的开度控制平衡水管压力，如图4.90(a)所示。但是这种控制方式无论是在低负荷状态还是在高负荷状态，只要启动水泵的台数相同，则水泵消耗的能源是基本相同的。在低负荷状态下会浪费大量能源。

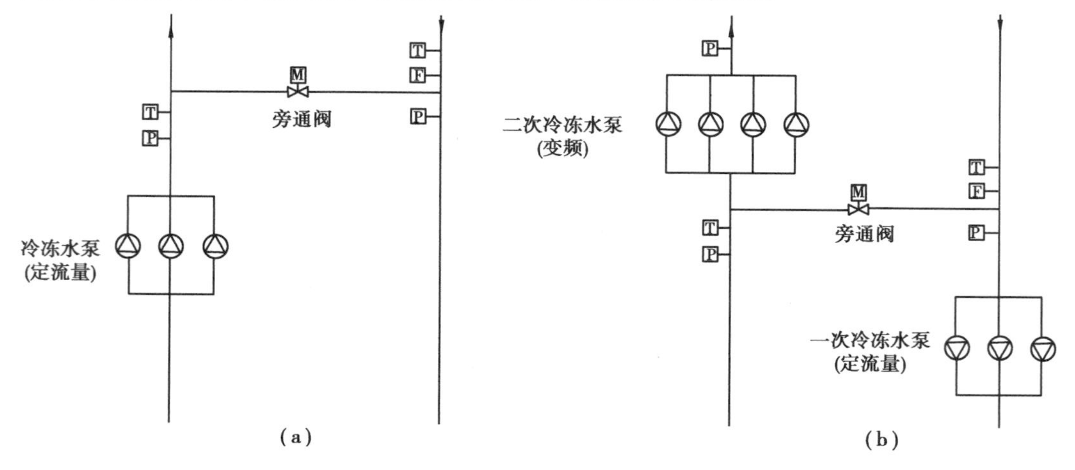

图 4.90　冷冻水回路二次水泵变频的控制方案

从节能的角度，通常做法是将冷冻水泵换成变频泵，根据负荷状态改变水泵的运行频率，实现变频节能。但对于冷冻水回路，如果没有旁通回路，那么冷冻水泵的输出流量等于流过冷水机组的冷冻水流量。在低负荷状态下，变频水泵的输出流量(即流过冷水机组的冷冻水流量)随之降低，而冷水机组通常要求工作时冷冻水量基本恒定，因此，直接变水量调节对冷水机组的正常工作是不利的。工程中可采用如图 4.90(b)所示的回路方式。采用定流量一次冷冻水泵保证流过冷水机组的冷冻水流量，变频二次冷冻水泵根据负荷情况控制输出流量，旁通回路的流量为一次泵与二次泵的流量差。在这种回路中，一般一次泵的扬程较低，二次泵根据负荷决定扬程输出，从而既能实现节能控制，又能保证冷水机组的安全运行。

图 4.90(b)中一次泵及旁通回路的监控方式与图 4.90(a)中冷冻水泵、旁通回路相同，二次泵除监控启停、运行状态、故障状态、手/自动状态外，还需进行频率控制。二次水泵的运行台数及运行频率根据末端压力传感器的压力反馈值进行确定。

4.4.4　热源系统工作原理

地源热泵系统工程勘察标准

建筑物空调系统的主要热源设备包括热泵机组和锅炉系统两种。

热泵机组对应的热源系统工作原理及监控内容与其在制冷状态下的工作原理和监控内容类似，只是热泵机组内部冷凝器和蒸发器的位置可以通过四通阀进行互换。图 4.91 为风冷式热泵机组在制热工况下的工作原理。这样冷凝器就与冷冻水循环产生热交换，向冷冻水中释放热量；蒸发器通过强风换热，从室外吸收热量，从而达到制热的目的。

热泵系统制热工况下机组及冷冻水循环系统的监控内容及控制方式与其在制冷工况下的监控内容、控制方式基本相同，在此不再赘述。

热源系统的监控

4.4.5　热源系统的监控

锅炉系统设备包括锅炉机组、热交换器和热水循环 3 个部分，如图 4.92 所示。

若有必要，还可要求厂商开放烟气含氧量、燃料消耗量等参数供建筑设备监控系统读取监

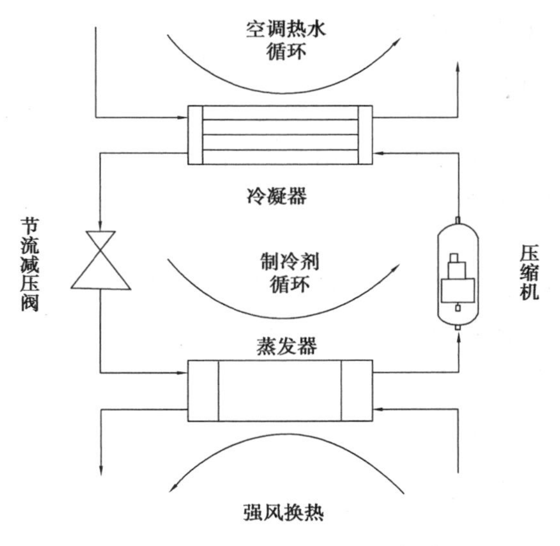

图4.91　热泵机组制热工况的工作原理图

视。也有许多工程不将锅炉系统的监控纳入建筑设备监控系统,而仅对热交换器及热水循环部分进行监控。图4.92所示的就是这种情况,其监控原理也同样适用于没有锅炉系统,而由城市热网供热的情况。

热交换器一端与锅炉机组的蒸汽/热水回路或城市热网相连,另一端与热水循环回路相连。其主要监控内容如下:

①热水循环回路水流状态监测。

②热水循环回路出水温度监测。

③蒸汽/热水或城市热网回路三通阀开度调节等。

有多台热交换器时,还需在每台热交换器热水循环回路的进水口安装蝶阀并进行控制。

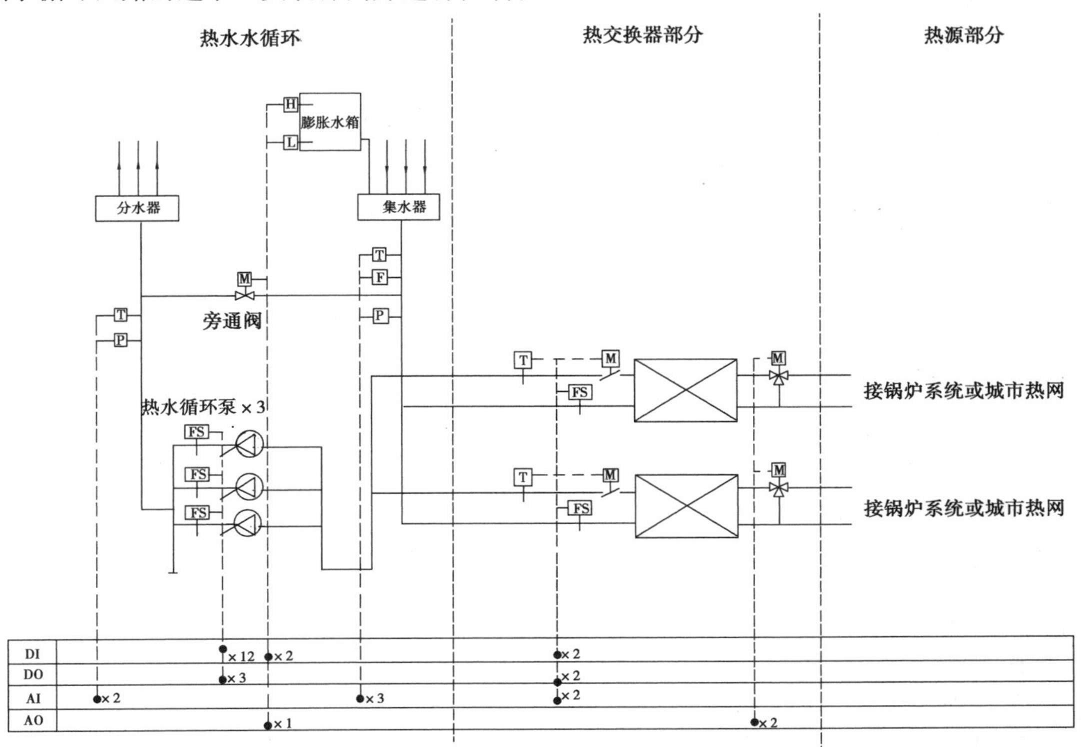

图4.92　典型建筑物热源系统监控原理图

热交换器根据热水循环回路出水温度实测值及设定温度,对蒸汽/热水回路三通阀的开度进行控制,以控制热水循环回路出水温度。热交换器启动时一般要求先打开二次侧蝶阀及热水循环水泵,待热水循环回路启动后再开始调节一次侧三通阀,否则,容易造成热交换器过热、结垢。

由图4.92可知,热水循环系统的工作原理和监控内容与冷水机组冷冻水循环系统完全相同,不同之处在于,冷水机组系统的冷冻水系统是与冷水机组的蒸发器发生热交换的,被吸取热量;而锅炉系统的热水循环是与热交换器的蒸汽/热水回路发生热交换,吸取热量。也有许多工程热水循环侧不存在集水器与分水器,各台热交换器分区供热,在这种情况下,需要对各回路分别进行控制。

建筑物中央空调系统有两管制与四管制之分,所谓四管制是指冷热源的冷冻水循环和热水循环为两条独立的水循环回路,空调负荷侧有两套盘管系统分别对空气进行制冷和加热处理。而两管制系统中,冷冻水循环和热水循环共用一套水循环回路,此回路冬季与热交换器相连输送热水,夏季与冷水机组相连输送冷冻水。冬、夏季转换时通过安装在热交换器及冷水机组侧的蝶阀进行工况转换。对应的空调负荷侧也仅有一套盘管,冬季供热、夏季制冷。

【任务实施】

分析各工程案例,根据暖通空调水系统的系统图,结合表4.10中步骤,详细填写每步的过程与结果。

表4.10 任务实施单

工程名称		建筑物类型		产品厂家	
实施形式	分组讨论、角色扮演				
被控对象					
工作原理					
监控功能					
监控原理图					
监控点表					
监控平面图					
设备安装流程					
设备安装要求					
接线端子图					
逻辑公式/表					
仿真过程与结果					
验收测试结果					

【任务知识导图】

任务4.4知识导图,如图4.93所示。

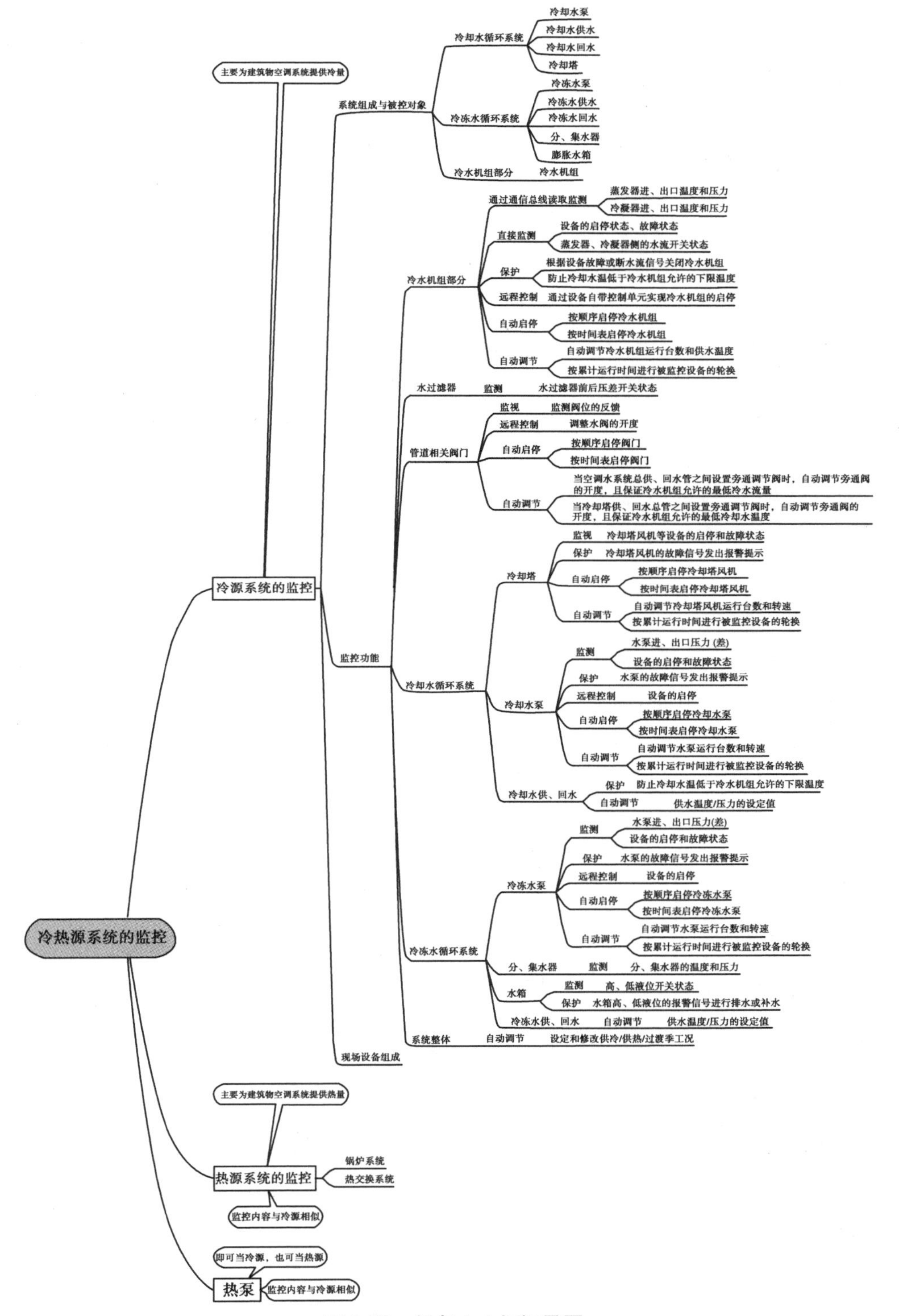

图4.93　任务4.4知识导图

任务 4.5　照明子系统的监控

【任务描述】

①6 人为一组,组内每人分别完成 6 个不同工程项目的照明系统的监控任务,每小组继续沿用空调监控系统所选厂家的控制器进行设计。

②每人需完成 CAD 图纸的绘制:空调系统的监控原理图、楼层监控点位分布图及管线路由图(即平面图)、监控系统图。

③需完成如下表格的编制:空调系统 BA 点数表、产品选型表(包括传感器、控制器、执行器等选型)、DDC 配置一览表。

④需详细描述本空调系统的控制功能,搭建硬件监控系统,并能利用 DDC 配置软件与上位机组态软件(如 LonMaker/CCT、力控组态软件等),添加其硬件点及软件点,实现其监控功能的编制。

【知识点】

4.5.1　照明设计基本概念

照明设计可分为室内照明(建筑照明)设计和室外照明设计两种。室外照明设计又包括城市道路照明设计、城市夜景照明(统称城市照明)设计及露天作业场地照明设计等,如图 4.94所示。

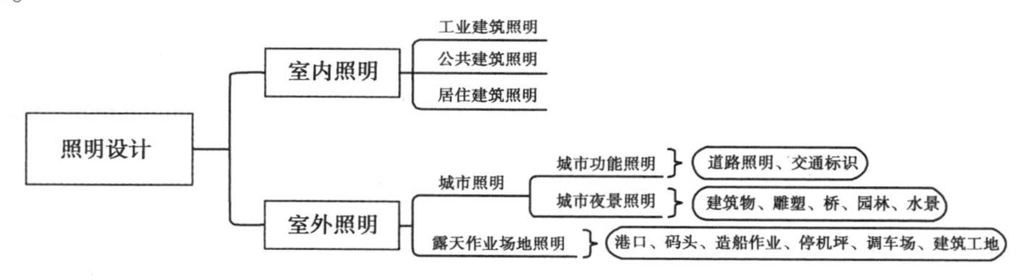

图 4.94　照明设计的范围

照明工程有其特殊性和系统性,一个完整的照明工程设计,主要包含以下 3 个方面的内容:

①收集照明设计所必需的资料和技术条件,包括建筑和结构状况、建筑装饰状况、建筑设备和管道布置情况。

②提出照明设计方案,进行各项计算,确定各项光学和电气参数,明确照明控制要求,编写设计说明书。

③绘制施工图,编制材料明细表和工程预算。

合格的照明工程设计,必须要求以上所有环节科学、可控。无论是室内照明还是室外照明,在整个设计流程中,照明监控系统是不可或缺的一个环节。

照明监控系统设计的基本原则是安全、可靠、灵活、经济。安全性是最基本的要求;可靠性是要求控制系统本身可靠，尽量简单；灵活性是控制系统所必需的；经济性是从照明工程角度出发，要考虑投资效益。

照明监控系统的作用体现在以下4个方面：

①是实现节能的重要手段，只有通过合理的照明控制和管理，才能取得显著的节能效果；

②减少灯具使用时间，延长光源寿命；

③根据不同的照明需求，改善工作环境，提高照明质量；

④对于同一个空间，照明控制可实现多种照明效果。

照明监控技术随着建筑和照明技术的发展而不断进步，室内照明发展的3个阶段：从满足简单工作需要到舒适、节能要求，目前是智能、健康、人性化的更高要求；室外照明则是从静态到色彩、动态的变化。因此，仅讨论和研究照明监控系统本身是没有意义的，系统的设计必须结合建筑特点、灯具、光源、供配电系统等，综合考虑工程中的各种因素。

4.5.2　光源、灯具及照明供配电

完整的照明工程，主要设备由光源、灯具、供配电和监控系统组成。照明监控系统是整个工程的大脑，保证照明工程的正常运行。照明监控系统设计任务开展之前，需明确所控对象，正确理解照明工程中光源、灯具的选择，供配电系统的组成，区分正常照明、应急照明、疏散照明、安全照明、备用照明，全面熟悉灯具布置方案。

(1)光源

电光源按其发光物质分，可分为热辐射光源、固态光源和气体放电光源3类，见表4.11和表4.12。

表4.11　电光源分类表

电光源	热辐射光源	白炽灯
		卤钨灯
	固态光源	场致发光灯(EL)
		半导体发光二极管(LED)
		有机半导体发光二极管(OLED)
	气体放电光源	氖灯、霓虹灯
		荧光灯、低压钠灯
		高压汞灯、高压钠灯、金属卤化物灯、氙灯

表4.12　常用的光源应用场所

序号	光源名称	应用场所	备注
1	白炽灯	除严格要求防止电磁波干扰的场所外，一般场所不得使用	单灯功率不宜超过100 W
2	卤钨灯	电视转播、绘画、摄影照明	

续表

序号	光源名称	应用场所	备注
3	直管荧光灯	家庭、学校、研究所、工业、商业、办公室、控制室、医院、图书馆等	
4	紧凑型荧光灯	家庭、宾馆等	
5	金属卤化物灯	体育场馆、展览中心、游乐场所、商业街、广场、机场、停车场、车站、码头、工厂等	
6	普通高压钠灯	道路、机场、码头、港口、车站、广场等	
7	中显色高压钠灯	高大厂房、商业区、游泳池、体育馆等	
8	LED	博物馆、美术馆、宾馆、庭院照明、建筑物夜景照明、装饰性照明、需要调光的场所照明以及不易检修和更换灯具的场所等	使用范围越来越广

LED 具有亮度高、功耗小、寿命长、工作电压低、易小型化等特点，近年来，得到了迅猛发展和广泛应用，是一般场所主要采用的照明光源。

(2)灯具

灯具是透光、分配和改变光源光分布的器具，包括除光源外所有用于固定和保护光源所需的全部零部件及与电源连接所需的线路附件。

照明灯具主要具有以下特点：

①固定光源，使电流安全地流过光源；对于气体放电灯，灯具通常提供安装镇流器、功率因数补偿电容和电子触发器；对于 LED 灯，通常还包括驱动电源装置。

②为光源和光源的控制装置提供机械保护，支撑全部装配件。

③控制光源发出光线的扩散程度，实现需要的配光。

④限制直接眩光，防止反射眩光。

⑤电击防护，保证用电安全。

⑥保证特殊场所的照明安全，如防爆、防水、防尘等。

⑦装饰和美化室内外环境，特别是在民用建筑中，可以起到装饰品的效果。

(3)照明供配电

照明供配电包括供配电系统和线路敷设两大部分内容，其中供配电系统的主要内容是负荷分级及供电要求、电源与电压的选择、电压质量、供配电系统接地形式、供电线路保护，线路敷设的主要内容是电线、电缆的选择及线路敷设。

4.5.3 开关控制照明系统

照明系统的监控

开关控制照明是智能照明系统出现前应用的最多的控制方式，目前仅在特殊区域使用，主要有以下 3 种形式。

(1)翘板开关控制

把翘板开关设置在门口，开关触点为机械式，对于房间面积较大、灯具较多时，采用双联、三联、四联开关或多个开关。

对于楼道和楼梯照明，多采用双控或多控方式，在楼道和楼梯入口安装双控翘板开关，其他需要控制的地方安装多地控制开关，可以在任意入口处开闭灯具，但平面布线复杂。该控制方式简单可靠，若没有良好的节能习惯，会出现长明灯现象。

(2)定时开关或声光控开关控制

在住宅楼、公寓楼及办公楼等楼梯间可采用定时开关或声光控开关控制，代替传统的双控开关，起到节能的效果。

对于室外照明、园林绿化照明，一般由值班室统一控制，应做到具有手动和自动功能，手动是为了调试、检修和应急的需要，自动可分为定时、光控等。

(3)断路器直接控制

对于大空间的照明，如大型厂房、库房、展厅等，照明灯具较多，一般按区域控制，如采用面板开关控制，其控制容量受限，控制线路复杂，往往在大空间门口设置照明配电箱，直接采用照明配电箱内的断路器开/关照明灯具，这种方式简单易行，但断路器一般为专业人员操作，非专业人员操作有安全隐患，断路器也不是频繁操作电器，因此很少采用该方式。

4.5.4　智能照明系统

开关控制照明方式，无法适应多变的建筑布局，也无法跟上人们对照明的要求，随着照明技术的发展，照明的智能控制手段也越来越多。智能照明控制目前有两种类型：一种是由楼宇自控(BA)系统对照明系统进行监控；另一种是采用独立、专门针对照明需要开发的智能照明控制系统，其控制端能与楼宇自控系统联网，实现统一管理。

民用建筑电气设计标准

1)楼宇自控(BA)系统控制照明

楼宇自控(BA)系统直接监控，大部分是开关量，包括设备启/停控制、运行/故障状态监视、手/自动状态监视等。

图 4.95 为典型照明系统监控原理图。

照明控制箱二次原理图，如图 4.96 所示。

楼宇自控(BA)系统控制照明具有一定的局限性：一是很难做到调光控制，二是没有专用控制面板，需要在控制器上进行控制，灵活性较差，对管理人员素质要求较高。

2)独立的智能照明系统

对于复杂的照明控制，如调光、场景等，一般均由一些专业智能照明系统进行监控，这些系统基于回路或灯具控制，既可独立运行，也可通过网关接入楼宇自控系统，接受统一管理和控制，如基于欧洲安装总线 KNX/EIB 协议的 i-bus KNX 系统、基于国际通信协议标准 IEEE Standard 802.3 的 C-Bus 总线系统、RS-485 总线系统、数字可寻址照明接口(DALI 控制)、基于 TCP/IP 网络控制、DMX 控制协议、无线控制等。

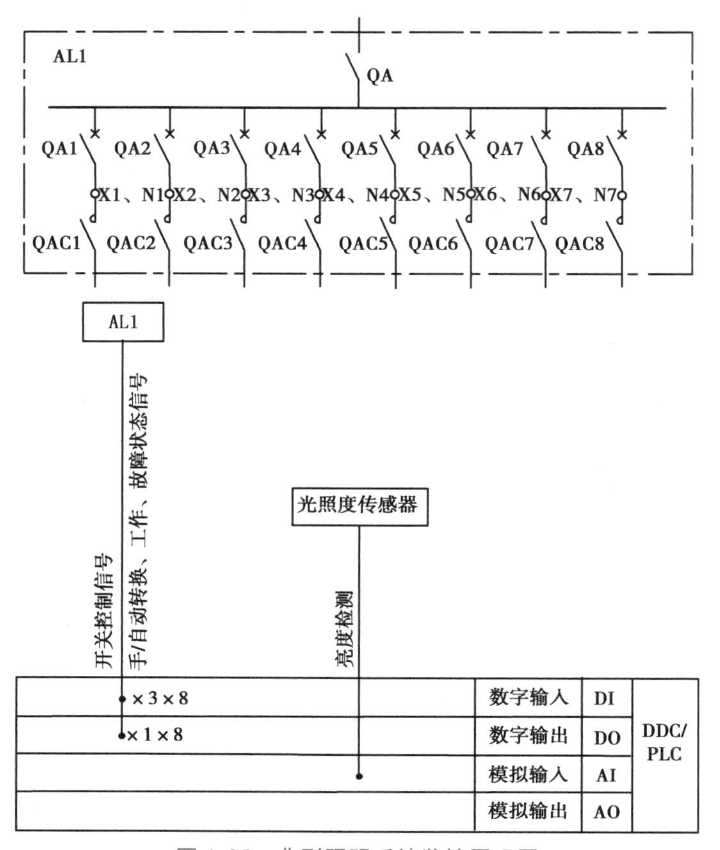

图 4.95　典型照明系统监控原理图

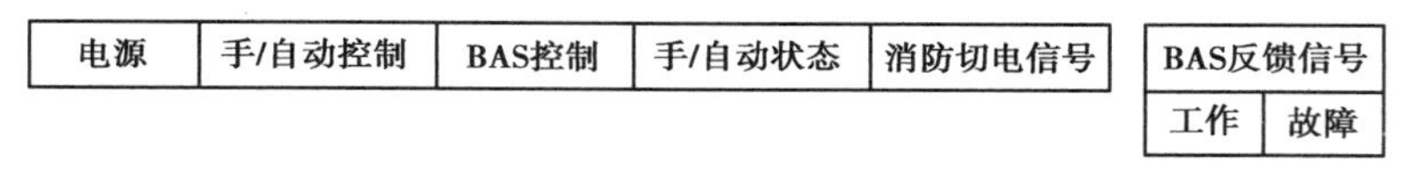

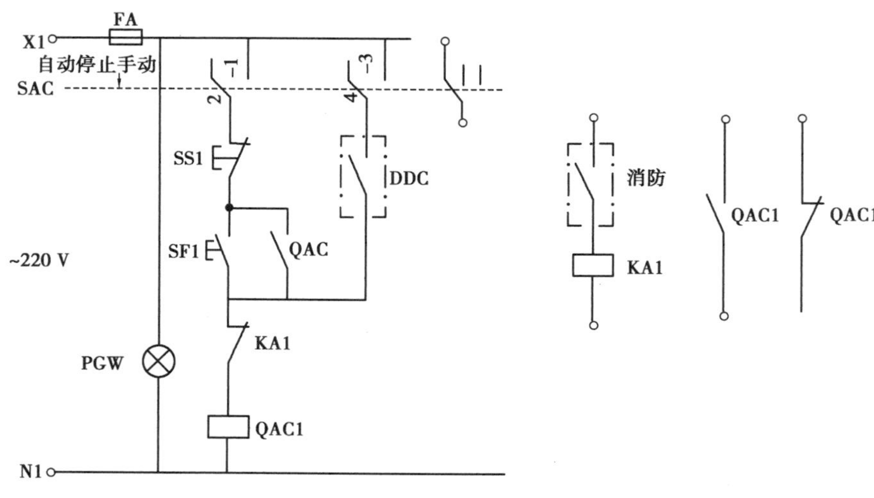

图 4.96　照明控制箱二次原理图

(1)i-bus KNX 智能控制系统

i-bus KNX 智能控制系统是 ABB 公司基于欧洲安装总线 KNX/EIB 而开发的,其结构分为

3 层,如图 4.97 所示,每条支线上可以带 64 个总线元件(包括照明灯具、室内通风设备、电动窗帘),最多 15 条支线经支线耦合器接在一条主线上,成为一个功能区;15 个功能区经主干线耦合器连接到主线上。每一总线需配一个电源供应器,i-bus KNX 的总线为四芯电缆,其中两芯用于数据传输和电源,两芯备用。

根据工程实际情况,对于大型项目,为提高通信速率,也可在主线和支线之间采用 IP 路由作为高速线路耦合器使用。

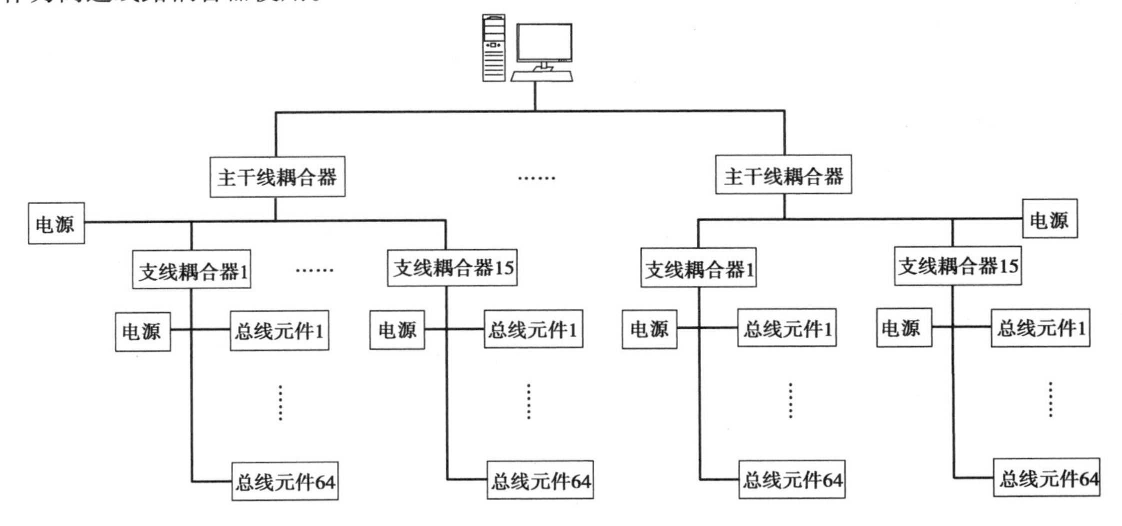

图 4.97　i-busKNX 智能照明控制系统结构图

i-bus KNX 系统通过一条总线将各种控制功能模块连接起来,不同模块具有不同的功能,通过搭积木般灵活组合完成各种控制功能。常见的 i-bus KNX 模块有智能面板、人体感应器、触摸屏、温控面板、驱动器、执行器等。

i-bus KNX 智能照明控制系统结构如图 4.98 所示。ComfortTouch 智能面板代替了传统的面板开关,通过感应器与预设场景模式,经 DALI 网关(也可为通用调光器,1 ~ 10 V 开关/调光驱动器),i-bus KNX 总线发送信号控制相关的灯具,从而实现如开灯/关灯、调光的控制。将其纳入楼宇自动系统,实现集中控制。

(2)数字可寻址照明接口(DALI 控制)

数字可寻址照明接口(DALI 控制)是专用的照明控制协议,适用于场景控制,能够做到精确的单灯控制,即对单个灯具可独立寻址,不要求单独回路,与供电回路无关。可以方便控制与调整,修改控制参数的同时不改变已有布线方式。现行国家标准《数字可寻址照明接口》对该协议进行了规定。

DALI 控制采用总线制主从结构,异步串行协议,通过前向帧和后向帧实现控制信息的下达和灯具状态的反馈。

DALI 标准线路电压为 16 V,允许范围为 9.5 ~ 22.4 V;DALI 系统电流最大为 250 mA;数据传输速率为 1 200 bit/s,可保证设备之间通信不被干扰;在控制导线截面积为 1.5 mm^2 的前提下,控制线路长度可达 300 m;控制总线和电源线可采用一根多芯导线或在同一管道中敷设;可采用多种布线方式如星型、树干型或混合型。

以一个小型 DALI 照明监控系统为例,灯具、传感器和灯控面板均通过手拉手串联或自由拓扑形式连接,DALI 总线采用 RVSP-2 × 1.5 mm^2,连接到 DALI 照明控制器上。控制器通过以太网线接入控制专网,由楼宇自控系统统一管理。触控屏通过以太网线直接接入控制网络。小型 DALI 照明监控系统架构示意图,如图 4.99 所示。

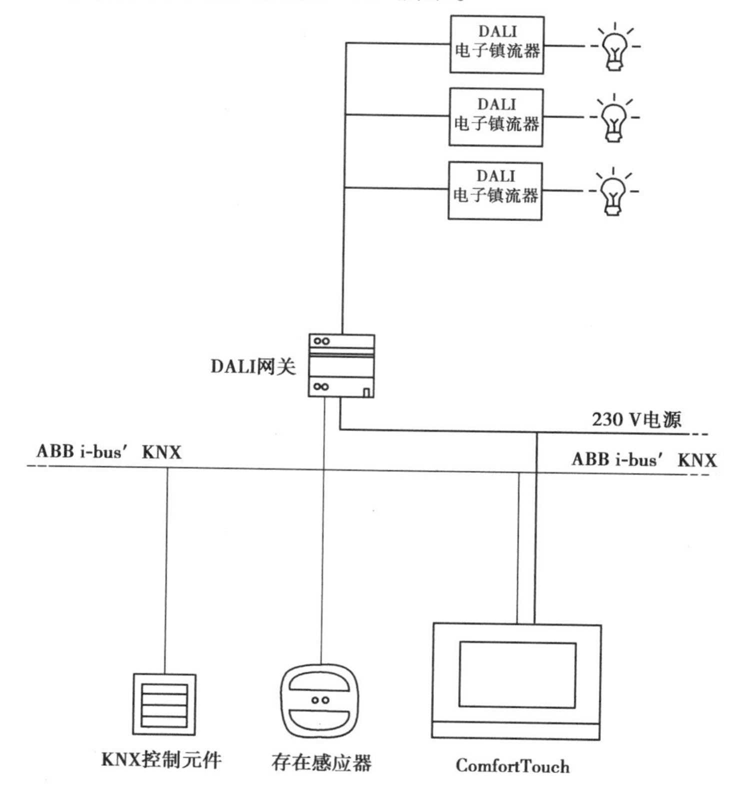

图 4.98 i-bus KNX 智能照明控制系统结构组成图

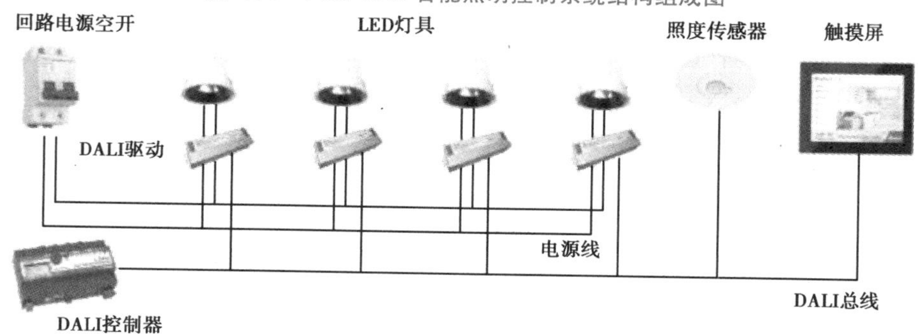

图 4.99 小型 DALI 照明监控系统架构示意图

DALI 智能照明可实现每盏灯具的调光,同时可实现任意组合区域的灯具控制,如图4.100所示。后期可以自由组合回路,不需要更改现场硬件。向上可通过网络协议接入上层监控网络或者第三方平台实现整合。采用这种方式可使得照明控制架构更为简洁,且数字信号不易受干扰,DALI 信号不分极性,可以与强电共管,施工布线更加方便。

(3)DMX 控制协议(DMX512 控制协议)

DMX 是 Digital Multiplex(数字多路复用)的简称,是最先由美国剧院技术协会发展而来的，主导了室内外舞台灯光控制及户外景观控制。目前，LED 灯具采用 DMX512 传输协议较为普遍，能够方便完成调光功能，全面实现调光控制的数字化，广泛应用于城市夜景照明中，如图 4.101 所示。

DMX512 数字信号以 512 个字节组成的帧为单位传输，按串行方式进行数据发送和接收，对于调光系统，每一个字节数据表示调光亮度值，其数值用两位十六进制数从 00H（0%）~ FFH（100%）来表示，每个字节表示相应点的亮度值，共有 512 个可控亮度值。一根数据线上能传输 512 个回路，DMX512 信号传输速率为 250 kbit/s。

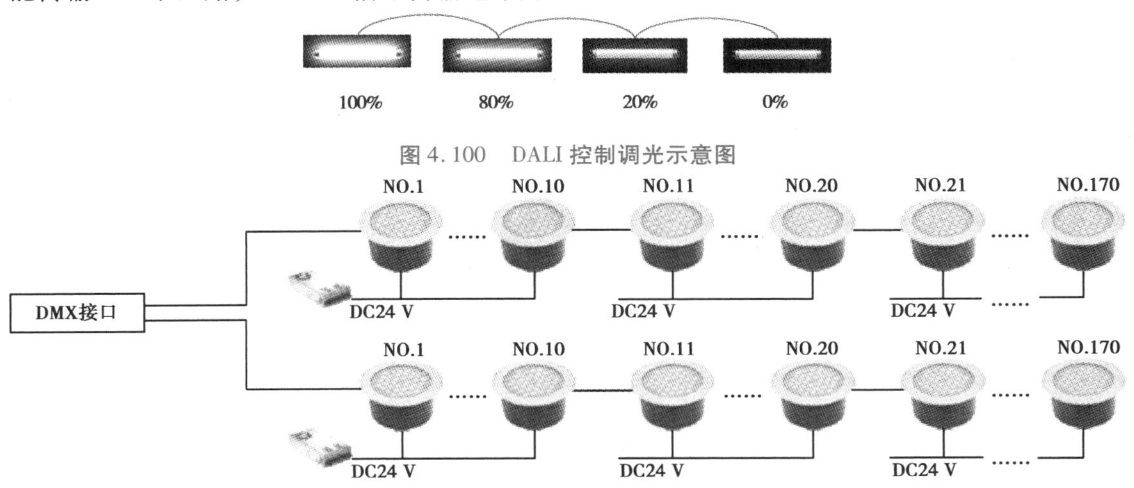

图 4.100　DALI 控制调光示意图

图 4.101　DMX512 协议灯具控制示意图

根据 DMX512 协议标准，每个 DMX 接口在所控制灯具的总通道数不超过 512 个的前提下，最多只能控制 32 个单元负载。当电脑灯、硅箱、换色器或其他支持 DMX512 控制协议的灯光设备多于 32 个，但控制通道总数远未达到 512 个时，可采用 DMX 分配器，将一路 DMX 信号分成多个 DMX 支路，一方面便于就近连接灯架上的各灯光设备，另一方面每个支路均可驱动 32 个单元负载。不过属于同一 DMX 链路上的各支路所控制的通道总数仍不能超过 512 个。DMX512 控制结构示意图如图 4.102 所示。

(4)基于 TCP/IP 网络控制

基于 TCP/IP 协议的局域网进行照明控制，其优点主要是：设备稳定性好，集成度高；层级式架构，扩展性好；控制软件灵活，容易编辑及整合；系统刷新率大于 30 帧/s；兼容各类标准控制协议；可通过主动和被动两种方式进行节目的触发，如图 4.103 所示。

(5)无线控制

照明无线控制技术发展较快，声光控制、红外移动探测、微波感应等技术在建筑照明控制中得到广泛应用。基于网络的无线控制技术也逐步应用于照明控制中，主要有 2.4G 无线通信技术、ZigBee、Wi-Fi、LoRa、蓝牙、NB-IoT 等，见表 4.13。

建筑室内公共照明因为要求其高可靠性，一般不大规模采用无线智能控制方式，ZigBee、Wi-Fi、蓝牙可在住宅智能家居系统中，对照明系统进行辅助控制。2.4G/5G 无线通信技术、LoRa、蓝牙、NB-IoT 以及其他物联网技术，主要的应用场景是城市室外景观照明，典型代表为城市照明网络和智慧路灯，如图 4.104、图 4.105 所示。

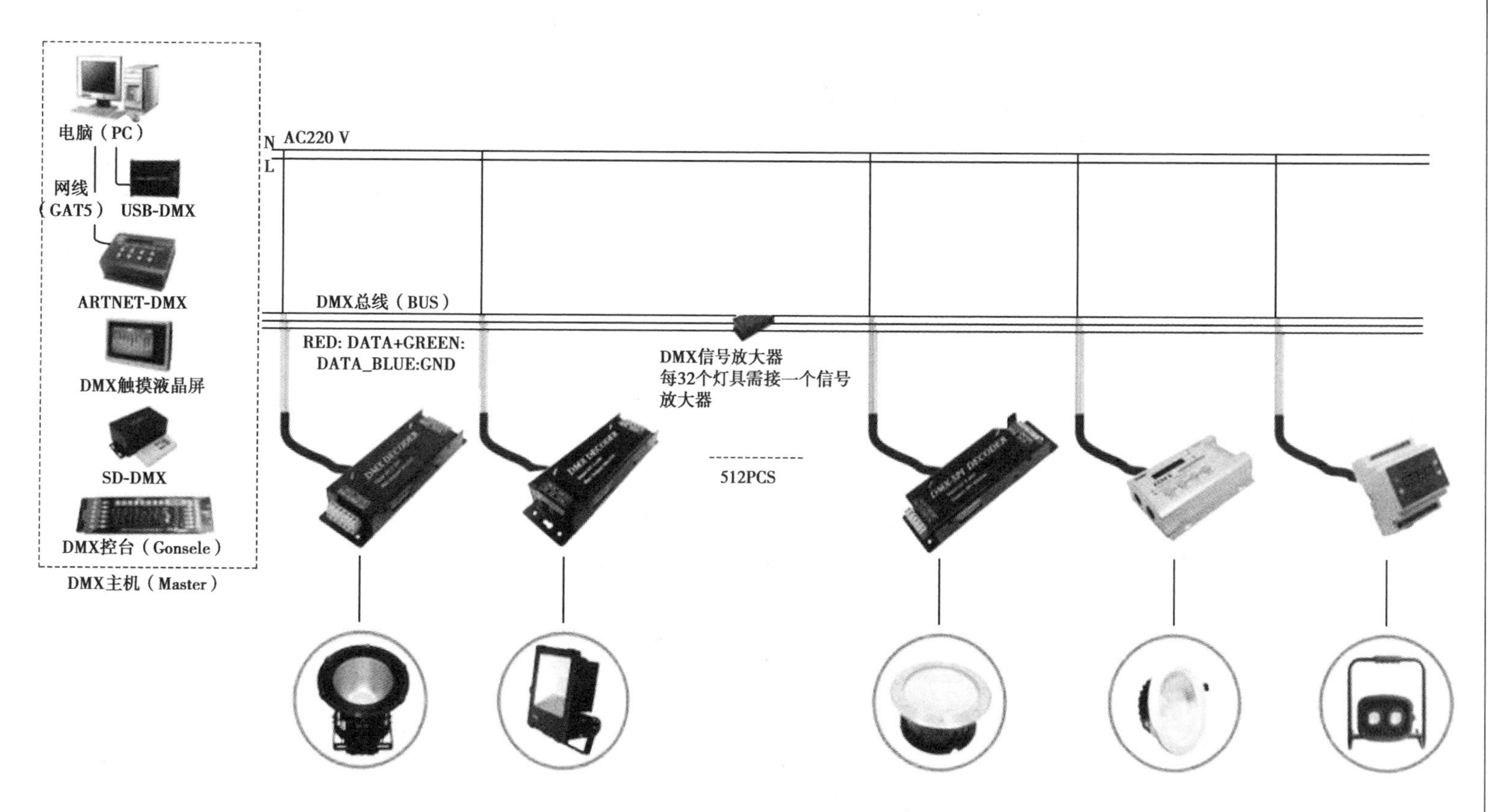

图4.102 DMX512控制结构示意图

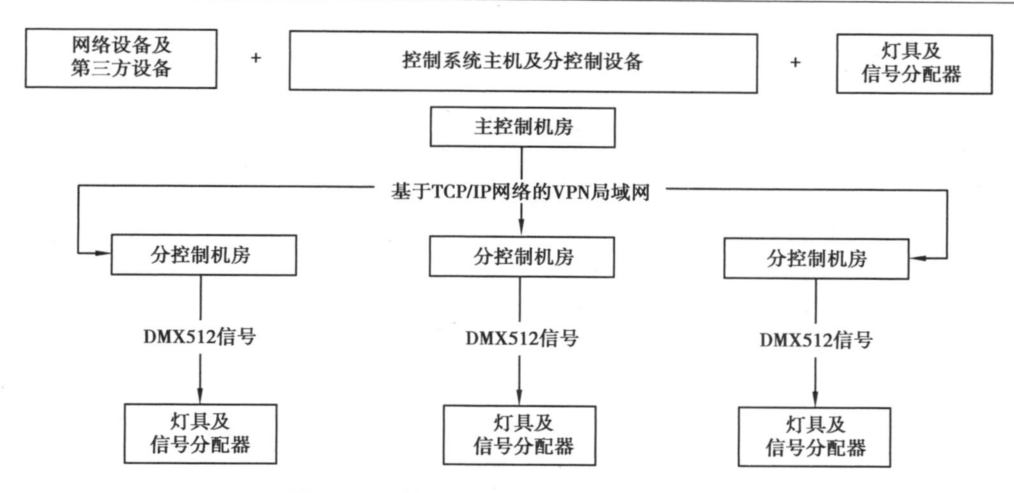

图4.103　基于TCP/IP网络控制系统框图

表4.13　常用的无线通信技术比较

模式	传输距离	最高传输速率	工作功耗	工作频段
蓝牙2.0	2～10 m	1 Mbit/s	100 mW	2.4 G
Wi-Fi	1～50 m	54 Mbit/s	10 mW	2.4 G
ZigBee	10～100 m	10～250 kbit/s	150 mW	2.4 G
LoRa	5 km	0.3～37.5 kbit/s	100 mW	137 MHz～1 GHz
NB-IoT	1～20 km	0.3～50 kbit/s	100 mW	315～433 MHz

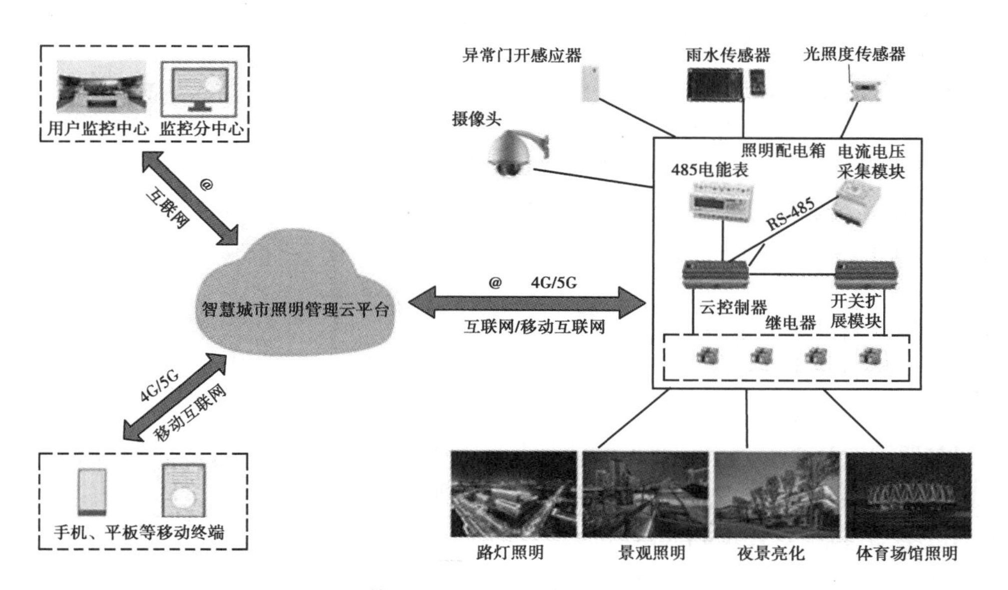

图4.104　基于4G/5G网络的城市照明监控网络

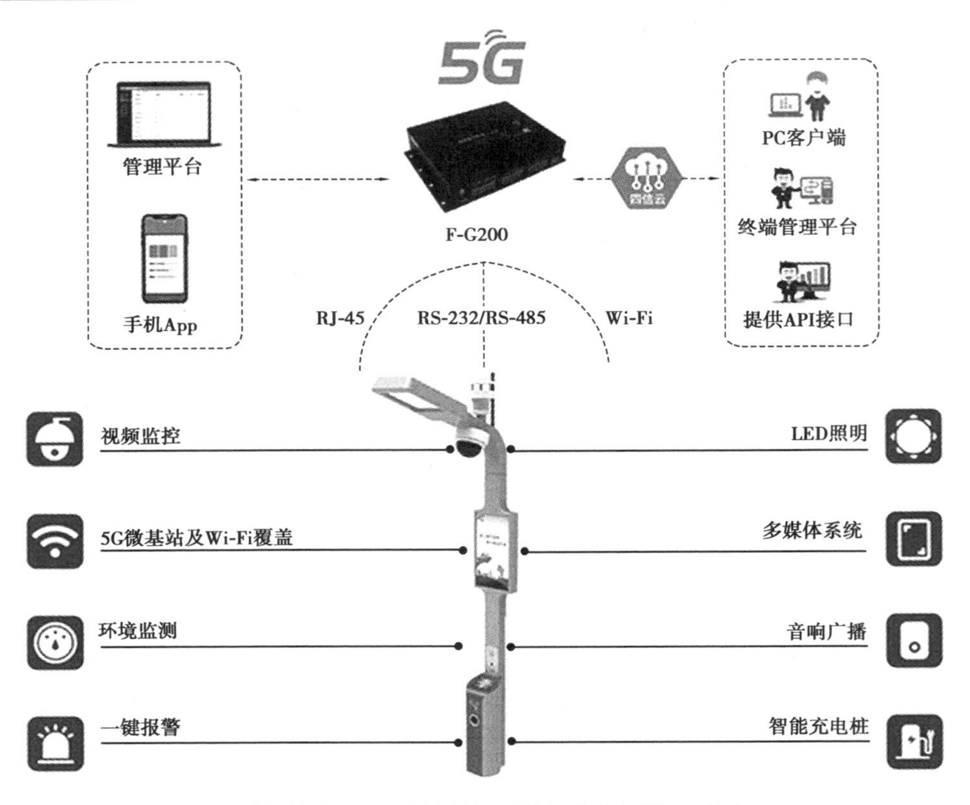

图 4.105　基于 4G/5G 网络的智慧路灯控制网络

4.5.5　照明监控系统的发展趋势

随着物联网技术的发展,智能照明向智慧照明迈进,以人的行为、视觉功效、视觉生理心理研究为基础,开发以人为本的高效、舒适、健康的智慧化照明。智慧照明发展的主要趋势有:人性化,注重以人为本的理念,根据人的需求来设计控制,并能灵活地对系统进行改变调整;可拓展性,照明控制系统能满足日益增多的不同类型种类的设备接入,遵守可持续性发展的策略;标准化,为不同厂商设备统一制定标准,加速照明系统控制技术的发展;可持续化,实现节约能源。

室内智慧照明系统大致可分为 3 个技术层面:

①基于云端的应用及服务。

②室内灯具的无线控制网络。

③智慧照明产品内部的嵌入式控制软件与驱动。

室内智慧照明系统的主要特点如下:

①集成感知,包括对环境和人的行为感知。

②互联互通,包括智能终端与灯具、灯具与互联网的互联互通。

③智能控制,基于大数据和人工智能分析人的喜好和照明需求,进而控制灯光设备,实现场景化、个性化服务。

2020 年 9 月 22 日,中国政府在第七十五届联合国大会上提出"中国将提高国家自主贡献力度,采取更加有力的政策和措施,二氧化碳排放力争于 2030 年前达到峰值,努力争取 2060

年前实现碳中和”,照明监控系统是保证照明行业实现该双碳战略目标的核心技术手段。

【技能点】

4.5.6 照明监控子系统的工程设计

照明监控系统的设计可分为两大类:一是与楼宇自控系统共同设计,二是作为单独照明工程的控制部分。两大类工程的主要区别在于:与楼宇自控系统共同设计,往往照明资料不一定完整,很多时候只有照明的配电部分,灯具布置只是示意,需要室内装修(室外景观)专业进一步提资,从照明需求、工程特点、光源与灯具的选择、照明供配电多方面综合考虑,共同确定照明监控系统,从而难度较大;作为单独照明工程的控制部分,已有完整的照明设计方案,基本确定的照明效果,明确的灯具选型及布置图,照明控制策略明确。

与楼宇自控系统共同设计,主要程序与步骤如下:

①收集基础资料,主要是工程的电气、室内装修、室外景观设计资料,应包含设计说明和施工图设计图纸。

②分析基础资料,对工程范围内正常照明、应急照明、疏散照明、安全照明和备用照明进行正确分类,确定照明控制设计范围;与建设方和城市照明管理部门明确室外景观照明设置原则和范围;明确与照明相关的供配电、消防、装饰装修的工程界面划分。

③依据灯具平面布置图和照明功能要求,确定控制策略,选择两种以上照明监控系统,从技术、经济和管理多维度进行比选,与工程参建各方商讨后,确定最终实施方案。

④进一步复核灯具供货商、控制系统集成商提供的本工程的设备产品资料,避免不同设备在软硬件方面的兼容问题,结合工程各专业施工细部大样图,完成施工图深化设计。

作为单独照明工程的控制系统设计,主要程序与步骤如下:

①收集照明工程设计方案,包括设计说明、灯具布置图。

②根据照明设计方案提供的照明控制要求,或者推荐的照明控制策略,确定照明监控系统,并交由方案设计方和建设方确定。

③进一步复核灯具供货商、控制系统集成商提供的本工程的设备产品资料,避免不同设备在软硬件方面的兼容问题,结合工程各专业施工细部大样图,完成施工图深化设计,如图4.106所示。

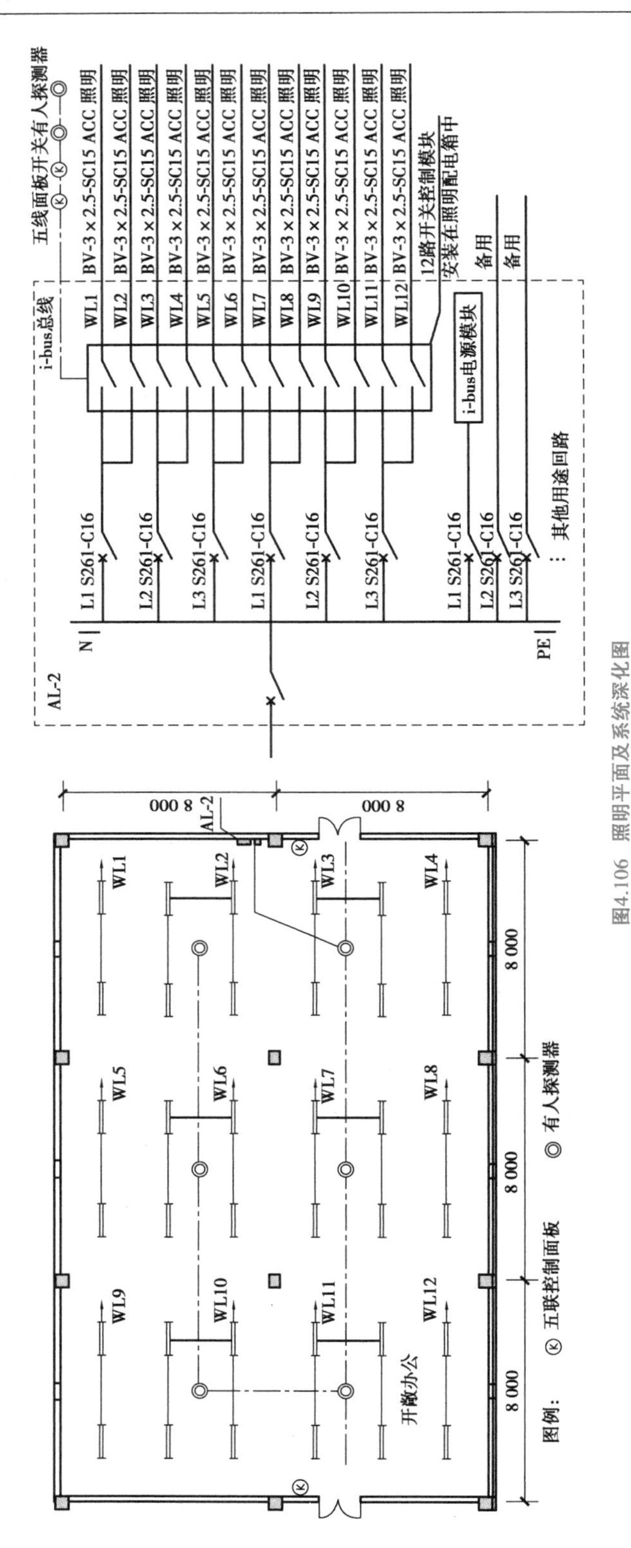

图4.106 照明平面及系统深化图

【任务实施】

分析工程案例,根据照明系统图纸,结合表 4.14 中的步骤,详细填写每步的过程与结果。

表 4.14　不同类型建筑的照明设计重点内容分析(仅供参考)

建筑物类型	设计要点	光源的选择	灯具的选择	照明供电	照明控制
居住建筑					
教育建筑					
办公建筑					
医院					
商店					
旅馆					
观演建筑					
体育场馆					
会展中心					
美术馆和博物馆					
交通建筑					
夜景照明					
工厂照明					

【任务知识导图】

任务 4.5 知识导图,如图 4.107 所示。

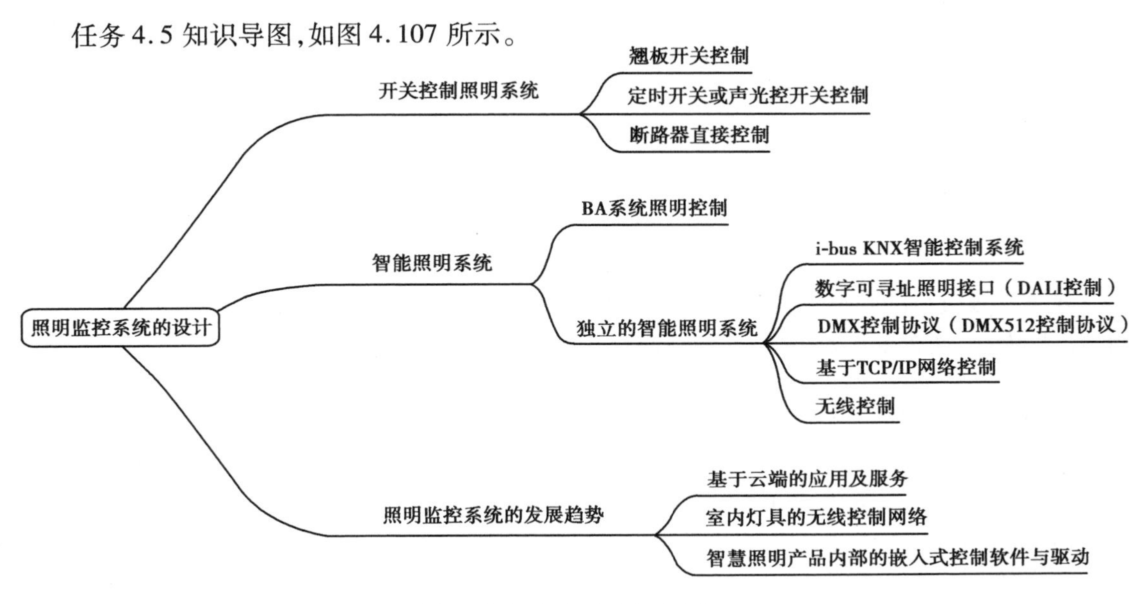

图 4.107　任务 4.5 知识导图

任务4.6 供配电子系统的监控

【任务描述】

①6 人为一组,组内每人分别完成 6 个不同工程项目的供配电的监控任务,每小组继续沿用空调监控系统所选厂家的控制器进行设计。

②每人需完成 CAD 图纸的绘制:空调系统的监控原理图、楼层监控点位分布图及管线路由图(即平面图)、监控系统图。

③需完成如下表格的编制:空调系统 BA 点数表、产品选型表(包括传感器、控制器、执行器等选型)、DDC 配置一览表。

④需详细描述本空调系统的控制功能,搭建硬件监控系统,并能利用 DDC 配置软件与上位机组态软件(如 LonMaker/CCT、力控组态软件等),添加其硬件点及软件点,实现其监控功能的编制。

【知识点】

4.6.1 供配电系统的组成

根据供配电系统的供电电压,通常把系统分成高压段和低压段两部分。以建筑物(群)的变压器为划分界限,变压器的一次侧 6 kV 及以上高压线路为高压段,变压器的二次侧电压(380/220 V)为低压段。

建筑供配电中常见的高压主接线为单母线和单母线分段,如图 4.108 所示为 6 ~ 20 kV 高压常用主接线图。

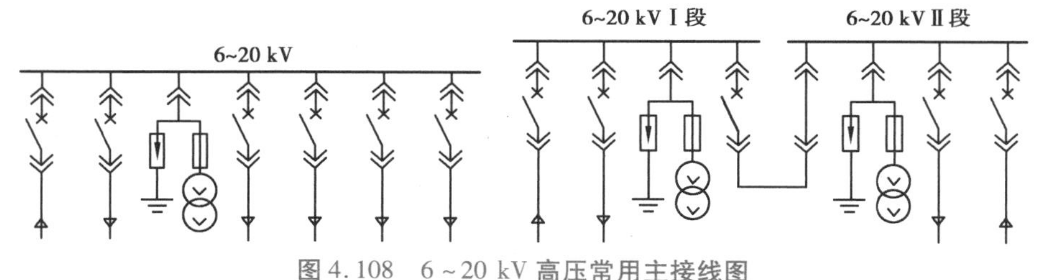

图 4.108 6 ~ 20 kV 高压常用主接线图

除了三级负荷的小型工程,常见的低压配电系统有 3 种形式,即一台变压器加柴油发电机组(图 4.109)、两台变压器(图 4.110)、两台变压器加柴油发电机组(图 4.111)。

4.6.2 供配电监控系统的类型及监控要求

供配电监控系统的形式可分为两大类:一是由楼宇自控(BA)系统对供配电设备进行监控;二是采用自成体系的专业监测系统。

(1)楼宇自控(BA)系统对供配电设备进行监控

当建筑内未设专业供配电监测系统,但设有楼宇自控系统时,楼宇监控系统对供配电系统进行监控。监控管理功能包括以下 4 个方面:

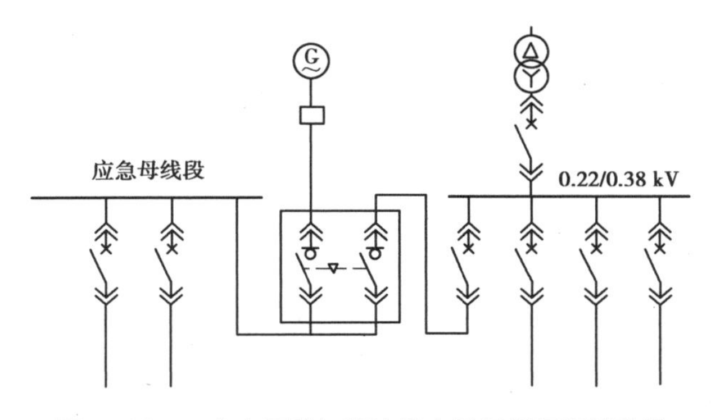

图4.109　一台变压器加柴油发电机组低压侧接线图

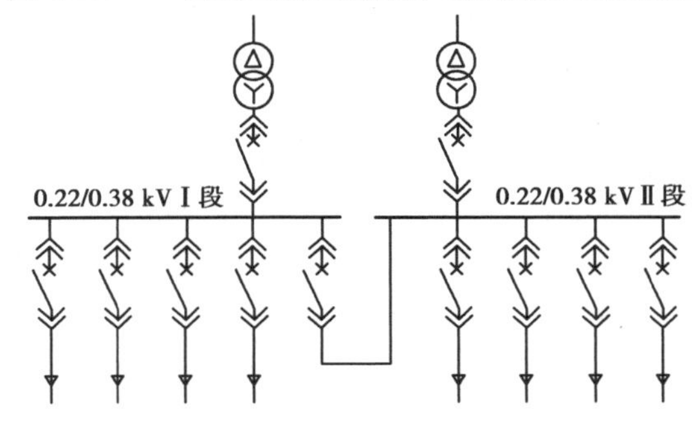

图4.110　两台变压器低压侧接线图

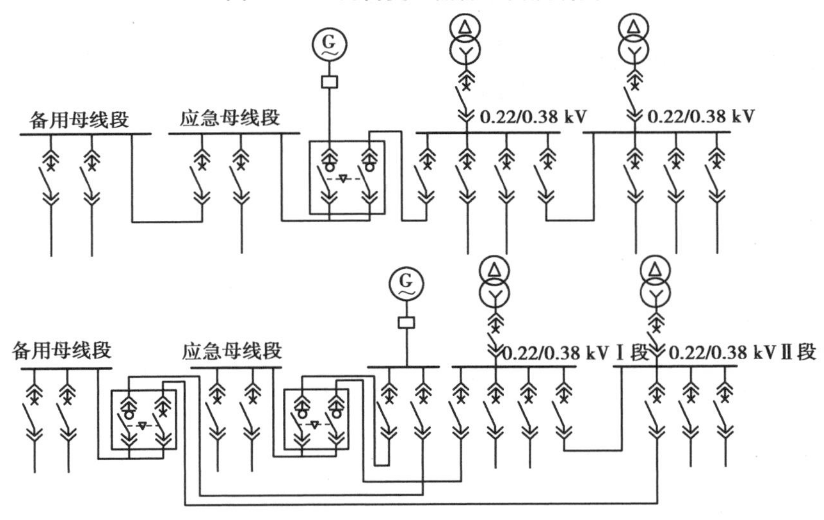

图4.111　两台变压器加柴油发电机组低压侧接线图

①对配电系统运行参数进行实时监测，如电压、电流、功率、功率因数、频率、变压器温度等，为正常运行时计量管理和事故发生时的应急处理、故障原因分析等提供数据。

②对配电系统与相关电气设备运行状态（如高低压进线断路器、母线联络断路器等各种类型开关当前的分合闸状态）是否正常运行等进行实时监测，并提供电气系统运行状态画面；如发现故障，能自动报警，并显示故障位置及相关的电压、电流等参数。

③对建筑物内所有用电设备的用电量进行统计及电费计算与管理，如空调、电梯、给排水、消防设备等动力用电及照明用电和其他设备与系统的分区用电量的统计；进行用电量的时间与区域分析，为能源管理和经济运行提供支持；绘制用电负荷曲线，如日负荷、年负荷曲线；进行自动抄表、输出用户电费单据等。

④进行各种电气设备的检修、保养维护管理，通过建立设备档案，包括设备配置、参数档案，设备运行、事故、检修档案，生成定期维修操作记录并存档。

由于供配电系统的特殊性，根据国家电力部门的要求，楼宇自控（BA）系统通常以低压配电系统和设备的运行监测为主，并辅以相应的事故、故障报警和开/关控制。

大多数情况下，不将变配电系统的高压部分纳入楼宇自控监控管理范围，这一方面是由于高压侧的许多参数是由电力部门负责保证的，无须各楼宇独立进行管理；另一方面，高压侧监控设备安装困难、危险性大，需要与电力部门进行多方面的协调。因此，对高压系统的数据和状态监测，可以通过网关从专业的高压综合继电保护电力管理系统中读取。

该系统一般采用集散系统结构，可分为 3 层：现场 I/O、控制层和管理层。其中，控制层是整个系统的控制核心，检测和控制供电系统的运行；管理层用于人-机对话的界面、数据处理和存储管理，以及与楼宇计算机管理系统通信；现场 I/O 则用于现场设备状态信号和运行参数的采集，对现场设备进行操作控制。

现场 I/O 与控制层之间应用现场总线技术（常用的是 MODBUS-RTU 现场总线协议）构建通信网。控制层与管理层之间可采用 BACnet 楼宇自控网络协议中的以太网技术实现高速数据传输。供配电设备监控系统的构成如图 4.112 所示。

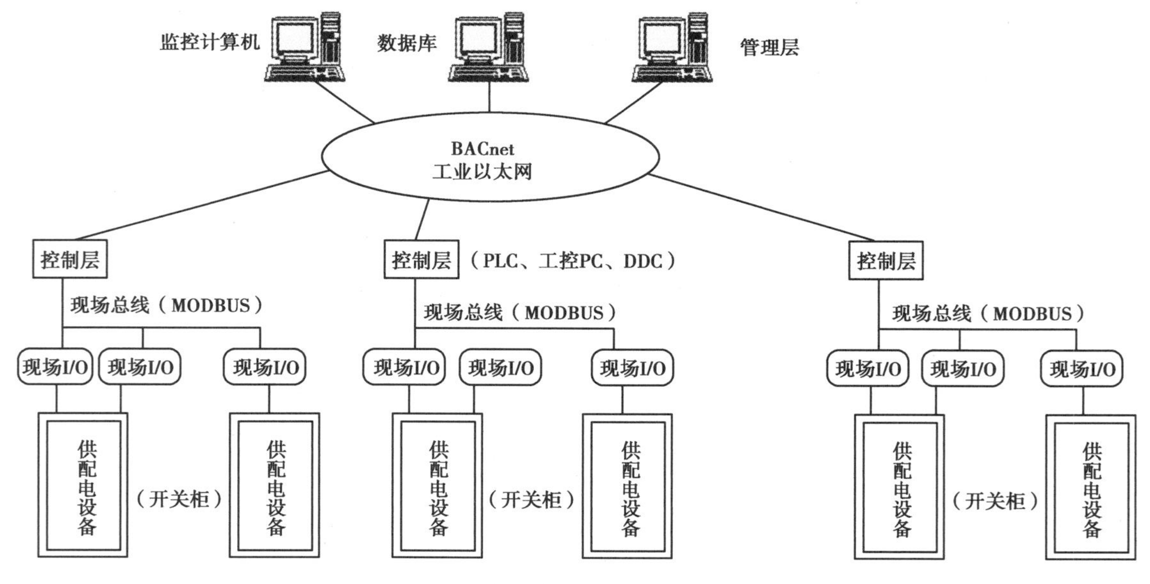

图 4.112　供配电设备监控系统的构成

(2)专业的智能化供配电监控系统

供配电监控与微电子技术、计算机技术、网络通信技术相结合，将各种带智能功能的配电设备与计算机监控系统进行组合应用，形成专业的供配电监控系统。它应是自成体系的、完整的系统，能完成对变配电系统内配电回路和重要设备的电气参数、开关量状态等信息进行监测、记录、分析、控制以及与上级系统通信等综合性的自动化功能。

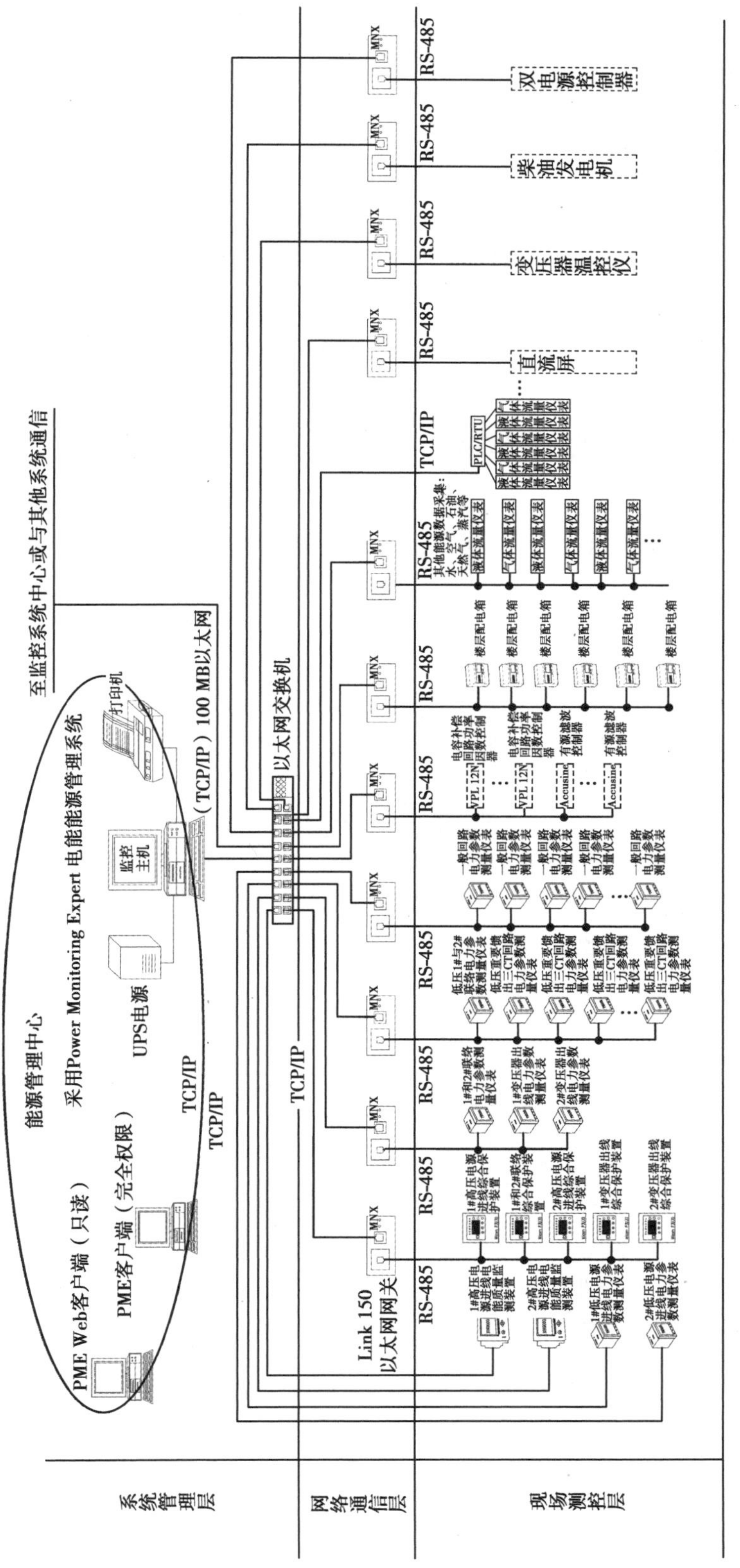

图4.113 专业智能化供配电监控系统图

对供配电监控采用专业的系统比楼宇自控(BA)系统更有优势,其监测内容更广泛、更精准,功能更强,控制手段更丰富,因此,目前专业的供配电监控系统在工程中得到了广泛应用。当采用了自成体系的专业系统时,应通过标准通信接口将系统的信息数据传输给楼宇自控(BA)系统,并作为一个子系统进行统一管理。

该系统一般采用分层、分布式系统结构,可分为3层:现场层、网络层和管理层。现场层由电力仪表构成,完成测量、监控、报警、通信功能;网络层负责现场层和管理层之间的网络连接和转换,通过以太网实现系统与楼宇自控系统(BAS)和火灾自动报警系统(FAS)等自动化系统的网络通信,达到信息资源共享;管理层能够对接收的数据进行分析、转换、存储,并以图形、数字、曲线、报表等形式进行打印。图4.113是以施耐德公司的Power Solution电能管理为例的智能化供配电监控系统图。

4.6.3 供配电监控系统的工程设计

供配电监控系统的设计,主要程序与步骤如下:

①收集基础资料,明确监控范围,与参建各方共同确定采用哪类监控系统。工程比较复杂时,可能存在多个开闭所和变电所,需收集后期维护管理部门的要求,确定工程界面;根据供配电设计图纸,分析能源管理策略,确定分项计量方案(尤其需要注意商业综合体、学校、医院等需要多处分项计量的工程)。

②若采用由楼宇自控(BA)系统对供配电设备进行监控,则首先需要分析供配电系统图,整理配电柜(箱)是否有遗漏的电力现场变送器,提交供电专业确定。其次梳理重要供配电设备,包括柴油发电机、EPS、UPS、光伏发电设备等,确定设备是否自带控制装置,能否与楼宇自控(BA)系统完成数据交换。然后自低压配电系统的变压器起至末端配电箱,完成DDC监控点表,绘制监控系统图、接线图及必要的安装大样图,其中,低压配电电压、功率变送器接线示意图,如图4.114所示。低压配电系统监控原理图如图4.115所示,柴油发电机监控原理图如图4.116所示,低压配电系统监控功能概述见表4.15。

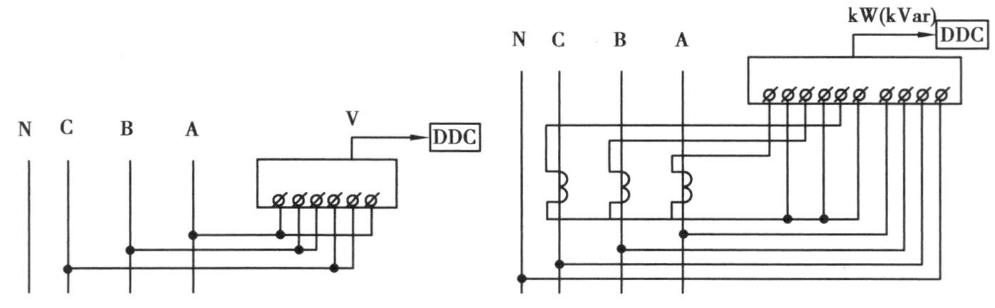

图4.114 低压配电电压、功率变送器接线示意图

③若采用自成体系的专业供配电监控系统,则先要确定现场层(主要集中在变配电室、楼层强电设备小间)的电力测控装置,深化电力系统图。图4.117为以施耐德公司电力产品为例的深化后的低压配电系统图。

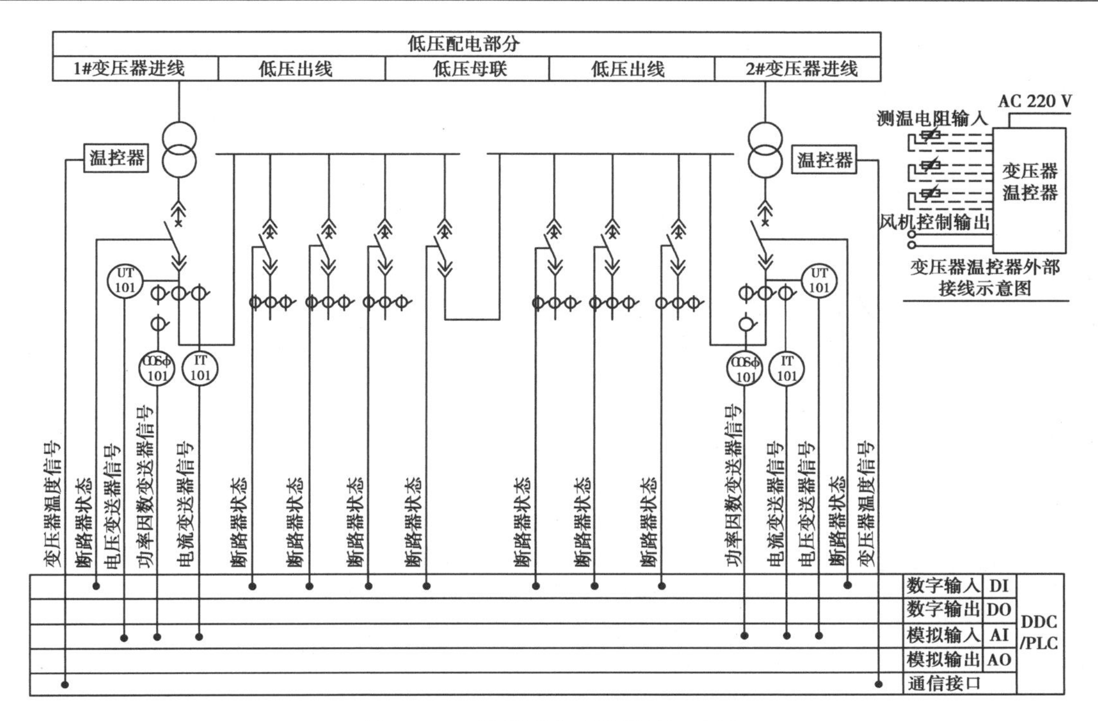

图 4.115　低压配电系统监控原理图

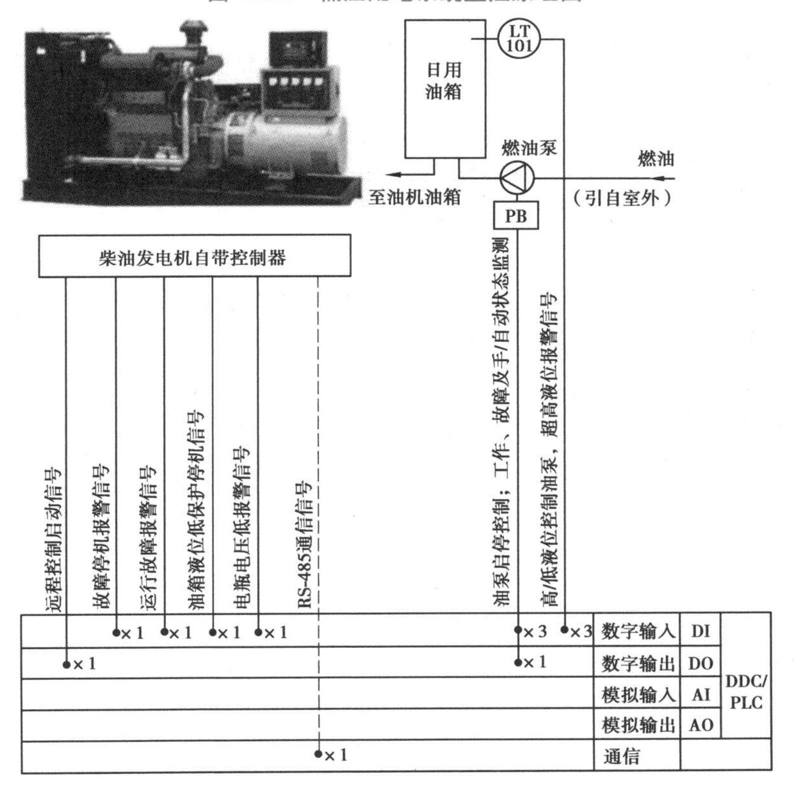

图 4.116　柴油发电机监控原理图

表4.15　低压配电系统监控功能概述表

序号	用途	系统采集功能	采集点	安装位置
1	高压进线回路监控	遥测:全电气量监测、谐波畸变、自动波形捕捉、闪变等;遥信:断路器分合状态和故障报警信号等;遥控:断路器远程分合闸控制;数据记录:数据、时间记录,趋势预测	最多DI:14;DO:4;AI:4;AO:8	开孔安装在高压配电柜面板上
2	变压器出线回路监控	保护:过流、速断、接地、高温报警、超温跳闸等;遥测:三相电流和零序电流;遥信:断路器分合状态、手车位置、储能状态、远方/就地位置、保护动作信号等;遥控:断路器的远程分合闸控制	DI:16;DO:8	开孔安装在低压配电柜面板上
3	低压进线回路监控	遥测:全电气量监测、谐波畸变、电压骤升/骤降监测、波形捕捉等;遥信:断路器分合状态和故障报警信号等;遥控:断路器远程分合闸控制;数据记录:数据、时间记录,趋势预测	最多DI:27;DO:9;AI:16;AO:8	开孔安装在低压配电柜面板上
4	低压重要出线回路和母联监控	遥测:全电气量监测、谐波畸变;遥信:断路器分合状态和故障报警信号等;遥控:断路器远程分合闸控制;数据记录:数据最大值、最小值和报警	DI:4;DO:2	开孔安装在低压配电柜面板上
5	低压一般回路监控	遥测:全电气量监测、谐波畸变;遥信:断路器分合状态和故障报警信号等;数据记录:数据最大值、最小值和报警	DI:2;DO:2	开孔安装在低压配电柜面板上

然后完成网络层的网络设计,即现场层与管理层的网络连接、数据和命令的交换。通信设备主要有以太网交换机、以太网网关、光纤收发器、光纤等实现现场电力测控装置与监控主机的连接。

最后完成系统管理层的设计,由电力监控软件、监控主机、服务器、打印机、电源等组成,做到能与火灾自动报警系统、楼宇自控系统、智能化集成系统等实现信息共享,完成系统图及设备平面布置图。

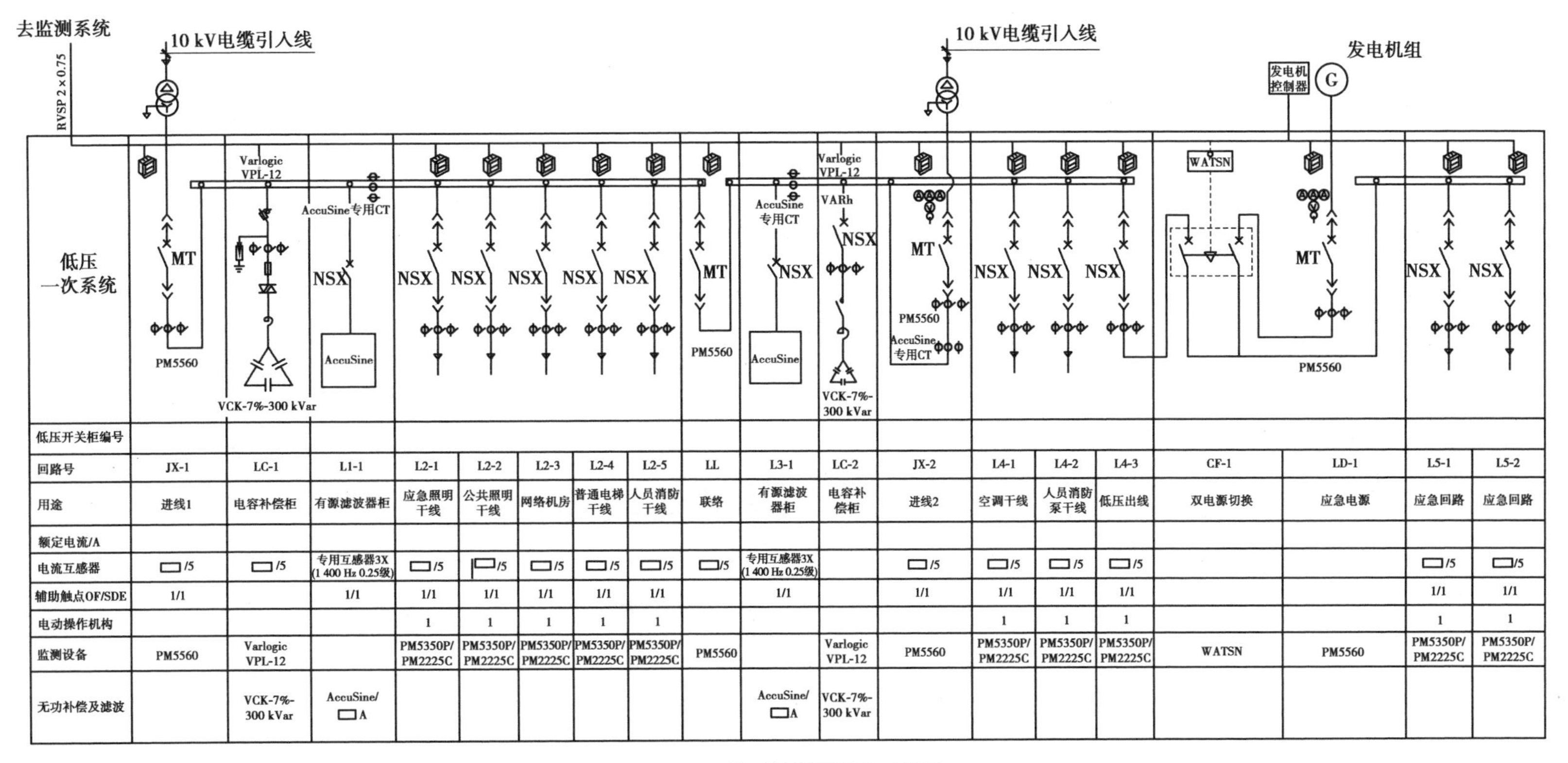

图4.117　深化后的低压配电系统图

【任务实施】

分析各工程案例，根据供配电系统图纸，结合表 4.16 中的步骤，详细填写每步的过程与结果。

表 4.16　任务实施单

工程名称		建筑物类型		产品厂家	
实施形式	分组讨论、角色扮演				
被控对象					
监控功能					
监控点位					
监控原理图					
监控点表					
监控平面图					
接线端子图					

【任务知识导图】

任务 4.5 知识导图，如图 4.118 所示。

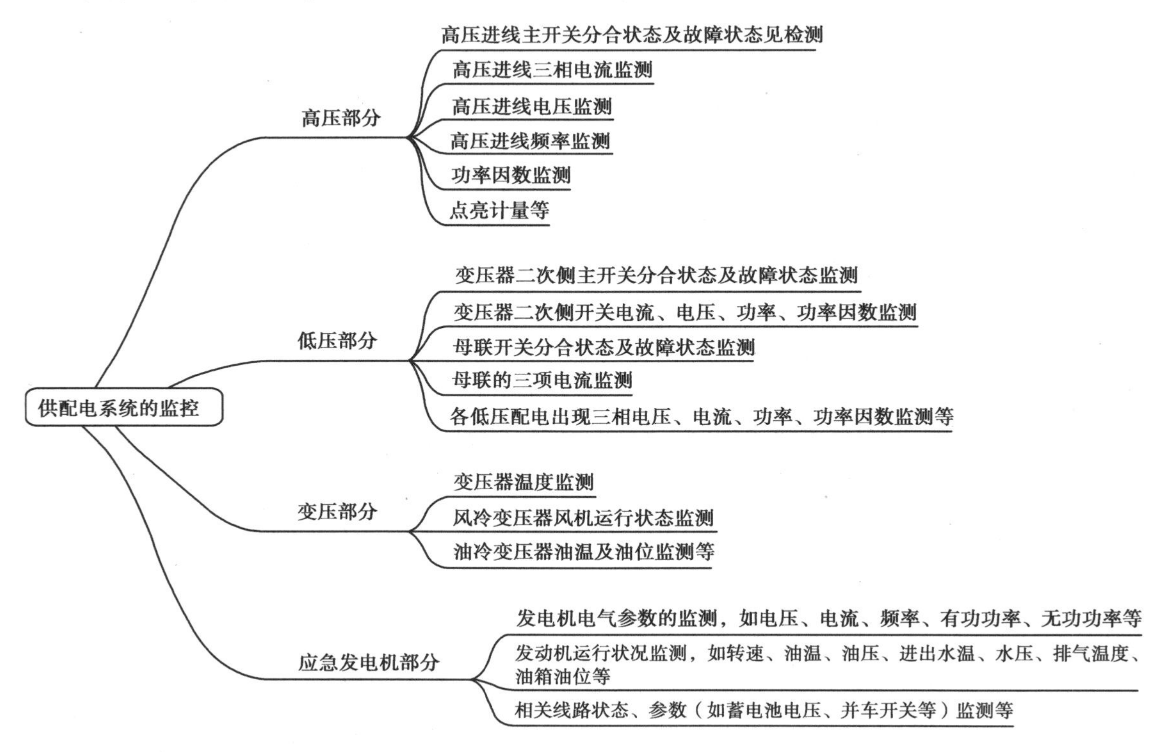

图 4.118　任务 4.5 知识导图

任务4.7　电梯子系统的监控

【任务描述】

结合工程项目，选择正确的电梯控制方法，绘制电梯控制系统图和平面图。

【知识点】

4.7.1　电梯/自动扶梯的基本概念

电梯是现代建筑物，尤其是高层建筑中必备的垂直交通工具，用以进行建筑内垂直交通组织，包括直升电梯和自动扶梯。直升电梯按用途分又包括普通客梯、货梯、消防电梯及观光电梯等。

电梯/自动扶梯的电气控制设备均由制造厂成套供应，其电力拖动和控制方式的选择，要按其载质量、提升高度、停层方案等，经综合比较后决定，自动扶梯控制相对简单。在电梯的监控策略前，需要对电梯电气部分有初步的认识：

①客梯电力驱动方式分为交流驱动和直流驱动。交流驱动方式分为交流调压调速和变频调速；直流驱动方式分为晶闸管供电的直流电动机驱动和斩波控制直流电动机驱动。

②高中档电梯一般采用变压变频（VVVF）调速方式。

③住宅和公寓的电梯多具备“有司机”控制功能。

④成对或成群布置的电梯组，一般根据需要分别采用并联控制或群控方式。

⑤消防电梯具备消防控制功能。

电梯/自动扶梯设备是关系到人身安全的重要设备系统，在民用建筑中一般由电梯厂商提供的专业控制系统进行监控。为了解电梯设备的运行状态，楼宇自控（BA）系统通常可以通过干节点或总线方式对其进行监视，但不对电梯进行控制。

4.7.2　电梯监控系统的类型及监控要求

电梯/自动扶梯应采用自成体系的专业监控系统进行监控，并纳入楼宇自控（BA）系统。监控内容如下：

①电梯设备运行状态。

②电梯设备上下行方向。

③电梯设备故障状态等。

电梯按监控方式，可分为两类：触点型和总线型。

（1）电梯和自动扶梯触点型监控系统

将电梯和自动扶梯控制箱（内含干触点拓展板）内各信号端子连接到DDC控制器上，由楼宇自控（BA）系统对电梯运行状态进行监测，包括电梯所在楼层、电梯上/下行、火警、电梯超载、电梯运行时间以及通信异常和数据异常报警等信息，目前，这种监控方式应用的较少。图4.119为典型电梯系统的监控原理图（采用干节点方式实现）。

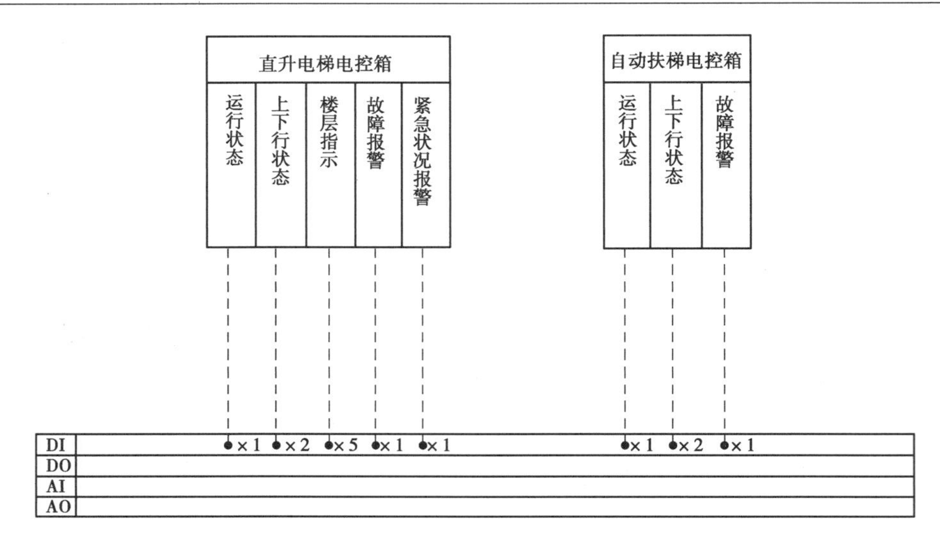

图 4.119　典型电梯系统监控原理图

(2)电梯/自动扶梯总线型监控系统

在有多台电梯的建筑场合,需要对电梯采取群控策略。以写字楼的电梯为例,在上下班、午餐时间客流量十分集中,其他时间又比较空闲。要在不同客流时期,通过自动调度控制,做到既能减少候梯时间以最大限度地利用现有运输能力,又能避免数台电梯同时响应同一召唤造成空载运行而浪费电力,就需要不断地对各候梯厅站的召唤信号和轿厢内选层信号进行循环扫描,根据轿厢所在位置、上下方向停站数、轿厢内人数等因素来实时分析客流变化情况,自动选择最适合于客流情况下的输送方式。上述功能由电梯群控系统与楼宇自控(BA)系统共同完成,一般采用总线连接,即总线型监控系统,如图 4.120 所示。

在电梯/自动扶梯自带控制箱内增加数据通信板卡,使各控制箱具备总线通信功能。从最远的电梯/自动扶梯到控制室数据集线器之间每条通信总线采用 RS-485 通信标准规格电缆长度不大于 1 200 m,每条总线连接设备数量通常不多于 16 台。电梯/自动扶梯通信电缆超过 1 200 m后,可采用光端机和光缆作为传输干线。总线型监测系统可通过协议转换器将电梯私有通信协议转换成 Modbus RTU 协议后接入第三方系统实现对电梯和扶梯的集中监测。

4.7.3　电梯监控系统的设计

电梯/自动扶梯监控系统的设计,主要程序与步骤如下:

①根据工程规模、类型,对工程范围内的电梯/自动扶梯进行整理、归类,确定监控系统与供配电系统、火灾消防报警系统、安全防范系统之间的工程界面。

②对接工程设计单位和电梯/自动扶梯生产厂家,确定电梯/自动扶梯主要参数和控制要求,绘制监控系统图、平面图和必要的细部大样图。

③参建各方对设计文件进行会审,避免不同设备在软硬件方面的兼容问题。

【任务实施】

结合工程项目的供配电系统图纸,根据表 4.17 中的步骤,选择正确的电梯控制方法,详细填写每步的过程与结果。

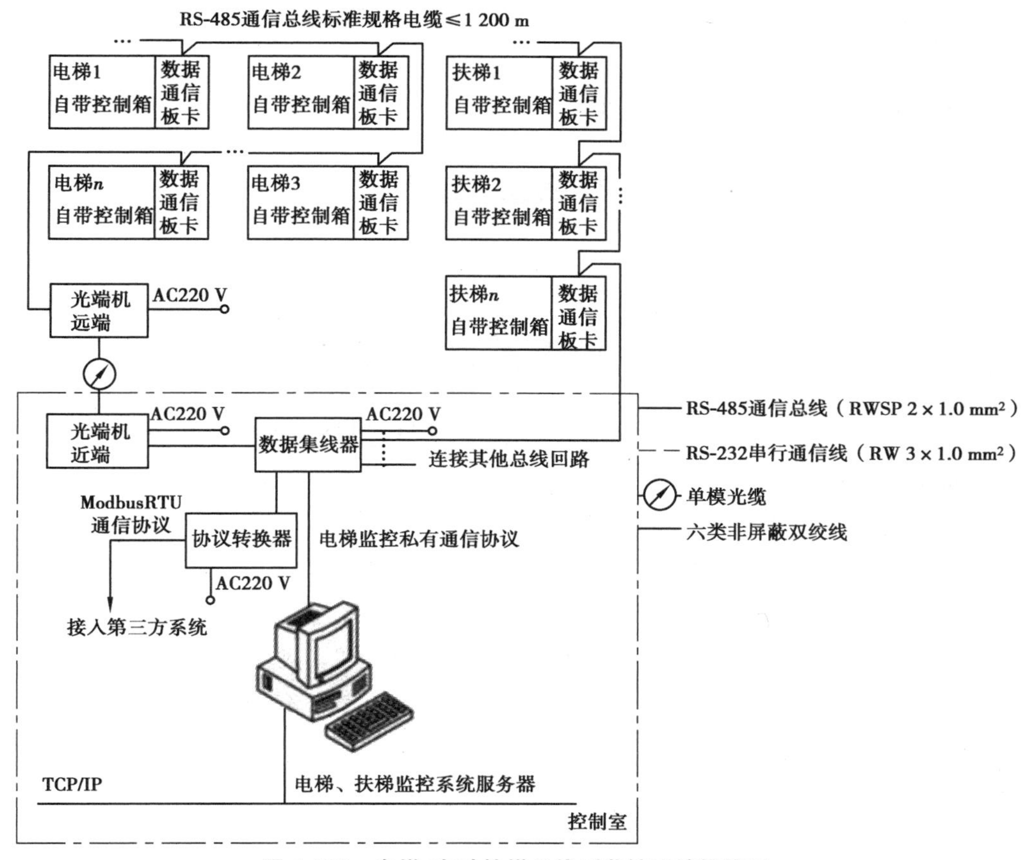

图4.120　电梯/自动扶梯总线型监控系统接线图

表4.17　任务实施单

工程名称		建筑物类型		产品厂家	
实施形式	分组讨论、角色扮演				
控制方法					
被控对象					
监控功能					
监控点位					
监控原理图					
监控点表					
监控平面图					
接线端子图					

【任务知识导图】

任务 4.5 知识导图,如图 4.121 所示。

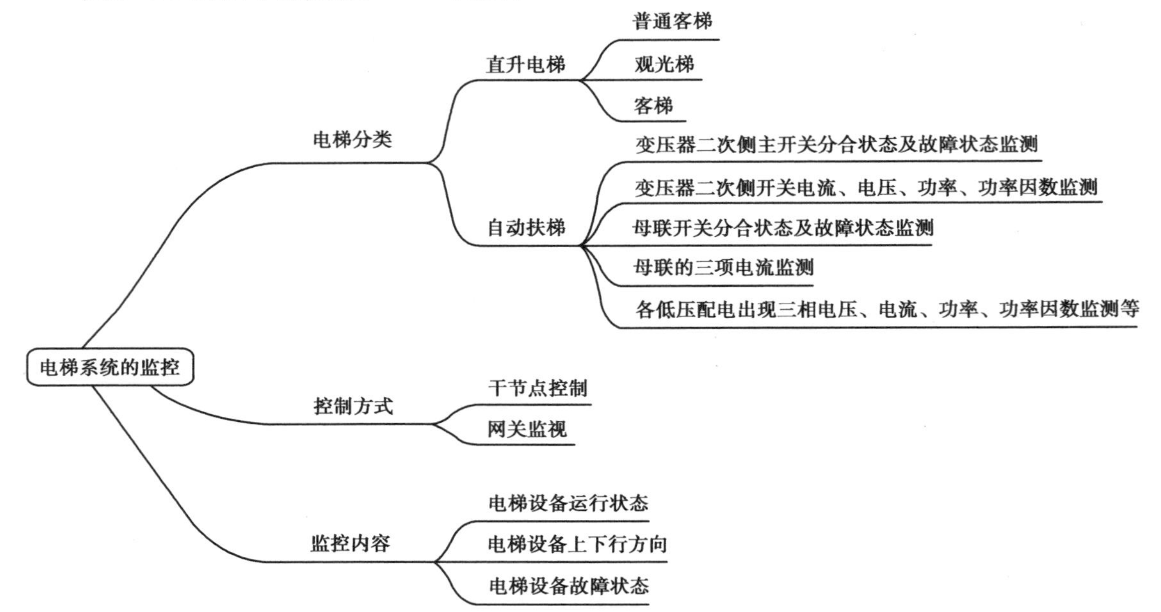

图 4.121 任务 4.5 知识导图

项目 5 建筑设备监控系统的工程实施

【学习导航】

《赋宇新生 2022 中国楼宇自控行业白皮书》指出,建筑设备监控系统是智慧建筑的核心及基石,应用建筑设备监控系统的建筑通常规模较大且设计复杂,要实现可靠运行,需要专业的安装调试。熟悉并掌握建筑设备监控系统的设计流程及其原则、施工流程及其原则,有助于大家在全生命周期的大背景下认识和设计建筑设备监控系统。在以后的工作中,无论是投资者、管理者,以及工程设计人员、项目管理人员、安装维修人员以及技术与设备开发人员,都有着非常重要的现实意义。

本项目主要以工程项目全生命周期的资料为基础,全面了解建筑设备监控系统的设计流程、施工流程等。

【学习载体】

某项目建筑设备监控系统工程资料(包含设计阶段、施工阶段)。

【学习目标】

素质目标

◆培养学生职业规范能力;
◆培养学生资料收集、整理、归纳、处理能力;
◆工程精益求精的工匠精神。

能力目标:

◆能整理建筑设备监控系统竣工资料;
◆熟悉相关设备的选型及安装原则。

知识目标

◆理解建筑设备监控系统工程设计方法;
◆了解建筑设备监控系统的造价基本原则。

任务 5.1 建筑设备监控系统工程设计

【任务描述】

以实际工程项目为载体,分组梳理互提资料及各设备的设置原则。

【知识点】

5.1.1 建筑设备监控系统的相关规范、标准及图集

建筑设备监控系统的相关规范、标准及图集如下:

①《民用建筑电气设计标准》(共两册)(GB 51348—2019);

②《智能建筑设计标准》(GB 50314—2015);

③《智能建筑工程施工规范》(GB 50606—2010);

④《智能建筑工程质量验收规范》(GB 50339—2013);

⑤《智能建筑工程质量检测标准》(JGJ/T 454—2019);

⑥《建筑设备监控系统工程技术规范》(JGJ/T 334—2014);

⑦《绿色建筑评价标准》(GB/T 50378—2019);

⑧《建筑设备管理系统设计与安装》(19X201);

⑨《智能建筑弱电工程设计与施工》(09X700);

⑩《综合布线系统工程设计与施工》(20X101-3);

⑪《建筑工程设计文件编制深度规定》(2016 年版)。

5.1.2 建筑设备监控系统的各阶段所要求的设计内容

在实际工程中,建筑设备监控系统也称为楼宇自控系统,一般包含在建筑智能化专项设计中。建筑智能化专项设计根据需要可分为方案设计、初步设计、施工图设计及深化设计 4 个阶段。其中,方案设计、初步设计、施工图设计一般由设计单位完成,深化设计一般由集成商完成。各阶段的设计内容如下:

(1)方案设计

方案设计文件应满足编制初步设计文件的需要。方案设计阶段通常无须图纸,只需完成设计说明书和系统投资估算。其中,设计说明书中应包括设计依据、设计范围和内容、楼宇自控系统的规模、控制方式和主要功能;系统投资估算应包括投资估算说明及工程投资估算表。

(2)初步设计

初步设计文件由设计说明书、设备一览表、工程投资概算、设计图纸 4 部分组成。初步设计深度应符合下列要求:确定各专业分工界面及设计范围;确定技术标准、实现方式及主要指标;确定概算造价,据以控制系统投资;据以编制设计施工图。各部分具体要求如下:

①设计说明书。

a. 阐述建筑设备监控系统的需求,说明系统的功能作用、组成、原理及特点。

b. 确定系统的网络结构类型。

c. 统计工程中需要监控的机电设备。

d. 确定建筑设备的监控方法及监控功能。

e. 根据暖通专业空调及新风机组的冷/热水（或蒸汽）流量，计算调节阀的流通能力 C_v（或 K_v）值，选择调节阀及执行机构。

f. 编制建筑设备的监控点表。

g. 根据被监控的机电设备、监控点表，应配置现场控制器（包括处理器、网络通信模块、输入输出点或模块、显示屏、储存器、电源等）。

h. 明确现场控制器、工作站的设置位置，现场控制器安装方式、安装高度以及传感器、执行机构的安装要求等。

i. 确定线缆及保护管的类型，线路敷设方式。

②设备一览表。

设备一览表应包含设备名称、规格或技术指标（参数）、数量、单位、备注等内容，可参考表5.1中的样式。

表5.1　初步设计设备一览表

工程名称______		工程号______	库号______	共　页，第　页		
序号	设备名称	规格	性能指标（参数）	单位	数量	备注

③工程投资概算。

工程投资概算应包括工程投资概算说明及工程投资概算表。

④设计图纸。

设计图纸应采用图例符号及线路按照工程实际情况绘制系统图，并符合下列要求：

a. 表示出系统的组成、系统结构及逻辑关系。

b. 表示出各种设备和部件的位置。

c. 标注设备和部件的规格及数量。

d. 标注线路型号规格。

e. 应绘制机房室内各设备连接系统图（系统简单，可与第a条系统图合并）。

(3)施工图设计

施工图设计文件应根据已批准的初步设计文件进行编制，内容以图纸为主，其设计文件应按照以下顺序编制：封面及扉页、图纸目录、设计及施工说明、主要设备材料表、设计图纸。设计深度应符合下列要求：据以编制施工图预算；据以安排材料、设备的订货；据以安排非标准设备的制作；据以进行安装施工。

①封面及扉页、图纸目录。

封面应列出工程名称、工程编号、设计单位、编制年月。扉页应列出设计单位设计资质证书编号、设计总负责人、专业负责人、设计人、校核人、核定人名单。图纸目录应包括序号、图号、图纸名称、图幅、备注等内容，具体样式由各设计单位确定。

②设计及施工说明。

施工设计说明中应包括工程设计概况（应将审批后的初步设计中相关部分的主要技术指标录入）、建筑监控设备系统的监控范围和内容、控制室位置、建筑主要设备测量控制要求、现场控制器设置方式、电源与接地要求、系统施工要求和注意事项、与相关专业的技术接口要求及专业分工界面说明、其他要说明的问题。

③主要设备材料表。

设备材料表包括序号、设备名称、设备规格或主要技术参数、单位、数量等内容，可参考表5.2中的样式。

表5.2　施工图设计设备材料

工程名称______		工程号______	库号______	共　页，第　页		
序号	设备名称	规格	性能指标（参数）	单位	数量	备注

④设计图纸。

设计图纸应包括系统图、平面图、监控原理图、监控点表。其中，系统图应体现控制器与被控设备之间的连接方式及控制关系；平面图应体现控制器位置、线缆敷设要求，绘至控制器止；监控原理图有标准图集的可直接标注图集方案号或者页次，应体现被控设备的工艺要求、应说明监测点及控制点的名称和类型、应明确控制逻辑要求，应注明设备明细表，外接端子表；监控点表应体现监控点的位置、名称、类型、数量以及控制器的配置方式。图中表达不清楚的内容，可随图作相应说明（如电气、供排水、暖通等专业应满足控制工艺的要求等）。

⑤工程投资预算。

施工图预算文件包括封面、签署页（扉页）、目录、编制说明、建设项目总预算表、单项工程综合预算表、单项工程预算书、分部分项预算表等，一般由造价单位根据施工图编制。

（4）深化设计

深化设计由工程招标后产生的集成商来完成，在施工图的基础上应根据实际产品优化平面图、系统图和监控原理图，并形成端子接线图等。设计单位应配合深化设计单位了解系统的情况及要求，审核深化设计单位的设计图纸。

5.1.3　建筑设备监控系统中各专业的互提资料内容

实际工程中，建筑设备监控系统的设计一般属于建筑智能化专项设计，在专项设计的各个阶段互提的资料及深度各不相同。

(1)方案阶段

建筑智能化专业首先接收建筑专业提供的设计依据、简要设计说明和设计图纸(表5.3)，设计人员对建筑概况及设计范围进行确认并提出调整意见反馈给建筑专业。方案阶段一般不需要接收结构、给排水、暖通、电气专业提供的资料。

表5.3　方案阶段接收资料

提出专业	内容	深度要求	表达方式		
			图	表	文字
建筑	设计依据	工程设计有关的依据性文件			√
		建设单位设计任务书			√
		政府有关主管部门对项目设计提出的要求			√
		工程规模(如建筑面积、总投资、容纳人数等)			√
	简要设计说明	列出主要技术经济指标，以及主要建筑或核心建筑的层数、层高和总高度等指标；功能布局		√	
		设计标准(包括工程等级、建筑的使用年限、耐火等级、装修标准等)		√	
		总平面布置说明			√
	各层平面图	总尺寸、开间进深尺寸或柱网尺寸	√		
		各房间使用名称、主要房间面积	√		
		各楼层地面标高、屋面标高	√		
		划分防火分区	√		

设计人员接收各专业的资料后，进行整理，确定本专业设计方案，向各专业反提资料(表5.4)，如工程较大、较复杂或对结构专业有特殊要求的，应与结构专业加强相互间的配合。

建筑智能化专业的提出资料以文字为主，接收各专业资料的深度应根据工程的大小、复杂的程度确定，以达到满足出方案设计文件为准。

(2)初步设计阶段

初步设计阶段，建筑专业提供的资料有设计依据、简要设计说明、设计说明书、各层平面图；与给排水、暖通专业主要落实各设备用房的位置、设备安装位置及控制方式等，详见表5.5。

表 5.4　方案阶段提供资料

接收专业	内容	深度要求	表达方式		
			图	表	文字
建筑	弱电机房	位置、标高、估算面积、开门大小数量及种类			√
	弱电竖井	位置、标高、估算面积、开门大小数量及种类			√
结构	弱电机房	楼板荷载、开洞情况			√
	弱电竖井	楼板荷载、开洞情况			√

表 5.5　初步设计阶段接收资料

提出专业	内容	深度要求	表达方式		
			图	表	文字
建筑	设计依据	补充设计任务书			√
		审定后的设计方案通知书			√
		建设单位对设计方案的修改意见和有关会议纪要等文件			√
	简要设计说明	概述经过调整后的方案设计		√	√
		工程特殊要求和其他需要另行委托设计、加工的工程内容			√
	设计说明	建筑节能设计专篇			√
	各层平面图	注明房间名称	√		
		表明承重结构的轴线及编号、柱网尺寸和总尺寸	√		
		主要结构和建筑物构配件，如非承重墙、门窗、楼梯、电梯、扶梯、中庭等	√		
		主要建筑设备的固定位置	√		
		地上地下各层楼地面标高	√		
		人防分区图、人防的布置、防护门、防护密闭门、口部、通风竖井等	√		
		管井的位置	√		
给排水	水池、水箱、气压罐	位置	√	√	√

续表

提出专业	内容	深度要求	表达方式		
			图	表	文字
暖通	制冷机房	设备安装位置、控制方式	√	√	√
	锅炉房	设备安装位置、控制方式	√	√	√
	换热站	设备安装位置、控制方式	√	√	√
	空调机房	设备安装位置、控制方式	√	√	√
	防排烟系统	设备安装位置、控制方式	√	√	√
	通风系统	设备安装位置、控制方式	√	√	√

建筑智能化专业提出的资料以图纸和文字为主,主要配合设备用房及竖向管井等内容,复核方案阶段的提资是否落实到位,详见表5.6。

表5.6　初步设计阶段提供的资料

接收专业	内容	深度要求	表达方式		
			图	表	文字
建筑	弱电机房	位置、标高、估算面积、开门大小数量及种类	√		√
	弱电竖井	位置、标高、估算面积、开门大小数量及种类	√		√
结构	弱电机房	楼板荷载、开洞情况	√		√
	弱电竖井	楼板荷载、开洞情况	√		√

(3)施工图设计阶段

施工图设计阶段建筑智能化专业与建筑专业、结构专业、给排水专业、暖通专业的配合主要是解决对初步设计调整后应互提的资料及对初步设计所提资料的细化,与电气专业落实主要管线的敷设路径、防雷接地要求、设备配电箱设置情况等,详见表5.7。

表5.7　施工图设计阶段接收资料

提出专业	内容	深度要求	表达方式		
			图	表	文字
建筑	简要设计说明	室内装修部分:楼地面、踢脚板、内墙面、顶棚等		√	√
		电梯(自动扶梯)选择及性能			√
		建筑节能设计专篇			√
	各层平面图	承重墙、柱及其定位轴线和轴线编号,内外门窗位置、定位尺寸,门的开启方向,注明房间名称	√		

续表

提出专业	内容	深度要求	表达方式		
			图	表	文字
建筑	各层平面图	表明承重结构的轴线及编号、柱网尺寸和总尺寸	√		
		主要结构和建筑物构配件，如非承重墙、门窗、楼梯、电梯、扶梯、中庭等	√		
		设备用房面积	√		
		地上地下各层楼地面标高	√		
		人防分区图、人防的布置、防护门、防护密闭门、口部、通风竖井等	√		
		管井的位置	√		
给排水	水池、水箱、气压罐	位置	√	√	√
暖通	制冷机房	设备安装位置、控制方式	√	√	√
	锅炉房	设备安装位置、控制方式	√	√	√
	换热站	设备安装位置、控制方式	√	√	√
	空调机房	设备安装位置、控制方式	√	√	√
	电动阀、电磁阀	设备安装位置、控制方式	√	√	√
	水箱、气压罐	设备安装位置、控制方式	√	√	√
	防排烟系统	设备安装位置、控制方式	√	√	√
	通风系统	设备安装位置、控制方式	√	√	√
	空调系统	设备安装位置、控制方式	√	√	√
电气	主要管线、桥架	敷设路径	√		
	设备配电箱	设置位置	√		
	防雷接地装置	共用接地要求	√	√	√

建筑智能化专业提出的资料以文字为主，复核施工图设计阶段的提资是否落实到位，详见表5.8。

表5.8 施工图设计阶段提供的资料

接收专业	内容	深度要求	表达方式		
			图	表	文字
建筑	弱电机房	位置、标高、估算面积、开门大小、数量及种类、天地墙做法及要求			√
	弱电竖井	位置、标高、估算面积、开门大小、数量及种类			√

续表

接收专业	内容	深度要求	表达方式		
			图	表	文字
结构	弱电机房	楼板荷载、开洞情况			√
	弱电竖井	楼板荷载、开洞情况			√

5.1.4　楼宇中央控制室的设置原则

建筑设备监控系统中控室可单独设置,或与其他弱电系统的控制机房,如消防、保安监控等集中设置。

建筑设备监控系统中控室如单独设置,可设置在建筑物内任何场所,但应远离潮湿、灰尘、震动、电磁干扰等场所,避免与建筑物的变配电室相邻及阳光直射。

建筑设备监控系统中控室如集中设置,必须满足建筑物消防中控室的设计规范要求。

建筑设备监控系统中控室所需面积,除满足日常运行操作需要外,还应考虑系统电源设置、技术资料整理存放及更衣等面积要求。

建筑设备监控系统中控室内如采用模拟屏,其上安装的仪表和信号灯,可由现场直接获取信号,也可由单独设置的模拟屏控制器上通过数据通信方式获取信号。

建筑设备监控系统中控室应参照计算机机房设计标准进行设计和装修,室内宜安装高度不低于200 mm的抗静电活动地板。

建筑设备监控系统中控室应根据工作人员设置电源和信息插座,电源插座设置应考虑检修与安装工作的需要。

建筑设备监控系统中控室内设置建筑设备监控系统的监控主机。如管理需要,建筑物内其他场所也可设置分控室,再设置监控主机用于设备监控管理。

【技能点】

5.1.5　现场控制器的设置原则

DDC设置应先考虑工艺设备监控的合理性,原则上每组工艺设备系统应由同一台DDC控制器进行监控,以增加系统的可靠性,便于系统调试。

现场控制器的输入输出点应留有适当余量,以备系统调整和今后扩展,一般预留量应大于10%。

5.1.6　传感器与执行器的设置原则

智能建筑工程施工规范(GB 50606—2010)

1)传感器的设置

①应确定传感器的种类、数量、测量范围、测量精度、灵敏度、采样方式和响应时间;

②当多项功能选取由一个传感器完成时，该传感器应同时实现各项功能需求的最高要求；

③当以安全保护和设备状态监测为目的时，宜选用开关量输出的传感器；

④传感器应提供标准电气接口或数字通信接口，当提供数字通信接口时，其通信协议应与监控系统兼容；

⑤经过传感、转换和传输过程后的测量精度应满足功能设计要求；

⑥应符合功能设计中的安装位置要求，并应满足产品的安装要求；

⑦应根据传感器的安装环境选择保护套管和相应的防护等级；

⑧宜预留检测用传感器的安装条件。

建筑设备监控系统工程技术规范（JGJ/T 334—2014）

2）温度、湿度传感器的设置

①应布置在能反映被测区域参数的部位，且附近不应该有热源和湿源；

②风道和水道温度传感器应保证插入深度；

③壁挂式空气温度传感器应布置在空气流通、能反映被测空间空气状态的部位，不应布置在阳光直射处和靠近风口处；

④与风机盘管和变风量末端等设备配套使用的壁挂式空气温度传感器，应布置在能反映其对应设备服务区域温度的部位；

⑤对于大空间场所，宜均匀布置多个空气温度、湿度传感器；

⑥室外温度、湿度传感器应布置在能真实反映室外空气状态的位置，不应布置在阳光直射的部位和靠近新风口、排风口的部位，并宜采用气象测量用室外安装箱；

⑦当不具备布置条件时，可采用非接触式传感器。

3）压力（压差）传感器的设置

①测压点应选在直管段上流动稳定的地方，测量液体时，安装孔应设在管道下部；测量气体时，安装孔应设在管道上部；

②在同一水系统上布置的压力（压差）传感器宜处在同一标高上；

③水管压差传感器的两端接管应连接在水流速较稳定的管路上；

④测量流体管网最不利点压力时，宜选择在管网主要分支处进行多点布置；

⑤风道压力传感器，应布置在空气均匀混合的直风道内，不宜布置在空气处理设备内部。

4）气体传感器的设置

应布置在气体容易积聚、能反映被测区域气体浓度的位置。

5）流量传感器的设置

①应耐受管道介质最大压力；

②当无法采用接触式测量时，宜采用超声波流量计；

③安装位置应满足产品所要求的安装条件；

④宜选用具有较低水流阻力的产品。

6)风速传感器的设置

插入风道内的风速传感器,应布置在空气均匀混合段的直风道内;不宜布置在空气处理设备内部。

7)液位传感器的设置

当液位传感器用于脏污液体以及在环境温度下易结晶、结冻的液体时,不宜采用浮子(球)式液位计。

8)能耗监测传感器的设置

用于经济结算的水、电、气和冷/热量表应通过计量检定;宜选用具有瞬时值和累计值输出的传感器。

9)执行器的配置

①应确定执行器的种类、反馈类型、调节范围、调节精度和响应时间;

②执行器应提供标准电气接口或数字通信接口;当提供数字通信接口时,其通信协议应与监控系统兼容;

③经过转换、传输和动作过程后的调节精度应满足设计要求;

④执行器的安装位置应符合设计要求,并应满足产品动作空间和检修空间的要求;

⑤当采用电机驱动的执行器时,应具有限位保护。

10)阀门执行器的设置

①当仅用于设备通断或水路切换时,应采用电动通断阀;

②当需要对阀门进行连续调节时,宜采用电动调节阀;

③执行器的输出力(或力矩)应使阀门在最大关闭压差下可靠开启和闭合;

④电动调节阀的选择,应根据工艺条件、流体特性、调节系统要求及调节阀管道连接形式等因素确定;

⑤宜选用带有电源故障复位功能的阀门执行器,并应根据工艺要求确定断电时的位置。风阀执行器的输出扭矩应使风阀在最大风压下可靠开启和关闭;当风阀面积过大时,可选多台执行器并联工作。

11)电加热器的设置

电加热器宜采用通断量输出的方式进行控制,当调节精度要求较高时,可采用高频脉冲通断比的方式进行控制。当采用电加热器时,应具备高温和无风保护功能,并应在没有气流或温度过高时自动关闭电加热器电源。

5.1.7 管线桥架的设置原则

1) 仪表信号与控制电缆选择

仪表控制电缆宜采用截面为 1～1.5 mm^2的控制电缆,根据现场控制器的要求选择控制电缆的规格,一般模拟量输入、输出采用屏蔽电缆,开关量输入、输出采用普通无屏蔽电缆。

2) 通信线缆选择

现场控制器及监控主机之间的通信线,在设计阶段宜采用控制电缆或计算机专用电缆中的屏蔽双绞线,截面为 0.5～1 mm^2。如设计在系统招标后完成,则应根据选定系统的要求进行。

3) 电源线规格与截面选择

向每台现场控制器的供电容量,应包括现场控制器与其所带的现场仪表所需的用电容量。宜选择铜芯控制或电力电缆,导线截面应符合电力设计相关规范,一般为 1.5～4 mm^2。

4) 仪表测量管路的选择与安装

仪表导压管选择,应符合工业自动化仪表有关设计规范。一般选择 ϕ14,壁厚 1.6 mm 的无缝钢管。

仪表管路敷设,应按照工业自动化仪表管路敷设有关规定,设置一次阀、二次阀、排水阀、放气阀、平衡阀等,管路敷设应符合标准坡度要求。

5) 电缆穿管的选择

建筑设备监控系统中的仪表信号、电源与通信电缆所穿保护管,宜采用焊接钢管,也可采用 PVC 管。电缆穿管原则如图 5.1 所示。

6) 电缆桥架选择

在线缆较为集中的场所宜采用电缆桥架敷设方式。

①电缆桥架敷设时应使强弱电缆分开,当在同一桥架中敷设时,应在中间设置金属隔板。

②电缆在电缆桥架中敷设时,电缆面积总和与桥架内部面积比一般应不大于 40%。

③电缆桥架在走廊与吊顶中敷设时,应注明桥架规格、安装位置与标高。

④电缆桥架在设备机房中敷设时,应注明桥架规格,安装位置与标高可根据现场实际情况而定。

RVVP型电缆规格	保护类型	穿管根数						穿管根数						穿管根数					
		1	2	3	4	5	6	1	2	3	4	5	6	1	2	3	4	5	6
		25%截面积利用率保护管最小管径/mm						30%截面积利用率保护管最小管径/mm						33%截面积利用率保护管最小管径/mm					
2×1.0	SC	15	25		32		40	15	20	25				15	20	25		32	
3×1.0		20				40	50		25				40						40
5×1.0		25	32	40	50		65	20		32	40	50		20	25	32	40	50	
2×1.5		20	25	32		40		15	25			40		15	20	25			
3×1.5					40			20							25	32			40
2×2.5		25	32	40		50						50		20			40		
3×2.5							65	25		40			65			40		50	
2×1.0	PC	25	32	40		50			32		40			20	32				
3×1.0								25					50						50
5×1.0		32	40	50				32	40	50		—				40	50		—
2×1.5		25	32	40				25	32	40				25	32				
3×1.5					50														
2×2.5		32	40								50						50		
3×2.5						—		32	40			—		32	40				—

图 5.1　RVVP 型电缆穿管最小管径

5.1.8　建筑设备监控系统的供电与接地

(1)供电方式

建筑设备监控系统的现场控制器与仪表宜采用集中供电方式,即从主控室放射性向现场控制器和仪表敷设供电电缆,以便于系统调试和日常维护。

主控室应设置配电柜,总电源来自安全等级较高的动力电源,总电源容量不小于系统实际需要电源容量的 1.2 倍。配电柜内对于总电源回路和各分支回路,都应设置空气开关作为保护装置,并明显标记出所供电的设备回路与线号。

(2)UPS 选配

BAS 的 UPS 配置,应采用在线式不间断电源,保护范围为控制室计算机监控系统,蓄电池容量应保证断电后维持 BAS 主机系统工作 30 min。

(3)防雷接地

建筑设备监控系统的主控室设备、现场控制器和现场管线,均应良好接地。

建筑设备监控系统的接地方式可采用集中的共用接地或单独接地方式,应将本系统中所有接地点连接在一起后再一点接地,采用联合接地时接地电阻应小于 1 Ω,采用单独接地时接地电阻应小于 4 Ω。

建筑设备监控系统的接地一般包括屏蔽接地和保护接地,屏蔽接地用于屏蔽线缆的信号屏蔽接地处,保护接地用于正常不带电设备,如金属机箱机柜、电缆桥架、金属穿管等处。

【任务实施】

①分析本工程中各专业之间互提的具体资料,并完善以下思维导图,如图5.2所示。

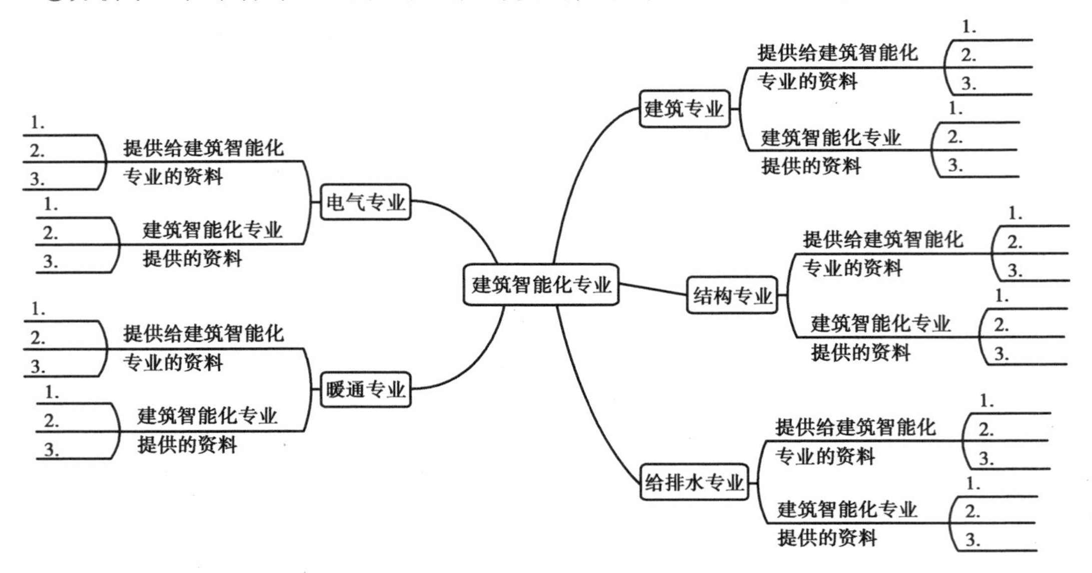

图5.2　互提资料导图(示意图)

②结合案例,说出本工程涉及的设备及其设置原则,详见表5.9。

表5.9　设备使用情况及安装原则

设备名称	设置要求
一、控制器	
二、传感器	
三、执行器	

【任务知识导图】

任务5.1知识导图,如图5.3所示。

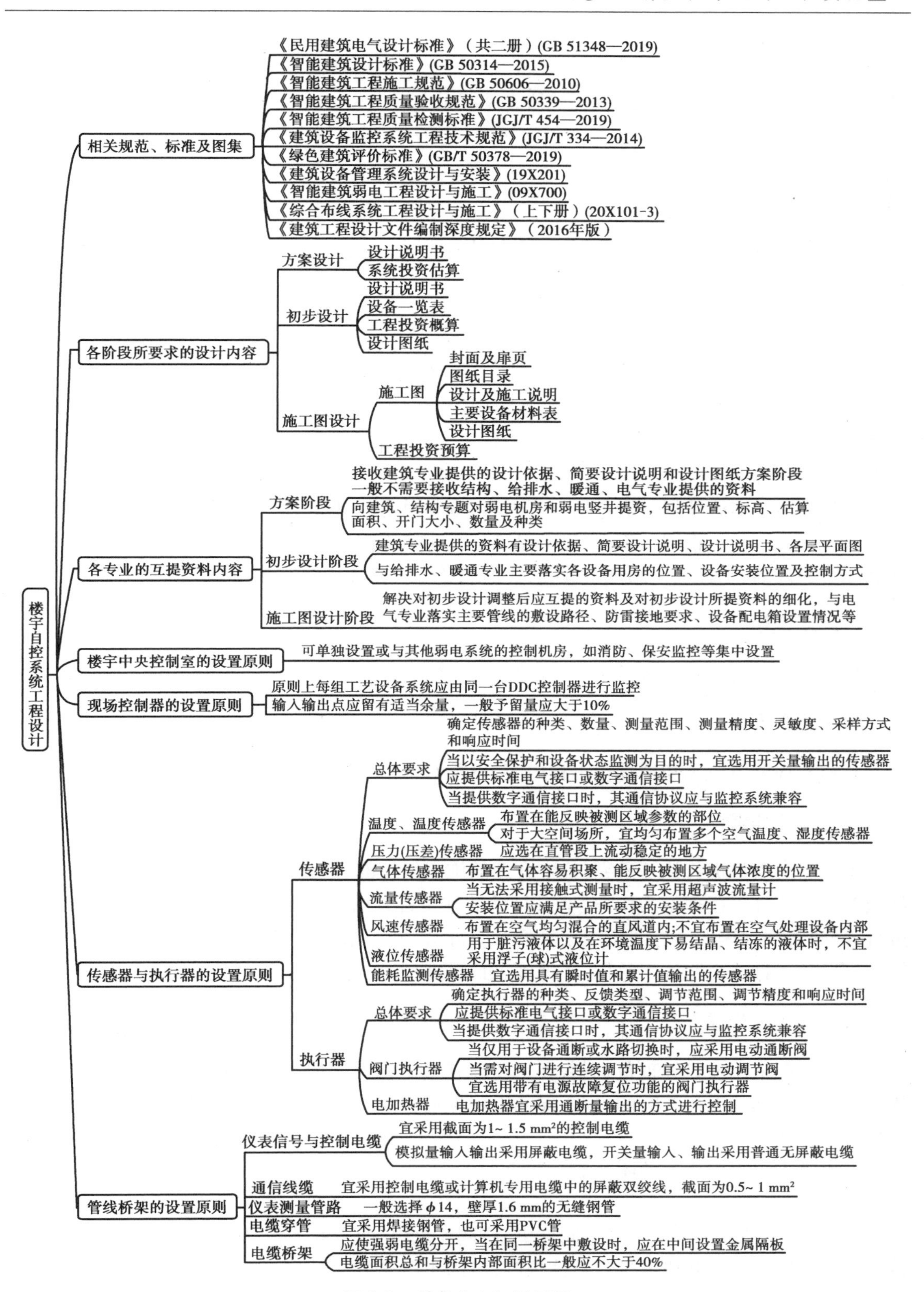

图5.3　任务5.1知识导图

任务5.2　建筑设备监控系统工程施工

【任务描述】

以小组为单位,编写楼宇自控系统施工组织计划。

【知识点】

5.2.1　建筑设备监控系统的施工组织计划编制

一般在合同交底完成后,项目经理负责组织编制施工组织计划,根据工程类型和规模可繁可简。项目实施计划应由本单位工程主管领导或总工程师批准后下发相关部门和人员,同时提交总包管理方。

完整的项目实施计划一般包括以下内容:编制说明、工程范围、施工组织策略、工程施工组织、工程施工计划、工程施工管理、安全保障与文明施工措施、施工技术方案、设备和材料采购、调试方案和计划、工程调试测试与验收、售后服务等。具体内容和编制要点如下:

1)编制说明

介绍实施计划编制的参考文件、规范、标准等。

2)工程范围

介绍工程整体情况和拟承包工程内容,以及对整个承包任务的计划和拟达到建设效果等。

3)施工组织策略

承包商对项目进行认真研究,确定合理的施工组织部署及施工组织管理目标。其中,施工组织部署以系统工程理论为指导,辅以科学的施工计划管理,确保合同的履行,可参考图5.4进行,该图直观地表明了施工组织设计的各个环节;施工组织管理目标可从质量目标、工期目标、安全施工目标、文明施工目标、环保施工目标、服务目标等方面制订。

4)工程施工组织

工程一般采用项目经理负责制,项目经理有绝对权力调配本工程现场人力、物力、财力和优先使用公司其他工程范畴的资源,保证工程保质保量按时完成。常见的项目管理团队组织结构可参照图5.5。

工程施工组织中主要的团队成员职责如下:

(1)项目经理

实施并全面履行合同,处理合同变更,协调与总包,业主的关系,接受建设单位和总包的监督;对工程进度,质量和成本进行总体控制;组织工程验收,交工和结算;负责项目人员组织调配,向公司提出人员增减计划;领导制订施工计划,审定各种施工方案;对外重要文件的审定和签发,考核、评定项目管理人员的业绩。

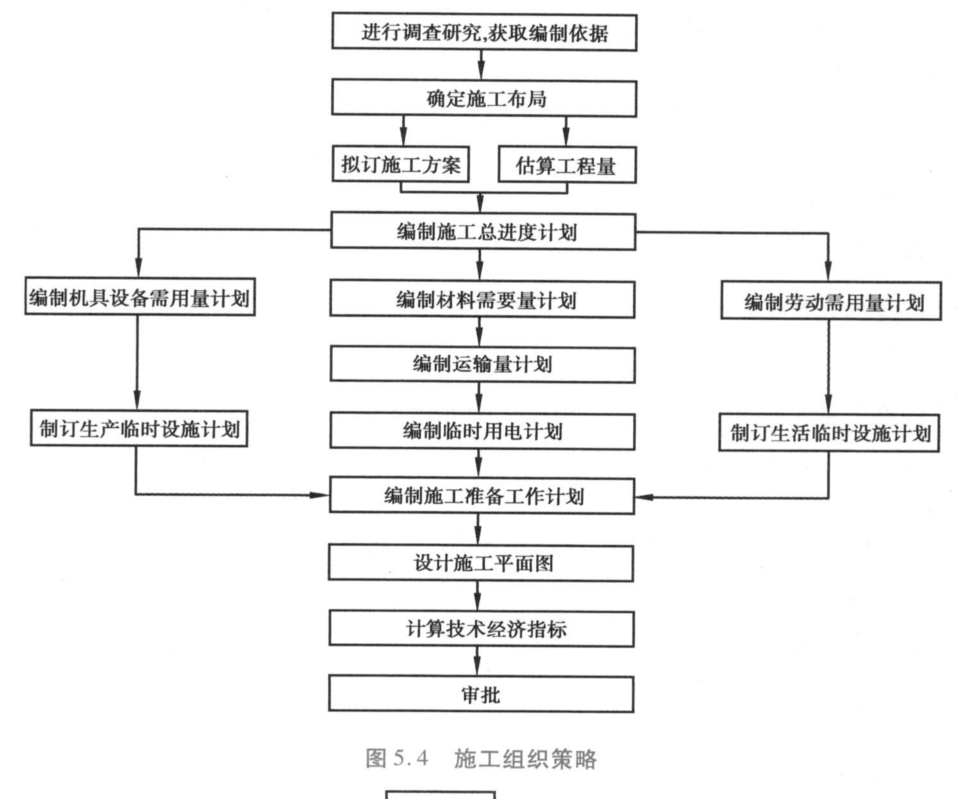

图5.4　施工组织策略

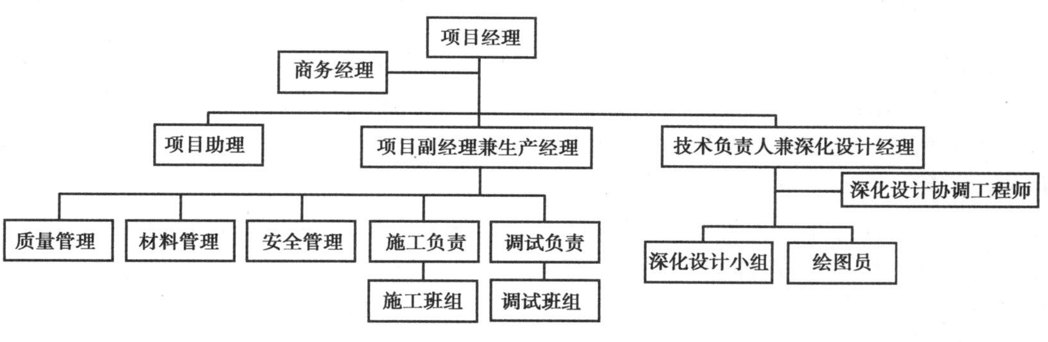

图5.5　组织结构

(2)各系统施工负责人

根据施工进度要求,负责各分系统工程的施工组织和实施,保证本系统工程顺利完成,配合其他系统进行调试,由项目经理负责。

(3)技术负责人

负责组织调配现场技术工程师,按照施工进度计划及时提供系统设计说明、系统图和施工图,并积极配合建设单位解决处理施工过程中的配置、调整变更等技术问题。在施工过程中,负责检查施工质量是否符合设计要求和相关国家、地方标准,并负责系统接线、测试、竣工验收。

(4)质量管理员

在项目经理的指导下,处理工程质量问题。参与编制施工保证措施,检查质量措施执行情况，收集整理技术资料，制定下一步工序的质保措施。陪同总包、监理、质量人员进行检查，及时矫正质量纰漏。整理、归纳技术档案。

(5)现场其他人员

现场其他人员包括施工班组长、技术工人、安全员、材料员、仓库管理员等。负责工程的具体实施，在管理人员的领导和技术支持下，保质保量地完成施工任务，并配合相关人员完成各类签证和报表等文档资料的工作。

5)工程施工计划

一般包括施工准备工作、施工界面管理、工程进度计划表、工期进度保障措施、劳动伦理控制计划等。

6)工程施工管理

对建筑设备监控系统施工中的管理体系、质量保障体系等进行阐述和介绍。

7)安全保障与文明施工措施

对建筑设备监控系统施工中的安全保障体系和文明施工措施进行阐述和介绍。

8)施工技术方案

对建筑设备监控系统各部分的施工条件、施工准备、工艺流程、安装工艺等进行阐述。

9)设备和材料采购

合格的设备材料是工程质量保证的先决条件，坚持产品质量第一的原则，不合格或质保资料不全的产品不得入库和安装使用。对于在合同中未标明厂家或规格型号的设备和材料，要求建设单位确定厂家和规格型号，方可订货。设备材料进场后，经建设单位和监理验收合格后方可安装使用。

在建筑设备监控系统工程中，其设备均为精密电子仪器，为避免安装前的损伤和毁坏，这些设备将在施工后期阶段，即在安装设备前再进场。进场后，放置在整洁干燥场所，并派专人看护，以免遗失或损坏。

对工程中需要使用的线管和线缆等材料，根据合同要求的品牌和规格型号进行采购，尤其是各系统的线缆材料要保证选用正牌厂家的产品，并有相应的质保资料。而在合同中未注明厂家的，我方将提供3个厂家的产品供建设单位选择，经确认一家后，再采购，或直接由建设单位推荐合格厂家。

进场材料均需入库，实行分类挂牌管理，选择重点材料重点管理，实行定额控制用量，办好出入库手续，以便于材料和设备的管理。

对金属线管材料，在施工人员进场时进货，根据预算用量一次到位，分规格类型堆放在仓库里，要便于取用，领用时需办出库手续。

对各类线缆，在线管完成前一星期内进货，也是根据预算用量一次到位，分规格型号安放，每次领用需办出库手续，使用后的剩线要登记数量，并在包装箱上标明，尽量能使用上，以减少损耗。

对工程中使用的辅助材料，应根据计划采购，分门别类安放，应根据实际需用情况领用，下班后将剩余的材料交还仓库。

仓库管理员每天要做好材料出入库手续，定期盘点，每星期做一次仓库材料统计，将报表递交项目经理，配合施工负责人做好材料需用计划。避免因材料不到位引起窝工现象。

10）调试方案和计划

本方案的编制目的是，在调试工作开始之前准确地制订调试计划，并使用户能够了解建筑设备监控系统的调试步骤，指导调试人员进行系统调试及按调试步骤制订及记录准确的调试报告。

11）工程调试测试与验收

调试验收严格遵照合同和国家的有关规定，对各分系统的全部指标进行检验，并出具验收测试内容清单。如系统的任何部分在测试中不合格，我方都将进行矫正，并按业主及有关方面要求测试直至没有问题为止。所有测试所需的仪器工具均由我方负责协调解决。在现场测试前的规定时间内，我方将提供给业主、设计方一份用于检测的仪器的详细资料。整理移交竣工文件，编制竣工报告，标准化各子系统的文件格式，并对照实际工程进行审核，保证文件与实际情况相吻合。在验收竣工两个月内，向业主提交完整的竣工图纸及设备系统运行调试报告。总包方保证按照合同条款的规定进行工程项目的验收，并承担相应责任。

12）售后服务

针对建筑设备监控系统提出的售后服务实施方案，一般包括维修反应时间、工程巡检回访、现场排除故障或技术指导、紧急异常情况处理以及售后服务和其他承诺等。

5.2.2　建筑设备监控系统施工界面确定

1）设备材料、软件供应界面确定

各子系统接口界面的设备有各类传感器、阀门、风门执行机构、HUB、通信接口板、继电器柜等。

材料的接口界面主要是各类通信电缆及各子系统之间数据传输介质等。例如，空调系统各类电动阀门、风门、VAV 控制设备、风机盘管的温控设备等及供电系统的各类电量变送器和通信接口板等，属于哪一个子系统的供应商提供。

各子系统的接口软件界面如上面软件接口界面所述。尤其是接口软件的设计及费用属于哪一个子系统供应商的范围应予明确。故在工程实施过程中，尤其是在商务合同阶段必须明确各子系统的供应商在这些方面的供应范围，以避免在系统调试过程中这些子系统之间和子系统与其他专业之间硬、软件方面的缺口影响系统集成。

2）施工安装界面的确定

建筑设备监控系统的施工安装从总体上可分为系统设备及其传感器、执行机构的安装、线槽管线敷设及穿线、接线、系统调试等主要工序。根据工程不同的承包方式，对上述各道工序由谁来负责施工和指导应事先予以明确，通常做法如下：

①系统的主要设备安装应由各子系统设备供应商在 BAS 承包商的督导下完成。

②传感器、通信接口板、HUB 原则上应由设备供应商负责安装。

③执行机构（如阀门、风门的执行机构）一般通常由设备供应商提供，由其他分包商在 BAS 承包商的督导下安装。

④线槽、管线敷设一般在各子系统分包商的督导下由同一施工单位（如土建总包）安装施工较好。

⑤接口界面的穿线接线。建筑设备监控系统的穿线接线，由工程承包商完成，并在其他分包商的指导或确认下进行。对于被分包的子系统内的穿线与接线，由分包商自行完成。

⑥子系统的调试由各子系统分包商负责，集成系统的调试由 BAS 承包商负责。

建筑设备监控系统如果由一个总承包商承包，并无分包的情况，则所有穿、接线工作均由总承包商完成，并无划分。

3）建筑设备监控专业与其他专业（工种）之间的配合

需要与下述各方（专业）进行现场配合，解决如下问题：

①与设计部门配合进行设计交底、设计变更或洽商变更。

②与土建总包方协调临时用电、用水、垂直运输梯、库房、办公室以及工期、进度、工作交接面。

③与水专业协调执行机构的安装位置及形式。

④与设备厂家配合了解设备参数及接口。

⑤与装修方协调预留孔洞、面板就位等。

【技能点】

5.2.3　现场控制器的安装原则

DDC 应布置在被监控对象的附近，以便于节省仪表管线，并有利于系统调试和维修。通常采用挂墙明装方式，安装高度便于操作，内部强弱电应明显分开。DDC 控制箱应选择相应合理的防护、结构和规格尺寸。

当设备机房上下对齐时，DDC 宜就近垂直组网，通信网络无须绕行竖井。

智能建筑工程施工规范（GB 50606—2010）

5.2.4　传感器与执行器的安装原则

1）传感器与执行器的安装原则

①管道外贴式温度和流量传感器安装前，应先将管道外壁打磨光滑，测温探头与管壁贴紧后再加保温层和外敷层。

②在非室温管道上安装的设备，应做好防结露措施。

③安装位置不应破坏建筑物外观及室内装饰布局的完整性。

④四管制风机盘管的冷热水管电动阀共用线应为零线。

建筑设备监控系统工程技术规范（JGJ/T 334—2014）

2) 电磁流量计的安装原则

①电磁流量计不应安装在有较强的交直流磁场或有剧烈振动的位置处。

②电磁流量计外壳、被测流体及管道连接法兰之间应做等电位连接，并应接地。

③在垂直管道上安装时，流体流向应自下而上；在水平管道上安装时，两个测量电极不宜安装在管道的正上方和正下方位置。

3) 超声波流量计的安装原则

①应安装在直管段上，并宜安装在管道的中部。

②被测管道内壁不应有影响测量精度的结垢层和涂层。

4) 电量传感器的安装原则

①电压互感器输入端不得短路。

②电流互感器输入端不得开路。

5) 防冻开关的安装原则

①防冻开关的探测导线应安装在热交换盘管能出风侧。

②探测导线应缠绕在盘管上，并应接触良好；探测导线展开后，不得打结，表面不得有断裂或破损，折返点宜采用专用附件固定。

6) 温控器的安装原则

①温控器的安装位置与门、窗和出风口的距离宜大于 2 m，不宜安装在阳光直射的地方或空气流动死区。

②温控器应安装在对应空调设备温度调节区域范围内，不同区域的温控器不宜安装在同一位置。

③当温控器与其他开关并列安装时，高度差应小于 1 mm；在同一室内非并列安装时，高度差应小于 5 mm。

7) 变频器的安装原则

①安装前应检查安装环境、电源电压、输入和输出信号以及接线方式等，并应符合设计和产品要求。

②变频器宜安装在电气控制箱（柜）内，且电气控制箱（柜）宜与被监控电机就近安装。

③变频器与周围阻挡物的距离不应小于 150 mm；采用柜式安装的，应有通风散热措施。

8) 控制回路接线原则

①控制回路与主回路应分开走线。

②控制回路应采用屏蔽线。

9) 室内、外温湿度传感器的安装原则

①室内温湿度传感器的安装位置宜距门、窗和出风口大于 2 m；在同一区域内安装的室内

温湿度传感器，距地高度应一致，高度差不宜大于 10 mm。

②室外温湿度传感器应有防风、防雨措施。

③室内、外温湿度传感器不应安装在阳光直射的地方，应远离有较强振动、电磁干扰、潮湿的区域。

④风管型温湿度传感器应安装在风速平稳的直管段下半部。

10）水管温度传感器的安装原则

应与管道相互垂直安装，轴线应与管道轴线垂直相交；温段小于管道口径的 1/2 时，应安装在管道的侧面或底部。

11）风管型压力传感器的安装原则

风管型压力传感器应安装在管道的上半部，并应在温、湿度传感器测温点的上游管段。

12）水管型压力与压差传感器的安装原则

水管型压力与压差传感器应安装在温度传感器的管道位置的上游管段，取压段小于管道口径的 2/3 时，应安装在管道的侧面或底部。

13）风压压差开关安装原则

①安装完毕后应做密闭处理。

②安装高度不宜小于 0.5 m。

14）水流开关的安装原则

水流开关应垂直安装在水平管段上。水流开关上标识的箭头方向应与水流方向一致，水流叶片的长度应大于管径的 1/2。

15）水管流量传感器的安装原则

①水管流量传感器的安装位置距阀门、管道缩径、弯管距离不应小于 10 倍的管道内径。

②水管流量传感器应安装在测压点上游并距测压点 3.5 ~5.5 倍管内径的位置。

③水管流量传感器应安装在温度传感器测温点的上游，距温度传感器 6 ~8 倍管径的位置。

④流量传感器信号的传输线宜采用屏蔽和带有绝缘护套的线缆，线缆的屏蔽层宜在现场控制器侧一点接地。

16）室内空气质量传感器的安装原则

①探测气体相对密度轻的空气质量传感器应安装在房间的上部，安装高度不宜小于 1.8 m。

②探测气体相对密度重的空气质量传感器应安装在房间的下部，安装高度不宜大于 1.2 m。

17）风管式空气质量传感器的安装原则

①风管式空气质量传感器应安装在风管管道的水平直管段。

②探测气体相对密度轻的空气质量传感器应安装在风管的上部。

③探测气体相对密度重的空气质量传感器应安装在风管的下部。

18)风阀执行器的安装原则

①风阀执行器与风阀轴的连接应固定牢固。

②风阀的机械机构开闭应灵活,且不应有松动或卡涩现象。

③风阀执行器不能直接与风门挡板轴相连接时,可通过附件与挡板轴相连,但其附件装置应保证风阀执行器旋转角度的调整范围。

④风阀执行器的输出力矩应与风阀所需的力矩相匹配,并应符合设计要求。

⑤风阀执行器的开闭指示位应与风阀实际状况一致,风阀执行器宜面向便于观察的位置。

19)电动水阀、电磁阀的安装原则

①阀体上箭头的指向应与水流方向一致,并应垂直安装在水平管道上。

②阀门执行机构应安装牢固、传动应灵活,且不应有松动或卡涩现象,阀门应处于便于操作的位置。

③有阀位指示装置的阀门,其阀位指示装置应面向便于观察的位置。

5.2.5　管线桥架的安装原则

1)桥架安装原则

电缆桥架(托盘)水平安装时的距地高度一般不宜低于2.5 m,垂直安装时距地1.8 m以下部分应加金属盖板保护,但敷设在电气专用房间(如配电室、电气竖井、技术层等)内时除外。

电缆桥架水平安装时,宜按荷载曲线选取最佳跨距进行支撑,跨距一般为1.5~3 m。垂直敷设时,其固定点间距不宜大于2 m。

不宜敷设在同一层桥架上的几种情况:

①1 kV以上和1 kV以下的电缆。

②同一路径向一级负荷供电的双路电源电缆。

③应急照明和其他照明的电缆。

④强电和弱电电缆。

如受条件限制需安装在同一层桥架上时，应用隔板隔开。

2)管路安装原则

①成排安装的管道要排列整齐、间距均匀。

②有坡度安装的管道要坡向正确,坡度值要符合规定。

③管路安装需要弯制时,除弯曲半径需要符合规范外,应在弯制完成后及时检查弯曲处缺陷是否超标。

④管道引入就地柜、箱处,如有密封要求的要保障密封措施得当。

⑤埋地敷设的管道必须焊接,且经施压和防腐处理才能埋设,出土处或穿越道路时要有护口保护。

⑥仪表管道敷设完成要做压力试验,合格后方可调试。

⑦配管完成后，需要核对配管位置、型号是否准确，并做好标识。

3）线缆敷设原则

①线路沿途无强电、磁场干扰，无法避免时要作屏蔽保护措施；沿途遇超过 65 ℃以上场合需做隔热处理。

②桥架内放线时，线缆应排列整齐，桥架标高，纵横定位准确。

③交流与直流、强电与弱电严禁同管穿线，槽内或管内严禁接头。

④线路进入就地柜、箱或从地沟内引入控制室处，应做防水密封处理。

⑤线路敷设完成后，断开所有连接部件，保留线路本体，进行绝缘检查，检查合格后方可进行调试。

⑥线路经过变形缝或其他需要柔性连接的部位，应留有余量，室外的护管必须防水，如需金属软管保护的，在与设备连接时两端需要接头并做跨接。

【任务实施】

①结合案例，说出本工程涉及的设备及其安装原则，详见表 5.10。

表 5.10　设备使用情况及安装原则

设备名称	安装要求
一、控制器	
二、传感器	
三、执行器	

②以小组为单位，完善以下分工表（表 5.11），并编写简要的施工组织计划。

表 5.11　施工组织计划分工表

<table>
<tr><td colspan="4">组别：</td></tr>
<tr><td colspan="4">组长：</td></tr>
<tr><td colspan="4">成员：</td></tr>
<tr><td colspan="4">任务分工情况</td></tr>
<tr><td>序号</td><td>工作内容</td><td>负责人</td><td>备注</td></tr>
<tr><td></td><td></td><td></td><td></td></tr>
<tr><td></td><td></td><td></td><td></td></tr>
<tr><td></td><td></td><td></td><td></td></tr>
</table>

【任务知识导图】

任务5.2知识导图,如图5.6所示。

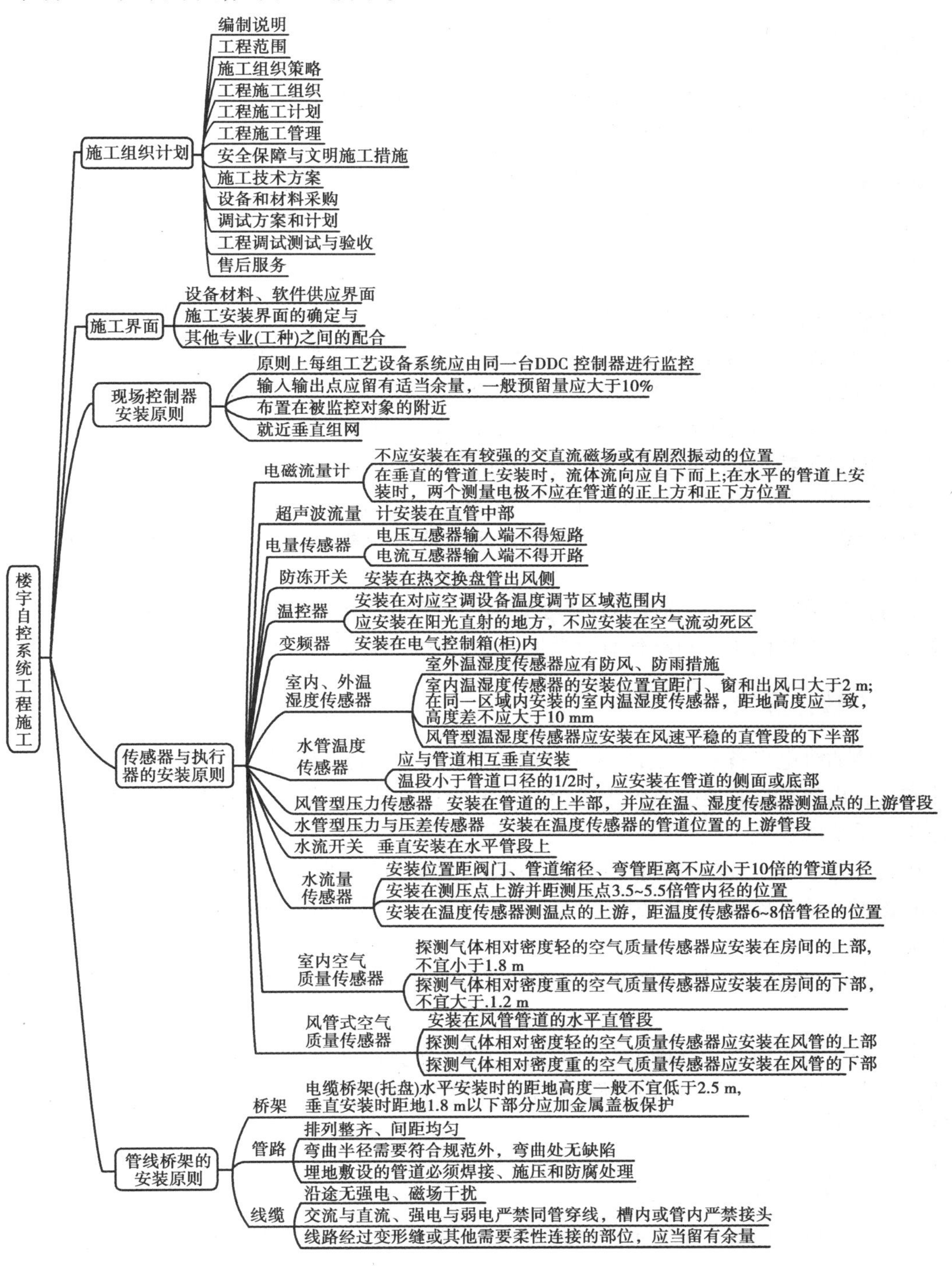

图5.6　任务5.2知识导图

任务 5.3 建筑设备监控系统工程造价

【任务描述】

根据实际项目建设情况,尝试计算该项目建筑设备监控系统投资估算、投资概算、投资预算,并与结算资料对比,分析造成的误差及原因。

【技能点】

5.3.1 面积计算法

在大楼内机电设备系统尚未开始设计或未完全确定前,根据建筑物的性质和面积,参照同类建筑中的建筑设备监控系统的投资,凭经验按照建筑面积估算 BAS 系统投资,多用于早期项目投资估算,如方案设计阶段。

建筑设备监控系统如按面积造价估算,通常为 20 ~ 40 元/m^2,对于建设规模较大或机电设备较简单的建筑物,其平均造价较低,对于建设规模较小或机电设备较复杂的建筑物,其平均造价较高,可根据各地建筑市场的价格进行估算。

例如,50 000 m^2 的办公业务综合楼的建筑设备监控系统,按 30 元/m^2 造价估算,共需约 150 万元。

本方法简单易行,但准确性差且需要较多经验和同类项目的数据,可在项目建设初期进行建筑设备监控系统的价格粗略估算时采用,如方案设计阶段。

5.3.2 点数计算法

在大楼的机电设备系统设计到一定深度后,专业人员可根据大楼机电设备的监控要求,设计或估算出建筑设备监控系统中各个子系统的总监控点数量,再按照监控点数估算出建筑设备监控系统的投资。

建筑设备监控系统如按监控点数造价估算,通常为 1 500 ~ 2 500 元/点,对于监控数字量较多的建筑设备监控系统,其平均造价较低。对于监控模拟量较多的建筑设备监控系统,其平均造价较高。

如某酒店,建筑设备监控系统的总监控点为 1 000 点,按 2 000 元/点估算,共需约 2 00 万元。

本方法比面积估算法准确度有所提高,但并未区分现场仪表种类规格,建筑设备监控系统的功能要求不明,因此准确性仍较低,多用于建筑物中机电设备的工艺控制方案完成后的投资估算,如初步设计阶段。

5.3.3 设备计算法

在大楼的机电设备系统要求已经确定,建筑设备监控系统的设计完成之后,可根据建筑设备监控系统设计完成后的监控设备、材料表、系统功能等详细要求,以及根据建筑设备监控系统实际造价或市场平均造价,列出系统及设备、材料的单项价格表,逐项计算得出设备总造价,再估算出系统安装调试费,计算出本项目的建筑设备监控系统总投资造价。建筑设备监控系统的工程量或安装调试费,可根据以下两种方法得出。

1)投资比例估算法

先计算出建筑设备监控系统的设备总投资,再根据设备总投资的一定比例进行百分比取费,估算出安装调试费,通常按照建筑设备监控系统设备总投资的10%～15%进行取费,本费用中通常包括安装费、调试费、安装指导费、运输保险费等。

投资比例估算法的优点是简单易行,工作量小。但缺点是收费无依据,合理性差,也不利于按照工程进度进行付费。本方法常用于投标时间较短时的系统造价估算,或项目业主进行系统造价的粗略估算。

2)工程定额法

工程定额法根据设计完成的建筑设备监控系统中的设备、材料表,严格按照住房和城乡建设部或各省市地方的"建筑安装工程预算定额"中建筑设备监控系统有关部分的工程量进行逐项取费计算,得出准确的建筑设备监控系统安装调试费。

工程定额法按照国家相关规定执行,操作合理且计算准确,是目前大型工程中常用的规范操作方式,值得提倡。但有时各地情况和标准定额之间也有一定差距,须根据项目实施所在地的实际情况作出相应调整。

【任务实施】

结合案例,梳理用于计算造价的信息,详见表5.12。尝试用3种方法分别计算建筑设备监控系统的工程造价,并与结算资料对比,分析造成的误差及原因,详见表5.13。

表5.12　建筑设备监控系统控制对象及要求

工程名称		建筑物类型	
被控对象	数量	监控点数	备注
排风机			
送风机			
新风机组			
空调机组			
集水坑			
电梯			
冷热源			
给水系统			
……			

表 5.13　建筑设备监控系统控制对象及要求

项目名称		工程结算价/万元	
造价类别	投资/万元	误差/%	
投资估算			
投资概算			
投资预算			

【知识导图】

任务 5.3 知识导图,如图 5.7 所示。

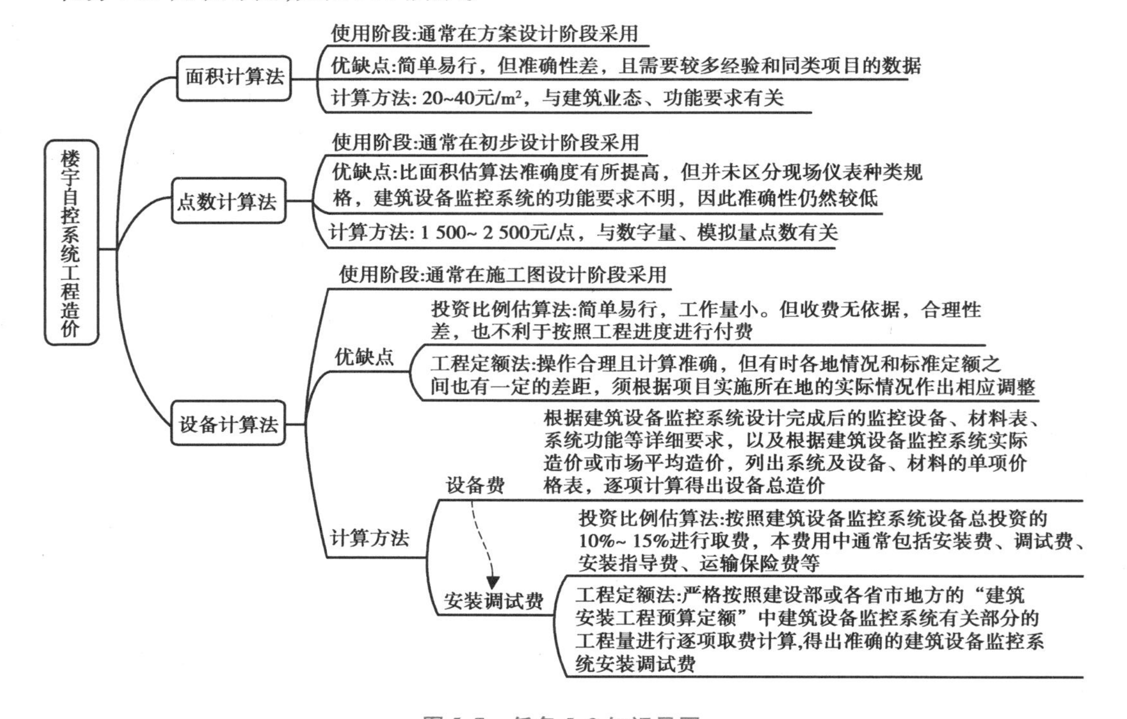

图 5.7　任务 5.3 知识导图

项目 6
建筑设备监控系统的工程验收

【学习导航】

建筑设备监控系统的检验标准对中国智慧建筑与城市建设的推进意义重大。中国从2003年10月开始实施第一份较全面的关于智能建筑工程实施及质量控制、系统检测和竣工验收的《智能建筑工程质量验收标准》,到如今"十四五"规划强调建设智慧城市成为数字中国的关注重点,建筑设备监控系统作为智慧建筑的核心要素,为快速有效地响应顶层设计,更好地检测建筑设备监控系统的可运行性,整理建筑设备监控系统验收的相关知识有着非常重要的现实意义。

本项目主要从竣工文件整理和系统验收两个任务着手,阐述如何进行建筑设备监控系统的工程验收。

【学习载体】

某广场建筑设备监控系统工程。

【学习目标】

素质目标

◆培养工程规范的搜集能力;
◆培养工程规范意识、节约意识;
◆初步培养知识迁移至工程应用的能力。

能力目标

◆能根据要求完成建筑设备监控系统的验收;
◆能完成项目竣工资料的准备。

知识目标

◆熟悉建筑设备监控系统的验收流程;
◆掌握各部分的抽检和验收要求。

任务 6.1　竣工文件与图纸编排整理

【任务描述】

竣工技术资料的编制复杂且烦琐,涉及人员较广,结合 5.2.1 节的知识点施工组织计划中的团队组织架构,明确各类资料的负责人和参与人,以此来贯通理解工程施工至工程验收。

【知识点】

6.1.1　竣工技术文件

竣工技术文件主要包含以下内容。

智能建筑工程质量验收规范(GB 50339—2013)

①建筑设备监控系统竣工图纸,应含控制器箱内接线图。
②设计变更和洽商。
③建筑设备监控系统设备材料进场检验记录及移交清单。
④质量验收记录。
⑤试运行记录。
⑥系统检测报告或系统检测记录。
⑦培训记录和培训资料。
⑧中央管理工作站软件的安装手册、使用和维护手册。

6.1.2　竣工图纸

竣工图是楼宇自控系统在施工过程中,根据施工现场的各种真实施工记录和指令性技术文件,对施工图说进行修改或重新绘制的,与工程实体相符的图说。竣工图应由施工单位的工程技术人员负责编制。

1)竣工图的编制依据

①审核合格的施工图。
②图纸会审和设计交底记录。
③设计变更通知。
④技术变更(洽商)记录。
⑤施工现场隐蔽验收记录、材料代用等签证记录。
⑥质量事故报告、鉴定、处理措施、论证书。
⑦其他已实施的指令性文件。

2)竣工图的编制方法

①利用施工新蓝图修改绘制竣工图可采用以下方法:
a. 无变更的施工图,在原施工图上加盖竣工图章后作为竣工图。

b. 变更较少、未超过图面 1/3 的施工图,可在原施工图上修改,注明变更修改依据,再加盖竣工图章作为竣工图。

c. 有局部设计变更的施工图,可将变更部分重新绘制竣工图,并在原施工图上注明变更修改依据和重新绘制的竣工图图号后,盖上竣工图章作为竣工图。

d. 设计变更较多、超过图面 1/3 的施工图,由设计院出定版施工图,再加盖竣工图章作为竣工图。

②重新绘制的竣工图应使用重新绘制的竣工图图标,并标明绘制依据。

③竣工图的目录应重新绘制,内容应包括序号、图纸名称、竣工图号、原施工图号、图幅、备注等。竣工图说明应对工程竣工后的实际情况进行描述。

【任务实施】

①根据实际项目,对比施工图和竣工图的区别。

②结合施工组织计划中的人员组成,试分析各类竣工技术文件涉及哪些部门,由谁牵头来做。

【知识导图】

任务 6.1 知识导图如图 6.1 所示。

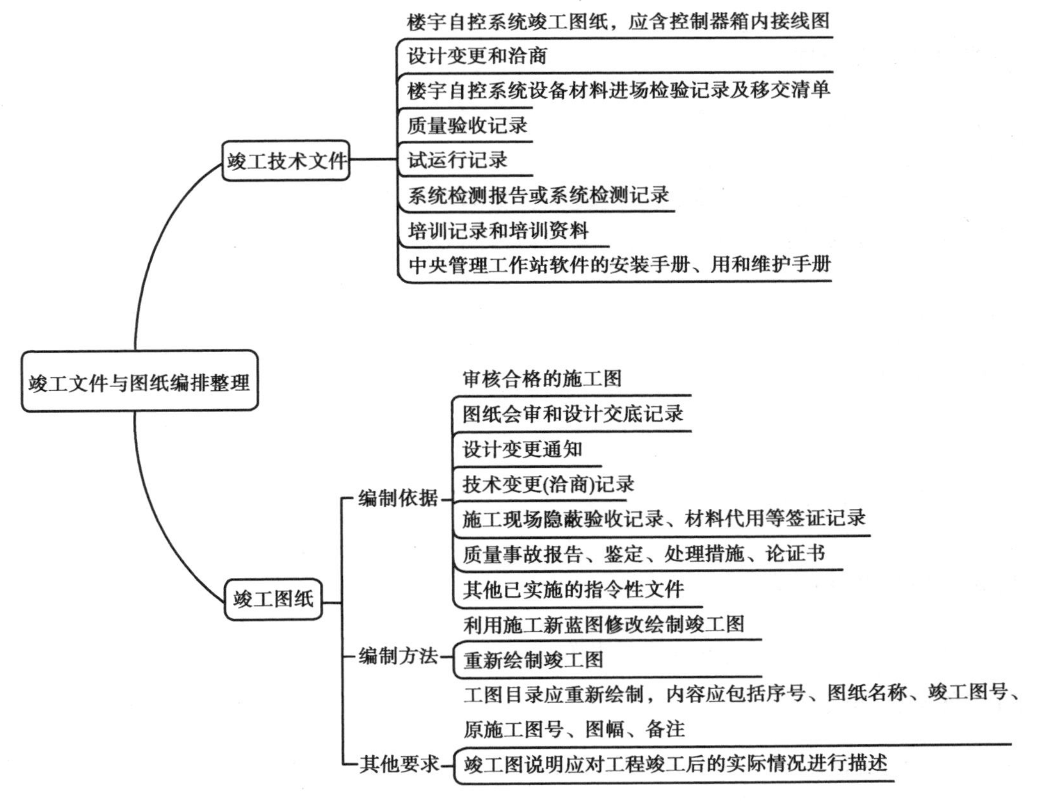

图 6.1 任务 6.1 知识导图

任务6.2　系统抽检与分项验收

楼宇自控系统
工程验收

【任务描述】

建筑设备监控系统涉及了传感器、执行器、控制器、管理工作站等多类软硬设备，在验收时是否都需要依次检测？检测到什么结果才算合格？请根据实际项目，编制验收表，并明确合格标准。

【知识点】

6.2.1　验收标准及依据

①《智能建筑工程质量验收规范》(GB 50339—2013)。
②《智能建筑工程质量检测标准》(JGJ/T 454—2019)。
③《建筑设备监控系统工程技术规范》(JGJ/T 334—2014)。

6.2.2　验收流程与组织

1)验收的先决条件

①建筑物建筑设备监控系统工程设计应符合《智能建筑设计标准》(GB 50314—2015)、《建筑设备监控系统工程技术规范》(JGJ/T 334—2014)等标准。

②与建筑设备监控系统相关的建筑设备已全部安装调试结束。

③根据建筑设备监控系统工程设计文件和合同技术文件，已完成系统全部设备的安装和调试工作。

④建筑设备监控系统试运行后的正常连续投运时间应大于3个月。

2)验收流程

验收流程与组织如图6.2所示。

6.2.3　验收项目与内容

1)工程技术文件检查

检查竣工文件是否完整，编制是否属实。

2)工作条件测试

①系统供电质量测试。一般要求电压波动不大于+10%；频率变化不大于±1 Hz；波形失真度不大于10%。

②在线式UPS在电网失电后对中央监控系统的供电时间应大于20 min。

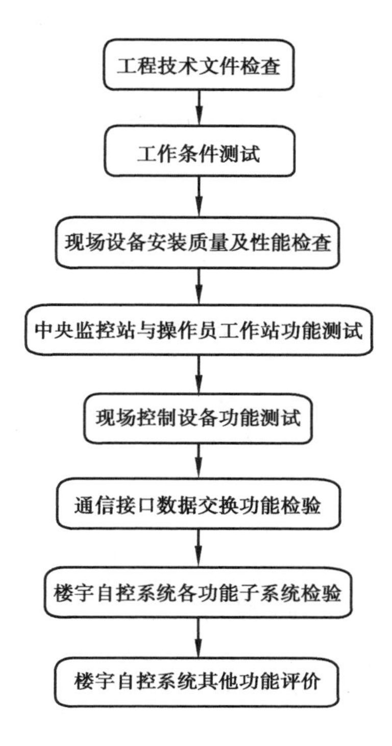

图6.2　验收流程与组织

③系统的接地电阻。一般要求联合接地系统不应大于1 Ω;专用接地系统不应大于4 Ω。

④中央监控室、DDC安装现场环境条件(温度、湿度、防静电和电磁干扰)检查。

3)现场设备安装质量及性能检查

对现场设备的检查一般采用抽查的方法,抽查比例如下:

①传感器:每种类型的传感器抽检5%,小于10台时全部抽查。

②执行器:每种类型的执行器抽检5%,小于10台时全部抽查。

③现场控制设备:抽检10%,小于10台时全部抽检。

检查内容包括安装质量是否符合相关规范要求、功能是否达到相关技术文件的规定等。

4)中央监控站及操作员站功能测试

①工作站的人机接口界面应符合友好、汉化、图形化等要求,图形切换流程清楚易懂,便于操作。画面切换的响应时间最长不超过10 s。

②工作站的日报表、月报表及报警自动打印功能。

③工作站的参数显示除图形显示外,还应具备曲线趋势显示、直方图显示、颜色显示等方式。

④工作站的故障事件记录文件的记录及打印功能事件顺序时间分辨率应不大于1 s。单一故障发生时,故障画面的报警响应时间不超过5 s。多个故障(5个以上)发生时,故障画面的报警响应时间不超过30 s。

⑤中央管理工作站的远程控制功能测试。重要能源设备控制功能100%测试,一般控制设备10%抽测。主要测定远程控制的有效性、正确性和响应时间。控制命令发出后,在现场

开始执行动作的时间滞后应小于30 s。

⑥数据采集的实际性测试。工作站监视的数据完整,刷新周期不大于30 s。

⑦工作站的统计功能检验。计量数据、运行数据、各类报警信号等可按平均值、极限值、累计值、预报值等各种方式统计。

⑧可靠性测试。工作站在操作系统控制下,撤除或投入外围设备时,不应出错或产生干扰。切断系统电网电源转为UPS供电试验,在此过程中,系统数据不应丢失。工作站系统抗干扰能力测试,遵照《智能建筑工程施工及验收规范》的有关条款要求进行。中央工作站故障时,若具有热备份的中央工作站或操作员工作站可自动投入运行。

⑨易操作性测试。工作站的操作界面应是汉化的,而且主要以图形方式显示BA系统监控设备的运行状态与平面分布,可用鼠标或触摸屏的方式进行日常运行的基本操作。

⑩安全性测试。工作站设有四级以上的操作权限,错误密码与越级操作都应被严格拒绝并报警记录。

5)现场控制设备功能测试

①模拟量信号的检测精度测试。检测值与实际值的相对误差不超过5%。

②模拟量及开关量的接入率及完好率测试与统计。对设备状态作监视的模拟量与开关量按照总数的10%进行抽测。对未接入及不完好的模拟量和开关量应进行分析和改进。对于不符合“完好”要求和无法接入的模拟量和开关量,应分别列表说明各点存在的问题和解决措施。

③控制功能测试。主要能源控制回路100%测试,一般设备控制回路10%测试。主要测定控制回路的有效性、正确性和稳定性。测试核对电动执行机构与电动调节阀在0%、50%与100%的行程或开度处对控制指令的一致性与响应速度。控制效果应满足合同技术文件与控制工艺对功能的要求。

④回路控制性能测试。抽检10%的回路,在被控对象稳定的条件下调节设定值,设定值一般取额定值的10%~15%。观察被控对象动作的稳定性、误差及震荡等。

⑤实时性能测试。抽检20%的现场控制站,当总数小于10台时全部抽检。检验其巡检速度、开关信号和报警信号的反应速度是否满足合同技术文件与设备工艺性能指标的要求。

⑥可靠性测试。抽检20%的现场控制站,当总数小于10台时全部抽检。现场控制站插件带电插拔时,应能正常工作。切断通信线后,现场控制站应仍能正常工作。切断电源线,再恢复送电,现场控制站应能自动恢复受控工作状态。

⑦维护功能检验。抽检20%的现场控制站,当总数小于10台时全部抽检。维护人员应能通过任一现场控制站接口进行在线编程和修改。检验网络通信中断的系统报警功能、自治能力和自治水平(网络通信线路局部开路时自动恢复重组通信等)。

6)通信接口数据交换功能检验

检验采用通信接口监控的设备数据一致性及刷新速度。中央监控站或操作管理站的显示数据应与设备本身控制器上显示的数据一致,且显示滞后时间不应超过10 s。

7)楼宇自控系统各功能子系统检验

检验建筑设备监控系统各功能子系统的功能是否满足设计文件及合同文件的要求规定,

检验方法及检验内容应根据设计文本及合同文本进行具体制订。

8)楼宇自控系统其他功能评价

①系统的冗余配置情况。系统的工作站软件与现场控制器I/O口应留有10%～15%的备用量,机柜应留有10%的卡件安装空间和10%的备用接线端子。

②节能功能评价。对建筑设备监控系统所采用的空调设备的最优启停控制、冷热源能量自动调节、照明设备自动控制、水泵台数与转速控制、VAV空调系统控制等节能方式的评价。

③对系统设计合理性的综合评价等。

6.2.4　检验结论判定

1)单项判定

如果某一设备的一组被测项目中有一个测试结果不合格,则被测项目组为不合格。

①开关量输出点。控制指令发出后,设备执行动作。

②开关量输入点。设备状态发生变化,现场监控站与中央操作中心的反应。

③模拟量输出点。控制指令发出后,设备执行动作。

④模拟量输入点。设备状态发生变化,现场监控站与中央操作中心的反应。

2)综合(全测)

对冷热源设备、变配电设备的建筑设备监控系统监控项目必须全部检测。检测时允许不合格的项目进行整改修复。如果有一个控制项目因无法修复不合格,则综合结论为不合格。与控制项目无关的监视项目,不合格项目的数量超过相应总数的1%时,则综合结论为不合格。

每一台中央管理工作站与操作员工作站的功能项目必须全部检测,检测时允许不合格的项目进行整改修复。如果有一个控制项目因无法修复而不合格,则综合结论为不合格。与控制项目无关的监视项目,不合格项目的数量超过相应总数的1%时,则综合结论为不合格。

3)综合(抽样)

除冷热源设备、变配电设备外,楼宇自控系统的监控项目可作抽样测试。此时,被抽样测试点不合格比例不超过抽样数量的1%,则抽样测试的综合结论为合格。不合格点应尽量予以修复并重测合格。

若被抽样测试点不合格比例超过抽样数量的1%,则判一次抽样测试不合格,需再另外进行加倍抽样,若此时不合格比例仍超过加倍抽样数量的1%,则抽样测试为不合格。若此时不合格比例不超过加倍抽样数量的1%,则抽样测试的综合结论为合格。不合格点应尽量予以修复并进行全部测试,再按全部检测标准予以综合评定。

4)综合结论

全部测试与抽样测试的结果为合格,则综合检验结论为合格。全部测试的结果为不合格,则综合检验的结论为不合格。抽样测试的结果为不合格,则综合检验的结论为不合格。

任务实施

结合案例，根据本任务知识点，制订验收表格，详见表6.1，并明确验收原则和合格标准。

表6.1 验收表

工程名称		开工日期		完工日期	
施工公司		负责人员		联系电话	
验收项目		管理员工		验收日期	
验收项目存在的问题					
工程技术文件	是否合格	□合格	□不合格		
现场设备安装质量及性能	是否合格	□合格	□不合格		
中央监控站及操作员站功能	是否合格	□合格	□不合格		
现场控制设备功能	是否合格	□合格	□不合格		
通信接口数据交换功能	是否合格	□合格	□不合格		
楼宇自控系统各功能子系统	是否合格	□合格	□不合格		
楼宇自控系统其他功能	是否合格	□合格	□不合格		

【知识导图】

任务6.2知识导图,如图6.3所示。

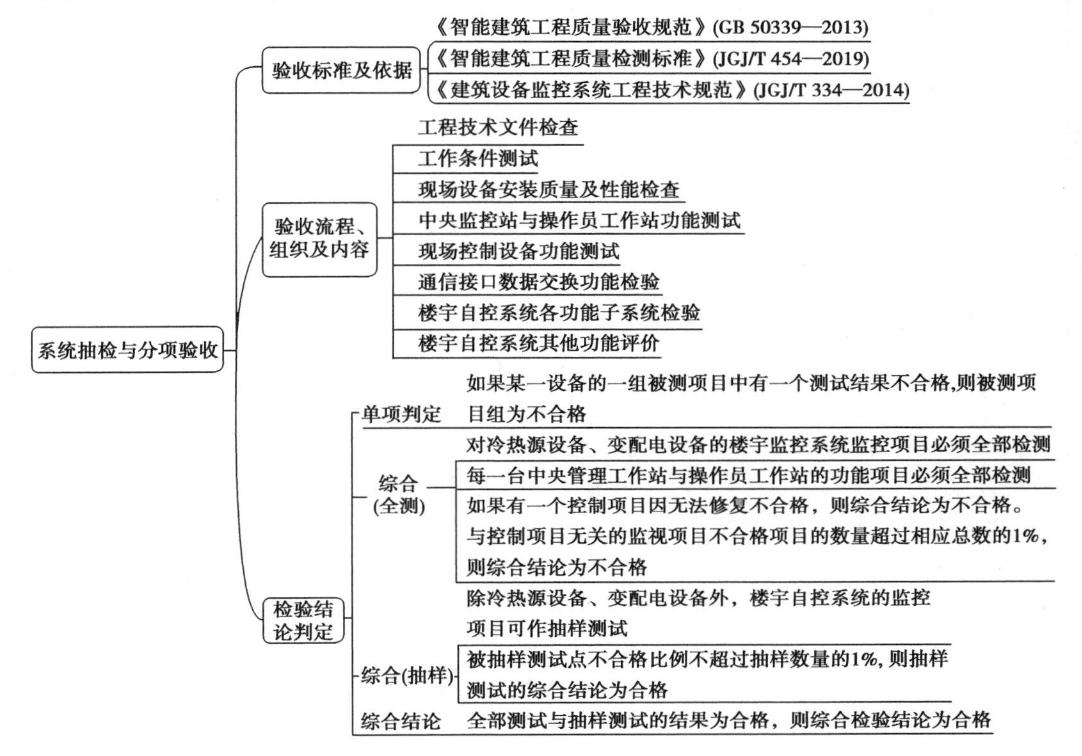

图6.3　任务6.2知识导图

项目 7 建筑设备监控系统的工程维护

【学习导航】

单位工程竣工验收完成后，建设、监理、设计、施工等各方对建筑物的质量已共同确认。验收工作的基本完成标志着施工阶段的结束，转而进入维护使用阶段。目前，中国能够有效工作的建筑设备监控系统占比不到30%，意味着建筑设备监控系统的有效工作的比率仍然较低，建筑设备监控系统难以实现可持续运营的长期效果，存在以下原因：建筑设备监控系统流程复杂、专业工程人才缺口大。据统计，在建筑建造过程中的技术人员（包含智能设计、智能装备与施工、智能运维与相关专业领域）仅占全部建造从业人员的9%。从而确保建筑设备监控系统长期运维效果的物业操作人员往往其运维能力储备不足。本项目主要从日常管理与维护、系统常见故障及排查两个任务着手，阐述如何进行建筑设备监控系统的工程维护。

【学习载体】

建筑设备监控系统实训基地、虚拟仿真系统。

【学习目标】

素质目标

◆培养工程思维；
◆培养职业规范精神；
◆培养团队协作精神；
◆培养可持续发展的分析问题、解决问题、研究探索能力；
◆培养精益求精的工匠精神。

能力目标

◆能根据计划完成建筑设备监控系统的维保；
◆熟悉相关设备的联动调试、维护、保养方法。

知识目标

◆熟悉建筑设备监控系统的日常管理与维护内容；

◆熟悉建筑设备监控系统常见故障及解决故障的方法。

任务7.1　日常管理与维护

【任务描述】

根据规范与要求，制订建筑设备监控系统维保记录单，完成建筑设备监控系统的日常管理与维护内容。

【知识点】

7.1.1　总体要求

建筑设备监控系统工程技术规范（JGJ/T 334—2014）

建筑智能化系统运行维护技术规范（JGJ/T 417—2017

运行维护工作通常由物业公司实施，本项目主要介绍技术上应注意的内容，而不涉及具体的管理规定。

监控系统的运行和维护应具备的条件包括建立技术档案和运行维护人员培训。工程验收时移交的技术资料包括竣工图纸、监控系统设备产品说明书、监控系统点表、调试方案、调试记录、监控系统技术操作和维护手册等。为保证监控系统的正常使用，物业管理或运行维护单位还需根据实际情况建立健全相应的规章制度，包括岗位责任制、突发事件应急处理预案、运行值班制度、巡回检查制度、维修保养制度、事故报告制度等各项规章制度，还应有主要设备操作规程、常规运行调节总体方案、机房管理制度等，并应定期检查规章制度的执行情况且不断完善。根据我国工程验收的相关规定，验收时要求施工调试单位对运行维护人员应进行培训。此后，运行维护单位可自行组织对其操作人员的培训。

监控系统运行期间，应对操作人员的权限进行管理和记录。建筑设备监控系统管理功能的设计中，要求软件设置用户名登录等安全认证，不同的用户身份有不同的操作权限，如只从浏览参数到直接下发操作指令等。出于人员管理方面的考虑，要求对所有操作人员及其对应的管理权限有统一的管理和记录。

监控计算机不应安装与监控系统运行无关的应用软件。监控计算机在调试时已经把所需的相关应用软件安装好，且经过试运行和检测，最后通过验收才能投入使用。如使用后再安装其他软件，有可能与现有软件发生冲突，或因新安装的应用软件占用资源导致监控性能变差，甚至安装时感染病毒造成系统故障。因此，不允许在已投入使用的监控计算机上安装其他软件。

监控系统运行记录是对设备运行和维护情况的有效检验，也是对设备保养和节能优化控制的基础资料，应定期备份以便于进行统计分析和问题处理。根据《建筑设备监控系统工程技术规范》（JGJ/T 334—2014）的设计要求，记录应至少保存1年并可导出到其他介质，推荐有条件时每半年进行一次运行记录的导出和存放。需要注意的是,目前各厂家都有自己特定的存储格式的历史数据库文件,只在归档时做格式转换。如果不做格式转换,通常就要带一个配套的查询分析工具,以便恢复历史库中的内容。

建筑设备监控系统定期维修、保养和检测作业如同其他设备系统装置一样,需要符合工况实际的编制年度、季度以及月度计划,需要编制符合所辖设备系统装置的维修、保养和检测方案(规程),需要落实维修、保养和检测所必需的仪器、仪表和工具,需要配备符合上述方案(规程)和计划的员工团队。

7.1.2 维护保养要点

某项目弱电工程维护方案

当对被监控动力设备进行维护保养时,应将手动/自动转换开关置于手动状态,并做好带电操作的防护工作及紧急处理措施。该开关的状态在监控系统的人机界面中可以看到,也可进一步避免误操作。另外,如维护保养后忘记恢复为自动状态,也可以在监控系统中给出提示信息,可以设置手动状态超过几个小时或一天后发出提示。

传感器应定期进行维护保养,其维护保养周期的确定主要考虑两个方面的因素:一是测量仪表需要定期校验,在检定合格期内的测量精度才有保障,通常检测用仪表的检定周期为3~6个月;二是根据工程实际效果的调研,传感器实际无故障运行时间与设备种类和现场情况等相关,通常不到出厂值的一半。因此,推荐维护保养周期为1~3个月。做好定期维护保养,有利于提高实际的无故障运行时间并保证监控效果。

1)传感器维护保养

传感器维护保养主要内容如下:

①在人机界面上查看故障报警标识和显示值。如果显示数值在正常范围内且没有故障报警信息,可初步判断传感器工作正常。

②检查传感器的连接和工作状态。在现场检查是否仍符合验收合格的要求,如安装稳固、接线良好、工作电源电压正常稳定等。

③清理敏感元件的杂物及污垢,必要时采取防腐措施。敏感元件若受污,会直接影响测量结果,与测量的介质和现场状况相关,需要定期清洁并采取必要的防腐措施。

④检查无线式传感器的供电。若采用电池供电的需要定期检查并更换。

⑤对现场传感器的精度进行校对。每年冬季加强对防冻开关的检测工作。

⑥对各状态点、报警点的设备(如低温防冻报警器、压差开关、水监视传感器等),查看该设备所引起的逻辑动作是否有效,发现问题及时修改。

2)执行器应定期进行维护保养

推荐维护保养周期为3~6个月。维护保养主要内容如下:

①进行机械润滑及防腐处理。

②在人机界面上查看故障报警标识,可根据控制指令与执行状态反馈之间的偏差进行执行器的故障报警,在控制指令发出一段时间后,执行器未做相应动作要在人机界面上提示。

③检查执行器的接线和工作状况。包括执行器部件结合牢固、能完全打开和关闭、执行动作快速正确、调节过程稳定、反馈信号正确等,仍要满足验收合格的标准。

④对现场执行器的调节性能进行测试与调节。

⑤电动阀门的调校(风阀执行器和水阀执行器)。手动调节阀门,检查其动作是否准确,调整其零点。自动状态下与建筑设备监控系统发出的指令信号是否一致。

3)控制器应定期进行维护保养

为了确保系统的连续安全运行,推荐维护保养周期为 3 ~ 6 个月,目的在于保证建筑物内环境的舒适度,最大限度地降低能耗和监控设备控制策略的全面实施。维护保养的主要内容如下:

①对控制器及辅助控制箱内所有元器件进行除尘保养,并保持设备表面清洁。

②检查现场控制器指示灯是否正常、控制器是否工作在正常状态。

③检查控制器及辅助控制箱内线缆的标识、接线是否紧固。

④新增被控设备时,注意继电器触点容量。

⑤读取所有现场控制器控制逻辑图,并抄录相关参数。

⑥控制点定义、预定日程表等参数不可随意修改。

⑦检查各控制器配置参数及相关文件的完整性。

⑧每个控制器测试并监控其效果。

⑨元器件及线路不得随意更改。

⑩检查控制回路的精度和稳定性能,根据设备实际运行工作状况的需要,调节 PID 参数,使控制质量达到最佳。

⑪检查报警功能和路径设置,确保发生报警时,其操作正常无误。

⑫检查带有可校正的模拟输入点的精度。

⑬对直接参与控制策略实施的机械连接部分进行检查。

⑭定期检查后备电池充电情况。

⑮网络控制器故障应于 4 h 内修复,现场控制器、扩展模块故障应于 8 h 内修复,中间继电器故障应于 2 h 内修复。

⑯保养时选择一定数量的控制点进行测试。

⑰保养情况记录在建筑设备监控系统设备检查表上。

4)中央工作站系统维护保养

为了确保中央工作站对系统所监控设备的实时监控的可靠性,乙方应指派维护人员查看中央监控系统运行情况,检查软、硬件,备份驻留系统参数、系统配置和运行数据并加以分析,根据分析结果，提出并实施解决方案，以避免系统出现不可预见的重大事故，具体内容如下：

①控制计算机保持开启。

②对计算机设备及 UPS 系统进行除尘，并保持设备表面清洁。

③对操作终端进行广泛的诊断和配置检查。

④检查主机与网络交换机、网关设备、系统外部设备、通信接口之间的连接，通信是否正常，确认系统内设备无故障。

⑤检查系统软件的完整与运行状况，严禁在控制计算机上运行自带软件及游戏。

⑥结合点和索引文件对系统错误报告记录文件进行分析，改正存在的错误。

⑦检查数据库备份是否正常，重要设备运行数据、运行参数和性能信息等数据进行备份、抄录，每月对系统相关数据进行备份，并检查备份文件是否安全。

⑧检查网络接口单元硬件的完整性。

⑨确保计算机同控制系统时间同步。

⑩检查 UPS 工作状态，测试断电时 UPS 供电时间。

⑪根据系统报告设备运行状况和客户反映意见，列出监控设备故障检查清单。

⑫当有危急、告警发生时应立即查明及检修。

⑬优化控制过程，根据设备运行的现存问题，修改控制方式。

智能建筑工程质量检测标准（JGJ/T 454—2019）

7.1.3 建筑设备监控系统各子项工作状态的检修保养

为了保证楼宇内各子系统能正常运转，各项运转指标符合现场设备安全要求、环保节能要求的目标，每季度对各子系统进行各项运行参数及指标进行检查比对，发现问题及时改正。

1）空调系统的维护保养

空调系统的维护保养内容如下：

①空调系统软件程序符合设计要求及现场工作要求，夏季和冬季运行前程序检查，各控制信号输出正确、监视信号反馈与现场实际值偏差小于 5%。

②制订建筑内空调设备的维修保养计划，并按计划做好设备保养。

③设备维修过程所需更换的零件，需做详细记录。

④根据系统设备的特点，重点做好除尘、润滑、更换老化部件，紧固螺丝等工作。

⑤工作过程中注意环保，有害气体的排放必须加以限制。

⑥注意用电、防火安全，如需烧焊，需办理动火证，并严格遵守动火作业规定。

⑦系统保养以不影响建筑正常运营为原则，对突发性故障应在 4 h 内排除，逾期应向上级报告以便及时通知受影响的用户。

2）给排水系统的保养

给排水系统的保养内容如下：

①水泵房有无异常声响或大的震动,电机、控制柜有无异常气味。

②电机温度是否正常(应不烫手),变频器散热通道是否顺畅。

③电压表、电流表指示是否正常,控制柜上的信号灯显示是否正确,控制柜内各原件是否正常工作。

④机械水压表与PC上显示的压力是否大致相符,是否满足供水压力要求(正常值为4.5 kg/cm^2)。

⑤水池、水箱、水位是否正常。

⑥闸阀、连接处是否漏水,水泵是否漏水成线。

⑦主供水管道上闸阀的井盖、井裙是否完好,闸阀是否漏水、标识是否清晰。

⑧止回阀、浮球阀、液位控制器是否动作可靠。

⑨临时接驳用水情况。

⑩沉沙井、排水井是否有堵塞现象。

⑪给排水管爆裂时,立即关闭相关的主供水管闸阀,如仍不能控制漏水,关停相应水泵,并通知上报。

⑫水泵房发生火灾时按火警、火灾应急处理标准作业规程处置。

3)冷热源系统的保养

对冷热源系统主要设施的保养包括冷水、热泵、锅炉机组、循环水泵、补水泵、冷却塔、软化水加药装置以及各设备的附属管路和电气控制系统等。冷热源系统的主要保养内容如下:

①观察机组运行,记录运行参数。

②检查清理电气线路控制部分,清理接触器触点,检查各个安全保护装置,必要时调整;检查压缩机马达绝缘情况。

③检查任何脱落或过热现象的电气元件,收紧松动的接触器触点及螺栓;检查扇门导叶开启度,必要时调整。

④检测各个温度、压力、流量传感器的安全参数。

⑤检查循环泵、补水泵泵体应无破损、铭牌完好、水流方向指示明确清晰、外观整洁、油漆完好,紧固机座螺丝并做防锈处理。

⑥清理各水泵附属物,检查过滤网是否完好。

⑦水泵电机接地线连接良好,拆开电机接线盒内的导线连接片,用500 V兆欧表测试电机绕组相与相、相与地间的绝缘电阻值应不低于0.5 MΩ,电机接线盒内三相导线及连接片应牢固紧密。

⑧电动判断水泵转向是否正确,若有误应予以更正。

⑨控制柜各电气元件无不良噪声。

⑩保养完毕启动水泵,观察电流表、指示灯指示是否正常。

⑪观察水泵运转应平稳,无明显震动和异常,压力表指示正常。

⑫检查冷却塔和膨胀水箱补水浮球阀是否正常。

⑬冷却塔运行前检测风扇电机绝缘情况。

⑭冷热源系统各阀门的开关应灵活可靠,内外无渗漏。

⑮检查各电气控制柜空气开关、接触器、继电器等器件是否完好,紧固各电气接触线头和接线端子的接线螺丝。

⑯检查电气控制柜内各转换开关、启动、停止按钮动作是否灵活可靠。

⑰清洁电气控制柜内外灰尘。

⑱检查各电气控制柜电源是否正常并显示。

4)供配电系统的保养

①检查各楼层和机房应急灯、疏散指示灯、楼梯灯、前室灯、配电房照明。

②检查地下层排风机和送风机运行状况和机房照明。

③检查各层配电母线槽接头,并检测运行温度。

④各层配电房电箱内,检查电源开关、接触器、指示灯、转换开关、按钮、各接线有无损坏和过载过热,动力箱电缆T接口和母线插接箱接口,电源开关接口有无过载过热。

⑤高压配电房内,保持配电柜清洁,检查小车接口螺丝、开关触头、二次接线是否完好、试验开关分合闸。

⑥检查各电量数据采集器的数据是否准确,并校准。

7.1.4 运行优化建议

根据设计要求,监控系统对环境参数和设备运行及能耗数据等都进行记录,这些运行记录是建筑能耗统计和建筑节能工作的基础。推荐每年对设备的进行和能耗监测数据等记录进行分析,并提出自控程序的调整建议。在商业建筑竣工投入使用的过程中,前两三年内随着用户的使用,用户负荷从小到大,需要进行部分自控参数的调整。随着建筑使用情况不断稳定,也需要每年对监控系统的运行记录进行一次客观分析,这是运营管理水平的体现,也能反映建筑节能工作的推进。因为该工作技术要求较高,可能需要专门的节能服务或运行维护单位参与。

【任务实施】

根据本任务的知识点,制订建筑设备监控BA系统维保记录单,见表7.1(供参考),完成建筑设备监控BA系统的维保并记录。

表7.1　建筑设备监控BA系统维护记录单

安装位置：　　　　　　　　　　　　维护时间：

工程名称：	工程地址：		
控制主机系统			
检查项目	检查结果	检查周期	备注
1. 检查设备运行情况	□完成 □未完成	□月度	
2. 对主机进行系统检查杀毒，数据整理、备份、存档	□完成 □未完成	□月度	
3. 对报警记录及相关程序进行调整	□完成 □未完成	□月度	
4. 主机设备清洁除尘	□完成 □未完成	□月度	
5. 对受建筑设备监控BA系统监控的设备设施进行全面检查校对	□完成 □未完成	□季度	
6. 监控主机表面及内部清洁除尘	□完成 □未完成	□季度	
7. 监控软件程序检查及数据备份	□完成 □未完成	□季度	
8. 报警点测试	□完成 □未完成	□季度	
9. 设备接地是否可靠	□完成 □未完成	□季度	
10. 检查电池情况	□完成 □未完成	□季度	
11. 控制点测试	□完成 □未完成	□季度	
12. 精度与稳定性检查	□完成 □未完成	□季度	
前端设备			
1. 日常例行巡查，各类阀门检查，检查设备启停情况	□完成 □未完成	□季度	
2. 各类现场设备校对	□完成 □未完成	□季度	
3. 检查各现场设备工作状态与故障报警标识	□完成 □未完成	□季度	
4. 检查接线与标识情况	□完成 □未完成	□季度	
5. 检查监测点逻辑动作是否有效	□完成 □未完成	□季度	
信号传输系统			
1. 检查DDC控制箱供电情况，信息反馈情况	□完成 □未完成	□季度	
2. DDC控制箱清洁	□完成 □未完成	□季度	
3. 检查DDC控制箱接线情况	□完成 □未完成	□季度	
4. 线路及通信模块检查	□完成 □未完成	□季度	
本次工作中发现的问题及需要处理的事项： 1. 2.	□已更换 □已维修		
维护人员签字：	部门负责人签字：		

【知识导图】

任务7.1知识导图，如图7.1所示。

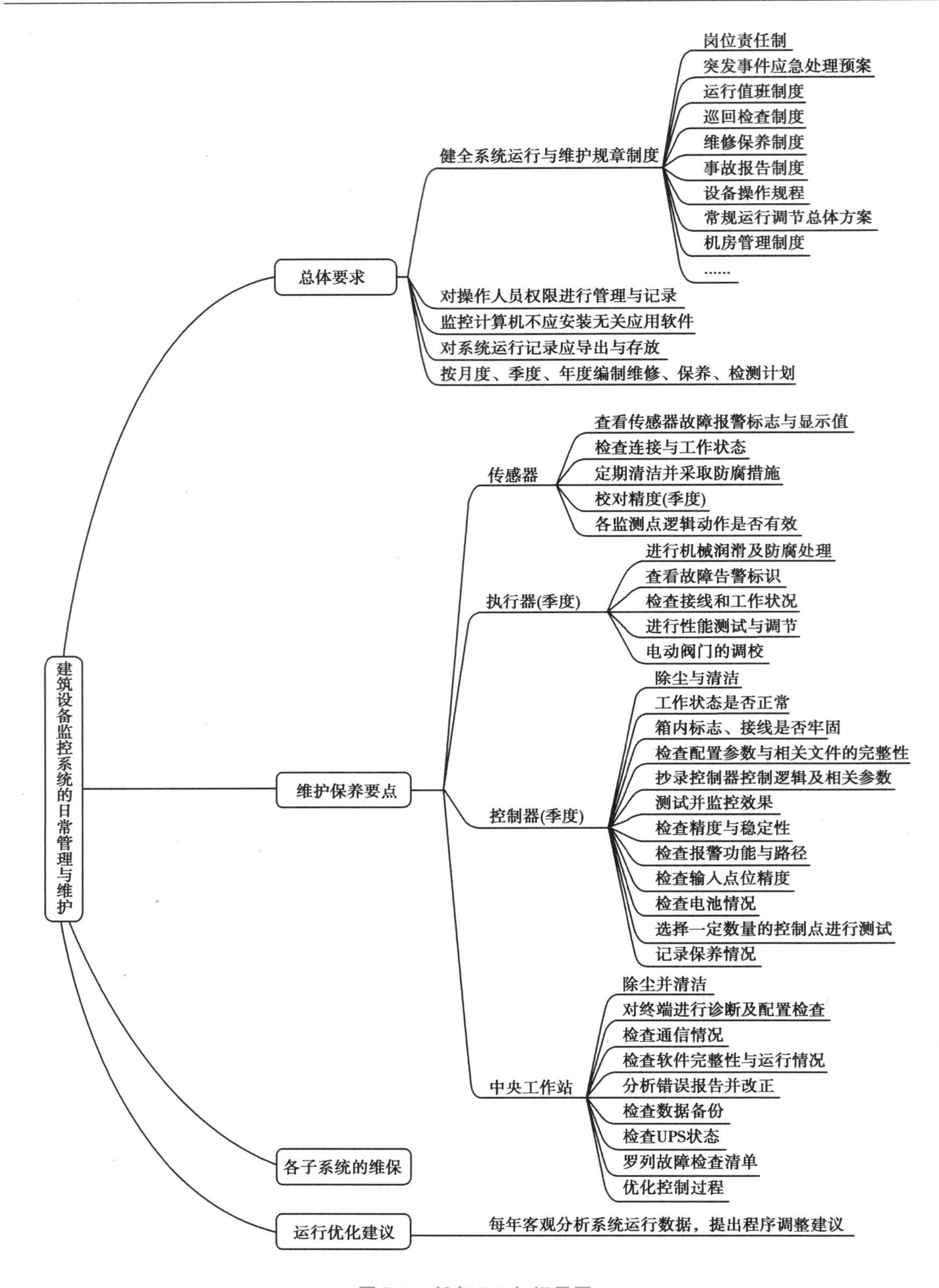

图 7.1　任务 7.1 知识导图

任务7.2　系统常见故障及排查

【任务描述】

在日常运行与维护、保养过程中会遇到哪些故障，该如何检测并排查，请列表说明。

智能建筑工程质量验收规范（GB 50339—2013）

【知识点】

7.2.1　常见故障处理

建筑智能化系统运行维护技术规范（JGJ/T 417—2017）

当被监控设备停止运行一个月及以上时，在重新运行前，应全面检查被监控设备及其监控设备。被监控设备如冷冻机组、锅炉、冷却塔和空调机组等可能每年都会停止使用几个月。被监控设备本身和与其相关的传感器、执行器和控制器等监控设备均需要全面检查，符合验收合格标准才可使用。

当传感器发生故障时，应将监控系统的手动/自动模式置于手动模式。维修或更换后，应恢复原有监控功能。传感器发生故障时会由输入数据的错误导致自控算法计算结果的错误，因此要求监控系统的手动/自动模式置于手动模式，由运行维护人员通过人机界面给出动作指令远程控制被监控设备的运行或者输入设定参数进行自控运行，此时相关被监控设备电气控制箱（柜）的手动/自动转换开关仍可保持“自动”状态。

弱电各系统日常维护及常见故障处理

当执行器发生故障时，应发出维修提示。维修或更换后，应恢复原有监控功能。需要说明的是，该情况下自控程序仍正常运行并输出结果，而执行器的反馈信号与控制指令不符，因此可以编制程序进行提示，但不影响监控系统的运行。

当控制器发生故障时，应将相关被监控设备电气控制箱（柜）的手动/自动转换开关置于“手动”状态。维修或更换后，应恢复原有监控功能。控制器发生故障会导致自控算法失效，因此要求被监控设备电气控制箱（柜）的手动/自动转换开关置于“手动”状态，由运行维护人员在现场通过电气控制箱（柜）上的启/停开关来控制被监控设备的运行。

当监控计算机发生故障时，应及时修复并恢复原有的监控功能。建议定期对监控计算机的操作系统、监控组态程序和数据记录进行备份存档，以备维修或更新使用。图4.17给排水监控系统调试机故障检修方法与步骤中给出了一般故障检测排查方法，可供参考。

7.2.2　供水、空调设备防漏水检测

作为超高层建筑的供水系统中供水设施、水箱及空调系统冷冻水系统，均分布在大厦的不同楼层，一旦发生水箱漏水及冷冻水管软连接爆裂，在无人值守的设备房将会泛滥成灾，如果漏水量过大，一旦排放不及时，将会殃及下层用户，根据几次爆管的教训，建议最好在高层楼宇的水泵房、空调冷冻水系统周边设施装设漏水探测系统。

7.2.3 UPS 电源输入端电压检测

超高层楼宇一般均设置有庞大且复杂的 BA 控制系统,安保控制系统以及消防报警系统,这些系统的电源一般均由大厦的 UPS 电源来保障供应,因此,UPS 电源的可靠性及稳定性是关系到大厦能否安全运行的关键,必须对 UPS 的工作状态进行严密的监视。

①检查通信接口、连接线、适配器是否连接和运行正常,检查电源和信号指示灯是否正确。

②检查网关程序是否配置和运行正常。

③在操作界面上发送指令,检查信号源是否正确。

④在画面上检查 UPS 数据是否正确。

⑤模拟产生报警信号,检查报警记录,检查数据报表。

7.2.4 变压器的供压参数和检测

某些变压器或高压环网柜参数监测点(如变压器温度),因为安装位置距离高压侧较近,一旦变压器或高压环网柜由于自身质量问题或其他原因引起的短路或相间击穿,强大的电压将沿着 BA 系统传感器进入 DDC,并沿着 DDC 与 DDC 之间的工作电源损毁沿途多个 DDC。

7.2.5 水管压力检测

管网压力过低会大大影响系统的供水功能,压力太高又会对管网造成爆管的危险,最好在各供水区域管网的最有利点和最不利点进行监控,并根据区域管网的具体高度设定有利点和不利点的正常压力范围,能在压力过高或过低时及时发出报警,并可通过最有利点和最不利点的压力以及管网高度测出管网中的减压阀是否正常工作。这样为供水系统的安全、稳定提供了有力的保障。

7.2.6 系统集成问题

作为工程的总包商一般都会鼓励开发商将大厦各个控制系统集成起来,使它们工作在同一个工作平台上,但是在系统的实际运行中,许多美好的设想、方案和现实之间往往存在巨大的差距,这一方面是技术本身的原因,包括工程商对技术的掌握程度以及各个控制系统通信接口及协议的兼容性,另一方面是中央控制室日常管理人员的技术素质,由于受中央控制室值班人员技术素质的局限性,往往无法深入透彻地了解所有控制系统,真正操控各个子系统日常工作的还是各个独立相关子系统的专业人员,这样一来系统的集成性常常会形同虚设。

7.2.7 检测报告

每季度安排一次系统详细检测,时间与甲方协商确定。对每季度详细检测,重在排除隐藏的问题,根据现有系统流程的实际工作情况,提出合理化建议,对于存在隐患的设备,提前向甲方报告。并于每次检测完毕后,提交相关检测报告给甲方存档。

【任务实施】

根据本任务知识点,制订建筑设备监控系统检测记录表,详见表 7.2(供参考),完成 BA 系统的检测与故障排查并记录。

表7.2　楼宇自控系统检测记录表

中央控制站的检测				
检测项目	检测功能	功能要求	结果判断	原因初判
监控站屏幕状态数据刷新检测	改变新风设定温度，查看新风机组系统数据是否更新	屏幕显示设定温度、当前温度、送风温度以及水阀开度都有更新，更新时间约2 s	□通过 □不通过	□通信问题 □设备问题 □软件设置
	改变室内设定温度，查看空调机组系统数据是否更新	屏幕显示室内设定温度、当前温度、送风温度以及水阀开度都有更新，更新时间约2 s	□通过 □不通过	□通信问题 □设备问题 □软件设置
	改变室内设定温度，查看冷源系统相应数据是否更新	屏幕显示冷源系统冷冻水供水水温、供水水压、回水流量等都有更新，更新时间约3 s	□通过 □不通过	□通信问题 □设备问题 □软件设置
故障报警检测	人为输入新风机组滤网报警信号，查看相应联动动作	中央监控站屏幕弹出新风机组滤网报警对话框，屏幕显示新风机组停止启动（风门关闭、水阀关闭、风机停止启动），更新时间约3 s	□通过 □不通过	□通信问题 □设备问题 □软件设置
	人为输入空调机组风机故障信号，查看相应联动动作	中央监控站屏幕弹出空调机组滤网报警对话框，屏幕显示空调机组停止启动（风门关闭、水阀关闭、风机停止启动），更新时间约3 s	□通过 □不通过	□通信问题 □设备问题 □软件设置
	人为输入冷源系统冷冻水泵故障信号，查看相应联动动作	中央监控站屏幕弹出冷冻水泵报警对话框，屏幕显示冷冻水泵停止启动，更新时间约3 s	□通过 □不通过	□通信问题 □设备问题 □软件设置
界面文字、图形显示	控制界面文字语言、控制画面友好性查看	控制画面为中文，图形化界面、控制设备状态以及观察设备运行过程操作直观、方便	□通过 □不通过	□通信问题 □设备问题 □软件设置
打印及报表功能	查看中央监控站打印功能，以及报表生成功能	中央监控站打印功能良好，具备图形、趋势等方式打印	□通过 □不通过	□通信问题 □设备问题 □软件设置
子系统的检测				
检测项目	检测功能	功能要求	结果判断	原因初判
新风机组控制功能检测	手动控制功能切换检测	监控站屏幕显示风机为手动控制功能，自动控制功能无效	□通过 □不通过	□通信问题 □设备问题 □线路连接

续表

检测项目	检测功能	功能要求	结果判断	原因初判
新风机组控制功能检测	自动控制功能切换检测	监控站屏幕显示风机为自动控制功能,手动控制功能无效	□通过 □不通过	□通信问题 □设备问题 □线路连接
	系统工作正常情况下,发送启动新风机组命令功能检测	执行机构动作顺序:新风风门打开→新风风机启动→水阀启动	□通过 □不通过	□通信问题 □设备问题 □线路连接
	改变送风设定温度,查看相应联动功能	当送风设定温度升高时,水阀开度减小;当送风设定温度降低时,水阀开度增大	□通过 □不通过	□通信问题 □设备问题 □线路连接
	改变室内 CO_2 含量设定值,查看相应联动功能	当室内 CO_2 含量设定值升高时,新风风门开度减小;减小 CO_2 设定值,新风风门开度增大	□通过 □不通过	□通信问题 □设备问题 □线路连接
	断开新风机组 DDC 网络总线,查看报警 DDC 状态	监控站屏幕显示新风机组控制器离线,现场执行器仍保持自动运行	□通过 □不通过	□通信问题 □设备问题 □线路连接
空调机组控制功能检测	手动控制功能切换检测	监控站屏幕显示风机为手动控制功能,自动控制功能无效	□通过 □不通过	□通信问题 □设备问题 □线路连接
	自动控制功能切换检测	监控站屏幕显示风机为自动控制功能,手动控制功能无效	□通过 □不通过	□通信问题 □设备问题 □线路连接
	系统工作正常情况下,发送启动空调机组命令功能检测	执行机构动作顺序:新风风门、回风风门打开→送风风机启动→回风风机启动→水阀启动	□通过 □不通过	□通信问题 □设备问题 □线路连接
	改变室内设定温度,查看相应联动功能	当室内设定温度升高时,水阀开度减小;当室内设定温度降低时,水阀开度增大	□通过 □不通过	□通信问题 □设备问题 □线路连接
	改变室内 CO_2 含量设定值,查看相应联动功能	当室内 CO_2 含量设定值升高时,新风风门开度减小;减小 CO_2 设定值,新风风门开度增大	□通过 □不通过	□通信问题 □设备问题 □线路连接
	断开空调机组 DDC 网络总线,查看报警 DDC 状态	监控站屏幕显示空调机组控制器离线,现场执行器仍保持自动运行	□通过 □不通过	□通信问题 □设备问题 □线路连接

续表

检测项目	检测功能	功能要求	结果判断	原因初判
冷源系统控制功能检测	手动控制功能切换检测	监控站屏幕显示风机为手动控制功能,自动控制功能无效	□通过 □不通过	□通信问题 □设备问题 □线路连接
	自动控制功能切换检测	监控站屏幕显示风机为自动控制功能,手动控制功能无效	□通过 □不通过	□通信问题 □设备问题 □线路连接
	系统工作正常情况下,发送启动冷源系统命令功能检测	执行机构动作顺序:冷却塔风机开→冷却泵启动→冷冻泵启动→冷水机组启动	□通过 □不通过	□通信问题 □设备问题 □线路连接
	断开冷源系统 DDC 网络总线,查看报警 DDC 状态	监控站屏幕显示冷源系统控制器离线,现场执行器仍保持自动运行	□通过 □不通过	□通信问题 □设备问题 □线路连接
现场设备检测				
检测项目	检测功能	功能要求	结果判断	原因初判
温湿度、压力等传感器检测	外观	外围装置齐全	□通过 □不通过	□通信问题 □线路连接
	功能	显示值与现场检测值一致	□通过 □不通过	□通信问题 □线路连接
	安装工艺	接线及显示、安装正常	□通过 □不通过	□通信问题 □线路连接
压差开关检测	外观	外围装置齐全	□通过 □不通过	□通信问题 □线路连接
	功能	显示值与现场检测值一致	□通过 □不通过	□通信问题 □线路连接
	安装工艺	接线及显示、安装正常	□通过 □不通过	□通信问题 □线路连接
水阀及阀门执行器	外观	外围装置齐全	□通过 □不通过	□通信问题 □线路连接
	功能	显示值与现场检测值一致	□通过 □不通过	□通信问题 □线路连接
	安装工艺	接线及显示、安装正常	□通过 □不通过	□通信问题 □线路连接

附　　录

常用简称、符号表示及其含义

【CCS】 Central Control Systems，中央控制系统，也可称为集中式控制系统
【DCS】 Distributed Control System，集散控制系统，也可称为分布式计算机控制系统
【FCS】 Fieldbus Control System，现场总线控制系统
【ITAS】 Information Technology Application System，信息化应用系统
【IIS】 Intelligented Integration System，智能化集成系统
【ITSI】 Information Technology System Infrastructure，信息设施系统
【BMS】 Building Management System，建筑设备管理系统
【PSS】 Public Security System，公共安全系统
【EEEP】 Engineering of Electronic Equipment Plant，机房工程
【BAS】 Building Automation System，建筑设备监控系统，也可称为楼宇自动化系统、楼宇自控系统、建筑设备自动化系统等，有时也可称为 BA 系统
【BCS】 Building Control System，楼宇控制系统
【BEMS】 Building Energy Management System，建筑能源管理系统
【CAS】 Communication Automation System，通信自动化系统
【OAS】 Office Automation System，办公自动化系统
【FAS】 Fire Alarm System，火灾自动报警系统
【SAS】 Security Protection & Alarm System，安全防范自动化系统
【NCU】 Network Control Unit，网络控制单元、网络控制器
【DO】 Digita Output(s)，数字输出
【BO】 Binary Output(s)，二进制输出，也可称为开关量输出、数字输出
【AO】 Analog Output(s)，模拟输出
【UO】 Universal Output，通用输出
【CO】 Configurable Output，可配置输出
【RO】 Relay Output，继电器输出
【DI】 Digita Input(s)，数字输入
【BI】 Binary Input(s)，二进制输入，也可称为开关量输入、数字输入
【AI】 Analog Input(s)，模拟输入
【UI】 Universal Input，通用输入
【DDC】 Direct Digital Control，直接数字控制器，也可称为下位机
【PLC】 Programmable Logic Controller，可编程逻辑控制器
【I/O】 Input/Output，输入/输出
【NTC】 Negative Temperature Coefficient，负温度系统热敏电阻

【PTC】　Positive Temperature Coefficient,正温度系数热敏电阻
【CTR】　Critical Temperature Resistor,临界温度热敏电阻
【IOM】　Input/Output Module,输入/输出扩展模块
【AC】　Alternating Current,交流(电源)
【DC】　Direct Current,直流(电源)
【VAV】　Variable Air Volume System,变风量(空调)系统
【CAV】　Constant Air Volume,定风量(空调)系统
【AHU】　Air Handling Units,空气处理机组
【PAU】　Pre-Cooling Air Handling Unit,预冷空调箱,通常也称为新风机组
【FCU】　Fan Coil Unit,风机盘管

参考文献

[1] 赵晓宇,王福林,吴悦明等. 建筑设备监控系统工程技术指南[M]. 北京:中国建筑工业出版社,2016.

[2] 赵文成. 中央空调节能及自控系统设计[M]. 北京:中国建筑工业出版社,2018.

[3] 姚卫丰. 楼宇设备监控及组态[M]. 2 版. 北京:机械工业出版社,2018.

[4] 张少军. BACnet 标准与楼宇自控系统技术[M]. 北京:机械工业出版社,2012.

[5] 中华人民共和国住房和城乡建设部. 建筑设备监控系统工程技术规范:JGJ/T 334—2014[S]. 北京:中国建筑工业出版社,2014.

[6] 中华人民共和国住房和城乡建设部. 智能建筑工程质量检测标准:JGJ/T 454—2019[S]. 北京:中国建筑工业出版社,2019.

[7] 中华人民共和国住房和城乡建设部. 智能建筑工程质量验收规范:GB 50339—2013[S]. 北京:中国建筑工业出版社,2013.

[8] 中华人民共和国住房和城乡建设部. 绿色建筑评价标准:GB/T 50378—2019[S]. 北京:中国建筑工业出版社,2019.

[9] 中华人民共和国住房和城乡建设部,国家市场监督管理总局. 建筑节能工程施工质量验收标准:GB 50411—2019[S]. 北京:中国建筑工业出版社,2019.

[10] 中华人民共和国住房和城乡建设部. 建筑智能化系统运行维护技术规范:JGJ/T 417—2017[S]. 北京:中国建筑工业出版社,2017.

[11] 中华人民共和国住房和城乡建设部. 养老服务智能化系统技术标准:JGJ/T 484—2019[S]. 北京:中国建筑工业出版社,2019.

[12] 中华人民共和国住房和城乡建设部. 智能建筑设计标准:GB 50314—2015[S]. 北京:中国计划出版社,2015.

[13] 中华人民共和国住房和城乡建设部. 建筑电气制图标准:GB/T 50786—2012[S]. 北京:中国建筑工业出版社,2012.

[14] 中华人民共和国住房和城乡建设部. 变风量空调系统工程技术规程:JGJ 343—2014[S]. 北京:中国建筑工业出版社,2015.

[15] 中华人民共和国住房和城乡建设部. 自动化仪表工程施工及质量验收规范:GB 50093—2013[S]. 北京:中国计划出版社,2013.

[16] 中华人民共和国住房和城乡建设部. 智能建筑工程施工规范:GB 50606—2010[S]. 北京:中国计划出版社,2011.

[17] 中华人民共和国住房和城乡建设部. 近零能耗建筑技术标准:GB/T 51350—2019[S]. 北京:中国建筑工业出版社,2019.

[18] 中华人民共和国住房和城乡建设部. 弱电工职业技能标准:JGJ/T 428—2018[S]. 北京:中国建筑工业出版社,2018.
[19] 中国建筑标准设计研究院. 建筑设备管理系统设计与安装:19X201[M]. 北京:中国计划出版社,2019.
[20] 中华人民共和国住房和城乡建设部. 暖通空调系统的检测与监控(冷热源系统分册):18K801[S]. 北京:中国计划出版社,2018.
[21] 中华人民共和国住房和城乡建设部. 暖通空调系统的检测与监控(水系统分册):18K802[S]. 北京:中国计划出版社,2018.
[22] 中华人民共和国住房和城乡建设部. 暖通空调系统的检测与监控(通风空调系统分册):17K803[S]. 北京:中国计划出版社,2017.
[23] 中华人民共和国住房和城乡建设部. 建筑电气常用数据:19DX101-1[S]. 北京:中国计划出版社,2019.
[24] 中华人民共和国住房和城乡建设部. 综合布线系统工程设计与施工:20X101-3[S]. 北京:中国建筑标准设计研究院,2020.
[25] 中华人民共和国住房和城乡建设部. 空调通风系统运行管理标准:GB 50365—2019[S]. 北京:中国建筑工业出版社,2019.
[26] 中华人民共和国住房和城乡建设部. 民用建筑电气设计标准(共二册):GB 51348—2019[S]. 北京:中国建筑工业出版社,2019.
[27] 中华人民共和国住房和城乡建设部. 通风与空调工程施工质量验收规范:GB 50243—2016[S]. 北京:中国计划出版社,2017.
[28] 中华人民共和国住房和城乡建设部. 公共建筑室内空气质量控制设计标准:JGJ/T 461—2019[S]. 北京:中国建筑工业出版社,2019.
[29] 中华人民共和国住房和城乡建设部. 温和地区居住建筑节能设计标准:JGJ 475—2019[S]. 北京:中国建筑工业出版社,2019.
[30] 中华人民共和国住房和城乡建设部. 住宅新风系统技术标准:JGJ/T 440—2018[S]. 北京:中国建筑工业出版社,2018.